W0268193

MONOGRAPHIEN AUS DEM GESAMTGEBIETE DER NEUROLOGIE UND
PSYCHIATRIE
HERAUSGEGEBEN VON
O. FOERSTER-BRESLAU UND **K. WILMANNS**-HEIDELBERG
HEFT 28

DER BALKEN

EINE ANATOMISCHE, PHYSIOPATHOLOGISCHE UND KLINISCHE STUDIE

VON

DR. G. MINGAZZINI

O. PROFESSOR AN DER KLINIK FÜR NERVEN-
KRANKHEITEN DER KGL. UNIVERSITÄT ROM

MIT 84 TEXTABBILDUNGEN

BERLIN
VERLAG VON JULIUS SPRINGER
1922

ISBN 978-3-642-47242-8   ISBN 978-3-642-47626-6 (eBook)
DOI 10.1007/978-3-642-47626-6

DEM ANDENKEN

VON

BERNHARDT v. GUDDEN

Vorwort.

Eine klare und deutliche Kenntnis eines Organs ist nur möglich, wenn man genau die Struktur, die Funktion und die Pathologie desselben kennt. Bis vor einem halben Jahrhundert war man der Meinung, das Gehirn sei ein mit sieben Siegeln verschlossenes Buch. Heute, nach so vielen genauen, geregelten und genialen Forschungen, zu denen Deutschland den größten Beitrag geliefert hat, beginnt das Buch sich zu öffnen. Damit aber diese Worte zur Wirklichkeit werden, ist es notwendig, all das bisher über die einzelnen Teile des Gehirns Bekannte, zuerst in einer analytischen und dann in einer synthetischen Lehre zu vereinigen. Der Balken, als eines jener Organe, das bisher mehr als alle andere in Dunkel gehüllt war, verdient gerade eine besondere Zusammenstellung: hierbei habe ich mir zum Führer die Worte Horaz genommen:

„Sit quod vis simplex dumtaxat et unum".

Rom, im September 1921.

G. Mingazzini.

Inhaltsverzeichnis.

Erstes Kapitel

Einleitung.

In der epochemachenden Zeit, in welcher von den Vorkämpfern der Neurologie, wie Meynert, B. v. Gudden und Charcot, die verschiedenen Gebilde des Gehirns so eingehend studiert wurden, konnte der Balken nicht übergangen werden.

Während der letzten vier Jahrzehnte ist der Balken ein Gebiet gewesen, auf welchem sich besonders die Forscher der Anatomie, der Physiologie, der Pathologie und der Klinik des Nervensystems große Mühe gegeben. Wie in den anderen Hirnregionen, so ist es auch in dieser schwer zu beurteilen, welcher von diesen Zweigen des medizinischen Wissens hauptsächlich dazu beigetragen habe, auch dieses Organ heute nicht mehr so „misterii plenum", wie es auf der Neige des vorigen Jahrhunderts war, in ein helleres Licht zu stellen. Durch die vergleichende Anatomie wurden z. B. nicht bloß die Beziehungen zwischen den G. hippocampi, den Striae longitudinales und Taeniae tectae, sondern auch zwischen dem Wachstum des Balkens und dem Fortschreiten der Philogenese dieses Organs besser aufgeklärt. Die Physiologie lernte kennen, welche Wirkungen den Reizen und den Zerstörungen des Balkens zuzuschreiben sind. Die Pathologie hat uns das Vorhandensein primärer Degenerationen in bestimmten Faserbündeln, wie auch die Möglichkeit aufgedeckt, daß der Balken von Haus aus ganz oder zum Teil fehlen oder, obschon gebildet, allmählich durch die Atrophie verschwinden kann. Von der Klinik haben wir die hauptsächlichsten, von den Neubildungen, den Erweichungen und den Blutungen des Balkens abhängigen Symptome kennen gelernt; gerade so wie das Studium der Dyspraxien uns (motorische) Eigenschaften des Balkens, die nur am Menschen studiert werden konnten, aufgedeckt hat.

Leider war dieser Schatz von Forschungen hier und da in einzelnen Monographien zerstreut. Sämtliche Arbeiten zu einem harmonischen Ganzen zu vereinen, die Ergebnisse der einen mit denen der anderen zu vergleichen, schien mir der Mühe wert, um so mehr, da gerade in der neuropathologischen Schule von Rom der Balken wiederholt Gegenstand mühsamer Forschung gewesen ist. Zum Studium der Balkengeschwülste haben in der Tat meine damaligen Assistenten Schupfer, F. Costantini, ich selbst, und neuerdings mein Assistent Dr. Ayala — dessen ausgezeichnete Arbeit über dieses Argument von mir reichlich verwendet wurde — wichtige Beiträge geliefert. Fälle von Balkenmangel wurden von mir zweimal, makro- und mikroskopisch studiert. Mit den Blutungen des Balkens beschäftigte sich eingehends mein Assistent Dr. Ascenzi, wie mehr als ein Fall von Erweichung Gegenstand der Forschungen von seiten Gianelli's, Milani's, Ciarla's und von mir in meinem Laboratorium gewesen ist. Das Studium der Myelinisierung des Balkens beim Menschen ist zuerst von mir durchgeführt worden. Ebensowenig ist zu übergehen, daß die Längsdurchtrennung des Balkens nach einer neuen Methode im Laboratorium der Physiologie unserer Universität von Herrn Kollegen Prof. Lo Monaco ausgeführt wurde. Endlich sei hier noch erwähnt, daß in dem von meinem Lehrer Todaro geleiteten anatomischen Institut genaue Forschungen über die Entwicklung des Balkens von Dr. Dorello angestellt wurden. Ebensowenig wären die von Marchiafava und Bignami bezüglich der (partiellen) Degeneration des Kommissurensystems bzw. des Balkens bei chronischen Alkoholisten gemachten Entdeckungen zu übergehen. Aus diesem Grunde habe ich mich an der Hand eines reichlichen Materials zu einer Arbeit entschlossen, die, wie ich hoffe, denen die in der Zukunft sich dem Studium des Balkens zu widmen gedenken, von einigem Nutzen sein wird.

Vorliegende Arbeit ist in verschiedene Abschnitte geteilt, die sich auf die normale Anatomie, die Physiologie, die Pathologie und die Klinik des Balkens beziehen. In der Einteilung der Materie, die mir am besten dem Zwecke zu entsprechen schien, habe ich es für angebracht gehalten, zuerst die normale makroskopische und mikroskopische Anatomie zu behandeln, dann ein besonderes Kapitel der Balkenagenesie zu widmen, ferner die Tatsachen darzulegen, die sich auf die verschiedenen Krankheitsprozesse, welche den Balken befallen (Blutungen, Erweichungen, Entartungen, Geschwülste), beziehen, und zuletzt die Physiologie und die Physiopathologie dieses Organs zu erörtern.

Zweites Kapitel.

Makroskopische und mikroskopische Anatomie des Balkens.

Die Kenntnis der Funktionen eines Organs kann nicht von jenen seiner feineren Struktur getrennt werden. Zuerst Anatomie, dann Physiologie; wenn aber zuerst Physiologie, dann nicht ohne Anatomie: ein Prinzip Gudden's, welches nie zu vergessen ist. Daher halte ich es für zweckmäßig, unsere Arbeit mit einem Hinweis auf die Struktur des Balkens zu beginnen.

Der Balken ist eine dicke Platte weißer Substanz (Abb. 3), welche, unmittelbar den Seitenventrikel überziehend und den Boden der Fissura interhemisphaerica bildend, die Marksubstanz der beiden Großhirnhemisphären untereinander vereinigt. Er besteht aus einem ungleichen zentralen Teile, dem Corpus callosum in sensu strictiori, und aus zwei gleichen Seitenteilen, den Balkenstrahlungen. Das Corpus callosum pr. d. liegt auf dem Boden der interhemisphären Spalte (Abb. 1), während die Balkenstrahlungen aus Faserbündeln bestehen, die von den Seitenrändern des Corpus callosi in die Markmasse der Hemisphären dringen und sich mit derselben verschmelzen.

Der Balken ist beim Menschen von der Gestalt (Abb. 1 und 3) einer mehr nach vorn als nach hinten gebeugten Brücke: das vordere Ende ist 3 cm vom frontalen Pole, das hintere ungefähr 5 cm vom Hinterhauptpole entfernt. Seine Dicke ist der ganzen Länge nach eine verschiedene, am geringsten im mittleren Teile, wo sie ungefähr 1 cm beträgt; sie ist am stärksten am dorsalen Ende, wo sie 18 mm erreichen kann. Die Gestalt und die Größe des Balkens sind von einem

Individuum zum anderen verschieden. Seine Länge in gerader Linie beträgt 7—9 cm, seine Breite vorn 12 mm, hinten 20 mm (vom Boden der beiden Balkenspalten gemessen).

Die Benennung Corpus callosum, die lateinische Übersetzung der Galenischen Nomenklatur σῶμα πῶς τολωδες (wie schwielenartigen Körper), ist von der starken Konsistenz des Organs abgeleitet (quia substantia ibi est durior instar calli). Da der Balken in einer ganz besonderen Weise gekrümmt ist, weist er einen Trunkus, ein hinteres Ende (Wulst), ein vorderes Ende (Knie und Schnabel) auf. Der Trunkus weist eine äußere (dorsale), eine (innere) ventrale, und zwei Randflächen auf.

Die dorsale Fläche, hinten breiter als vorn, hat eine Breite von 18—20 mm und eine Länge von 7—8 cm. Auf der Mittellinie befinden sich zwei linienförmige Erhebungen, die vom oberen Ende der Fascia dentata ausgehend, in geschlängeltem, aber parallelem Verlauf nach vorn ziehen, sich sodann auf

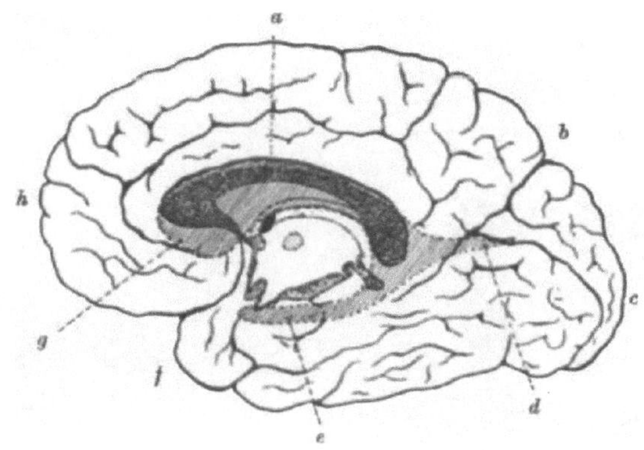

Abb. 1. Projektion des Seitenventrikels (schraffierte Zone) auf die mediale Fläche der Hemisphäre. Die punktierten Zonen zeigen die Teile an, in welchen der Schnitt der interhemisphären Masse stattgefunden hat; man beobachtet zwischen denselben die Lage des Balkens (nach Sterzi, Anat. d. sist. centr. nerv. 1915. Draghi). a = Balken; b = Fiss. parieto-occipitalis; c = Polus occipit.; d = Cornu occipitale; e = Cornu temporale; f = Polus temporalis; g = Cornu frontale; h = polus frontalis.

dem Knie und dem Schnabel umbiegen, auseinandergehen und in den sog. Pedunculi corporis callosi endigen. Sie werden als Nervi Lancisii (Abb. 4) bezeichnet, zwischen denen man eine mediane, hinten deutlichere Furche (den Rest der Raphe des Balkens) wahrnehmen kann. Die Nervi Lancisii stellen eine rudimentäre, im Gyrus corporis callosi eingeschlossene Windung dar; auswärts von ihnen, fast unter dieser Windung versteckt, bemerkt man zwei andere, graue, in sagittaler Richtung verlaufende Stränge, die Taeniae tectae. Um sie wahrzunehmen, ist es notwendig, den G. corp. callosi emporzuheben und nach außen zu verschieben. Sie sind größeren Abweichungen unterworfen als die Nervi Lancisii: von hinten nach vorn nehmen sie an Umfang ab und überschreiten oft nicht den mittleren Teil des Balkens. Sie bestehen aus einer innen weißen, außen grauen Substanz.

Die dorsale Fläche steht mittels der Pia und der Arachnoidea mit dem konkaven Rande der Hirnsichel und der inneren und hinteren Frontalarterie in

Verbindung: an den Seiten wird sie von den Randwindungen bedeckt, von denen sie durch eine tiefe Furche, dem Sinus corporis callosi, getrennt wird.

Die ventrale (untere), in Querrichtung leicht konvexe und in antero-posteriorer Richtung konkave Fläche weist eine Länge von 5—6 cm auf. Seitwärts bildet sie das Gewölbe der Seitenventrikel: ihr mittlerer Teil steht nach hinten mit dem Gewölbe und in den vorderen zwei Dritteln mit dem Septum pellucidum in Verbindung. Da das Septum pellucidum äußerst dünn ist, so bildet die ventrale Fläche seitwärts von ihm das Gewölbe der Frontalhörner

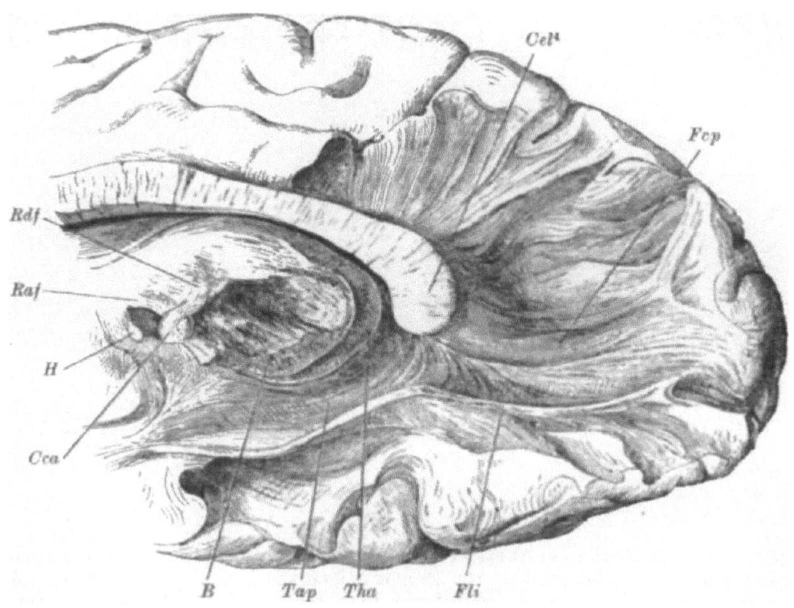

Abb. 2. Hinterer Teil der Balkenstrahlungen der rechten Hemisphäre; von innen gesehen — (etwas schematisch) nach Edinger, Vorles. 1911.
Cel⁴ = umgeschlagener (reflexer) Teil des Spleniums; Fcp = Forzepsstrahlung des Spleniums; Tap = Tapetumstrahlung; Tha = Thalamus; B = Hirnstiel; Fli = Fascic. long. inferior; Rdf = Vicq d'Azyr'sches Bündel; Raf = Fornix; Cca = Corpus candicans; H = Nervus opticus.

der Seitenventrikel: in dieser Zone wird sie von zahlreichen kleinen, in Querrichtung verlaufenden Rinnen durchzogen, die jenen ähnlich sind, welche die dorsale Fläche aufweist.

Das vordere Ende des Balkens (Abb. 1 und 3) beschreibt zuerst eine Kurve (Knie), wendet sich dann, sich verfeinernd, nach unten und hinten (Schnabel, Rostrum) und setzt sich (Apex) mit dem Reste der Verschlußplatte fort.

Die Benennung Knie wurde von Reil (1759—1813) wegen der Gestalt, welche der Balken nach vorn zu aufweist, eingeführt.

Der Schnabel reduziert (Abb. 3) sich so stark, daß er eine 0,5 mm dicke Lamelle (Lamina subcallosa) bildet, welche unten die Frontalhörner der Seitenventrikel, an den Seiten das Septum pellucidum schließt. Sie setzt sich mit der vorderen Kommissur und der Verschlußplatte des Telencephalon fort und bildet den Boden der interhemisphären Spalte.

Das hintere Ende (Splenium oder Saum) ruht auf den Corpora bigemina (quadrigemina), mit denen es einen Spalt begrenzt (Fissura Bichatii), dessen obere Lippe vom Balken und die untere Lippe von den Vierhügeln gebildet sind; durch sie dringt die Pia mater, um die Tela choroidea und die Plexus chorioidei (der Seitenventrikel) zu bilden. Der vorderen Extremität analog biegt die hintere nach unten und vorn um und endigt in einen, ungefähr 15 mm vor dem Ende gelegenen Schnabel. Nach Dejerine lassen sich im Splenium drei Teile unterscheiden: ein oberer (hinteres Ende des Trunkus), ein mittlerer

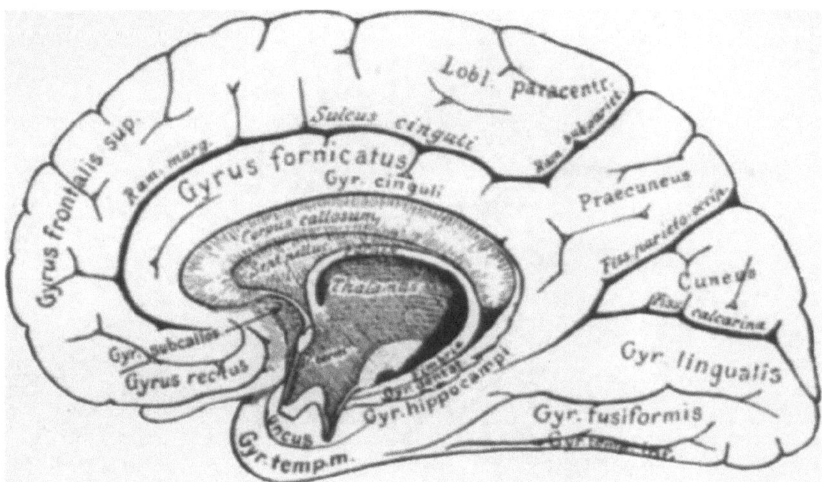

Abb. 3. Medialseite der menschlichen Hemisphäre. Lage von Septum pellucidum und Fornix (nach Edinger Vorles. über den Bau der nerv. Centralorg. 1911).

(Genu posterius corporis call.) und ein unterer oder reflexer (Splenium pr. dictum, Abb. 2). Es liefert den Querfasern des Psalteriums, die gewöhnlich der inneren Fläche des Balkens adhärieren, die Ansetzungsstellen. Nach unten (der Fissura zu) beobachtet man bisweilen einen kleinen Querspalt, der vom Reste des Wulstes eine Art zugespitzte Platte, den sog. „hinteren Schnabel des Balkens" trennt.

Der italienische Name „cercine" (Wulst) ist die Übersetzung des von Reil gebrauchten lateinischen Wortes „circellum". Gewöhnlich wird der Wulst Splenium genannt; ein Ausdruck, der auch in der Basler Nomenklatur erhalten geblieben ist. Hier ist hervorzuheben, daß ihm so die Bedeutung einer querlaufenden Erhöhung beigelegt wird; Bedeutung, welche diesem Worte fremd ist. Das Wort Splenium hatte in der Tat bei den Römern eine dreifache Bedeutung: a) ein Kraut, dem man bei den Krankheiten der Milz (splen) therapeutische Eigenschaften zuschrieb; b) im uneigenem Sinne ein mit Medikamenten oder Pflaster bedecktes Läppchen oder Streifen, das vielleicht zur Behandlung der Milzkrankheiten diente, die mit dem oben erwähnten Kraute behandelt wurden; c) eine Art länglicher Nävus der Stirn oder der Wangen (vielleicht mehr in der auch noch jetzt erhaltenen volkstümlichen Bedeutung des „Muttermals").

Nach dem über die grobe Struktur des Balkens Gesagten betrachten wir nun, wie sich die Nervenelemente verhalten.

Der Balken besteht aus vorwiegend transversalen, in verschiedene Richtungen verlaufende Markfasern, die dazu bestimmt sind, die Rindenzonen der rechten und der linken Großhirnhemisphäre, wie auch wahrscheinlich, nach einigen Autoren, basale Bildungen (äußere und innere Kapseln, Neostriata) untereinander zu vereinigen. Der Balken vereinigt demnach mit seiner Strahlung — Radiatio corporis callosi — fast die ganze Oberfläche der Großhirnrinde und im eigentlichen Sinne Gebiete der beiden symmetrisch gelegenen Seiten (aber zum Teile auch asymmetrische Windungen, siehe weiter unten), mit Ausnahme der basalen Teile des Lobus frontalis, des Polus temporalis und des Ammonshornes, welche von den beiden anderen Kommissurensystemen (Commiss. anterior

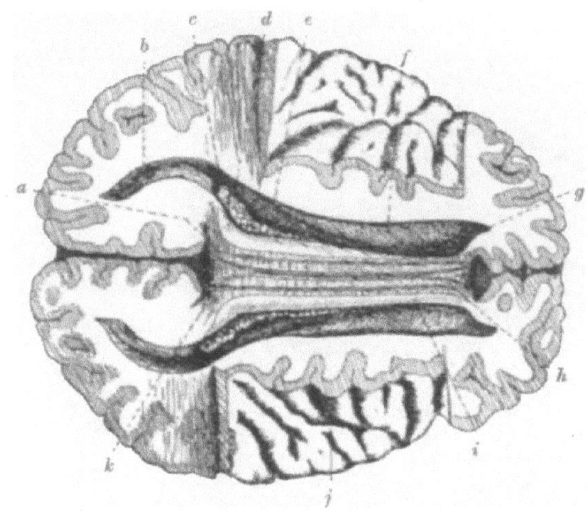

Abb. 4. Ein durch drei Schnitte horizontal getrenntes Gehirn. Ein Schnitt verläuft in der Nähe des Bodens der Fissura interhemispherica und zwei, dem ersten lateral verlaufend, welche die Seitenventrikel bloßlegen. Mann, 59 Jahre alt; die Hälfte der natürlichen Größe (nach Sterzi, l. cit.).

a = Stria longitudinalis lateralis; b = Cornu occipitale des Seitenventrikels; c = ventrikulärer Carrefour; d = Plexus chorioideus; e = zentraler Teil (des lateralen Ventrikels); f = Colliculus caudatus; g = Cornu frontale; h = Stria longit. medialis; i = an seinem Eintritte in die Hemisphären getrennter Balken; j = Insula; k = Balkenwulst.

und Psalterium) respektiv versorgt werden. Außerdem enthält der Balken in vertikaler Richtung verlaufende Markfasern und Häufchen von grauer Substanz.

Die Balkenstrahlungen sind es, welche den größten Teil der Balkenfasern bilden. Sie ziehen zu verschiedenen Gruppen von Hirnwindungen, je nachdem sie vom Genu, vom Rostrum, vom Trunkus oder vom Splenium kommen.

Die von den drei Flächen des Frontallappens ausgehenden Knieausstrahlungen treffen am vorderen äußeren Winkel des Seitenventrikels zusammen. Die aus der F_3 stammenden Fasern erstrecken sich auf einer vertiko-transversalen Fläche, die aus der F_1 und F_2 hervorgehenden in einer schrägen Fläche, die sich um so mehr der sagittalen nähert, je mehr es sich um der F_1 entsprechende

Windungen handelt; die Fasern der medialen (frontalen) Fläche ziehen schräg nach hinten und lateralwärts.

Die Strahlungen des Schnabels (Rostrum) entstammen der orbitären Fläche der F_3 und vielleicht den tiefsten Schichten der Capsula externa. Nach ihrer Kreuzung mit dem Fasciculus uncinatus vereinigen sie sich in einem kleinen kompakten Bündel, welches, schräg nach innen und nach vorn ziehend, über das Caput nuclei caudati läuft. Dies letztere verdickt sich bald, dank des Zutrittes neuer Fasern, welche aus den orbitären und inneren Flächen der F_1 kommen und zur Bildung der Commissura baseos alba Henlei beitragen. Auch in der Lamina subcallosa befinden sich Balkenfasern, welche für die Gyri orbitales bestimmt sind.

Die für den Stamm des Balkens bestimmten Strahlungen werden in innere, mittlere und untere eingeteilt. Die innersten entspringen aus dem primus G. limbicus, der medialen oberen Fläche des G. frontalis primus, dem oberen Drittel der Rolandischen Windungen, dem Lobulus paracentralis, dem Praecuneus und dem Lobulus pariet. superior. Die mittleren Fasern kommen aus den Windungen der äußeren Fläche der Großhirnhemisphäre (G. frontalis medius, dem mittleren Teile der Rolandischen Windungen, dem Lobulus parietalis inf.) und ziehen schräg nach unten und innen. Die unteren Fasern entstehen in den Gyri Operculi Sylvii, im hinteren Teile des Lobus temporalis (T_1, T_2) und vielleicht in den Inselwindungen. Kurz, die für den Trunkus bestimmten Ausstrahlungen entstammen dem hinteren Teile des Lobus frontalis, dem Lobus parietalis und vielleicht der Insula. Alle ziehen schräg nach innen, indem sie eine Kurve mit nach unten, innen gerichteter Konvexität bilden; sodann durchziehen sie den Fasciculus arcuatus, den Fuß des Stabkranzes und zum Teil den Fasciculus occipito-frontalis und gelangen bis zur Höhe des inneren Winkels des Seitenventrikels. Hier vereinigen sie sich im Stamme des Balkens und, nachdem sie den seitlichen Winkel des Ventrikels der entgegengesetzten Seite erreicht haben, verteilen sie sich in der Großhirnhemisphäre, nach einigen Autoren (Dejerine) in Gestalt eines Pinsels nach allen Richtungen, nach anderen in Fächerform (nur in einer Querebene) hin.

Dem Splenium (Corp. callosi) entspringt eine mächtige Ausstrahlung, der Forceps posterior (Abb. 4), die wie eine Wulst (Bulbus cornu posterioris) in das Hinterhaupthorn reicht. Dank des Hervorragens des Morandschen Spornes vereinigt sich derselbe bald in zwei kompakte Bündel, ein unteres kleineres (Forceps accessorius seu minor), welches die Ausstrahlungen des unteren-äußeren Teiles des Lobus occipitalis (Gyrus lingualis und fusiformis) erhält, ein anderes oberes, viel umfangreicheres (Forceps maior), das die Ausstrahlungen der äußeren-inneren Zonen dieses Lappens enthält (Cuneus, O_1, O_2, O_3, Praecuneus). Diese beiden Bündel sind der ganzen Ausdehnung des Cornu occipitale nach, mittels einer ununterbrochenen Faserschicht (Tapetum), untereinander verbunden; letztere bekleidet die innere und äußere Wandung des Cornu (occip. posterius) ventriculi lateralis.

Die Benennung „Forzeps" ist darauf zurückzuführen, daß er, bei der Zerlegung in horizontaler Richtung, vor seiner Ausdehnung bogenförmig mit medialer Konkavität erscheint; ein jedes der Bündel (rechtes und linkes) bildet so in horizontaler Richtung einen Arm einer Art Zange (Forzeps), die zwischen den beiden Schenkeln die Hinterhaupthörner einschließt.

Nach den Untersuchungen Dejerine's verursachen die Verletzungen des Sulcus parieto-occipitalis und der hinteren Teile der Fiss. calcarina Degeneration des Forceps maior und des tiefen Teiles des Spleniums. Hingegen bei den Verletzungen der Hinterhauptwand der Fiss. collateralis und der Plica cuneo-limbica, betrifft die Degeneration vorzugsweise den Forceps minor und den hinteren-unteren Teil der freien Fläche des Spleniums. Es scheint also, daß aus bestimmten Teilen der Lippen der Fissura calcarina und der Fiss. parieto-occipitalis Faserbündel ausgehen, die in besondere Teile des Spleniums ziehen.

Wie man sieht, verbindet also der Balken homotopische Stellen der sämtlichen Großhirnwindungen mit Ausnahme des basalen Teiles des Lobus frontalis, des Polus temporalis und des Cornu Ammonis. Da, neueren Forschungen nach, die Balkenfasern vor und nach ihrer Kreuzung zum Teile Kollaterale abgeben (R. y Cajal), behaupten einige Autoren, daß es sich nicht um ein Kommissurensystem im Sinne Meynerts, sondern um eine intra- respektiv interhemisphärische Assoziationsbahn handelt, die wahrscheinlich zur Ausführung simultaner Funktionen verschiedener Stellen der Großhirnrinde auf der gleichen, wie auch auf der gekreuzten Hemisphäre dient. Den Gründen dieser Meinungsverschiedenheiten nachzugehen ist von großer Bedeutung, denn der Balken und seine Verletzungen haben jetzt nach den Studien über die Apraxie (infolge der Krankheiten dieses Organs) ein großes klinisches Interesse erweckt.

Tatsächlich beruht das obenerwähnte in seinen Hauptzügen der Beschreibung Dejerine's entnommene topographische Schema, zum Teile wenigstens, auf Degenerationen des Balkens infolge von kortikalen und subkortikalen Verletzungen. Gegen diese Argumentation hat man jedoch den Einwand erhoben, daß die Degeneration der Balkenfasern wahrscheinlich das Primäre und folglich nicht ganz überzeugend bezüglich der daraus gezogenen Schlußfolgerungen sei. Man hat auch hervorgehoben, daß man beim Menschen nicht immer sekundäre Degenerationen im Balken infolge von kortikaler Zerstörung hat wahrnehmen können. So fand z. B. Ramson bei einer ausgedehnten Erweichung der Rolandischen Zone keine Degeneration des Balkens; und in einem Idiotenhirn, welches eine starke Rindenerweichung aufwies, fand auch Levy-Valensi keine Balkenatrophien. Kattwinckel traf in zahlreichen Gehirnen, die infolge von Erweichungen oder von Blutungen Zerstörungen ganzer Gehirnlappen aufwiesen, keine Degeneration des Balkens an, die mit Rindenverletzungen hätte in Zusammenhang gebracht werden können. Er nimmt an, daß die als Folge von Rindenverletzung beschriebenen Balkenentartungen als primäre, von diesen unabhängige, mit welchen sie vielleicht nur in einem Zufälligkeitsverhältnisse standen, betrachtet werden müssen. Eine Bestätigung seiner Annahme fand er im Befunde zahlreicher Fälle von Balkenentartung, in welchen keine Rindenverletzung vorlag, wohl aber nur einige kleine lückenähnliche Herde der weißen Substanz und hauptsächlich des Lentikularis, mit welchem seines Erachtens die Balkenverletzung in keinem Abhängigkeitsverhältnisse stehen könnte. Die Beobachtungen Kattwinckel's können jedoch nicht mehr entkräften, was bereits in der Nervenpathologie ein Gesetz bildet. Angenommen, daß die Balkenfasern, zum Teile wenigstens, den Rindennervenzellen entstammen, was sichergestellt zu sein scheint, so entspringt daraus, daß einer Verletzung dieser Zellen eine Degeneration der

Fasern folgt, welche von ihnen ausgehen, und folglich auch jener, welche den Balken durchziehen. Wenn technische Schwierigkeiten es nicht immer und bei jeder Gelegenheit gestatten, diese Wahrnehmung zu machen, so konnte dies doch dem Grundbegriffe der Wallerschen Degeneration nicht entsprechen; um so mehr, da es sich in den erwähnten Fällen nicht darum handelte, eine Degeneration bzw. eine Resorption weniger Markfasern, die leicht hätten übersehen werden können, nachzuweisen. In den von dem obengenannten Autor studierten Fällen waren in der Tat die Rindenläsionen so ausgedehnt, daß sie eine Bündeldegeneration, die nicht unbemerkt verlaufen kann oder (nach der Resorption der degenerierten Fasern, Monakow) eine ansehnliche Atrophie hätte hervorrufen müssen.

Es ist übrigens nicht zu leugnen, daß die Methode der sekundären Entartungen, auf das Studium des Verlaufes der Balkenfasern übertragen, hinsichtlich der Untersuchung über die Endigungen derselben, nicht geringe Schwierigkeiten bietet. B. v. Gudden erkannte zuerst, daß auf experimentellem Wege durch totale Abtragung einer Großhirnhemisphäre oder einiger Lappen bei erwachsenen Tieren der Balken verschwindet, doch beschränkt er sich nur auf einige makroskopische Beobachtungen. Auch die späteren Forschungen Forel's und Monakow's zeigten, daß ausgedehnten experimentellen Verletzungen einer Großhirnhemisphäre eine Degeneration im Balken folgte, die mittels der damaligen Färbemethode nicht verfolgt werden konnte. Cajal fand, daß die Axonen oder die Kollateralen der Nervenzellen der Hirnrinde an homo- und heterotopen Stellen der entgegengesetzten Hemisphäre verlaufen. Seine Theorie stützt sich auf die Tatsache, daß die Balkenfasern, bevor sie sich verzweigen, Kollaterale abgeben; doch können dieselben mit Sicherheit nur auf unbedeutende Strecken verfolgt werden. Auch Dejerine stützt sich auf die Untersuchungen Schnopfhagen's als Beweis der heterotopischen Verbindungen; doch können die unsicheren Methoden der Auffaserung dieses letzteren Verfassers nicht als ausschlaggebend betrachtet werden.

Lo Monaco, welcher lückenlose Hirnschnitte von Tieren untersuchte, bei denen er die Balkendurchschneidung vorgenommen hatte, hob hervor, daß die nach Pal gefärbten Schnitte zeigten, wie die Nervenfasern der Balkenstümpfe längs ihres ganzen Verlaufes Varikositäten aufwiesen, die man auf eine kurze Strecke, vom Einschnitt bis zum Anfang des Stabkranzes verfolgen konnte. Mit der Marchischen Färbung (Abb. 5) hingegen fand Lo Monaco (in meinem Laboratorium) im Marke der Großhirnhemisphären eine große Anzahl von großen und kleinen, gleichmäßig zerstreuten und fast immer in paralleler Richtung zur Achse des Balkenstumpfes angeordneten Tropfen (Abb. 5, C. c.). Diese Tropfen setzen sich stets mit derselben Intensität bis zum Stabkranze fort (Abb. 5, C. R.), wo die meisten derselben in das ovale Zentrum des dorsalsten Teiles der Hirnwindungen ausstrahlen. Der Rest wendet sich nach unten, die graue subependymale Substanz des Seitenventrikels umgebend und erreicht den Fuß des Stabkranzes; hier beginnen sie abzunehmen, indem man noch einige im ovalen Zentrum der Windungen der lateralen Fläche der Hemisphäre wieder findet. Auch O. Vogt erklärt, daß er bei 100 Tieren, bei denen er Rindenverletzungen hervorgerufen, stets Degenerationen des Balkens angetroffen hatte, ausgenommen, wenn die Läsion ausschließlich die Geruchszone betraf.

Wie man sieht, sind wir noch weit davon entfernt, systematische und einwandfreie Untersuchungen über die Art und Weise der Balkenfasernendigungen zu besitzen. Dies erklärt die Widersprüche, die noch über diesen Hauptpunkt der Anatomie des Balkens herrschen. In der Tat eine nichts weniger als gelöste Hauptfrage ist, ob, wie oben erwähnt, die Balkenfasern nicht bloß homotopische, sondern auch heterotopische sind. Nach Meynert, Reil und Arnold sollen

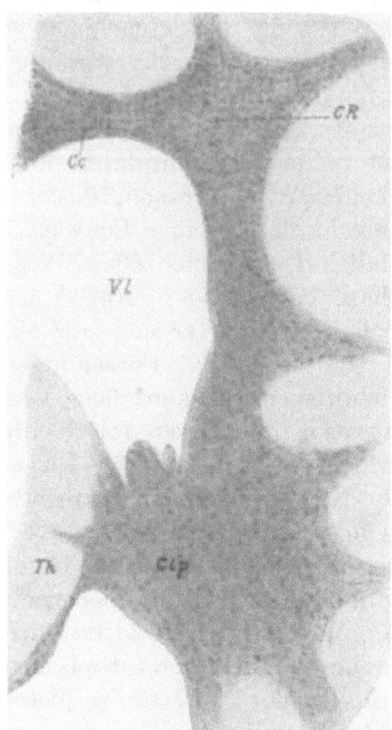

Abb. 5. Vertiko-transversaler Schnitt einer Großhirnhämisphäre (am Niveau des Thalamus) eines an Längsdurchschneidung des Balkens operierten Hundegehirns (Lo Monaco, Atti R. accad. Lincei 1910). Th = Thalamus; Vl = Ventricul. lateralis. Die Entartung der Balkenfasern (Cc) setzt sich durch den Stabkranz (CR) hindurch, in das ovale Zentrum einiger Windungen fort. (Von einem in meinem Laboratorium aufbewahrten Präparat.)

die Nervenfasern ausschließlich in homologen und jenen, aus denen sie hervorgegangen waren, symmetrischen Stellen der Großhirnrinde endigen; daher die Bedeutung von reinen Kommissurbahnen. Diese Ansicht hat jedoch in der letzten Zeit wenige Anhänger gefunden. v. Valkenburg, der eindringlich das Studium der Endigungen der Balkenfasern beim Menschen (und beim Tiere) wieder aufgenommen hat, erklärte, daß die Annahme, nach welcher der Balken ausschließlich homotopische Zonen beider Großhirnhemisphären vereinigt, nur durch einen von Nießl v. Mayendorf mittels der Degenerationsmethode studierten Fall bestätigt worden ist. Dieser Autor zeigte gelegentlich eines von Marchand beschriebenen Falles von Balkenagenesie, Präparate, in welchen man die Degeneration der Fasern vom kortikalen Ursprunge einer Hemisphäre, durch den Balken hindurch, bis zur homologen Zone der anderen Hemisphäre verfolgen konnte. Auch Levy-Valensi hat (in seinen Versuchen an Affen und Hunden, bei denen er die Längsdurchschneidung des Balkens vorgenommen hatte) eine fast symmetrische Degeneration der Balkenfasern beobachtet.

Nach den meisten Autoren (Ramon y Cajal, Bechterew, Dejerine, Valkenburg usw.) hingegen, setzen sich von den in die entgegengesetzte Hemisphäre gedrungenen Balkenfasern nur einige direkt nach den homologen Windungen hin fort, während die anderen in sehr verschiedene Zonen ziehen, indem sie so eine Zone einer Hemisphäre mit zahlreichen verschiedenen Zonen der anderen in Verbindung setzen. Für diese Autoren wäre somit die anatomische Bedeutung des Balkens nicht die einer Kommissur im eigentlichen Sinne des Wortes, sondern die einer interhemisphärischen Assoziationsbahn zwischen homotopischen und heterotopischen Hirnrindenzonen. Die Ansichten der Anatomen aber, die ebenfalls das Bestehen von homotopischen und heterotopischen Fasern annehmen, gehen auseinander bezüglich des Verlaufes und der Endigung der

einzelnen Faserbündel. So soll nach Anton, Zingerle und Probst eine
bedeutende, aus einem Frontallappen einer Großhirnhemisphäre kommende
Faserstrahlung den distalen Teil der Rinde der entgegengesetzten Seite erreichen.
Nach v. Monakow hingegen zieht der Forceps anterior (frontalis) in das Stratum
sagittale internum (der Marksubstanz) und verschmelzt sich hier mit den Pro-
jektions- und den Assoziationsfasern. Valkenburg selbst, der sich neuerdings
mit diesem Thema beschäftigt hat, erlaubt sich nicht, was die Balkenfasern
betrifft die in den Gg. praefrontales und temporales endigen sollen, ein end-
gültiges Urteil zu fällen; so schwer ist es, sie bis zu ihrem Ende zu verfolgen.
Ja er fügt hinzu, daß sie einen, dem Fasciculus subcallosus ähnlichen Verlauf
aufweisen, so daß es in einigen Fällen nicht möglich ist festzustellen, ob sie
in dieses Bündel oder in den Balken ziehen. Diesem Verfasser nach kann man
nur als gewiß annehmen, daß eine verhältnismäßig umschriebene Endigung von
Balkenfasern in der Rolandischen Zone stattfindet; den Ergebnissen seiner Forschungen an Menschen gemäß sind die Gg. praecentrales untereinander homotopisch verbunden, insofern als die Ursprünge der (zentrifugalen) Balkenfasern
mehr oder weniger von den aus der homologen Zone der entgegengesetzten Seite
kommenden Faserausstrahlungen umgeben sind; ob eine heterotopische Verbindung zwischen diesen Windungen besteht, ist zweifelhaft. Sie sind sicher
mit dem G. postcentralis contralateralis durch zahlreiche (heterotopische) Fasern
verbunden. Dieser Befund steht im Einklange mit dem Begriffe, daß der G.
postcentralis vor allem ein primäres (kortikales) sensitives Zentrum sei, welches
im hohen Grade mittels heterotopischer Verbindungen dazu beiträgt, die vom
G. praecentralis innervierten Bewegungen zu regeln. Die Befunde Valkenburg's
führen außerdem zur Annahme, daß zu dieser Funktion die Impulse beitragen,
die vom G. praecentralis der einen Seite (mittels homotopischer Kommissurenfasern) zu den oberflächlichen Schichten des entsprechenden kontralateralen motorischen Rindenfeldes ziehen. Das Vorhandensein der homotopischen Fasern der
Gg. praecentrales liefert so eine anatomische Erklärung der wohlbekannten Tatsache, daß in den Fällen von kortikaler Epilepsie die Reizung eines motorischen
Zentrums in der betroffenen Hemisphäre sich durch den Balken hindurch bis
zu dem homologen, in der gesunden Hemisphäre liegenden Zentrum hin kreuzen
kann. Auch da wo die Progression der konvulsiven Spasmen von der einen Seite
zur anderen nicht genau homotopisch ist, wie dies häufig der Fall ist, kann man
immerhin annehmen, daß der Reiz des zuerst betroffenen Zentrums so stark war,
daß die Reizung direkt von hier aus auf das homologe Gebiet der entgegengesetzten Hemisphäre ausströmte. In einem Worte kann man den Balken — die
hauptsächlichste Kommissur der Neopallia — als eine Verbindung entsprechender
Gebiete der beiden Hemisphären betrachten; oder in einem weiteren Sinne als eine
Verbindung einer Hälfte des Großhirns mit der anderen, durch welche homotopische und heterotopische kortikale Zonen untereinander assoziiert werden.

Nach einigen Verfassern verbinden die Balkenfasern nicht nur die Rinde
der beiden Großhirnhemisphären miteinander, sondern auch jede dieser mit der
Capsula externa und interna der entgegengesetzten Seite und mittels dieser, mit
den Pyramidenbahnen. Hamilton, Ramson, Gad, Bianchi und D'Abundo
bemerken, daß die anatomische Bedeutung des Balkens die einer dem Systeme
der Pyramidenbahnen ähnliche Kreuzungsbahn sei. Hamilton bemerkte beim
Studium des Gehirnes eines vier Monate alten menschlichen Embryos, daß aus der

Großhirnrinde Fasern entspringen, die den Balken durchziehen und in die entgegengesetzte Hemisphäre eintreten, um zum Teile im Thalamus, im Caudatus und in den grauen Kernen des Pons zu endigen; ein Teil ziehe in die innere Kapsel, um sich mit den Pyramidenbahnen zu vereinigen. Folglich wird der Pyramidenanteil der inneren Kapsel von einem (geringen) Teile der bereits im Balken gekreuzten Fasern, und von einem Teile, der dazu bestimmt ist, sich in der Oblongata zu kreuzen, gebildet. Hamilton nimmt ferner an, daß ein Kontingent der Balkenfasern die äußere Kapsel durchziehen. Diese Ansichten Hamilton's wurden in der Folge von einigen Autoren bestätigt, von anderen aber angegriffen. Was den Verlauf der Balkenfasern durch die äußere Kapsel betrifft, so stimmen hierin die experimentellen Beobachtungen Schnopfhagen's und Besso's überein. Auch Archambault hat in Fällen von Balkenmangel vollständige Agenesie der Fasern der äußeren Kapsel gefunden und ist auch der Meinung, daß ein großer Anteil der für die Insula und die Konvexität des Lobus temporalis bestimmten Balkenfasern durch dieselbe ziehe.

Bezüglich der Capsula interna ist Gad der Meinung, daß die Balkenfasern, welche sie durchziehen, die des Rostrum und des Genu seien. L. Bianchi und D'Abundo bemerkten auch, nach Entfernung des Gyrus sygmoideus bei Hunden und Katzen, eine Degeneration der Balkenfasern und des Hirnstieles der der experimentell gesetzten Verletzung entgegengesetzten Seite; sie nahmen daher an, daß sich von der motorischen Zone ein kleines Bündel ablöst, welches, den Balken durchziehend, sich zum Teile verliert, zum Teile sich höchst wahrscheinlich nach der inneren Kapsel hin fortsetzt und den Pes (pedunculi) der entgegengesetzten Seite erreicht. Sie sind daher der Meinung, daß diese sich im Balken schon einmal gekreuzten Markfasern der operierten Gehirnhemisphäre in die Pyramidenseitenstrangbahn derselben Seite (des Rückenmarks) zurückkehren, indem sie eine zweite Kreuzung in der Oblongata erleiden. Daß dem so sei, erklären einige noch ziemlich dunkle experimentelle Tatsachen. So z. B. bei Hunden, bei denen das Türksche Bündel wenig ausgebildet ist, sind durch unilaterale Reizung der motorischen Rindenzone bilaterale Krämpfe häufig. Bianchi und D'Abundo betrachten nun die Balkenbahn als die wahrscheinlichere, von den künstlichen Reizen der motorischen Gehirnrinde befolgte. Und da die im Balken verlaufenden Pyramidenfasern denen gegenüber, welche die gewöhnliche Pyramidenbahn (in der inneren Kapsel) einschlagen, verhältnismäßig wenig zahlreich sind, und ihr Verlauf ein längerer ist, so darf es ihres Erachtens nicht wundernehmen, wenn die motorische Reaktion in den der gereizten Rindenzone homologen Gliedern schwächer und auch langsamer ist.

Mit diesen Beobachtungen stimmen auch die von Bechterew überein. Dieser Verfasser hat infolge von experimentellen Verletzungen der Großhirnrinde bei Säugetieren, besonders wenn sie oberhalb der Fossa Sylvii ausgeführt wurden, eine Degeneration nicht nur der Fasern der Rinde beider Hirnhemisphären, sondern auch der homolateralen inneren Kapsel, des Balkens, wie auch der inneren Kapsel und des Hirnstieles der entgegengesetzten Seite beobachtet. Mit diesen Resultaten stimmten die damals (1901) von Ugolotti erzielten überein. Letzterer hatte bei 13 unter 17 von zerebraler Hemiplegie betroffenen Patienten ein die Pyramidenbahnen der gesunden Seite einnehmendes Bündel degenerierter Fasern angetroffen. Er verfolgte diese Fasern in den

Hirnstiel, in der Brücke, in der Oblongata. bis zur Kreuzungsstelle, d. h. wo sie sich mit der gesunden Pyramide der entgegengesetzten Seite vereinigen (id est, auf der Seite der Gehirnläsion). Er gelangte daher zu der Annahme, daß das in der Pyramidenbahn der gesunden Seite angetroffene Bündel der Pyramidenfasern höchstwahrscheinlich an sich zu den Balken kreuzenden Fasern gehöre. Später jedoch sprach Ugolotti seinen früheren Befunden jedwelchen Wert ab, denn er nahm an, daß die von ihm im Pes pedunculi der gesunden Seite angetroffene Degeneration von einer nicht korrigierten Abschätzung, insofern diese von hypothetischen, auf der nicht verletzten Seite gelegenen Erweichungsherden oder von irgend einer bei der makroskopischen Untersuchung von ihm übergangenen Desintegrationslücke des Großhirns abhängig war, zurückzuführen sei. Diese Einwände sind nicht definitiv, denn Zancla hat beim Menschen, infolge einer Erweichung des linken Lobulus pararolandicus, degenerierte Fasern im rechten (kontrolateralen) Pes pedunculi und im ganzen übrigen Teile der Pyramidenbahnen dieser Seite angetroffen. Auch Dotto und Pusateri glauben, daß der größte Teil der Balkenfasern (die für die interhemisphärische Assoziation bestimmten Fasern) in die Rinde der entgegengesetzten Hemisphäre dringe, daß ein kleiner Teil (der, welcher das Bündel der Projektionsfasern enthält) sich im Balken kreuze, um sich dann in der inneren Kapsel der entgegengesetzten Seite zusammen mit den motorischen (Pyramiden-)Fasern fortzusetzen.

Schröder versuchte den Fasc. commissuralis corp. callosi vom Fasciculus corp. call. cruciatus (Feld T) zu unterscheiden. Der Fasciculus commissuralis besteht aus kleinen, parallel verlaufenden Bündelchen und kennzeichnet sich dadurch, daß sich seine Fasern unter einem rechten Winkel abzweigen. Das zweite Bündel (Felder, oder Cruciatus, Stabkranzbündel) verläuft nach Nießl v. Mayendorf in der dorsalen Balkenschicht und aus der trabekalen Brücke, unter dem Querschnitte des Cingulums heraustretend umschlingt es die lateralen oberen Gruppen des Stabkranzes und streckt sich dann weiter nach hinten in longitudinaler Richtung aus. Nach diesem Autoren würde es eine Kreuzung des Balkenprojektionssystems darstellen. Schröder hat indirekt die Balkennatur des in Rede stehenden Bündels nachgewiesen, insofern dasselbe, trotz der ziemlich ausgedehnten Zerstörung der Hirnrinde und der Marksubstanz jede Entartung desselben auf derselben Seite und auf der entgegengesetzten Seite fehlen kann.

Andererseits können gegen den überhaupt von Nießl v. Mayendorf vertretenen Standpunkt nicht wenige Einwände aufgeworfen werden. In der Tat würden die experimentellen Forschungen Muratow's, La Monaco's, Beevor's und Levy-Valensi's beweisen, daß die Balkenlängsdurchschneidung bei Hunden und Affen nicht von einer Degeneration der Fasern in der Capsula interna und externa gefolgt wird. Beevor, der Versuche an Gehirnen von Affen anstellte, leugnete in der Tat, daß die Balkenfasern auch nur in einfacher Kontiguitätsverbindung mit denen der inneren Kapsel stehen können. Auch Dejerine bezweifelt das Vorhandensein von Balkenfasern in der Capsula interna, da keine Veränderungen infolge der Durchschneidung des Balkens sich auf der inneren Kapsel der entgegengesetzten Seite verspüren lassen. Andererseits soll, nach Nießl v. Mayendorf, dieses von der schwer die Degeneration dünner endokapsulärer Bündelchen zeigenden Weigertschen Färbemethode abhängen. Außerdem bleibt nach Dejerine's Meinung, das mit dem Fasciculus subcallosus identifizierte assoziative okzipito-frontale Bündel nach dem Balkenschnitte unversehrt, falls die Hirnrinde nicht zufälligerweise während der Operation verletzt wird. Die These Dejerine's stützt sich aber, Nießl v. Mayendorf nach, auf zwei Prämissen, die als unannehmbare erwiesen worden sind, nämlich 1. daß das sog. Längsbündel im balkenlosen Gehirne mit dem als Fo bezeichneten Faserbündel identisch sei (Fasciculus fronto-occipit.), ein Punkt, der von Marchand deutlich als irrig erkannt wurde; 2. daß der Fasciculus subcallosus Muratoff's, welcher sich beim Durchschneiden des Balkens weder kreuzt noch degeneriert, und die mit Fo gekennzeichneten Fasergruppen ein und denselben Faserkomplex bedeute; eine Identifizierung, die ebenfalls nicht richtig ist. Die deutschen Autoren haben hingegen erkannt, daß der Fasciculus subcallosus Muratoff's ein Anteil der grauen subependimalen Substanz ist und mit dem Fasciculus fronto-occipitalis nicht identisch ist. Die Abb. 9 der Arbeit dieses Autors beweist in der Tat, daß dieser Forscher den Fascic. corp. callosi cruciatus nicht zu Gesicht bekommen hat; denn sein Faserkomplex befindet sich unter dem Balken, in dem Winkel zwischen dem Caudatus und der Balkengabel. Hingegen erhebt sich der Fasciculus corporis callosi cruciatus oberhalb des Armes des sich ausbreitenden Balkenfächers; es wäre also ein Fasciculus supracallosus, der sich dem dorsalen Balkenteile auflegt. Die zarte Faserung des subkallosen Bündelchens von Muratoff (Fasciculus nuclei caudati von Sachs, Redlich, Obersteiner), welches infolge degeneriert, würde wahrscheinlich eine Verbindung der Hirnrinde mit dem Caudatus darstellen, und dann könnten diese Faserbündel nicht infolge einer sagittalen Zerschneidung des Balkens degenerieren.

Trotzdem sind aber auch andere Einwände gegen die Hypothese, daß im Balken auch Fasern des Projektionssystems ihren Verlauf hätten, erhoben worden. Lo Monaco meint, daß das Hervortreten der Degenerationsprozesse in der inneren Kapsel bei an Balkendurchschneidung operierten Tieren die Folge eines Fehlers in der Operationstechnik, und zwar nicht wahrgenommene Verletzungen der medialen Hirnwindungen sei; ebenso wären die im Pes pedunculi angetroffenen degenerierten Fasern den durch die Operation hervorgerufenen Rindenverletzungen zuzuschreiben. Gleichfalls ist, nach anderen Autoren, die eventuelle Anwesenheit degenerierter Fasern in der Capsula interna nach der experimentellen Balkendurchtrennung von der Mitläsion der kollateralen Fasern des Fasciculus supracallosus, welche den Balken durchziehen und durch die Operation verletzt wurden, abhängig. Dieser Einwand wird dadurch bekräftigt, daß Kaufmann und Onufrowicz und ich selbst in menschlichen Gehirnen mit Balkenmangel keine Veränderungen der inneren Kapsel fanden, die eine direkte Abhängigkeit dieser Bahnen vom Balken angedeutet hätten. Ebensowenig hat man aus dem Studium von Gehirnen, in welchen eine Balkendegeneration oder Erweichung bestand (Marchiafava-Bignami, mein Fall), irgend ein Argument zugunsten der Annahme ziehen können, daß Balkenfasern durch die innere Kapsel ziehen. Infolge dieser Erwägung ist der größte Teil der Autoren nicht ganz geneigt, anzunehmen, daß sich ein Teil der Balkenfasern durch die innere Kapsel kreuzt.

Das was sicher ist, ist, nach v. Valkenburg, daß ein Teil des Balkens dazu dient, die Neostriata, nämlich den Caudatus und das Putamen untereinander zu verbinden, obwohl er keine Degeneration der Zellen dieser Ganglien angetroffen hat. Er ist der Meinung, daß — analog der Commissura archistriata, die

die Nuclei amygdalae und der Meynertschen Kommissur, welche die Paleo-
striata vereinigt — der Balken phylogenetisch jüngere Formationen des Striatum
verbinde. Daher muß der Be-
griff, daß der Balken ausschließlich die Großhirnrinde
der beiden Seiten (homotopisch
oder heterotopisch) vereinigt,
aufgegeben werden. Jedenfalls
gibt es auch eine bedeutende
Anzahl von Fasern im Balken,
die ohne Frage von einer Großhirnhemisphäre zur anderen
ziehen, deren Ursprung und
Ende durchaus nicht sicher ist.

Etwas genauere, nicht aber
vollständig sichere Kenntnisse
besitzen wir über die Mark-
zonen der Großhirnhemisphäre,
in welchen die Balkenfasern
verlaufen. Hier helfen uns die
von P. Ladame angestellten
Forschungen. Nach Zerlegung
von normalen Gehirnen angehörenden Großhirnhemisphären

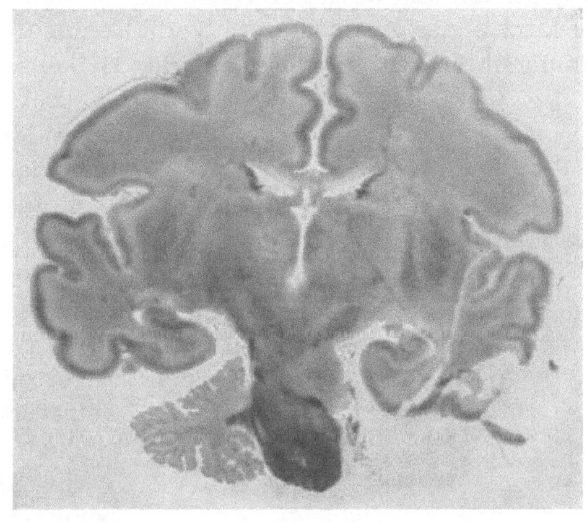

Abb. 6. Schräger Schnitt durch das ganze
Hirn eines 7 Monate alten menschlichen
Fötus. Färbung nach Pal. (Aus einem Präparat
meiner Sammlung.) Man sieht den Balken vollkommen markfaserfrei.

in Frontalserien hat dieser Autor die Schnittzone der Marksubstanz derselben
gemessen, und zwar von der Frontalfläche des sog. Corpus striatum bis zu
der hinteren des G. postcentralis. Zu diesem Zwecke teilte er die Schnittflächen (von außen nach innen
schreitend), in Markpyramiden,
Centrum semiovale, Stabkranz
und Zentralmark. Aus diesen
Messungen geht hervor, daß
die diese verschiedenen Abschnitte der Marksubstanz bildenden Elemente aus Assozia-
tions-, aus in kleinen Bündeln
verlaufenden Projektions- und
Balkenfasern bestehen; jedoch
unter einem gewissen Vor-
herrschen der einen den anderen
gegenüber, je nach den verschiedenen Zonen. So sind
z. B. die Projektionsfasern verhältnismäßig zahlreicher in der
Stabkranzzone, während die

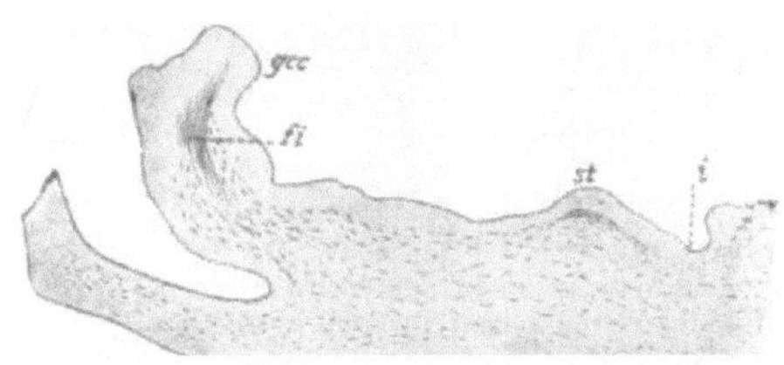

Abb. 7. Frontalschnitt durch den hinteren
Teil des Balkens eines 1½ Monate alten
Kindes. Färbung nach Pal. Aus meiner Sammlung.
i = der Linea mediana des Balkens entsprechende
Vertiefung. gcc = G. corp. callosi. Die Balkenfasern
sind schwach myelinisiert und erscheinen wie Pünktchen oder sehr kurze Linien. Beginnende Myelinisierung des Stratum lancisianum (st). fi = um die
Basis der Stria tecta herum verlaufende Markfaser-
schicht des G. c. callosi.

Assoziationsfasern im Centrum ovale und in den Markpyramiden vorherrschen.
Dies erklärt, daß eine elektive Zerstörung von Fasern einer bestimmten Reihe
infolge eines auch deutlich begrenzten (subkortikalen) Herdes fast unmöglich

sei, und andererseits begreift man, wie, je mehr sich ein Herd (oberflächlich) auszudehnen strebt und besonders je tiefer er in der Marksubstanz (Stabkranz) gelegen ist, um so größer die Anzahl der zerstörten langen Assoziations-, Projektions- und auch der Balkenfasern sein wird, während die mittleren sowie die kurzen Assoziationsfasern verhältnismäßig freibleiben. Nur wenn die Verletzung ihren Sitz in der Nähe des Balkens oder unmittelbar bei der inneren Kapsel hat, ist die Unterbrechung einer besonderen Gruppe von Fasern, nämlich hier der Projektionsfasern und dort der Kommissurenfasern, möglich.

Das Studium des Verhaltens der Entwicklung der Balkenfasern kann nicht von dem der Zeit ihrer Myelinisierung getrennt einhergehen. Die von mir an Neugeborenen angestellten Beobachtungen gestatten den Zeitabschnitt der Myelinisierung der Balkenfasern in drei Stadien einzuteilen. Während des intrauterinen Lebens (Abb. 6) bemerkt man keine myelinisierten Fasern im Balken. Im ersten Stadium, welches sich von der zweiten oder dritten Woche des extrauterinen Lebens bis zum Ende des zweiten Monats erstreckt, weisen die Balkenfasern eine beginnende Myelinisierung auf (Abb. 7).

Im zweiten Stadium, welches zwischen dem dritten (Abb. 8) und dem siebzehnten Monate liegt, erstreckt sich die Balkenmyelinisierung sowohl auf die lateralen Teile wie auf den medianen Teil der Balkenfasern. Diese Myelinisierung jedoch ist um so schwächer, je mehr sie sich der Mittellinie nähert, wo die Fasern fast weiß erscheinen. Teilt man ferner (frontalwärts) die Balkenfasern in drei Schichten, eine ventrale, eine mittlere und eine dorsale, so bemerkt man, daß die Fasern der mittleren Schicht schwächer gefärbt sind als die der anderen beiden Schichten.

Im dritten Stadium (vom achtzehnten zum zwanzigsten Monat) befällt die Myelinisierung noch mehr den mittleren und medianen Teil des Balkens (Abb. 9), wie auch jene Fasern des lateralen Teiles, die noch nackt geblieben waren. Die Vermutung, daß die Fasern, die sich in diesem letzten Zeitabschnitte myelinisieren, ein von dem, welches sich in der zweiten Periode myelinisiert, verschiedenes System darstellen, würde also logisch erscheinen. Doch ist es nicht überflüssig hervorzuheben, daß die Balkenfasern (Ramon y Cajal) entweder die Neuraxonen der Zellen der grauen Rindensubstanz,

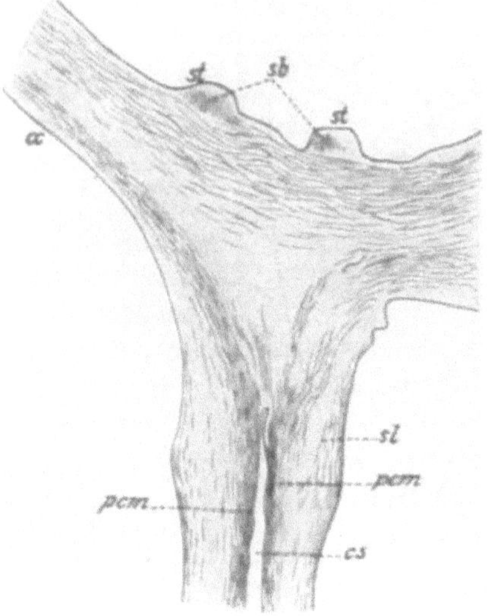

Abb. 8. Der vorderen Hälfte des Balkens eines 4$^{1}/_{2}$ Monate alten Kindes entsprechender Frontalschnitt. (Palsche Färbung.) Aus meiner Sammlung.

Die Fasern der lateralen Teile des Balkens (cc) sind nicht vollständig myelinisiert. Die Myelinisierung nimmt der medianen Linie zu, ab. Das Stratum lancisianum (sb) enthält dicke, vertikale, myelinisierte Fasern (Fibrae perforantes); andere spärlichere Fasern erscheinen in dem zentralen Teile der Striae mediales (st). Die Myelinisierung des Faserbündels, welches das Stratum pericavitarium mediale (pcm) und das Stratum laterale (sl) der Laminae septi pellucidi bildet, ist vollständig; die Fasern des Fornix longus sieht man sich mit jenen des Stratum pericavitarium mediale fortsetzen.

oder die Kollateralen, oder die Teilungsäste der langen Assoziationsfasern darstellen. Wenn also, was natürlich ist, die Myelinisierung von dem zentralen Ende
des Neurons nach dem peripherischen fortschreitet, so ist es angebracht, daraus
zu folgern, daß der Mangel an Myelinisierung eines Teiles, besonders des mittleren
der Balkenfasern davon abhängt, daß die Myelinisierung bis ungefähr zum achtzehnten Monate nur die homolaterale Hälfte der Balkenfasern befallen hat
und erst später auch den kontralateralen Teil derselben betrifft.

Bei Balkenlängsschnitten an einem viermonatlichen Kinde habe ich außerdem in sagittaler und in frontaler Richtung angeordnete Fasern beobachtet,
was beweist, daß die Balkenfasern nicht bloß in (parallelen) frontalen, sondern
auch in schrägen und vertikalen Richtungen verlaufen (Abb. 17). Dies bestätigt

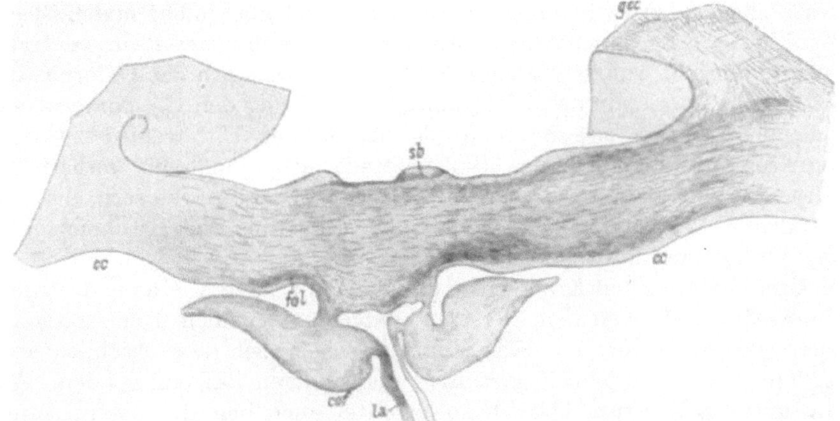

Abb. 9. Frontalschnitt durch den Balken eines 17 Monate alten Kindes,
entsprechend der vorderen Balkenhälfte. (Palsche Färbung). Aus meiner Sammlung.

Die Fasern des Balkens (cc) sind fast vollständig myelinisiert; die im Zentrum verlaufenden
sind jedoch etwas blasser; ebenso zeigen sich die Crura anteriora fornicis (cof) in ihren
ganzen Konturen gut myelinisiert, während sie im Zentrum hingegen viel blasser sind.
Von dem ventralen Teile des Balkens sieht man Fasern (Fornix longus) ausgehen (fol), die,
fast vertikal verlaufend, zu den Crura anteriora fornicis ziehen. Im G. cinguli (gcc) sieht
man viele Stabkranzfasern; die Querfasern sind in ihm sehr spärlich.
Der linke Teil des Balkens ist nur in seinen Umrissen gezeichnet; sb = Fibrae perforantes.

die bereits von allen Anatomen angenommene Meinung, daß die Balkenfasern
nach den verschiedensten Richtungen hin verlaufen.

Die myelogenetischen Untersuchungen Flechsigs haben auch festgestellt,
daß bei wenige Wochen alten Kindern Fasern, die man im Splenium verfolgen kann, sich zu myelinisieren beginnen; die Myelinisierung geht zuerst
auf die mediane Linie und dann auf die andere Hemisphäre über. Man hat
sogar wahrgenommen, daß die aus der linken Sehsphäre kommenden Fasern
sich meistens rechts, in der unmittelbaren Nähe der Sehsphäre ausbreiten, da
wo auch zahlreiche Assoziationsfasern von der Sehsphäre her anlangen.
Flechsig hat auch bemerkt, daß im Splenium als erste, vor allen anderen
Assoziationssystemen, sich besondere, den Sehzentren angehörende Faserbündel myelinisieren.

Ich kann diesen Befund Flechsig's weder bestätigen noch verneinen, da ich nicht die Kriterien, nach denen Flechsig im Splenium diese zwei Fasersysteme unterscheidet, kenne. Aus meinen Untersuchungen geht nur hervor, daß die Myelinisation des hinteren Drittels des Balkens später als die der zwei vorderen Drittel zustande kommt.

Diese meine vor zwei Jahrzehnten veröffentlichten Studien über die Myelinisation der Balkenfasern sind neuerdings von Villaverde vervollständigt worden. Diesem Verfasser nach finden sich die ersten Andeutungen der Balkenmyelinisierung in den Striae longitudinales laterales. Um diese herum myelinisieren sich vorwiegend in schräger oder vertikaler Richtung Nervenfasern, die vielleicht an dem Fornix longus beteiligt sind. In der dritten Woche nach der Geburt befinden sich einige Markfasern fast ausschließlich im mittleren Teile des Balkens (das Genu und das Splenium sind noch nicht myelinisiert); die myelinisierten Fasern im dorsalen Teile aber sind zahlreicher als im ventralen Teile: dies entspricht wahrscheinlich den Kommissurenfasern des G. fornicatus. Vom dritten Monat an nimmt die Myelinisierung in der den Gg. paracentrales entsprechenden Region zu, während gleichzeitig der Unterschied zwischen dem ventralen und dem dorsalen Balkenanteile sich allmählich verliert. In dieser Gegend sieht man besonders eine Art Fächer von Markfasern, die, von den lateralen Teilen des Balkens kommend, sich längs der Hirnhemisphäre dorsalwärts und nach außen umbiegen.

Beim drei Monate alten Kinde zeigt das Splenium nach Villaverde einige, ohne Unterschied zwischen dem dorsalen und dem ventralen Teile zerstreute Markfasern; nur im Alter von sechs Monaten zeigen sich diese reichlich myelinisiert, immer weniger jedoch gegenüber den anderen Balkengegenden. Was das Genu und das Rostrum betrifft, so schreitet auch hier die Myelinisierung langsam fort. Beim drei Monate alten Kinde findet man in dieser Gegend ausschließlich die Striae laterales myelinisiert und nur beim vier Monate alten Kinde gewahrt man spärliche Markfasern. Im Rostrum wächst die Zahl der myelinisierter Fasern ebenfalls, aber die hier vorgeschrittene Myelinisierung den anderen Balkenteilen gegenüber bleibt stets zurück.

Auch die histologisch genaue Weise des Ursprungs und des Endes der Balkenfasern sind der Gegenstand zahlreicher Forschungen gewesen, die aber, wenngleich sie viele anatomische Fragen aufgehellt haben, trotzdem noch sehr unvollständig sind. Sicher ist, daß die aus der einen Großhirnhemisphäre zur anderen ziehenden, die Balkenstrahlungen bildenden Fasern mittelbar oder unmittelbar den Nervenzellen der grauen Rinde entstammen müssen.

Der kortikale Ursprung der Balkenfasern ist ein zweifacher:

a) Einige derselben stellen die direkten Achsenzylinder der Zellen der grauen Rindensubstanz dar. Nach R. y Cajal sind es große und kleine Pyramidenzellen, welche direkt die Balkenfasern hervorrufen. Doch wird diese Ansicht nicht von allen geteilt. Einige Forscher haben versucht, sie auf experimentellem Wege zu lösen. Jenschmidt und de Vries haben nach den Balkendurchtrennungen beobachtet, daß hauptsächlich die größten der Nervenzellen der vierten Schicht der Großhirnrinde degeneriert waren (Brodmann); Elemente, welche den tiefen Schichten der Hirnrinde angehören. In der Tat kann dieselbe hinsichtlich der Verbindungen mit den darunterliegenden Fasern in zwei Hauptzonen eingeteilt werden: Eine Zone tiefer Schichten, die in engem Zusammenhange

mit dem Markmantel steht (Assoziations- und Kommissurenfasern, Projektionsfasern und entsprechende Ausstrahlungen), und eine Zone von oberflächlichen Schichten (Stratum zonale, Schicht der kleinen Pyramidenzellen, Stratum
granulare profundum), die sich weder an der Projektion des Stabkranzes
noch am Balken beteiligt.

Jedoch sind die Resultate der oben erwähnten Forschungen nichts weniger
als endgültig zu betrachten. Die von Mirto ausgeführten Untersuchungen über
die Großhirnrinde eines balkenlosen Gehirnes wiesen weder eine Agenesie noch
eine Aplasie besonderer Gruppen von Nervenzellen auf. Valkenburg selbst
hat neuerdings festgestellt, daß es nach der Durchtrennung des Balkens bei
einigen Säugetieren selbst nicht einmal mit den feinsten histologischen Methoden,
die uns zur Verfügung stehen, möglich war, Veränderungen der einen oder der
anderen Gruppe von Nervenzellen der Großhirnrinde wahrzunehmen. Sicher ist,
nach den Ergebnissen dieses Autors, daß die Riesenpyramiden des 4. Feldes (Brodmann) in den Fällen, in denen der G. praecentralis vollständig von den kon-
troparietalen Balkenausstrahlungen getrennt war, durchaus nicht gelitten hatten.
Unsicher und vielleicht vorübergehend waren auch die Veränderungen der
Zellen der tiefen Schichten in der Hirnrinde von Katzen, Kaninchen und
Mäusen, bei denen Valkenburg den Balken durchtrennt hatte.

Schneider, der neuerdings auch die G. praecentralis eines Mannes untersuchte, dessen Balken in der vorderen Seite erweicht war, fand eine Verminderung
an der Zahl der kleinen Pyramidenzellen vor (gegen Valkenburg); es fehlten
die Pyramidenriesenzellen und (in Übereinstimmung mit diesem Forscher)
die Fortsätze der Pyramidenzellen.

b) Andere Balkenfasern entstehen etwas unterhalb der Rinde und stellen
die Kollateralen der langen Projektionsfasern dar, oder sind Kollaterale oder
Bifurkationszweige der langen Assoziationsfasern.

Welches auch immer ihr Ursprung sei (mögen sie nämlich direkte Achsenzylinder oder einfache Kollateralen oder Bifurkationszweige anderer Fasern des
ovalen Zentrums bilden), die im allgemeinen mit dicken, kräftigen Markscheiden
versehenen Balkenfasern breiten sich konvergierend gegen den äußeren Winkel
des Seitenventrikels zu aus, wo sie, zu einem festeren Bündel vereinigt, die
Balkenstrahlungen (von der Rinde zum äußeren Winkel des Seitenventrikels)
bilden. Sie durchziehen sodann die Mittellinie, um bloß teilweise (s. o.) die
Rinde der entgegengesetzten Seite zu erreichen, indem sie sich in freie Verästelungen auflösen. Bei der Maus und bei dem neugeborenen Kaninchen kann
man am besten wahrnehmen wie die varikösen und sehr zarten Balkenfasern,
welche in die graue Substanz der motorischen Zone der Hirnrinde dringen,
nach einigen spitzwinkligen Bifurkationen sich in feine und emporsteigende
Fibrillen verästeln, welch letztere bis zur Schicht der kleinen und mittleren
Pyramidenzellen hinaufsteigen (R. y Cajal).

Zur Bildung des Balkens tragen nicht nur, wie gesagt, die in transversaler
und schräger Richtung verlaufenden Markfasern, sondern auch eine Bekleidung
von grauer Substanz und die in senkrechter Richtung verlaufenden Markfasern bei. Der Balken wird in der Tat an seiner dorsalen Fläche von einer
zarten Schicht grauer Substanz bekleidet (Induseum griseum), die von den
Seiten her und in der Nähe der Mittellinie in Gestalt zweier Längsstreifen
anschwillt: Striae laterales et mediales. Die dem äußeren Randbogen

entstammenden Striae laterales bilden einen Teil der medialen Wand der Hemisphäre; je mehr sich daher der Balken entwickelt, um so mehr werden sie in denselben verwickelt (Martin, Giacomini, Zuckerkandl). Demgegenüber (was Smith, sich auf vergleichende anatomische Beobachtungen stützend, behauptet) haben die Striae mediales nach Dorello nichts mit dem Gyrus dentatus und dem Ammonshorne zu tun, da sie durch den Sulcus fimbriodentatus anterior von denselben getrennt sind.

Vom tektonischen Standpunkte aus stellen die Striae longitudinales eine rudimentäre Rinde dar, welche seitwärts in die Rinde des G. cinguli dringt. Bei vielen Säugetieren verdicken sie sich, so daß sie eine Lamina corticalis von der Gestalt einer Windung bilden (G. supracallosus, Zuckerkandl). Beim Menschen bildet diese Rinde eine zarte Schicht grauer Substanz, das Induseum griseum (Jastrowitz), welche sich in der Nähe der Linea mediana und am lateralen Rande des Balkens verdickt; daher finden sich auf beiden Seiten zwei, aus einer Anhäufung von (bereits von Valentin gefundenen) Nervenzellen und aus Längsfasern bestehende Gebilde.

Bei einigen Säugetieren sind die beiden Striae nur in einem ontogenetischen Zeitabschnitte sichtbar; später verschwindet eine derselben (die Stria medialis) und beim Erwachsenen bleibt nur die andere (lateralis) zurück. Dies ist der Fall beim Sus scrofa. Beim Sus scrofa ist nach Dorello zunächst (in der fötalen Periode) das Induseum griseum des Balkens vorwiegend zellulär, und seine freie obere Fläche kommt mit dem unteren Rande der Falx in Berührung. Es zeigt sich als aus den gleichen, sehr reduzierten Schichten bestehend, die sich in den Wänden der Großhirnhemisphären vorfinden (die zentrale weiße Schicht scheint vollständig zu fehlen). Mit der fortschreitenden Entwicklung verschwinden allmählich die entsprechenden Nervenzellen, um den in Längsrichtung verlaufenden Markfasern Platz zu machen, welche kürzer als die ganzen Gebilde sind und sich in zwei, häufig asymmetrischen Bündelchen vereinigen, die, wenigstens auf einer Strecke ihres Verlaufes durch einen Ausläufer der Sichel von denen der anderen Seite getrennt werden; es sind dies die medialen Nervi Lancisii. Gleichzeitig mit den Veränderungen in der Struktur finden auch solche der Lage statt, denn die lateralen Nervi Lancisii (Taeniae tectae) kommen durch ihr gegenseitiges Annähern auf die Nervi mediales zu liegen, so daß sie dieselben zuletzt vollständig bedecken, indem sie sie etwas in die eigene Masse des Balkens drängen. (In den 14 cm großen Embryonen der Sus scrofa sind die Striae mediales schon vollständig bedeckt.)

Die Striae mediales weisen makroskopisch ein verschiedenartiges Verhalten auf, bisweilen sogar in derselben Tiergattung; so sind beim Pferde und beim Ochsen dieselben stark entwickelt und gleichen den Hirnwindungen. Golgi konnte beim Macacus cymomolgus eine stärkere Entwicklung der Striae mediales, die in der Mitte des Balkens eine Breite von 1 mm erreichten, und bei Cynocephalus Babuin. hingegen nur ganz rudimentäre Striae feststellen.

Beim Menschen ist die Stria medialis gewöhnlich deutlicher als die lateralis und es ist die erstere, welche man in einem ganzen Gehirne bei Erweiterung der Fiss. interhemispherica sieht. Sie beginnt vorn, vereinigt sich mit der entsprechenden Stria lateralis, um sich mit dem Pedunculus septi fortzusetzen; diese Fortsetzung ist jedoch makroskopisch nicht immer wahrnehmbar, denn bisweilen scheint die Stria am Balkenknie aufzuhören. Sie verläuft dann, ungefähr 1 mm breit auf dem Balken in der Nähe der Linea mediana, nachher legt sich die der einen Seite neben die der anderen Seite; ja zuweilen sind die beiden Striae zu einer einzigen zusammengeschmolzen. Dem Balkenwulst entsprechend trennen sich die beiden Striae mediales, jede lateralwärts ziehend.

Fast alle Autoren (Henle, Giacomini) stimmen in der Annahme überein, daß beim Menschen die Stria medialis hinten, nicht direkt, sondern indirekt, mittels der Fasciola cinerea, mit welcher sie sich fortsetzt, in die Fascia dentata dringt. Nach der Beschreibung Henles beginnt die Fasciola cinerea auf der dorsalen Fläche des Balkens (G. fasciolaris) (Abb. 12) als ein 25 mm dickes abgeflachtes Längsbündel und auf der inneren Fläche in Gestalt einer 1,0 dicken Erhabenheit. Die Volumzunahme ist auf die graue Substanz zurückzuführen, in der sich zahlreiche, in der Richtung der Fasern der Erhabenheit gelagerte Elemente nach außen hin anhäufen und eine Sternform annehmen. Im hinteren Ende dieser Erhöhung bildet sich so, parallel mit derselben, eine abgeflachte, aus zwei Arten von Elementen bestehende Lamina; aus kleinen dicht zusammengedrängten, welche den Anfang der Körnerlage der Fascia dentata darstellen (was auch von Giacomini bestätigt wurde); und aus anderen, tiefer gelegenen Elementen, welche denen der Lamina terminalis des Cornu Ammonis entsprechen.

Diese Auffassung der Fasciola cinerea wird jedoch nicht von allen in dem gleichen Sinne geteilt. Während sie, wie gesagt, für Henle und Giacomini einen Teil der Fascia dentata darstellt, glaubt Retzius, daß man auch bei der makroskopischen Untersuchung die Fascia dentata entweder zugespitzt oder

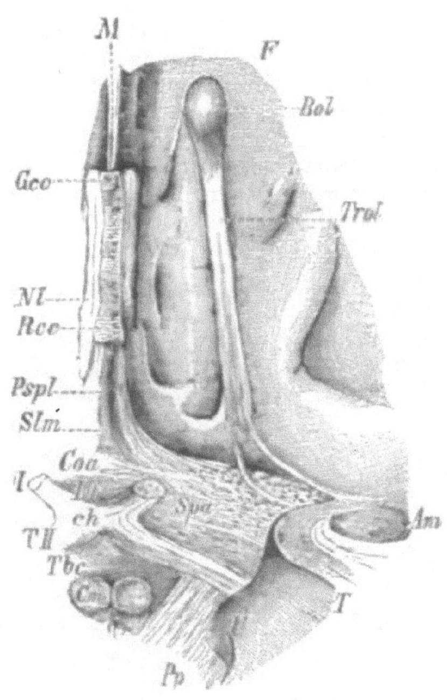

Abb. 10. Medialer Teil der (vorderen) Basis der (linken) Großhirnhemisphäre vor dem Chiasma. Die Spitze des Schläfenlappens ist abgetragen worden. (Nach Obersteiner, Anleit. b. Stud. d. Baues etc. Deuticke 1912).

II = N. opticus; Am = Amygdala; Bol = Bulbus olfactorius; ch = Chiasma; Cm = Corpus mamillare; Coa = Erhabenheit im Boden der grauen Kommissuren, verursacht durch die Commiss. anterior; F = Lobus frontalis; Gcc = Genu corporis call.; Lit = Lamina terminalis; M = Fissura Pallii; Nl = Nervi Lancisii; Pp = Pes pedunculi; Pspl = Pedunculus septi pellucidi; Rcc = Rostrum callosi; Slm = Sulcus medianus substantiae perforatae anterioris; Spa = Subst. perfor. anter.; T = Lobus temporalis; Tbc = Tuber cinereum; Trol = Tractus olfactorius; TII = Tractus opticus; U = Uncus.

mit einer rundlichen Erhabenheit versehen, aber sich noch mit der Fasciola fortsetzend, endigen sieht. Diese Erhabenheit — Cauda hippocampi, Tuberc., Cauda corp. Ammonis — ist zwischen dem oberen Fortsatz der F. dentatae, welche lateral, und einem Strange von weißer Substanz, der Fimbria, einem dreikantigen oder flachgedrückten weißen Strang, die medial liegt, eingeschaltet (Abb. 12). Gewöhnlich verschwindet sie $^1/_2$ cm unterhalb des Spleniums, bisweilen aber bleibt die Vereinigung der Fimbria mit der Fascia dentata aus und die Cauda hippocampi setzt sich im lateralen Zweige der Fissura transversa cerebri fort.

Retzius findet die Fasciola zwischen der Fascia dentata und der Fimbria schon beim 8 Monate alten Fötus als ein kleines längliches Band, das er G. fasciolaris nennt und als eine besondere Windung betrachtet. Bei den Erwachsenen soll es in der Tiefe des Sulcus fimbriodentatus verschwinden und sich auf den oberen hinteren Teil beschränken. Bei einigen Säugetieren, wie z. B. bei den Marsupialiern, verdient sie wirklich die Benennung „Windung". Nach Levi bilden der obere Fortsatz der Fascia dentata und die Cauda corporis Ammonis zusammen die Fasciola cinerea und wird erstere von der zweiten durch eine Furche getrennt, die sich immer mehr oder weniger nach oben

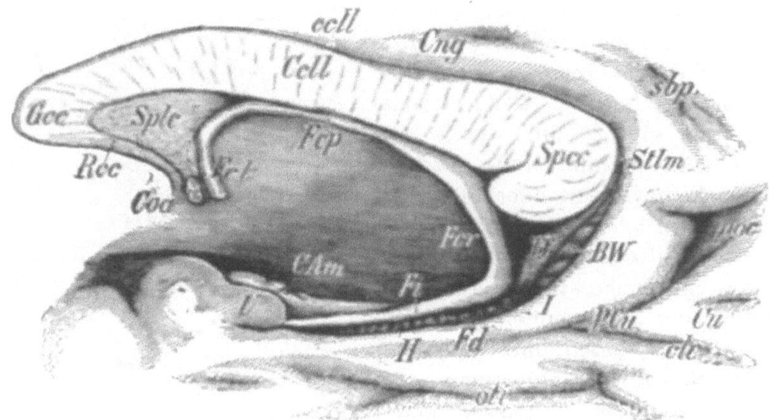

Abb. 11. Teil eines medianen Schnittes durch ein menschliches Gehirn. Der Thalamus ist abgetragen und die unterhalb des Schläfenlappens gelegenen Gebilde sind etwas voneinander getrennt wegen ihres Eindringens in die Fiss. hippocampi. Natürliche Größe. Nach Obersteiner, l. cit.

Bw = Balkenwindung; CAm = Cornu Ammonis; Ccll = Corpus callosum; ccll = Sulcus corporis call; clc = Fiss. calcarina; Cng = G. cinguli; Coa = Commiss. anterior; Cu = Cuneus; Fcl = Columna fornicis; Fcp = Corpus fornicis; Fcr = Crus fornicis; Fd = Fascia dentata; Fi = Fimbria; Gcc = Genu corp. callosi; H = Hippocampus; I = Isthmus fornicati; oti = S. occipitotemporalis inf.; poc = Pedunc. cunei; Rcc = Rostrum corp. call.; Sbp = Sulcus subparietalis; Spcc = Splenium callosi; Splc = Septum pellucidum; Stlm = Stria longitud. medialis; Tf = Tuberculum fasciae dent.

fortsetzt; verschwindet diese, so unterscheiden sich noch immer diese beiden Gebilde durch ihre Farbe. E. Smith charakterisiert die Fasciola als das „inverted" Hippocampus, im Gegensatz zum „submerged Hippocampus". Bei den Kaninchen bildet sie in den Querschnitten des Hippocampus einen glatten und breiten Streifen von Rindensubstanz, bedeckt von einer zarten Faserschicht (Alveus extraventricularis); bei diesen Tieren jedoch verdient sie nicht den Namen „Windung".

Was das vordere Ende der Stria medialis betrifft, so glaubt Blumenau, daß dasselbe mit dem Tuber olfactorium in zweifacher Beziehung stehe, insofern als die tiefste Schicht des erwähnten Endes am Niveau des vorderen Endes des Rostrum in die weiße Substanz des medialen Anteiles der G. front. supr., welche sich hinten mit dem Cingulum verbindet, ziehe. Durch Vermittlung dieses Teiles der F_1 sollen sich die Striae mediales also (indirekt) mit dem Bulbus olfactorius verbinden. Außerdem gehen die Striae Lancisii mit den oberflächlichen sagittalen Schichten des Rostrum eine direkte Verbindung ein; sie treten ihrerseits am Rande des erwähnten G. frontalis in die Stria olfactoria medialis.

Die Striae mediales weisen drei besondere Schichten auf, eine oberflächliche (molekuläre), vorwiegend aus weißer Substanz bestehende Schicht von Nervenfasern, eine mittlere aus Nervenzellen, von vorwiegend vertikaler Richtung, und eine tiefe weiße, aus in Längsrichtung verlaufenden Nervenfasern bestehende Schicht. Die Nervenfasern der lateralen Seite der Striae mediales treten zuweilen in Gestalt eines dicken, auch mit bloßem Auge wahrnehmbaren Streifens auf, während sie sich bisweilen lateralwärts verlieren. Die beiden Striae

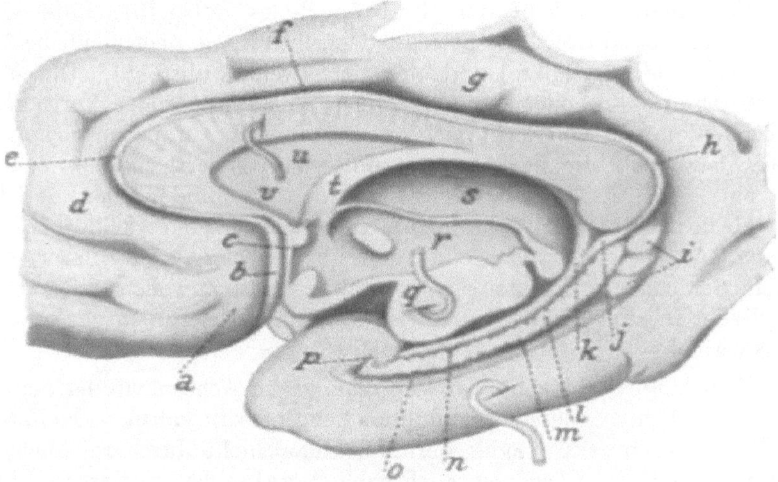

Abb. 12. Medianer Sagittalschnitt des Balkens und des Diencephalon eines 12 Jahre alten Kindes.

a = Plica limbica frontooccipitalis; b = Pedunculus septi; c = Lamina terminalis et commiss. ant.; d = G. cinguli; e = Stria lateralis; f = Sinus c. callosi; g = G. subparietalis; h = Fasciola cinerea; i = Gyri subcallosi; j = Cauda hippocampi; k = Fimbria; l = Fascia dentata; m = Fiss. hippoc.; n = Sulcus fimbriodentatus; o = Ramus lateralis fiss. cerebr. transversae (künstlich erweitert); p = Uncusbändchen und Uncus; q = Mesencephalon; r = Ventriculus III; s = Pars posterior fiss. cerebr. transversae; t = Columna forn.; u = Septum; v = Apex callosi.

werden jedoch immer mittels einer zarten Schicht grauer Substanz zusammengehalten, obwohl in der Zwischenzone die Schicht der kleinen Pyramidenzellen fehlt. Und da die Striae ihrerseits die Fortsetzung der grauen Schicht der Rinde darstellen, so könnte nach Giacomini die Verbindung der Hirnrinde der beiden Seiten nie unterbrochen werden.

Die Striae laterales haben die Gestalt eines wenig mehr als 1 mm breiten Bändchens, welches bis zur Wulst verläuft. Beim Menschen sind sie im Sinus c. callosi in wenig deutlicher Weise entwickelt und durch die Längsfasern des G. fornicatus getrennt; oft sind sie makroskopisch unsichtbar und nur die histologische Untersuchung deckt ihr Vorhandensein auf.

Einige Forscher (Zuckerkandl) sind der Meinung, daß die Striae laterales, nicht aber die mediales, sich in die Fascia dentata fortsetzen. Diese Meinung ließe sich in Übereinstimmung bringen mit den Ansichten derer, die (siehe oben) die Fortsetzung der Fasciola cinerea mit der Fascia dentata in Abrede stellen.

Ramon y Cajal hat besonders bei den Nagetieren den feinen Bau der Striae laterales eingehend untersucht. Bei diesen Tieren bestehen die makroskopisch nicht sichtbaren Striae laterales aus einer zarten Schicht von Markfasern, welche die Nervi Lancisii mit dem Rande des Cingulum vereinigt. In der lateralen Fortsetzung der Stria lateralis trifft man vereinzelte Nervenzellen an, deren Dendritenfortsetzungen zur Molekulärschicht des Induseum ziehen; hier werden sie von den Kollateralen der darunterliegenden weißen Substanz kommenden Markenfaserendverästelungen umgeben.

Was die feinere Struktur der Striae mediales anbetrifft, unterscheidet Cayal (bei der Maus) drei Schichten in denselben: eine oberflächliche (molekulare), eine mittlere (zellulare) und eine tiefe (weiße Substanz). Die mittlere Schicht besteht aus ei- oder spindelförmigen Zellen mit großer Vertikalachse, Zellen, deren Volumen von oben nach unten zunimmt. An ihrem oberen Ende bilden sie Dendriten, die sich in die molekulare (oberflächliche) Zone verzweigen, eine Eigentümlichkeit, welche sie den Pyramidenzellen der Rinde nähert (Giacomini). Der Achsenzylinder löst sich vom Zellkörper, steigt nach unten und setzt sich nach einer gewissen Strecke als Markfaser, sowohl der tiefen Schicht als der weißen Substanz fort. Zuweilen teilt sich der Achsenzylinder in ein y, und wird so der Ursprung zweier in entgegengesetzter Richtung verlaufender Fasern.

Die tiefe Schicht besteht aus der Vereinigung der Achsenzylinder der Zellen der mittleren Schicht. Diese so gebildeten Nervenfasern geben zu Kollateralen Anlaß, die in der mittleren oder der Molekularschicht durch reichliche Verästelungen endigen. Man begegnet auch nach Cayal in den mittleren und tiefen Schichten Achsenzylindern, die variköser sind als die vorherigen und frei in die Nervi Lancisii endigen. Die aus der Vereinigung fast sämtlicher Dendriten gebildete Molekularschicht enthält eine große Anzahl von sehr zarten, verzweigten und in Längs- oder anteroposteriorer Richtung (Abb. 18) verlaufenden Tangentialfasern. In dieser Schicht findet man noch einzelne spindelförmige Elemente, doch konnte der Verlauf ihrer Achsenzylinder noch nicht festgestellt werden. Die aus den genannten Zellen kommenden Fasern können ihres weiteren Verlaufes wegen einige als Projektionsfasern, andere als Assoziationsfasern angesprochen werden. Die Projektionsfasern ziehen teilweise nach der Oberfläche der Schicht (nicht aber zum Bulbus olfactorius, wie einige meinen); andere hingegen durchziehen den Balken, um einen Teil des Fornix. longus zu bilden (Abb. 15); die Assoziationsfasern ziehen das Splenium umgehend, zur Fasciola cinerea und dann zur Fascia dentata; außerdem gelangen an die Fascia dentata auch Fasern von den Striae laterales, welche ebenfalls dem Fornix longus eine reichliche Anzahl von Projektionsfasern liefern.

Die Striae longitudinales weisen bei den Verletzungen der Gyri centrales und parietales keine Veränderungen auf. Muratoff (von Bechterew zitiert) beobachtete eine Entartung der Striae in einem Falle von Zerstörung des Lobus olfactorius infolge eines Tumors; ein Befund, der zugunsten der Meinung Zuckerkandls redet, nach welchem in den Striae eine Bahn verlaufe, die vom Geruchsfelde zu den sogen. Geruchszentren der Großhirnrinde, nämlich zum G. fornicatus und zum Subiculum cornu Ammonis ziehen soll.

Hier erscheint es uns angebracht, zu bemerken, daß die von Brodmann Area praegenualis genannte Zone von einem tief im Sulcus c. callosi liegenden rudimentären Rindenstreifen gebildet wird, der unmittelbar aus der Taenia tecta hervorragt. Vorn und unten erstreckt er sich bis an das Ende des Rostrum c. callosi; hinten oben verlängert er sich auf der Oberfläche des Balkens und verliert sich allmählich in der Tiefe des Sulcus c. callosi. Während nun dieses Gebilde bei den Normalen wenig entwickelt ist, sind bei den Mikrozephalen die entsprechenden Nervenzellen größer und zahlreicher. Daß die Stria lateralis bei den Mikrozephalen oft kräftiger ist als in der Norm, dies begreift man, wenn man bedenkt, daß dieselbe aus den Achsenzylindern der Zellen des Indus. griseum. entspringt, und daß gerade bei diesen diese letzte Formation nicht

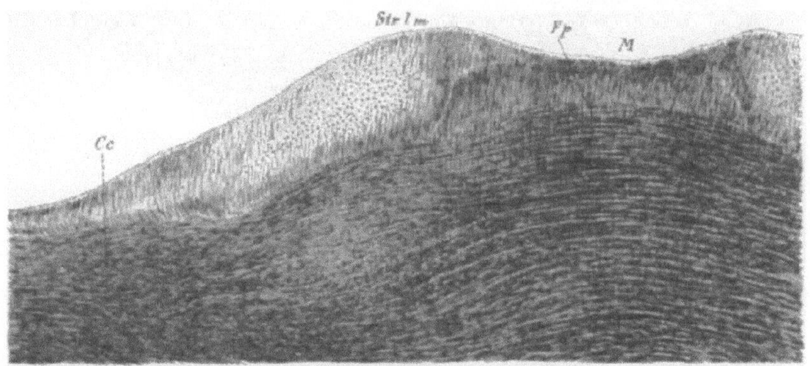

Abb. 13. Dorsaler Teil der Oberfläche des Balkens der vorhergehenden Abbildung (stärkere Vergrößerung, nach Kölliker, Handbuch der Gewebelehre, 7. Auflage).
Cc = Callosum; M = mediane Faserbündelchen beider Striae; Fp = Fibrae perforantes aus den Faserbündelchen des Stratum Lancisianum kommend; Strlm = eine Stria longitud. medialis mit Nervenzellen und Markfasern versehen.

nur viel tiefer reicht, sondern auch eine stark entwickelte Schicht großer, besonders im okzipitalen Anteile, wohl differenzierter Zellen enthält.

Neben den Quer- und Schrägfasern (Abb. 17), welche die Hauptmasse des Balkens (die Balkenausstrahlungen) bilden, wird dieser von zahlreichen und dichten vertikal gerichteten Fasern durchzogen, die eine Art dichte Palisade bilden und den Körper des Balkens von oben nach unten durchdringen. Sie wurden gleichzeitig von Kölliker bei den Erwachsenen und von mir bei den menschlichen Föten studiert. Kölliker belegte sie mit dem charakteristischen Namen: Fibrae perforantes; ich hingegen nannte Stratum Lancisianum den ganzen Komplex der Nervenfasern, welche die Stria mit Ausnahme der Tangentialfasern einnehmen, so daß im Grunde genommen mein Stratum Lancisianum fast vollständig den Fibrae perforantes entspricht (Abb. 13 u. 19).

Die Fibrae perforantes wurden von Meynert entdeckt und dann von Ganser beim Maulwurf beschrieben; beim Menschen wiesen sie Kölliker,

Beevor, O. Vogt, E. Smith und ich nach (nur Honneger und Meyer gelang es nicht sie zu finden). Nach Kölliker sind die Fibrae perforantes (Abb. 13) äußerst zahlreich im mittleren Teile des Balkens (zwischen den beiden Striae) und vom vorderen Ende des Psalteriums an bis zum Genu trabeos vorhanden. Besonders in den mehr lateralen Längsschnitten des Balkens hat Kölliker wahrgenommen, daß bisweilen die Fibrae perforantes so zahlreich waren, daß sie nicht alle den Striae entstammen könnten. Daher ist die Vermutung naheliegend, daß nicht nur die Axonen der Nervenzellen der grauen Substanz der Striae, sondern auch andere Längsfasern die Perforantes hervorbringen. Kölliker glaubt, daß hierzu auch aus dem G. fornicatus kommende Fasern beitragen. Dieser Autor hat (besonders bei Sagittalschnitten) wahrgenommen, daß wenigstens ein Teil der Fibrae perforantes, nachdem sie den Balken selbst durchzogen haben,

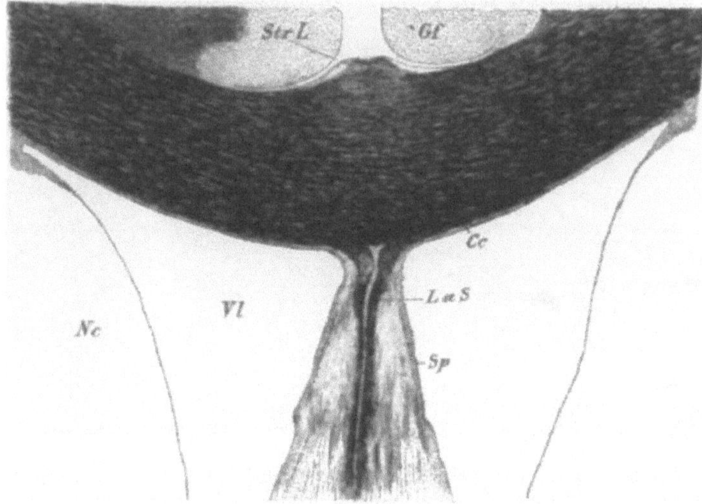

Abb. 14. Frontalschnitt durch den Balken und die Adnexa beim Menschen (Weigert-Palsche Methode) nach Kölliker, l. c.
Cc = Callosum; Gf = G. fornicatus; Las = Lamina alba septi; Nc = Nucleus caudatus; Sp = Septum; StrL = Striae mediales Lancisii; Vl = Cornu anterius ventric. lateralis.

auf der ventralen Fläche eine Längsrichtung einschlagen. Dieselben bilden zum Teile einen Anteil der Ausstrahlungen des Septum pellucidum (Abb. 14 u. 15) und treten zum anderen, vor der Commissura anterior verlaufend, als Fornix longus (Fornix praecommissuralis) in das Gewölbe ein (extra-ammonischer Teil des Trigonums), um sich mit ammonischen Fasern des Trigonum zu vereinigen.

Außerdem hat Ramon y Cajal (bei der Maus) nachgewiesen, daß der Fornix longus auch Fasern enthält, die im Septum selbst entstanden sind, um, den Perforantes analog, nach oben zum Balken zu steigen. Diese letzteren haben nichts weder mit den Geruchzentren, noch mit dem Ammonsgebilde, noch mit den Striae Lancisii gemein. Auch E. Smith hat festgestellt, daß bei vielen plazentalen Säugetieren Fasern, die dem Präkommissurensysteme des Hippokampus angehören, in das Septum pellucidum treten und, den Balken durchdringend, zu den Striae Lancisii gelangen.

Nach den von Zuckerkandl am Gehirn des Dasypus angestellten Untersuchungen ziehen die seitlichen und die vorderen Fibrae perforantes, sich der Columna fornicis anlehnend, in den Lobus olfactorius; die mehr hinten gelegenen nehmen eine fast senkrechte Richtung ein, so daß sie eine ununterbrochene (in den Frontalschnitten) vom Cingulum bis zum Fornix longus verfolgbare Schicht bilden.

O. Vogt läßt die den Fornix bildenden Fasern teilweise direkt aus dem Cingulum, teilweise aus den Striae Lancisii stammen; diese Fibrae perforantes wären phylogenetisch älter als der Balken selbst. Dejerine nimmt einen gleichen Ursprung an, meint aber, daß auch die Fasciola cinerea an der Genese der in Frage stehenden Fasern teilnehme.

Bechterew, von den Untersuchungen Schukowik's (Entfernung des Stirnlappens an Hunden) ausgehend, stellte Degeneration der perforierenden Fasern und auch der Fibrae nervosae fornicis der gleichen und der entgegengesetzten Seite und des Septum pellucidum fest.

Redlich hat gleichfalls wenigstens bei den Plazentalen, von der dorsomedialen Fläche der Hemisphären, vom Cingulum und von den Striae Lancisii herstammende und den Balken durchdringende Fasern feststellen können. Da diese Fasern zum Septum ziehen so bildet der Fornix longus ein wertvolles Bindeglied des Cingulumsystems.

Meine Untersuchungen über die Myelinisierung der Perforantes beim Menschen sind noch unvollständig; sie sollen sich auch auf jene des Balkenendes bei den verschiedenen Tieren erstrecken.

Aus den von mir an Kindern in den verschiedensten Zeitabschnitten des Lebens angestellten

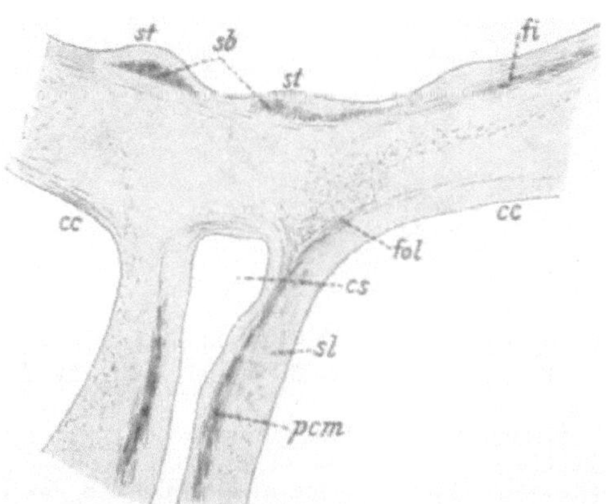

Abb. 15. Frontalschnitt durch das vordere Ende des Balkens bei einem Kinde von 22 Tagen. Palsche Methode (aus meiner Sammlung).

cs = Cavum septi pelluc.; cc = Corpus callosum; st = Striae mediales Lancisii; fol = Fornix longus; sl = Zone des Stratum laterale der Laminae septi. Die Balkenfasern sind hier fast gänzlich myelinlos; nur hier und da sieht man einige schwarze Punkte, welche auf eine beginnende Myelinisierung hindeuten. Vom Stratum Lancisianum sind nur die der Basis entsprechend gelegenen Fibrae perforantes (st) myelinisiert; diese Schicht endigt rechts seitwärts in der Nähe (ohne sich jedoch fortzusetzen) einer anderen Faserschicht (fi), die an der Basis der Taenia tecta verläuft. Die Fasern des Stratum pericavitarium (pcm) der Laminae septi (Fasciculus pericavitarius medialis) sind fast gänzlich myelinisiert.

Forschungen geht hervor, daß die Fibrae perforantes eigentlich in der 3. Woche, entsprechend der Basis der Striae Lancisii sich zu myelisieren beginnen (Abb. 15 u. 16), und daß die Myelinisierung von hier aus sich in der Folge nach oben ausdehnt, um im 6. Monat die Peripherie der Stria zu erreichen (Abb. 19). Bezüglich des Zeitabschnittes, in welchem sich die Tangentialfasern der Striae Lancisii myelinisieren, kann ich nichts angeben, da es mir nur gelungen ist, sie in den Längsschnitten des Balkens eines vier Monate alten Kindes vorzufinden (Abb. 18).

Ebenso ergibt sich aus meinen Forschungen, daß nicht bloß die an der Basis
der Striae Lancisii, sondern auch die auf der Basis der Taenia tecta gelegenen
Nervenfasern in den ersten drei Wochen des extrauterinen Lebens sich zu
myelinisieren beginnen (Abb. 15), d. h. in einem Zeitabschnitte, in welchem die

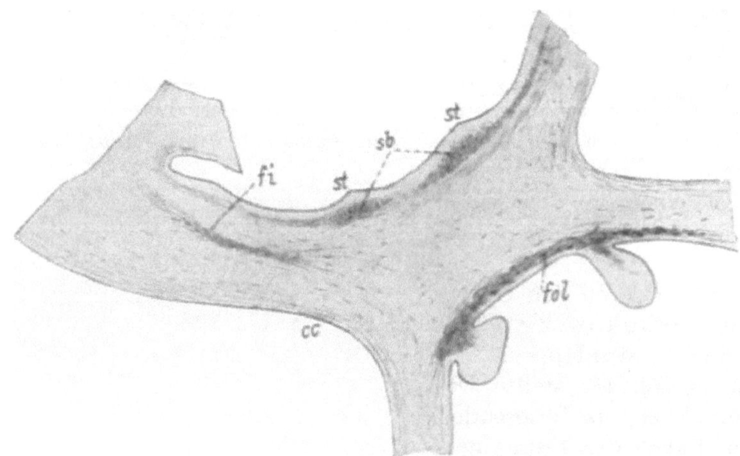

Abb. 16. Frontalschnitt durch den hinteren Teil des Balkens eines 1¹/₂ Monate
alten Kindes. (Palsche Methode. Halbschematisch: von einem Präparate meiner Sammlung).
st = Striae mediales Lancisii; cc = Callosum; fol = Fornix longus. Die Markfasern des
Balkenkörpers weisen eine beginnende Myelinisierung auf; der basale Teil der das Stratum
Lancisianum (Fibrae perforantes) bildenden Fasern (sb) ist (mit Hämatoxylin) tief schwarz
gefärbt, ebenso die Schicht der Längsfasern (fi) unterhalb der Taenia tecta (links), die
mitten unter dem Reste des fast an Markfasern mangelnden Balkenfeldes hervorspringt.

Balkenfasern fast nackt sind. Ich habe keinen Beweisgrund, die Behauptung
Flechsig's zu bestätigen, nämlich, daß die Striae laterales (Taenia tecta) sich
vor den Striae mediales mit Mark bekleiden, da sich in den von mir studierten
Präparaten, die von Gehirnen kleiner Kinder stammten, beide Striae gleichzeitig

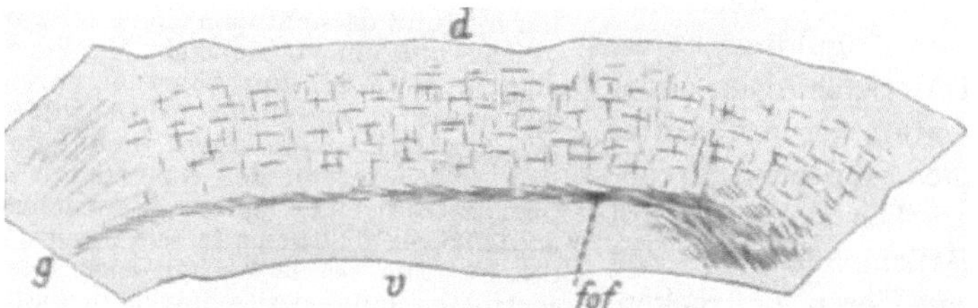

Abb. 17. Sagittalschnitt durch die vordere Hälfte des Balkens (medianer
Teil) eines 4 Monate alten Kindes (aus meiner Sammlung).
g = Genu trabeos; d = dorsale Fläche; v = ventrale Fläche des Balkens; fof = Fornix
longus. Längs des Balkens sieht man Fasern von sagittalem Verlaufe mit anderen (Fibrae
perforantes) vom vertikalen Verlaufe vermischt.

mehr oder weniger myelinisiert zeigten. Immerhin, da die Fibrae perforantes
resp. die des Stratum Lancisianum sich in einer Zeit myelinisieren, in welcher
die Nervenfasern der meisten Hirnwindungen noch myelinlos sind (Abb. 15 u. 16),
so wird noch einmal der Begriff bestätigt, daß die Striae Lancisii ein unabhängiges System und ein phylogenetisch verhältnismäßig älteres Gebilde darstellen.

Drittes Kapitel.

Onto- und phylogenetische Balkenentwicklung.

Die Kenntnisse von der Entwicklung des Balkens umfassen zwei wohl voneinander unterschiedene Punkte; der eine bezieht sich auf die phylogenetische Entwicklung desselben, der andere auf die ontogenetische.

Den ersteren (nämlich das φῦλον des Balkens) vor allem in Erwägung ziehend, ist es notwendig, einige embryologische Angaben hervorzuheben, die sich auf andere Kommissuren und hauptsächlich auf jene beziehen, welche die beiden Ammonshörner vereinigt, denn die Veränderungen, welche letztere in der Tierserie erfährt, steht in engem Verhältnisse mit jenen, die man im Balken beobachtet. Bei allen Säugetieren ergibt sich die Bildung des Ammonshorns aus einem medialen Rindenstücke, dem G. dentatus, und aus einer sich mit demselben fortsetzenden Rindenplatte, dem G. hippocampi, welche die Anatomen in eine Pars libera (das Subiculum) und in eine „Pars involuta" teilen. Letztere wird bei den unteren Säugetieren von einer sehr ausgeprägten Rindenbildung begleitet, die noch beim Menschen besteht, eine Art von halber Windung, den sog. G. dentatus (Fascia dentata) und der vor ihm unter der Fiss. limbica liegenden Rinde. Broca und Zuckerkandl haben nun nachgewiesen, daß bei den Säugetieren die Ausdehnung des Ammonischen Gebildes von der Entwicklung des Geruchapparates abhängt, so daß bei den Wassersäugetieren (mit verkümmerten N. olfactorii) dieses Rindengebiet nur in Spuren nachweisbar ist. So scheint es, daß die erwähnte Rindenpartie ein Rindenzentrum für den Geruch ist; in dieses dringt tatsächlich ein Riechfaserzug, das älteste der zur Rinde ziehenden Bündel. E. Smith hat daher den dorsalen und den dorso-medialen Mantelanteil, der diese älteste Palliumrinde enthält, mit dem Namen Archipallium, im Gegensatz zum Neopallium d. h. die Rindenbekleidung, die sich erst später in der Phylogenie beständig entwickelt und mit der weiteren Entwicklung der Großhirnhemisphären im Verhältnis steht, belegt.

Diese beiden Gebilde (das Archi- und das Neopallium) bleiben beständig getrennt und in der Tat scheidet ein Ast des Sulcus collateralis zusammen mit der Fiss. limbica fast stets das Archipallium (das Ammonische Gebilde) vom Neopallium (resp. beim Menschen vom Lobus temporalis). Die rechten und linken ammonischen Gebilde werden untereinander durch einen mit dem Namen Psalterium (Lyra Davidis, Commiss. hippocampi seu Ammonis) belegten Faserkomplexe vereinigt, während man unter Callosum (Balken) den das Neopallium vereinigenden Faserkomplex, der sich stets auf der dorsalen Seite des Psalteriums befindet, versteht. Und da das Archipallium und das Neopallium das Episphaerium (bei den Säugern das Großhirn) bilden, so kann man sagen, daß die Verbindung der Episphaerie vom Psalterium und Callosum gebildet wird. In Wirklichkeit enthält das Psalterium Fasern, die von einem Ammonshorne zum anderen ziehen, sowie Fasern, die, einem Ammonshorne entspringend, die nach dem Thalamus gerichteten Bahnen des Fornix bilden; und es folgt daraus, daß obengenannte Fasern sich im Psalterium kreuzen, während die Balkenfasern hingegen größtenteils echte Kommissurenfasern darstellen. Das Psalterium ist bei den Vögeln, den Amphibien und den Reptilien

(Tieren, bei denen das Neoencephalon kaum rudimentär ist, und bei denen somit der Balken gänzlich fehlt) stark entwickelt.

Bei den Reptilien bildet sich kaudalwärts eine zweite transversale Konnexion. Die Vögel besitzen eine einzige und schwache Kommissur; man weiß aber nicht, woher die respektiven Fasern kommen; da aber ein wirkliches Cornu Ammonis fehlt, ist es wahrscheinlich, daß es sich hier nicht um ein Psalterium handelt. Der Balken fehlt auch bei den ältesten Säugetieren (Abb. 20), nämlich bei den Monotremen und den Marsupialiern (makrosmatischen Säugetieren), bei denen sich das Ammonsche Gebilde frontalwärts auf den 3. Ventrikel bis fast vor die Commissura anterior erstreckt. Nur beim Vespertigo pipistrellus scheint (E. Smith) eine Übergangsbildung zu beginnen; denn im vorderen Teile der Commissura anterior dieses Säugetieres befinden sich auch Fasern des Neopalliums (wirkliche Balkenfasern), welche die mediane Linie überschreiten. Auch bei vielen anderen kleinen Säugetieren, vorzugsweise bei den Nagern, bleibt

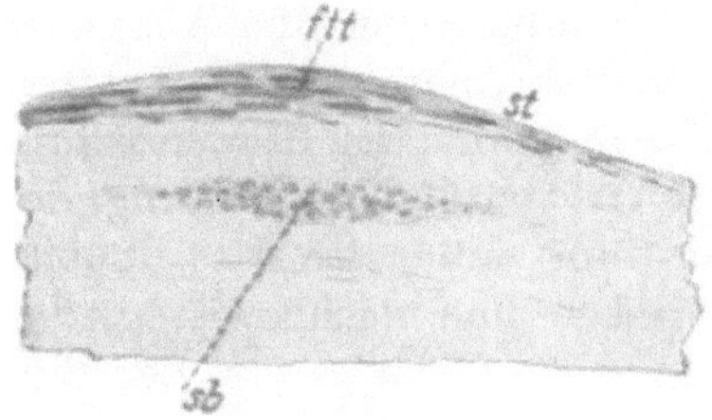

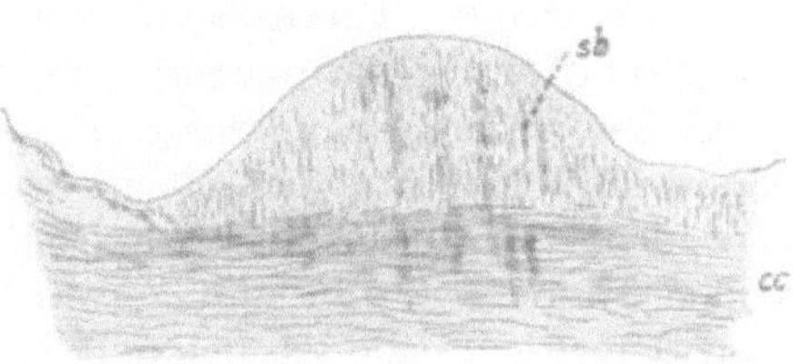

Abb. 18. Sagittalschnitt der vorderen Hälfte des Balkens (lateraler Teil) eines 4 Monate alten Kindes. Palsche Färbung (von einem Präparate meiner Sammlung).

Der Schnitt ist einem Stratum Lancisianum (d. h. der Striae mediales) entsprechend ausgeführt; st = Stria medialis Lancisii; in verschiedene Schichten gelagert die entsprechenden Tangentialfasern.

Abb. 19. Frontalschnitt durch den vorderen Balkenteil, entsprechend einer Stria Lancisii eines $6^1/_2$ Monate alten Kindes. Palsche Färbung (von einem Präparate meiner Sammlung.

Die Fasern (Fibrae perforantes) des Stratum lancisianum (sb) gelangen bis zur Peripherie der Stria Lancisii und dringen unten zwischen die mehr dorsalen Fasern des Balkens (cc).

sie ziemlich klein und kurz, obwohl auch unter den Exemplaren derselben Art sich ausgeprägte Unterschiede vorfinden. In diesen Gruppen von Säugetieren bedeckt, wie ich bereits hervorgehoben habe, der G. Ammonis mit seinem frontalen Teile den Thalamus, folglich ist der Balken weniger kräftig als das Psalterium. Bei den Raubtieren, bei einigen Wiederkäuern, wie auch bei den Primaten verschiebt sich dieses Verhältnis: nämlich je mehr (bei den höheren Säugetieren) das Neopallium entwickelt ist, entfaltet sich auch mehr und mehr der Balken und wird dementsprechend das Ammonsgebilde und mit ihm das Psalterium kaudalwärts verdrängt. In jedem Falle grenzt das Ammonsgebilde stets an das kaudale Ende des Balkens. Da der Balken beim Menschen sehr lang ist, so liegt das ganze Cornu Ammonis im Cornu inferius (des Lobus temporalis). Da hingegen wo der Balken kürzer ist, wie z. B. beim Hunde, beim Kaninchen und besonders bei sämtlichen niederen Säugetieren, erhebt sich dorsal- und frontalwärts das Ammonshorn bis zum terminalen Ende des Balkens: (Abb. 21) es erscheint daher in den Frontalschnitten oberhalb und unterhalb des Thalamus.

Aus dem Gesagten ergibt sich, daß, je mehr in der Phylogenie die Geruchsfunktion zurückgeht, um so mehr entwickelt sich das Neopallium und übertrifft der Balken das Psalterium. Nun versteht man, warum der Balken um so länger und stärker ist, je größer die Ausdehnung ist, welche das Neopallium erreicht; eine Ausdehnung, die sich vorwiegend in anteroposteriorer Richtung und der Entwicklung der Frontal- und Hinterhauptlappen entsprechend entfaltet. Daher kommt es, daß der Balken beim Menschen (dem Tiere mit dem ausgedehntesten Neopallium) die stärkste Entwicklung erreicht; aber auch hier finden sich je nach der Entwicklung der Furchung des Frontallappens bedeutende Größenunterschiede (Spitzka).

In der Geschichte der Morphologie des Balkens darf nicht die Commissura anterior vergessen werden, die als ein Supplement des ersteren gedeutet werden kann. Denn, wie es auch im Balken geschieht, muß ein Teil dieser Kommissur als ein Bündel angesehen werden, das, zwischen den beiden Hemisphären liegend, die nicht vom Balken versorgten Gehirnteile verbindet. Ein anderes Kontingent der in dieser Kommissur laufenden Fasern ist von einer Kreuzung des Rhinencephalon beider Seiten gebildet.

Bei dieser Gelegenheit muß daran erinnert werden, wie zwischen Psalterium und Commissura anterior (die die beiden Hälften des Hyposphaerium verbindet), wenigstens in der Phylogenese, ein noch nicht deutlicher Zusammenhang besteht, da bei allen Wirbeltieren,

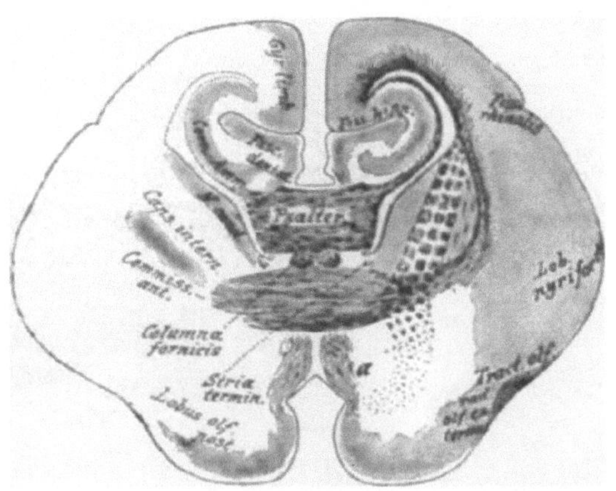

Abb. 20. Frontalschnitt durch die Hemisphären von Perameles, nahe der Schlußplatte. (Nach Elliot Smith, aus Edinger, l. c.).

mit Ausnahme der Vögel, einige Fasern des Psalteriums innerhalb der Commissura anterior verlaufen; ebensowenig ist letztere von dem Balken nicht ganz unabhängig. Es ist bekannt, wie er zur Vereinigung der Elemente des rechten Apparatus paraolfactorius mit dem linken dient; er besteht tatsächlich aus zwei Segmenten, von denen das vordere, die Bulbi olfactorii, das hintere (kaudale) die Gg. hippocampi vereinigt. Einen gegenseitigen Ersatzversuch zwischen dem Balken und der Commissura anterior bemerkt man nun bei jenen Tieren, bei denen der Balken wenig entwickelt ist oder gänzlich fehlt, wie bei den Monotremen und den Marsupaliern. Bei diesen Tieren erheben sich die Bündel des kaudalen Segmentes der Commissura anterior, um das Ammonshorn zu erreichen, welches dorsalwärts liegt (Abb. 20). E. Smith u. a. deuten gerade dieses Bündel als einen Teil des Balkens, der innerhalb der Commissura anterior verläuft, denn sie nehmen an, daß die End- und Ausgangsstationen desselben nicht im Archipallium, sondern im kleinen Neopallium, welches stets sehr nahe liegt, sich befinden, d. h. daß öfters in seinem Gebiete Fasern verlaufen, welche den episphärischen Kommissuren angehören.

Die Kenntnis über die Phylogenese des Balkens kann nicht von jener des
Septums getrennt werden. Es ist bekannt, wie bei allen makrosmatischen
Säugetieren, dem zentralen Teile der vorderen Hirnwand entsprechend, eine
graue, dicke Masse — das Septum pellucidum — besteht, das sich unmittelbar
vor der Lamina terminalis entwickelt und ventralwärts in den Lobus paraolfactorius übergeht. Der dorsale Rand des Septum weist nun ein verschiedenartiges Verhalten auf, je nach der Entwicklung des Balkens; und zwar bei den
Tieren, bei welchen der Balken entweder fehlt oder kaum angedeutet ist —
bei den Fledermäusen, den Marsupaliern oder den Edentaten — kann sich der
G. Ammonis nach vorn bis zum oralen Ende des Großhirns ausdehnen. Und
da der G. Ammonis in ventro-kaudaler Richtung durch die Entwicklung des
Balkens nicht gehindert ist sich auszudehnen, so verschmelzt er sich hier mit der
mächtigen grauen Masse der septalen Ganglien (Smith); daher sollte der entstehende größere Körper eher den Namen Massa praecommissuralis als Septum

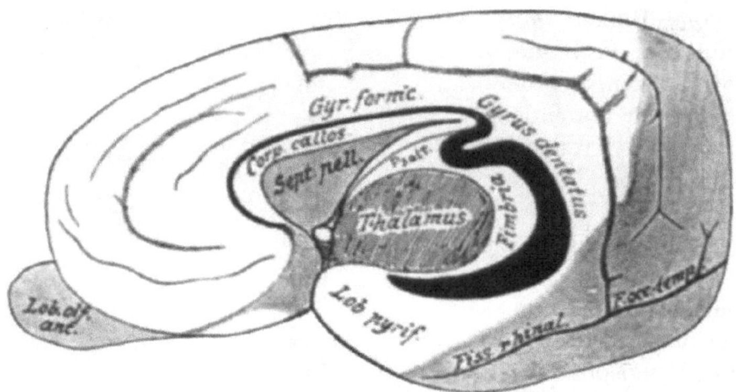

Abb. 21. Medialansicht des Hundegehirnes (nach Edinger, l. c. Bd. I, S. 95).

pellucidum führen. Bei den Tieren hingegen, bei denen unter Rückgang des G.
Ammonis der Balken sich immer mehr und mehr entwickelt (wie bei den Raubtieren, den Wiederkäuern und den Primaten), ist es seine Faserung, die den
dorsalen Teil des Septums von der Rinde des Neoncephalon trennt, während
die lateralen Wände des Septum immer mehr atrophisch werden, was die Benennung „pellucidum" rechtfertigt (Edinger). Je mehr im allgemeinen der
Balken sich entwickelt, um so weniger bedeutend wird das Gebiet des Septums.

Nachdem wir diese Erinnerungen über die Phylogenie des Balkens zusammengefaßt haben, sehen wir nun, wie dieses Organ sich bei den Säugetieren
und besonders beim Menschen (ontogenetisch) entwickelt. Mit der Art und Weise,
wie sich der Balken entwickelt, haben sich hervorragende Anatomen beschäftigt, so z. B. Martin an der Katze, Naunyn an dem Schafe und dem
Kaninchen, Grönberg am Igel, Dorello am Schweine, Goldstein, Marchand, His, Hochstätter und Villaverde am Menschen, Zuckerkandl
an der Maus. Die Kenntnis der Tatsachen, die sich mit der Ontogenese des
Balkens verknüpfen, ist äußerst wichtig, da sie besonders geeignet ist, die
Funktionen dieser Bildung besser zu erklären.

Die meisten Autoren geben als Ausgangspunkt der Balkenbildung beim Menschen im Durchschnitt den 4. Monat des embryonalen Lebens an (Marchand, Goldstein, His). Hingegen hat Villaverde in einem 7 cm langen menschlichen Fötus das Vorhandensein von Fasern in der Lamina termin. feststellen können. Auch ist es angebracht hervorzuheben, daß Kölliker schon am 18. Tage (was der Länge von 7 cm des menschlichen Embryos entspricht) bei Kaninchen das Auftreten der ersten Balkenfasern gesehen hat, und Blumenau hat auch bei 8 cm großen Schweineembryonen Balkenfasern beobachtet.

Sämtliche Autoren stimmen mehr oder weniger überein, daß die Entwicklung des menschlichen Balkens von dem Wachstum bestimmter Zonen der medialen Teile der Hemisphären, die sich untereinander vereinigen, abhängig ist; die Zone aber, in welcher die Zunahme stattfindet, ist noch Gegenstand zahlreicher Erörterungen.

Drei Punkte sind es, die von uns am aufmerksamsten untersucht werden müssen. Der erste besteht darin zu wissen, ob die endgültige Balkenlage sich gänzlich von Anfang an entwickelt, oder ob der Balken sich zunächst nur teilweise bildet und sich erst später, bis er die volle Länge erreicht, ausdehnt. Der zweite Punkt besteht darin zu entscheiden, in welcher Zone oder Area der medialen Fläche der Hirnhemisphären sich die zum Bau des Balkens bestimmten Fasern entwickeln. Der dritte bezieht sich auf die feinen histogenetischen Prozesse, welche bei der Bildung des Balkens stattfinden.

Abb. 22. Schematische Darstellung der Verlängerung des Balkens in drei Stadien. (Nach Marchand, Abhandl. d. k. Sächs. Ges. d. Wiss. XXI. Teubner 1909.)

s = Septum pellucidum; oben der Balken.

Von dem ersten Punkte ausgehend, haben wir zwei Theorien, welche die Neurologen untereinander trennen. Einige, wie Reichert, Schmidt, Kölliker, Marchand, Retzius behaupten, daß der ganze Balken bereits in der ersten Anlage vorhanden ist, so daß derselbe von Anfang an in seiner ganzen Ausdehnung angedeutet ist; später, infolge der Bildung neuer Fasern zwischen den primären Fasern, nehme er zu. Besonders Marchand behauptet, daß der ursprüngliche Balken in proportionierter Weise den ganzen endgültigen Balken darstellt, daß die Anlage des ganzen späteren Balkens, das Balkengebiet, nämlich die „Concrescentia primitiva" sei, und daß dann mit dem Verlaufe der Entwicklung sich dasselbe auch nach vorn und nach hinten ausdehnt (Abb. 22).

Kölliker glaubt gleichfalls, daß der Balken sich schon in seiner Anlage in toto vorfindet und daß er an seinen Enden keine neuen Teile empfängt.

Andere dagegen, wie Mihalkowicz, Blumenau, Zuckerkandl, Langdon, Sterzi, Langelaan, Goldstein, sind der Meinung, daß die Balkenanlage nur dem Knieteile des ausgebildeten Organs entspricht. Die weitere Entwicklung des Balkens fände von vorn nach hinten zu statt; die Randbogen beider Seiten nähern sich nämlich untereinander und verschmelzen später auch distalwärts, dem dritten Ventrikel entsprechend. Zugunsten dieser Annahme redet 1. die Tatsache, daß man bei den menschlichen Embryonen bis zum 5. Monat nur das Balkenknie antrifft, und daß die endgültige Entwicklung des Balkenkörpers erst am Ende dieses Monats stattfindet; 2. daß in allen Fällen von partiellem Balkenmangel (wie z. B. die von Chatto, Paget, Sander, Nobeling, Jolly, Hagen, Deny, Hochhaus, Anton, Marchand u. a.) nur der vordere Teil des Balkens bestand, oder Reste desselben nur in dieser

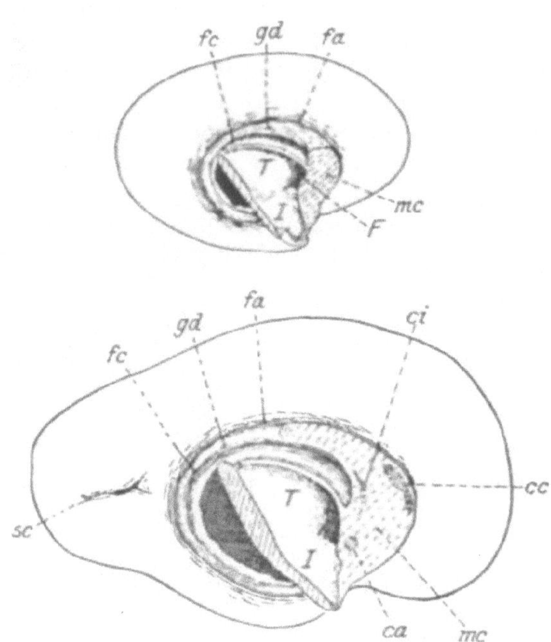

Abb. 23. Mediale Fläche der rechten Hirnhemisphäre eines menschlichen, 3 Monate alten Fötus (Abb. oben) und eines anderen 4 Monate alten (Abb. unten). (Nach Sterzi, l. c.)
In der oberen, dem dreimonatlichen Fötus angehörenden Abbildung, sieht man die Massa commissuralis, aus der, nach einigen Autoren, sich der Balken entwickelt. In der unteren, einem älteren Fötus angehörenden Abbildung, sieht man den bereits zu $^2/_3$ seiner Länge entwickelten Balken. Um die Einzelheiten hervorzuheben, ist hinten die zwischen dem dritten und dem Seitenventrikel liegende Substanz (nämlich der Thalamus, die innere Kapsel und das Corpus striatum) entfernt und der Seitenventrikel geöffnet worden. ca = Commissura anterior; cc = Corpus callosum; ci = Commissura hippocampi; F = Foramen intraventiculare; fa = Fissura arcuata; fc = Fissura chorioidea; gd = Gyrus dentatus (Fascia dentata); I = Hippocampus; mc = Massa commissuralis; sc = Fiss. calcarina; T = Thalamus.

Zone vorhanden waren. Hier fände die Theorie Mihalkowicz Anwendung, nämlich daß der teilweise Balkenmangel davon bedingt sei, daß, nachdem der Balken sich bereits im Knieteile ausgebildet (d. h. an der Stelle, an welcher seine Entwicklung einsetzt), eine pathogenetische Ursache, welche die weitere Entwicklung des Organs gehemmt hat, dazwischen getreten sei.

Die zweite und die dritte Frage, die ich weiter oben erwähnt habe, d. h. in welche Zone oder Area der medialen Fläche der Hirnhemisphären die zum Bau des Balkens bestimmten Fasern dringen, und welches die feinen histogenetischen Prozesse sind, die bei der Bildung des Balkens stattfinden, sind so untereinander verbunden, daß sie nicht getrennt behandelt werden können. Bevor ich jedoch zur Besprechung der verschiedenen, diesbezüglich aufgestellten Meinungen übergehe, ist es notwendig, die hauptsächlichsten Punkte, die sich auf die Entwicklung der Randbögen und der entsprechenden Furchen, welche sich in der medialen Wand entwickeln, beziehen, hier zusammenzufassen. Bei den kaum sechs Monate alten menschlichen Embryonen bildet sich auf der medialen Fläche der Großhirnhemisphäre, und zwar oberhalb des ursprünglichen Foramen interventriculare, die Plica chorioidea, welche die Anlage des lateralen Plexus chorioideus (des Ventrikels) erzeugt; später bleibt an der Stelle der Entstehung desselben eine Furche, die Fissura chorioidea. Mit dem Wachstum des Embryos erstreckt sich dieselbe in sagittaler Richtung, so daß sie die ganze Fortsetzung zwischen dem Pallium und dem basalen Teile der Hemisphäre einschließt. Daher nimmt die Fiss. chorioidea, wenn das Pallium so gewachsen ist, daß es sich um das ganze Corpus striatum (Abb. 23) erstreckt, die Gestalt eines umgekehrten C an. Sogleich nach dem Auftreten dieser Spaltung bildet sich auf der medialen Fläche der Hemisphäre, oberhalb des Foramen interventriculare, eine andere Spalte — der Sulcus arcuatus —, die wie die vorhergehende sich mit dem Wachstume des Embryos in antero-posteriorer Richtung ausdehnt (Abb. 23). Sie beginnt hinter dem Apex des Lobus piriformis und erreicht aufsteigend das vordere Ende des Balkens. Gewöhnlich wird sie von den Autoren in ein Sulcus arcuatus anterior und ein S. arcuatus posterior (oder Fiss. hippocampi) geteilt. Sie wird so genannt, weil sie in der Ventrikularhöhle eine Erhabenheit, den Hippocampus primitivus, bildet. Diese Einteilung kann beibehalten werden, da von den beiden Teilen der eine (der erste) sich früher, der andere später entwickelt. Der erstere tritt mit dem Balken in Verbindung, der letztere aber nicht; jener befindet sich auf dem flachen, dieser auf dem ausgehöhlten Teile der medialen Fläche der Hemisphären. Ursprünglich ist jedoch der mikroskopische Bau der beiden Lippen und des Bodens der S. arcuatus der gleiche in ihrer ganzen Ausdehnung.

Die beiden Spalten (Scissura chorioidea und S. arcuatus) liegen in sehr geringer Entfernung, die eine über der anderen (Abb. 23), weisen einen unter sich parallelen Lauf auf und begrenzen eine lange, auf der Fortsetzung zwischen dem Corpus striatum und dem Thalamus sich befindende gewölbte Windung, den sog. G. dentatus (G. ammonicus, Randbogen). Dieselbe bildet die Anlage des Archipallium (des Lobus interlimbicus des erwachsenen Gehirnes). Auf der hinter und unter dem Diencephalon gelegenen Strecke bildet sich die Scissura arcuata (Arnold), wie ich bereits erwähnt habe, in eine wirkliche Spalte, die Fiss. hippocampi (Sulcus Ammonis, Mihalkowicz) um; auf dieser Strecke begrenzt sie längs der Teile der beiden Gyri dentati, die sich nicht vereinigen, den endgültigen Hippocampus nach innen und die (definitive) Fascia dentata nach außen (Abb. 23). Später vereinigen sich in dem auf dem Diencephalon gelegenen Archipallium die beiden Gg. dentati (dexter et sinister). Oberhalb der Vereinigungsstelle bleiben nur der die Striae longitudinales (des Balkens), die Fasciola cinerea und der die graue Bekleidung (des Balkens) bildende Teil von den Gyri dentati frei; unter ihrer Vereinigung bleiben zwei Streifchen von Längsfasern auf jeder Seite frei, welche die Columnae und die Crura posteriora fornicis bilden.

Gegen den 5. Monat des fötalen Lebens des Menschen erscheint auf jedem der Gg. dentati (Abb. 23 unten) eine gewölbte, der Fissura chorioidea parallele, und zwischen dieser und dem S. arcuatus gelegene Furche, S. fimbriodentatus, welche die gezähnte Windung in zwei Teile, einem kleineren, in der Nähe der Fissura chorioidea, nämlich die Fimbria, einem anderen größeren, die Fascia dentata, zwischen dem Sulcus fimbriodentatus und der Fiss. arcuata gelegene, teilt.

Bei einigen Tieren begrenzt der Sulcus fimbriodentatus zwei Bögen, einen oberen (den Arcus marginalis externus) und einen unteren (den Arcus marginalis internus). Nach den Forschungen Dorello's an der Sus scrofa erstreckt sich

der S. fimbriodentatus von der Spitze des Lobus piriformis bis vor und unter
das vordere Ende des Balkens. Bei fortschreitender Entwicklung reduziert
sich der ganze mit dem Balken in Verbindung stehende Teil der Furche
sehr stark, da die sich in diesem befindende Fortsetzung der Pia sehr zart wird,
sich an die beiden Ränder der Furche anheftet und dieselben fast ihrer ganzen
Höhe nach verlötet (Dorello).

Wäre nun die genetische Auffassung des Sulcus arcuatus die gleiche für alle
Autoren, so wären die auf die Genese des Balkens bezüglichen Fragen, welche
die Neurologen gegenwärtig noch trennen, sicher von weit geringerer Bedeutung.
Doch dem ist nicht so. Die Annahme, daß der Sulcus arcuatus eine ursprüngliche Introflexion sei, ist von einigen Autoren angegriffen worden (Hochstetter, Retzius, Goldstein), und somit ist auch das Kriterium für die Be-
grenzung des Arcus marginalis weggefallen, ja nach einigen fehle dieser sogar.
Andere dagegen, wie Levi, glauben, an der Stelle der vermeintlichen Furche
eine abgeflachte Vertiefung zu sehen; diesem letzteren Verfasser nach besteht
nicht einmal eine wahrnehmbare Furche (der zukünftige Sulcus fimbriodentatus)
zwischen den Arcus marginalis externus et internus. Mit anderen Worten:
während für den größten Teil der Neurologen der Balken einem oder beiden der
Randbögen oder auch dem S. fimbriodentatus entstammt, gibt es andere, die
selbst das Bestehen einiger dieser Gebilde in Zweifel ziehen.

Überblicken wir nun die verschiedenen Theorien, die zur Erklärung des
Ursprungs und der weiteren Entwicklung der Balkenfasern vorgeschlagen
worden sind.

Nach Schmidt entwickelt sich der Balken zwischen dem Arcus marginalis
superior (externus) und dem Arcus marg. inferior (int.). Er unterscheidet den
Keim des Balkens von dem ursprünglichen, auf dem vorderen Teile der Hirn-
basis gelegenen Verbindungspunkte und meint, daß der Balken gerade auf
dem oberen Ende dieser Verbindung entstehe. Diese Verbindung bildet sich
infolge von Mitentstehung der Fasern der inneren Fläche, der nach dieser Stelle
hin konvergierenden Hemisphärenwand, und zwar entsprechend der Trennungs-
linie zwischen den beiden konzentrischen Halbringen, in die sich (am Anfange
des 4. fötalen Monates) der Randbogen der Hemisphären teilt. Das Äußere
dieser beiden Halbbogen bildet das Callosum, die Stria tecta und die Stria
Lancisii, das Gewölbe und das Septum. Nach Schmidt erfolgt das Balkenwachstum in der Längsrichtung. Das Knie, welches anfangs nicht gebildet
ist, tritt schon am Beginn des 5. Monats deutlich hervor. Im ersten Zeitabschnitte besteht kein Septum, da der ganze unter dem Balken liegende Raum vom
vorderen Schenkel der Fornix eingenommen wird; eine Verbindung der Septum-
höhle mit dem III. Ventrikel besteht auch nicht, da das obere Ende der Verbindung der beiden Hirnhemisphären gerade unter dem hinteren Ende des Balkens
liegt. — Kölliker, wie schon gesagt, glaubt daß der Balken sich schon am Anfang in toto in der Anlage befinde und in der Folge sich nur der Länge nach
ausdehne und daß er an den Enden keine neuen Teile erhalte. Der obere Randbogen legt sich, diesen Autoren nach, auf die obere Seite des Balkens und verwandelt sich später in die Stria Lancisii, in die Stria tecta und in die Fascia
dentata. Dem unteren Randbogen, der sich nach vorn bis zur Lamina terminalis erstreckt, entspringt das Crus posterius mit der Fimbria; der vordere und
mittlere Balkenteil entwickeln sich aus der (embryonalen) Lamina terminalis.

Nach Blumenau hingegen entwickelt sich der Balken, einbegriffen das hintere Ende desselben, innerhalb des äußeren Randbogens. Da nun entsprechend dem Corpus fornicis der S. fimbriodentatus fehlt, so hätte man hier eine primäre Verschmelzung des Fornix und des Balkens vor sich.

Martin, der die Frage am Hunde und an der Katze studiert hat, hebt hervor, daß, während beim Menschen, selbst beim Erwachsenen, die Fissura hippocampi dorsalwärts um das Splenium verläuft, sie hingegen bei der Katze und beim Hunde ventralwärts am Splenium endigt, woraus er folgert, daß unmittelbare Vergleiche zwischen dem Verhalten des Balkens, des Ammonshornes und der Fascia dentata des Menschen und dem der Haustiere nicht zulässig sind. Jedenfalls sowohl beim Menschen wie bei der Katze besteht nach Martin ein vorderer und ein hinterer Sulcus arcuatus und das kaudale Ende des ersteren vereinigt sich mit dem proximalen Ende des anderen. Bei der Katze besteht, wie bei dem Menschen, eine starke Verdickung der Lamina terminalis, die später verschwindet und auf dessen dorsalen Ende sich anfangs der Balken entwickelt. In der Folge bildet sich der ventrale Teil des Balkens aus den im inneren Arcus marginalis verlaufenden Fasern; das Splenium bildet sich aus Fasern, die sich zwischen dem äußeren und dem inneren Arcus marginalis entfalten; das Corpus und das Knie des Balkens hingegen nehmen ihren Ursprung von den Fasern, welche den äußeren Arcus marginalis durchdringen und daher (mit dem Rostrum) den dorsalen Teil des Balkens bilden. Angesichts dieser Verschiedenheiten der Meinungen empfand Prenant (zitiert bei Dorello) die Notwendigkeit, anzunehmen, daß der Balken sich bei den verschiedenen Tieren an verschiedenen Stellen des Arcus marginalis entwickeln könne, und daß somit die anderen von diesem Bogen abhängigen Gebilde, je nach den Tieren, sich entweder oberhalb oder unterhalb des Balkens befinden können.

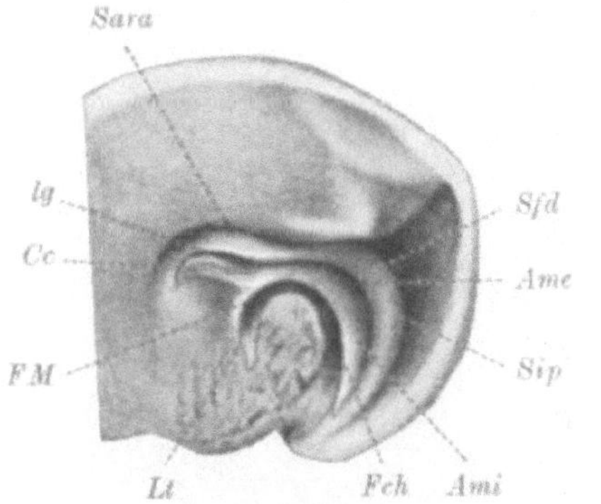

Abb. 24. Mediale Fläche der rechten Großhirnhemisphäre eines 8 cm großen Embryos von Sus scrofa. Ungefähr 5fache Vergrößerung. (Der vordere Teil ist entfernt worden.)

Ame = Arcus marginalis externus; Ami = Arc. marg. internus; Cc = Corpus callosum; Fch = Fissura chorioidea; FM = Foramen Monroi; Sfd = Sulcus fimbriodentatus; Sip = Sulcus hippocampi; Sara = Sulcus arcuatus anterior; Lt = Lamina terminalis; lg = Induseum gris. corporis callosi. (Nach Dorello, Osserv. macro- e microscop etc. in Ricerche Lab. anat. Rom. Bd. IX.)

Nach Dorello, der die Entwicklung des Balkens an der Sus scrofa studiert hat, entwickelt sich der Balken hauptsächlich aus dem inneren Arcus marginalis, in dessen vorderen Teil er die Lamina terminalis einschließt. Derselbe Verfasser teilt sodann diesen Bogen in zwei Abschnitte, einen ventralen und einen dorsalen; aus dem ersten bilden sich die Marklängsfasersysteme, aus dem zweiten die Großhirnquerkommissuren (die Commissura anterior und der Balken). Den Forschungen Dorello's an der Sus scrofa nach, ist unter dem Namen „innerer Randbogen" der ganze Teil der medialen Wand der Hemisphären zu verstehen, der nach außen vom Sulcus fimbriodentatus (von Dorello in Sulcus f. d. anterior et posterior geteilt) und von innen von der Fissura chorioidea und dem Foramen Monroi begrenzt ist (Abb. 24 u. 25). Folglich kommt er zu dem Schlusse, daß der innere Arcus marginalis dazu bestimmt ist, ausschließlich die Kommissurensysteme der Gehirnhemisphären zu bilden; und gerade vom ventralsten Teile des erwähnten Bogens bilden sich hinten die Fimbriae und vorn die vorderen Säulen des Fornix; aus dem dorsalen Teile gehen die Commissura anterior und der Balken hervor. Was den äußeren Randbogen betrifft, so hat derselbe (wie es Dorello beobachtet hat) anfangs seiner ganzen Ausdehnung nach die gleiche Weite und die-selbe Struktur. Später nimmt der vordere Teil desselben an Volumen ab und bildet, sich verdünnend, die lateralen Nervi Lancisii und die Fasciola cinerea (Abb. 26), während der (hintere) Rest fort-fährt sich zu entwickeln und den Gyrus dentatus bildet.

Die Balkenfasern der beiden Seiten haben, nach Dorello, nicht notwendig, um in gegen-seitige Berührung zu kommen, weder die äußeren Schichten der Großhirnhemisphärenwände, noch die große Sichel zu durchdringen. Sie verlaufen innerhalb einer Ver-dickung des oberen Teiles der Lamina terminalis — nämlich des vorderen Teiles des Arcus mar-ginalis internus — zwischen dem Ependymblättchen der Lamina und dem Reste der Wandungen (der die Fortsetzung der beiden Rindenschichten und der dritten Zone der grauen zentralen Schicht der Hirnhemisphärenwände dar-stellt). Diese Schichten sind in

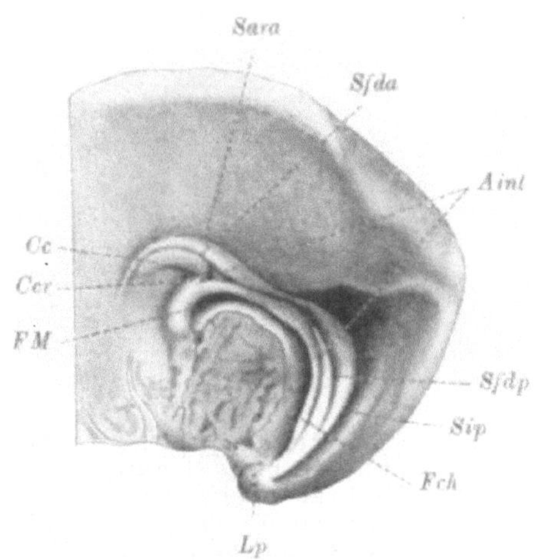

Abb. 25. Mediale Fläche der rechten Hirn-hemisphäre eines 11 cm großen Embryos von Sus scrofa, von unten gesehen. (Ungefähr fünffache Vergrößerung; der vordere Teil ist ent-fernt worden.)

Sara = Sulcus arcuatus anterior; Sfda = Sulcus fimbriodentatus anterior; Sfdp = Sulcus fimbrio-dentatus posterior; Aint = Arcus intermedius; Ccr = reflexer Teil des Balkens; Lp = Lobus hippocampi. FM = Foramen Monroi; Fch = Fis-sura hippocampi. (Nach Dorello, l. c.)

der Lamina terminalis bedeutend reduziert, oder bilden, indem sie die obere Fläche der Balkenbündel bekleiden, das Induseum griseum. Der Balken setzt, indem er nach hinten zunimmt, seinen Verlauf im Arcus margi-nalis internus fort; da aber nach hinten zu das Induseum sich fast gänzlich reduziert, tritt in Wirklichkeit das Splenium unmittelbar unter dem Sulcus fimbriodentatus hervor und greift folglich nicht auf das Gebiet des Gyrus dentatus über. Da andererseits der Balken stets horizontal nach hinten fortschreitet, während der äußere Arcus marginalis sich nach unten beugt, so schiebt das Splenium den Arcus marginalis selbst, um in ihm nicht einzu-dringen, nach hinten, indem es ihn zwingt, eine Schleife zu bilden. Diese Schleife ist der Teil des Bogens, der unter dem Namen der Fasciola cinerea verläuft, während hingegen der proximale Teil desselben die Taeniae mediales und der distale den Girus dentatus bilden. Dieses Verhalten wird aber beim Menschen nicht angetroffen und so könnte man vermuten, daß der Balken bei den menschlichen Embryonen sich nicht so weit nach hinten erstrecke wie bei denen der Schweine. Doch kann man dagegen einwenden, daß diese geringere Ausdehnung mehr scheinbar als reell und hauptsächlich von der starken Entwicklung des Hinterhauptlappens beim Menschen abhängig ist. Eine andere Vermutung wäre, daß beim Schweine der hintere Teil des Balkens horizontal, ja leicht nach oben gekrümmt verläuft, während er beim Menschen nach unten gekrümmt und folglich dem Verlaufe des Sulcus arcuatus mehr angepaßt erscheint. Dorello hingegen meint, daß nicht so sehr dem Fortschreiten des Spleniums nach hinten, sondern der allmählichen Verlagerung des Lobus temporalis nach vorn eine Bedeutung zuzuschreiben sei. Beim Menschen tritt in der Tat diese Verlagerung in einer verhältnismäßig viel früheren Periode als beim Schweine auf, und hat fast den endgültigen Zustand erreicht, wenn die Balkenanlage in ihrer Entwicklung noch sehr wenig fortgeschritten ist; folglich muß der Balken, auch als phylogenetisch jüngeres Gebilde, sich gewissermaßen den Raumverhältnissen anpassen, die ihm die Gebilde älteren Ursprungs, die sich in einem vorgeschrittenen Grade der Entwicklung befinden, gestatten. Beim Schweine hingegen beginnt

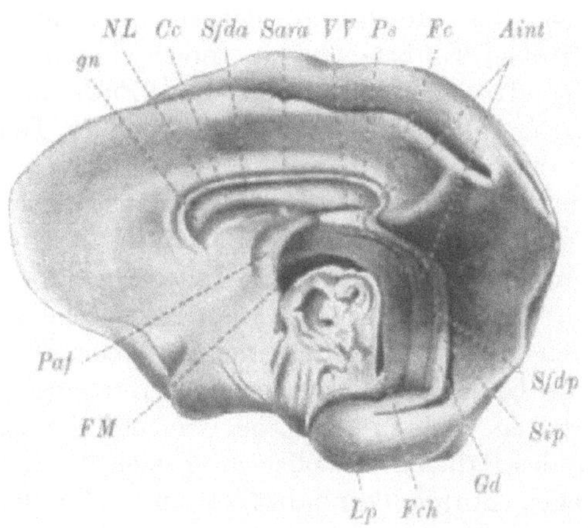

Abb. 26. **Mediale Fläche der rechten Hemisphäre eines 12,5 cm großen Embryos von Sus scrofa, von unten gesehen.** (Ungefähr vierfache Vergrößerung.) gn = Genu; Aint = Arcus intermedius; Ps = Psalterium; Gd = Gyrus dentatus; Fch = Fasciola cinerea; NL = Nervi laterales Lancisii; Paf = vordere Fornixsäulen; VV = Ventriculus Vergae. (Nach Dorello, l. c.)

der erwähnte Lobus temporalis seine Entwicklung nach vorn weniger früh und nähert sich seiner endgültigen Lage viel später, nachdem die verschiedenen Teile des Balkens bereits gebildet sind (Abb. 25). Folglich verspüren die mit einem bereits gut entwickelten Balken im Zusammenhang stehenden, obwohl älteren, Gebilde des Arcus marginalis externus dessen Wirkung, die sich durch eine einfache Anpassung der Form, ohne bedeutende Veränderungen in der Struktur, äußert. Somit ist die von den äußeren Randbögen um das Splenium herum beschriebene Schleife weniger von dem Fortschreiten des letzteren nach hinten als von der Entwicklung des Lobus temporalis nach vorn abhängig. Endlich ist noch zu erwähnen, daß die Gebilde des Arcus marginalis externus während der Entwicklung eine Reduktion aufweisen, die bei den verschiedenen Tieren im entgegengesetzten Verhältnisse mit der Feinheit des Geruchsinnes steht. Dieser Reduktionsprozeß des Bogens und die größere Entwicklung des Balkens können bei den verschiedenen Tieren in sehr verschiedenartigen chronologischen Verhältnissen stehen; daher die Möglichkeit, daß ein Gebilde auf ein anderes einen Einfluß ausübt und in anderen Fällen hingegen das Gegenteil eintritt.

Was das weitere Wachstum des Balkens bei der Sus scrofa betrifft, so findet dies, einigen Autoren nach, durch Apposition neuer Elemente, nach Dorello hingegen bloß an einigen Stellen durch Intussuszeption statt. Diesem letzteren nach soll das Splenium, der reflexe Teil desselben und der Truncus des Balkens schon sehr früh in enger Verbindung mit dem Sulcus fimbriodentatus stehen, so daß die Aufeinanderlagerung (Apposition) neuer Elemente nicht möglich wäre, ohne daß diese den äußeren Randbogen befallen. Da dies aber nicht der Fall ist, so ist nach Dorello anzunehmen, daß an diesen Stellen die Zunahme durch Intussuszeption stattfindet. Dagegen bildet sich zuerst dem vorderen Ende des Balkens entsprechend zwischen diesem und dem Sulcus fimbriodentatus, ein Raum, der später immer mehr abnimmt, um bei den 14 mm großen Embryonen zu verschwinden. Dies führt auf den Gedanken (nach Dorello), daß am vorderen Ende des Balkens der Zuwachs dieses Teils durch Anlagerung (Apposition) neuer Teile vor sich geht.

Goldstein, die Annahme einer primitiven, vor der Lamina terminalis gelegene Verwachsungsplatte bestreitend, ist der Meinung, daß der Balken der Lamina terminalis entstamme und daß in der Folge seine Fasermasse eine beträchtliche Verdickung erfahre. Die Zellen, welche hier die Balkenanlage bilden, kommen (nach His's Schema) aus der Zwischenzone der Wand. In der Tat verdünnt sich mit der Entwicklung derselben die periphere Schicht, bis sie sich öffnet, die beiden Zellenknospen der darunter liegenden Zwischenschicht vorwärtsschreiten, sich zuletzt begegnen und sich aneinander anlehnen. Die Entwicklung des Balkens vervollständige sich, nach Goldstein, von vorn (frontalwärts) nach hinten (kaudalwärts), was der Tatsache untergeordnet ist, daß der Sulc. arcuatus eine Ausdehnung in Längsrichtung erleidet.

Den Studien Villaverdes nach ist das Neuralrohr in den ersten Stadien vorn durch eine zarte Lamelle geschlossen, welche die Verbindung der beiden Hemisphären darstellt, und dies ist die Lamina terminalis (Schlußplatte). Die Hohlseite dieser Bildung scheint konvex (Abb. 27) und ist nach vorn gerichtet und schließt in dieser Höhe den 3. Ventrikel; sie umgibt eigentlich diesen Ventrikel bis zu seinem vorderen unteren Teile (Abb. 28). In ihrem ersten Stadium besteht die Lamina terminalis aus einem zarten Ependymstreifen, in dem die Kerne in verschiedener Höhe liegen (Matrixschicht des Kommissurenbettes). Die über der Matrix gelegene Lage der Lamina terminalis verdickt sich in der Folge, die Matrix selbst an Dicke übertreffend, und erlangt so den Namen der „Verdickung der Lamina terminalis". Es ist dies jener Teil, in welchem sich in der Folge die Commissura anterior ventralwärts und das Corpus callosum dorsalwärts bilden. Das verdickte Gebiet der Lamina terminalis geht also, nach Villaverde, aus der Matrix und einer darüberliegenden Schicht, welche die eigentliche Verdickung der Lamina bildet, hervor. Histologisch besteht diese letztere aus einer Reihe von an Form und Größe verschiedenen Kernen, die sich in einem verschiedenen Grade färben; dieselben werden bei fortschreitender Entwicklung sehr spärlich, um zuletzt zu verschwinden, da wo die Balkenfasern eintreten werden. In der Folge werden die vorher wellenförmigen und varikösen Fasern mehr parallel und liegen deshalb einander mehr an; zwischen ihnen befinden sich zahlreiche Kerne eingestreut, die fast immer klein und intensiv gefärbt sind. Gegen den 6. oder 7. Monat des fötalen Lebens findet man schon einen Unterschied in der Größe der Fasern in dem dorsalen Balkenteile, im Vergleich zu denen des ventralen Teiles. Außerdem sind die im dorsalen Teile des Balkens sich befindenden Fasern zarter und immer von dicken Kernen begleitet; im ventralen Teile hingegen sind die Fasern dicker, die blassen Kerne sind selten, fast ausschließlich klein und länglich. Die Epithelwucherung stellt jedoch nicht die einzige Quelle der Verdickung der Lamina terminalis dar.

Nach Villaverde nehmen an diesem Prozesse auch die medialen Wände der Gehirnhemisphäre teil, die in den Gebieten, in denen sie sich gegenseitig berühren, mittels der Matrix eine neue ektodermische Gewebebrücke bilden. Die Ausdehnungsart des Balkens gegen rückwärts, nachdem einmal seine Entwicklungsrichtung richtig festgesetzt ist, vervollständigt sich nach Villaverde durch Intussuszeption und nicht durch Apposition. Der Balken soll sich beim Menschen im Laufe des 5. Monats exklusiv auf Kosten des oberen Randbogens (wie Blumenau) entwickeln.

Nach Zuckerkandl stellt die Lamina terminalis durchaus nicht eine für den Verlauf der Balkenfasern präformierte Bahn dar; diesbezügliche Untersuchungen haben ihn zu dem Schlusse geführt, daß dieselbe höchstens eine aus Zellelementen bestehende Brücke bildet, die den Übergang der Fasern von der einen Hemisphäre zur anderen begünstigen kann. Er glaubt, daß der Balken aus zwei symmetrischen, oberhalb der Schlußplatte entstehenden Ausbreitungen hervorgehe; diese von der Lamina mittels des Sulcus choroideus getrennten Ausbreitungen bilden die erste Anlage des Balkens. Er nennt die Verwachsungszone ,,Massa commissuralis". Die gleichzeitige Entstehung der beiden Hälften der Massa commissuralis (vgl. Abb. 23) und bestimmter Teile der Randbögen findet, nach Zuckerkandl, in der Weise statt, daß die Zell

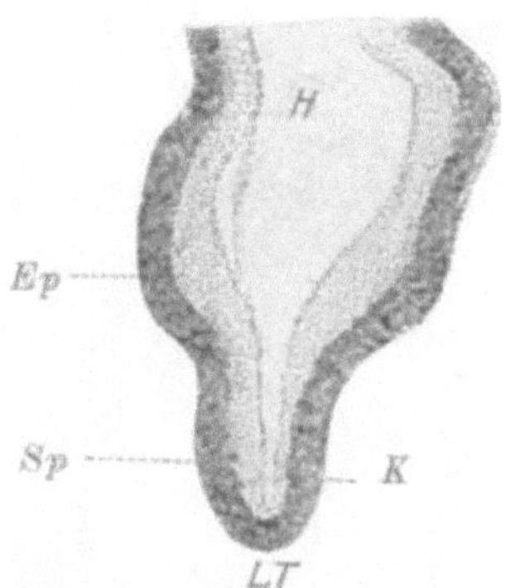

Abb. 27. Menschl. Fötus von 3 cm Länge. Gebiet der Lamina terminalis (LT), wo nachher eine Verdickung und Verwachsung stattfindet und der Balken entsteht. (Nach Villaverde, Arch. suisses de Neurol. Vol. IV. H = Sichel; Ep = Ependym; Sp = Schlußplatte; K = Kontakt, keine Verwachsung.

elemente der Rinde schichtweise wuchern, indem sie wulstähnliche Sprossungen bilden; diese vereinigen sich untereinander, nachdem der Teil der sich zwischen denselben befindlichen Sichel verschwunden ist.

Zuckerkandl also nimmt an, daß bei der Maus die bilateralen symmetrischen Leisten der medialen Wände der Großhirnhemisphären sich später vereinigen und eine Substanzbrücke bilden. Dies ist die Grundlage für den Übergang der Balkenfasern von der einen Hemisphäre zur anderen. Außerdem glaubt er, daß die hinter der Schlußplatte gelegenen Teile der Leisten ausschließlich dem Randbogen entspringen. In dem Gebiete der Foramina Monroi könnten jedoch laterale Anteile der Lamina terminalis zur Herstellung der Rindenleisten beitragen; immerhin wäre es ausgeschlossen, daß die Lamina terminalis allein für die Balkenfasern die Substanzbrücke bilde. Aber der Schwerpunkt der Frage liegt nach Zuckerkandl gerade darin, zu erkennen,

ob die Schlußplatte zu der Bildung der Vorbereitungsvorgänge der medialen
Wände der Hemisphären, welche das Balkengebilde leiten, beiträgt, oder ob
nicht vielmehr die Balkenfasern innerhalb der kaum verdickten Lamina terminalis primaria sich vermehren (Intussusception); denn nur in diesem Falle
käme ihr die Aufgabe zu, welche ihr von vielen Autoren zugeschrieben wird.
Dies wird aber, wie Marchand richtig bemerkt, bei der Maus nicht beobachtet
und ist auch im menschlichen Gehirn nicht nachgewiesen worden. Ob die Forscher, welche die Balkenfasern direkt in die Lamina terminalis hineinwachsen
lassen, auch eine Mitbeteiligung der medialen Wände der Hirnhemisphären
angenommen haben oder nicht, das ist ihren Schriften nicht zu entnehmen.

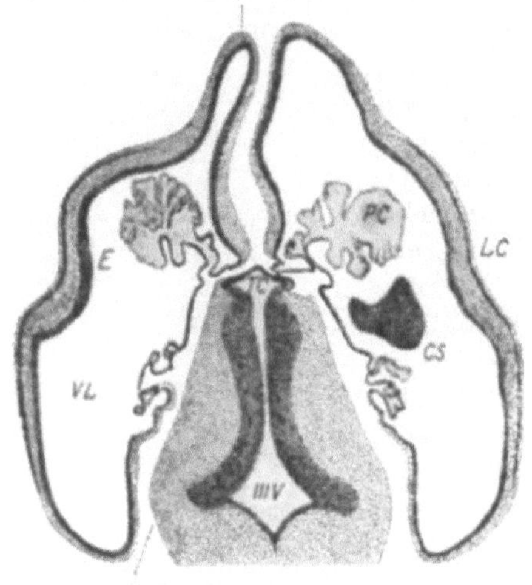

Abb. 28. Horizontalschnitt durch das Gebiet der Lamina terminalis eines Fötus
von 3 cm Länge.
VL = Seitenventrikel; PC = Plexus chorioideus;
LC = Hemisphärenwand mit vier Schichten;
CS = Corpus striatum. Die mediale Hemisphärenwand mit nur zwei Schichten weist keine Be-
sonderheiten auf; unten entstehen die Plexus
chorioidei; Th = Thalamus; III V = drittes Ventrikel; E = Ependym. (Nach Villaverde. Arch.
suiss. IV.)

Nur R. Goldstein hält dies für
möglich; aber anstatt daraus zu
schließen, daß an der Herstellung
des Balkens auch die medialen
Wände der Hemisphären beteiligt
seien, meint er, daß man umschriebene Teile derselben als zur
Schlußplatte gehörig betrachten
müsse. Das vorher Gesagte zusammenfassend, ist, nach Zuckerkandl wenigstens, bei der Maus
die Lamina terminalis durchaus
keine für den Verlauf der Balkenfasern bereits bestimmte Bahn;
ebensowenig verdickt sie sich,
weil diese in ihr zu liegen kommen;
allenfalls könnte die Lamina
terminalis für den Bau eines
vorderen Teiles der Substanzbrücke, sicher aber nicht für den
hinteren Teil derselben von Bedeutung sein, denn in dem Bereiche des Arcus marginalis entwickelt sich die Substanzbrücke
bzw. der Balken oberhalb der
Fissura chorioidea, wo die Lamina
terminalis fehlt. Mit anderen
Worten, um eine Verbindung

mittels eines Kommissurengebildes zwischen den Großhirnhemisphären zu
bilden, ist eine Schlußplatte nicht unbedingt notwendig. Zuckerkandl sagt
sogar, daß wenn auch zukünftige Forschungen nachweisen würden, daß die
seitlichen Teile der Lamina terminalis am Baue der Rindenleiste beteiligt seien.
so würde dies an dem oben erwähnten Begriffe nichts ändern, denn auch in
diesem Falle würde die Lamina terminalis nur ein Gebilde darstellen, welches
die Vorbereitungsvorgänge, nämlich die Herstellung einer Zellensubstanzbrücke
für den Übergang der Balkenfasern von der einen Seite zur anderen fördere;
denn zur Zeit, in welcher die Balkenfasern in die Substanzbrücke dringen,
besteht die Lamina terminalis als solche nicht mehr.

In Wirklichkeit, wendet March and ein, ist es Zuckerkandl nicht gelungen, mit Genauigkeit die Zone, in welcher sich der Balken bildet, festzustellen. Die Furche, die nach einigen Autoren den Randbogen in einen inneren und einen äußeren teilt, hat dieser letzte Autor nicht gefunden. Jedoch nimmt er an, daß der dorsale Teil des Randbogens einen Abschnitt des Balkens, des Fornix (dessen Grenzen er nicht einmal angedeutet findet), sowie den Gyrus supracallosus bilde, und kommt zu dem Schlusse, daß man nach Annahme des Vorhandenseins des Sulcus fimbriodentatus zugeben müsse, daß distalwärts der äußere Randbogen das Ammonshorn und die Fascia dentata, sowie der innere Arcus marginalis die Fimbria bilden, während proximalwärts der äußere Randbogen den Gyrus supracallosus einen Teil des Fornix und des Balkens hervorbringe. Seiner Meinung nach geht die Entwicklung von vorn nach hinten vonstatten, da, während in der Tat vorn der Prozeß schon vorgeschritten ist und man schon die Balkenfasern beobachtet, man hinten noch die Zellenbrücke bemerkt.

His glaubt nicht, daß der Balken von einer „Verdickung der Lamina terminalis" abstamme, sondern von einem Teil der Innenfläche, — Trapezplatte — welche zwischen der Schlußplatte und der zweiten Furche gelegen ist und er behauptet, daß die der Mittellinie zu gerichteten Ränder des Randbogens sich infolge der Anhäufung von Markzellen so verdicken, daß sie zuletzt starke Lamellen bilden: anfangs durch eine Gefäßschicht getrennt, nähern sie sich später, um zuletzt in Berührung zu kommen. Endlich kommt es zu einer Resorption der dazwischen liegenden Gefäße und zuletzt zu einer Verschmelzung (Apposition) beider Ränder; auf diese Weise bildet sich eine Brücke, welche den Übergang der Balkenfasern ermöglicht. — Mihalkowicz, Löwe und Blumenau haben fast dieselben Ansichten behauptet.

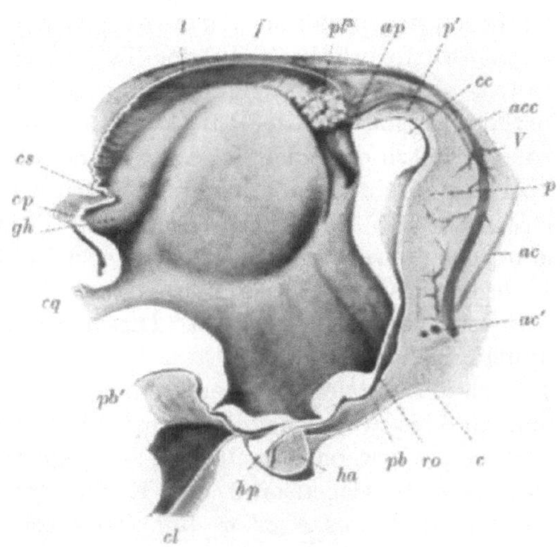

Abb. 29. Medianer Durchschnitt des Hirnstammes des Gehirns eines menschlichen Embryos. Linke Hälfte. Vergr. 6 mal. Länge der Hemisphäre 28 mm. (Nach Marchand, l. c.)

f = bleibende Sichel; unterer Rand, der mit der Tela chorioid. pl³ durch lockeres Gewebe zusammenhängt; p′ = dicker halbmondförmiger Wulst der Pia mater, der die Balkenanlage cc wie eine Kappe umgibt; v = vordere Bogenvene; ac = Arteria cerebri anterior; ac′ = Art. corp. callosi; pb und pb′ = Pia mater basalis; ro = Recessus opticus, der als Fortsetzung des Sulcus striae corneae hinabführt; t = Tela chorioidea ventriculi; pl = Plexus chorioid.; ap = Angulus praethalamicus; p = Lamina subtilis der Sichel; c = Anfang der Balkenmündungen; ha = vorderer Lappen der Hypophyse; hp = hinterer Lappen derselben; cl = Clivus; cp = Corpus pineale; gh = Ganglion haben.; cq = Corpus quadrigeminum; cs = Commissura superior.

Blumenau hat (bei den Schweineembryonen) hervorgehoben, daß die Balkenfasernbündel, ihres Vorspringens halber, eine Druckatrophie der oberflächlichen Schichten der Hemisphärenwände verursachen, und dann, sich untereinander vereinigend, die Hauptmasse des Balkens bilden.

Gegen die obenerwähnten Ansichten sind eine Reihe von Einwürfen seitens Marchand erhoben worden; er hat in der Tat vergebens versucht, sich an Serienschnitten von dem Bestehen „einer Verwachsungszone" in der ganzen, von His gegebenen Ausdehnung zu überzeugen, da die mediale Grenze der Trapezplatte eine glatte, nur an der Lamina terminalis unterbrochene Linie bildet.

Auch gegen die Annahme Blumenau's (Appositionstheorie) hat Marchand mehrere Einwürfe erhoben. In der Tat ist es nicht klar, in welcher Weise Blumenau sich die Vereinigung von Faserbündeln vorstellt. Eine Kommissurenbildung kann in der Tat, wie Marchand hervorhebt, nur stattfinden insofern, als Fasern der einen Seite in die andere hineinwachsen, und umgekehrt, nicht aber mittels eines schon bereits gebildeten Faserbündels. Nach Blumenau würde es sich also um einen besonderen Prozeß handeln insofern, als das mesodermische Gewebe der Sichel teilweise infolge der Atrophie des wuchernden Bindegewebes verschwände, und zum Teil werde es von Fasern durchzogen, die sich weiter entwickeln. Dieser Prozeß ist aber nur in der Pathologie annehmbar (Marchand).

Bezüglich der von der Sichel erlittenen Veränderungen behauptet Marchand hingegen, daß es wahrscheinlicher sei, daß dieselbe einfach durch die sich vergrößernde „Verwachsungsstelle" zurückgedrängt werde. Diese Ansicht aber ist ihrerseits Gegenstand der Kritik gewesen. Zuckerkandl wendet gegen sie ein, daß dies a priori unhaltbar sei; diese Auffassung hätte einen Wert für jenen Teil des Balkens, der sich. vor der Lamina terminalis befindet, aber nicht für den oberhalb des Zwischenhirns gelegenen. Die Abschnürung der Sichel von der Tela chorioidea könnte nach Zuckerkandl entweder nur durch die Vereinigung der beiden Randbogen oder durch ein Zurücktreten der Sichel, das hiervon unabhängig ist, möglich sein. Marchand seinerseits erwidert, es sei unbegreiflich, in welcher Weise durch das Zurücktreiben der Sichel durch den Balken, der nach hinten fortschreitet, die Tela chorioidea auf den Rücken desselben zu liegen kommen könne, und läßt ihn bedenken, daß man immer einen Schwund der sehr zarten Lamina (der Membranae) an der Stelle der „primären Verwachsung", nämlich an dem oberen Ende der Lamina terminalis, begreifen könne; doch fehle hierzu die Möglichkeit. In der Tat hört die Pialamelle in der Nähe der Lamina terminalis am vorderen Umfang mit einem sehr zartem Saum auf. Andererseits ist ein Durchdringen der Sichel durch die sich untereinander vereinigenden Randbogen unbegreiflich. Betrachtet man in der Tat, wie Marchand geraten hat, einen Medianschnitt eines menschlichen Hirns vom 4. fötalen Monat mit erhaltenen Membranen, so kann man sich leicht überzeugen, daß die ursprüngliche Balkenanlage (Abb. 29) von den gut umschriebenen Membranen wie von einem Mantel umgeben ist; sie ist leicht mit der Nadel abzuheben und steht folglich nicht mit der Nervensubstanz in Verbindung. Dieses Verhalten den Häuten gegenüber bleibt während der ganzen späteren Streckung des Balkens stets die gleiche; der sichelförmige

Rand des Piaschnittes wird durch das hintere Ende des Balkens mehr und mehr nach hinten verdrängt und sein vorderer Stiel, durch das Genu trabeos, immer mehr nach vorn; da aber die Verlängerung des Balkens nach hinten stets stärker ist, so ist auch die Verlagerung nach hinten immer ausgeprägter. Niemals findet man, nach Marchand, eine wirkliche Abtrennung der Tela chorioidea des dritten Ventrikels und des Plexus chorioid. von der ursprünglichen Sichel, sondern die Verbindung der beiden Gebilde besteht fort am hinteren Ende des Balkens.

Marchand bekämpft ferner die weitere Annahme Zuckerkandl's, His', und der Anderen, nämlich daß das Durchdringen der Balkenfasern infolge der Verschmelzung der Randlippen stattfinde (Apposition). Dies ist Marchand's Erachtens nach nicht möglich, sei es weil die Randlippen auf ihrem Verlaufe um den Thalamus nach hinten auseinanderweichen, sei es, weil sie durch die Fasern des Fornix eingenommen sind. Dieser Autor hat auch die Veränderungen, welche die Rinde der medialen Wand der Großhirnhemisphäre im 4. Monat des intrauterinen Lebens des menschlichen Fötus erleidet, studiert. Er bemerkt, daß der untere dickere Teil der medialen Wand — Trapezfeld — der zwischen der Lamina terminalis und der vorderen Bogenfurche gelegenen medialen Hemisphärenwand ohne Rinde ist. Ferner hat er wahrgenommen, daß am Übergange dieses Feldes in dem oberen (reduzierten) Teil der Wand sich eine Ausbuchtung mit ausgeprägterer Verdünnung derselben befindet; eine andere ähnliche Ausbuchtung beobachtet man in der medialen Wand des frontalen Teiles und oberhalb und mehr nach hinten in der Zone des Randbogens; hier findet gewöhnlich die ausgeprägtere Einbiegung des Randbogens statt. Da die Anlage einiger Teile des Balkens (z. B. der Striae) schon vor dem Durchtritt durch das Aufhören des äußeren Rindenstreifens oberhalb des Trapezfeldes bestimmt ist, so ist sie bereits fixiert, ehe der Balken sie durchdringt. Hieraus ergibt sich der Schlußsatz, daß der Durchtritt des Balkens nur in dieser Zone und nicht entsprechend dem Rest der von der grauen Rinde bekleideten medialen Wand vor sich gehen kann. Endlich, nach Marchand, drängt das nach vorne sich verlängernde Balkenknie den dasselbe umgebenden Randbogen nach vorne, durchbricht ihn aber nicht.

Nach Marchand findet (s. oben) der Durchtritt der Balkenfasern zuerst da statt, wo der Randbogen in das Trapezfeld übergeht. Indem nun dieser Teil sich immer mehr nach hinten verlagert und hier die verlängerte Lamina terminalis mit sich zieht, während der innere Randbogen (der Fornix) an seiner Stelle bleibt, findet die charakteristische Überkreuzung dieser beiden Gebilde statt. Zwischen dem oberen Randbogen, welcher zur Fascia dentata wird, und dem inneren Randbogen dringt wie ein Keil das Splenium ein. Die Hauptsache, die von vielen übergangen wird, ist, wie Marchand bemerkt, daß doch der Balken dem vertikalen Anteile der medialen Fläche und nicht dem konkaven (d. h. der Zone des Randbogens) angehört. Hier ist auch zu erwähnen, daß, diesem Autor nach, während der Entwicklung des Balkens eine bedeutende Verlagerung der Teile und vor allem eine sehr starke Verkürzung der ganzen Zone des Hippocampus stattfindet; demzufolge wird das vordere Ende (da wo nach einigen Autoren zuerst die Verwachsung stattfindet) nach hinten um die Querachse verlagert, so daß

die Stelle, welche anfangs vor dem Foramen Monroi lag, nach und nach über
den dritten Ventrikel bis zur Zirbeldrüse verschoben wird.

Nach Hochstetter ist es zurzeit unmöglich, festzustellen, ob bei den
menschlichen Embryonen der allerersten Wochen die Masse der Balkenlamellen
nur einem Teile der Fasern des späteren Genu trabeos oder denen des Spleniums
oder des späteren Balkenkörpers entspricht; oder, ob die Anlage der Commissura
magna cerebri aus Fasern besteht, welche die Bestimmung haben, in der Folge
sich auf sämtliche Bestandteile des Balkens zu verteilen. Nur bei weiter vorgeschrittenen Embryonen sind mit Sicherheit die gesamten Balkenbestandteile
bereits bis zum Schnabelfortsatz präformiert. Bei diesen letzteren kann man
bereits von einem Knie, einem Körper sowie von einem Splenium sprechen,
und die Fasern, welche diese Bestandteile der Balkenanlage durchziehen, sind
die gleichen, welche im ausgebildeten Zustande in den vorgenannten Bestand-
teilen des Balkens vorzufinden sind. Es ist schwer zu verstehen, in welcher
Weise das Wachstum dieses verhältnismäßig so kurzen Corpus callosum vor
sich geht und wie daselbst die definitiven Verhältnisse zur Deckung des III.
Ventrikels zustande kommen. Nach Hochstetter steht außer Zweifel, daß
das Wachstum des Balkens von der Massenzunahme der ihn bildenden Fasern
abhängig ist. Noch weniger kann man in Zweifel ziehen, daß diese Massenzunahme mit dem Wachstum und der Volumenzunahme des Hemisphären-
anteiles Hand in Hand geht, von welchem die Balkenfasern ihren Ausgang
nehmen und in welchem dieselben endigen. Von diesen Hemisphärenanteilen
nehmen nämlich beständig neue Nervenzellen ihren Ausgang; von letzteren
nun leiten sich neue Faserzüge ab, welche zwischen die bereits gebildeten oder
in die Nachbarschaft dieser Fasern der Balkenausstrahlung vorrücken, bis sie am
Corpus callosum selbst angelangt sind. Hier dauert ihr Wachstum fort, indem
sie entweder auf die Oberfläche der bereits vorhandenen Balkenfasern übergehen
oder tief zwischen denselben eindringen, und auf diese Weise gelangen sie zur
entgegengesetzten Seite der anderen Hemisphäre. Das Wachstum des Corpus
callosum kommt also größtenteils vermittels Interposition zustande, d. h.
durch Eintreten neuer Faserzüge zwischen die bereits vorhandenen. Was
nun das Splenium angeht, so erleidet nach Hochstetter dasselbe infolge des
Wachstums und der Längenzunahme des Balkens in der Sagittalrichtung
eine sehr starke Verschiebung nach hinten gegen das Hinterhaupt hin.

Was das Verhalten des Gewebes der embryonalen Hirnsichel sowie des
das zarte Dach des III. Ventrikels überziehenden Gewebes anbetrifft, so spricht
sich Hochstetter nicht darüber aus, in welcher Weise seine Zusammenziehung
und sein teilweises Zurückweichen vor sich gehen. Ohne Zweifel handelt es
sich bei diesem Gewebe um eine Anpassung an das Balkenwachstum, wobei
dasselbe der Verschiebung des Corpus callosum auf dem Dache des III. Ventrikels kein Hindernis in den Weg legt. Jedenfalls müssen die bei dieser Verschiebung mitspielenden Vorgänge, was die dabei in Mitleidenschaft gezogenen
Partien der Leptomeninx angeht, äußerst komplizierter Natur sein.

Mit der durch die Wachstumsweise des Balkens bedingten Verschiebung
desselben und infolge des vom Splenium auf die Nachbarschaft ausgeübten
Druckes tritt nun eine merkwürdige Tatsache in die Erscheinung, auf welche
Hochstetter die Aufmerksamkeit gelenkt hat. Er hat nämlich die Beobachtung gemacht, daß die zarte Decke des III. Ventrikels, der hier befindliche

Teil des Plexus chorioideus sowie das Bindegewebe der Tela chorioidea superior, welches denselben bedeckt, für einen gewissen Zeitpunkt der Embryonalzeit dem Versorgungsgebiete der Arteria cerebri anterior angehört: Hochstetter konnte dies durch in diese Arterie bei menschlichen Föten gemachte Injektionen feststellen. Im ausgebildeten Organismus hingegen werden die erwähnten Bestandteile bekanntlich von Ästen der Arteria cerebri posterior versorgt: es muß daher im Laufe der Entwicklung eine Änderung in der Art und Weise stattfinden, in welcher die Zuführung des Blutes zur Tela chorioidea superior und zu den angrenzenden Geweben vor sich geht. Nach Hochstetter ist die Abänderung als Folge der Verschiebung anzusehen, welche die Balkenanlage erleidet, indem sie nach hinten auf das Zwischenhirn verdrängt wird. In der Anfangsperiode der Entwicklung verläuft nämlich der Ast der A. cerebri anterior in einem gewissen Abschnitte auf der oberen Außenseite des Corpus callosum, bis er am Splenium anlangt, worauf er dieses umzieht, um sich ins Innere der Tela chorioidea superior zu begeben und dann in der Frontalrichtung zu verlaufen. Wie es nun den Anschein hat, übt das Splenium infolge seiner Verschiebung nach hinten auf oben genanntem Arterienast einen derartigen Druck aus, daß die Verbindungswege zwischen der A. cerebri anterior und den Ästen der A. cerebri posterior eine Verstopfung erleiden, worauf es zur Bildung der definitiven normalen Verhältnisse der Tela chorioidea superior kommt.

Die Frage der Genese des Balkens kann nicht von der des Septum pellucidum getrennt werden. Nach einigen Autoren befallen die Kommissurenfasern des Balkens nicht die ganze Vereinigungszone, welche zwischen den Gyri dentati liegt, sondern entwickeln sich vorn nur im peripheren Teile des Verwachsungsgebietes, indem sie das Knie und den Schnabel des Balkens bilden; nun wäre die nicht befallene Zone von den Laminae septi eingenommen.

Andere hingegen, unter diesen Marchand, behaupten, die topographischen Verhältnisse der Balkenanlage des fötalen Hirnes mit jenen des erwachsenen vergleichend, daß die Balkenanlage und das Septum von einem gemeinsamen Gebilde abstammen, nämlich von der primitiven Verwachsungszone. Hierfür spricht die durchaus ähnliche Form, welche der vordere Rand des Balkenschnabels und die Grenze der Balkenanlage im 5. Monat des menschlichen fötalen Lebens aufweisen, wie auch das Verhalten des letzteren gegenüber der sog. verlängerten Lamina terminalis. Daher bildet sich die Höhle des Septums nach Marchand nicht durch die Zunahme des Balkenschnabels um eine vorher freie Zone der medialen Fläche der Hemisphären. Die Frage dreht sich darum, ob sich innerhalb der ursprünglichen Verwachsung später von unten her eine spaltförmige Höhle entwickelt, die sich nachher vergrößert oder eine von vorn nach hinten sich erstreckende Extroflexion in die Verwachsung bildet.

Viertes Kapitel.

Agenesie des Balkens.

Ein in der Anatomie des Balkens wichtiges Kapitel ist das über den Mangel desselben (Agenesie). Der Balkenmangel ist bald ein vollständiger, bald ein partieller, insofern als der den Balken bildende Faserkomplex sich gar nicht oder nur zum Teile ausbildet; ein Prozeß, der wesentlich von den Fällen zu unterscheiden ist, in denen es sich um eine Atrophie bzw. um den durch einen Krankheitsprozeß bedingten Faserschwund handelt. Einige Autoren reden tatsächlich von einer sekundären Atrophie; von dieser Art wäre z. B. der zweite Fall von Gros; sämtliche Balkenteile waren hier sehr deutlich, nur wies der Balken in seinem Ganzen eine wirklich bedeutende Kleinheit auf.

Schon seit dem Jahre 1812 haben die Anatomen Gehirne beschrieben, in welchen der Balken in toto oder zum Teil fehlte; Banchi stellte (1904) ungefähr 61 derselben zusammen. Seine Statistik umfaßt nicht jene Fälle, in denen die Läsion des Balkens von so vielen und schweren Anomalien der ganzen Hirnarchitektur begleitet war, daß dieselbe an und für sich ganz belanglos war; ebenso fehlen hier die Fälle, in welchen die beiden Hemisphären durch eine dem Aussehen des Balkens wenig unähnliche Bildung vereinigt waren, welche die anatomischen Charaktere und die Kommissurenfunktion desselben beibehielt.

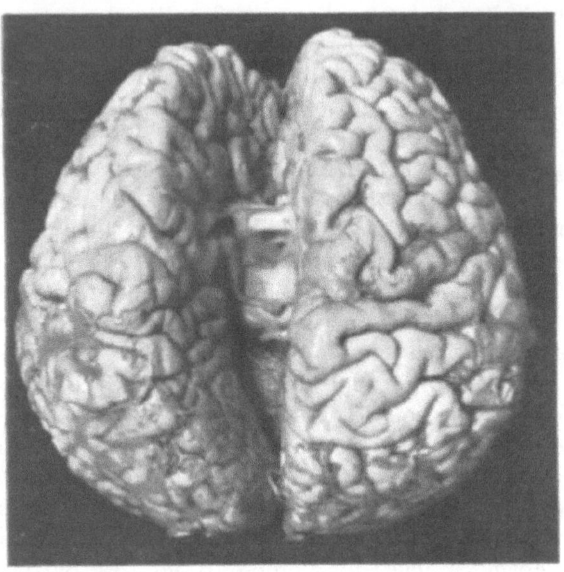

Abb. 30. Photogramm eines balkenlosen Gehirns. (Unveröffentlichter Fall Dr. Giannelli's.)

Den Beobachtungen Banchi's müssen die folgenden neueren Veröffentlichungen hinzugefügt werden. Probst(1904) und Mirto (1905) teilen ein jeder einen Fall von unvollständigem Balkenmangel mit. Groz (1909) veröffentlichte zwei Fälle, nämlich einen von totaler Balkenagenesie und einen von Balkenatrophie (sämtliche Teile der Kommissur zeigten sich hier an Umfang sehr vermindert). Im Jahre 1910 beschrieb Kozowsky einen Fall von teilweisem Mangel des Balkens und Archambault einen von vollständiger Abwesenheit desselben. Ebenso teilte Levy-Valensi (1911) zwei Fälle von vollständigem Balkenmangel mit; einer bezog sich auf ein idiotisches Kind, der andere, in welchem der Balken in rudimentärer Form bestand, auf einen epileptischen Idioten. Klieneberg (1911) berichtet über einen Fall von Balkenmangel bei einem von Paralysis cerebr. infantum befallenen Individuum, und Marchand veröffentlichte einen Fall von Balkenagenesie. Im ganzen sind bis jetzt zirka 71 Fälle von Balkenmangel in der Literatur verzeichnet; in 43 von diesen bestand gänzlicher oder fast gänzlicher Mangel, in 28 ein teilweiser oder eine rudimentäre Atrophie des Balkens. Von diesen sind jene ausgeschlossen, die nur per incidens auf den medizinischen Kongressen erwähnt wurden.

Fälle von vollständiger Abwesenheit des Balkens sind u. a. die von Reil, Ward, Foerg, Rokitansky, Klob, Kollmann, Potevin-Dumontel, Knox, Molinverni, Eichler, Mangelsdorff, Urquhart, Anton (Fall I und II), Mingazzini (Fall I und II), Marchand (1 Fall), Probst, Jelgersma, Banchi, Archambault, Levy-Valensi (2 Fälle), Klieneberg.

Hier füge ich die Beschreibung eines neuen unveröffentlichten Falles totalen Balkenmangels hinzu, den ich der Freundlichkeit des Herrn Kollegen Privatdoz. Giannelli verdanke.

F. V., 68 Jahre alter Maurer, war nach den Aussagen der Verwandten immer gut, sanft und intelligent, trank übermäßig Wein. Er wurde im Januar 1919 in die Irrenanstalt in verwirrtem Zustande, welcher sich nach zwei Iktus entwickelt hatte, eingeliefert.

Die objektive Untersuchung ergab: Insuffizienz des rechten VII. Kräfteabnahme in sämtlichen Gliedern. Sehnenreflexe prompt und lebhafter links; Zehen plantar. In aufrechter Stellung, auch mit gespreizten Beinen, Neigung zum Fallen. Außerdem waren Dysphagie und dysarthrische Störungen vorhanden: mit einem Worte, Zeichen einer pseudobulbären Lähmung.

Vom psychischen Standpunkte aus bestanden Zeichen von Geistesschwäche, vergesellschaftet mit sensorischen Störungen. Patient weist Tendenz zu impulsiven Handlungen auf.

Exitus, infolge von Marasmus am 2. IV. 1919.

Sektion (24 Stunden post mortem). Schädeldach verdickt; Dura normal, Gewicht des Gehirns nebst Pia 1240 g. Atheromatischer, auf sämtliche Hirn- und Kleinhirnarterien verbreiteter Prozeß; die durchsichtige, nicht verdickte Pia wird mit Leichtigkeit entfernt, ohne Dekortikation der Rinde zu verursachen. Sofort nach dem Auseinanderziehen der Hemisphären bemerkt man den vollständigen Mangel des Corpus callosum. Eine kleine, feine, durchsichtige Membran bildet das Dach des dritten Ventrikels.

Nach Öffnung derselben gelangt man direkt in die dritte Ventrikelhöhle. Man sieht dort in der Mitte die graue Kommissur (Commissura media), welche sehr zart ist und während der Untersuchung zerreißt; die vordere Kommissur, größer als normal und an den Seiten derselben, den Anfang der beiden Fornixsäulen, die, nach oben und hinten steigen: auch die Commissura posterior (Abb. 30) ist größer als normal.

Die Morphologie der Windungen und der Furchen der konvexen Oberfläche der Großhirnhemisphären weist keine wahrnehmbaren Abweichungen von der Norm auf. Die mediale Oberfläche hingegen weist den vollständigen Mangel des S. calloso-marginalis und der Fissura arcuata praecunei auf. Die Windungen sind in dieser Gegend strahlenförmig angeordnet, und sie enden vom ventralen Rande der Fläche selbst ausgehend und, in verschiedenen Richtungen verlaufend (frontalwärts, vertikalwärts und okzipitalwärts), auf dem freien Hirnmantelrande.

Das Gehirn wird in $10^0/_0$igem Formol aufbewahrt, nach fünf Tagen werden einige vertiko-transversale Schnitte angelegt, die auf den entsprechenden Schnittflächen keine auffallenden (makroskopischen) Veränderungen aufweisen.

Chatto, Paget, Langdon, H. Down, Sander (2 Fälle), Nobiling, Jolly, Huppert, Hagen, Mierzejewsky, Deny, Hochhaus, Anton, Marchand (1 Fall), Mirto, Groz (1 Fall), Kozowsky, Mingazzini teilten Fälle von partiellem Balkenmangel mit.

Die vollständige oder die partielle Agenesie (sowie die Atrophie) des Balkens wurde in jedem Lebensalter getroffen. In einer Statistik über 40 Fälle dieser Art finden wir folgende Angaben (Milani):

Von der Geburt bis zum 10. Lebensjahre 12 Fälle

vom 10. ,, ,, 20. ,, 9 ,,

,, 20. ,, ,, 30. ,, 7 ,,

,, 30. ,, ,, 40. ,, 5 ,,

,, 40. ,, ,, 50. ,, 2 ,,

,, 50. ,, ,, 60. ,, 2 ,,

im 72. ,, 1 Fall

im 73. ,, 2 Fälle

Unter den als Ursache dieser Anomalien beschuldigten Schädlichkeiten werden die während der Schwangerschaft erlittenen Traumen (Zingerle) und die Infektionskrankheiten erwähnt. In wenigen Fällen stellte man Lues hereditaria fest (Klieneberg).

Makroskopisch konstatierte man in den Fällen von totaler Balkenagenesie folgendes: bei Divarikation der beiden Hirnhälften erscheint der Boden der Scissura interhemispherica (wie in den ersten Zeiten des intrauterinen Lebens) von der oberen Fläche der Thalami eingenommen; diese werden bloß von einem (mesodermischen) Umschlage der Tela chorioidea superior bedeckt. Besteht eine Entwicklungshemmung des Septum pellucidum, so sind die Großhirnhemisphären nur mittels der Thalami und der Pedunculi cerebri vereinigt.

Ist der Mangel nur ein partieller, so findet man den vorderen Balkenteil oder nur das Knie oder auch bloß den hinteren Teil vor; diese Reste sind meist atrophisch (selten weisen sie ein normales Aussehen auf). Typisch ist der Fall Zingerle's; hier bestand nur der vordere Teil des Balkens und es lag ein schwerer Hydrocephalus internus vor; der G. marginalis war zum geringen Teile erkennbar. Auf der medialen Fläche der Hemisphären herrschte der radiale Typus der Windungen vor, auch die Furchen der Konvexität waren teilweise atypisch. Der Fall Groz gehört auch zu denen, in welchen ein teilweiser Balkenmangel mit Mikrogyrie beiderseits bestand; hier durchzogen fünf strahlenförmige Furchen die mediale Fläche; vom Balken fand sich hier bloß eine, dem Knie entsprechende Anlage; ventralwärts verdünnte sich dieselbe in die Lamina rostralis und trat mittels derselben in Verbindung mit der Commissura anterior. Im Falle II von Marchand, wie in meinem Falle (II), befand sich an der Stelle des Balkens und bloß im vorderen Teile eine kleine aus Nervensubstanz bestehende Brücke, welche die beiden Großhirnhemisphären vereinigte. Im Falle Arndt-Sklarek wurde der Balken nur durch den vorderen Teil dargestellt, und dieser bestand aus zwei proximalwärts untereinander durch einen zarten Schleier der Pia mater und durch einige Nervenfasern verbundene zylinderförmige Bündel. Bisweilen sind die den Balken bildenden Elemente vollständig vorhanden, aber in einem so verminderten Umfange, daß dieser als ein zarter Streifen erscheint (Atrophia trabeos).

In dem von Marchand beschriebenen Falle von teilweisem Mangel des Balkens entsprach das Verhalten der Balkenanlage, abgesehen von der mangelnden Verdickung der Lamina terminalis, ziemlich gut dem Gehirn eines viermonatlichen Fötus.

Das Verhalten der Furchung der Großhirnhemisphären bei Balkenmangel ist, was die Dignität der hier fast stets wahrzunehmenden Anomalien anbelangt, von größter Bedeutung. Sehr häufig begegnet man Abweichung von verschiedenartiger Bedeutung. Einige besitzen nämlich den Charakter einer einfachen Hemmung; andere eine gänzlich phylogenetische Bedeutung, so z. B. in meinem Falle I.

Unter den ersteren bemerkt man die Anwesenheit des Sulcus transversus frontalis auf der metopischen Fläche des rechten Stirnlappens; unvollständige transversale Frontalfurchen, welche die Frontalwindungen in mehr oder weniger horizontaler Richtung teilen, sind in der Tat bei Erwachsenen selten; während bisher nur an den fötalen Gehirnen (vollständige) Querfurchen, welche vollkommen die ganze metopische Fläche des Stirnlappens durchqueren, beschrieben wurden (Giannuli, Mingazzini). Ebenso ist die unvollständige Furchung der Oberfläche der menschlichen Insula, die ich auch in meinem Falle (I) vorfand, ein fötaler Charakter, dessen Fortbestehen in Gehirnen Erwachsener oder Kinder die Bedeutung einer Entwicklungshemmung hat.

In einigen balkenlosen Gehirnen wurde auch eine strahlenförmige Anlage der auf der konvexen Fläche der Hemisphären verlaufenden Furchen wahrgenommen. Solche strahlenförmigen Furchen sind von Foerg, Eichler, Bruce, Marchand und in meinem Falle 1 auf der linken Hemisphäre beobachtet worden. Auf die Arbeiten Cunningham's Bezug nehmend, behauptete ich nun schon seit 1889, daß diese Anomalie nur durch eine Entwicklungshemmung der Gehirnontogenese erklärt werden konnte. Nach Mihalkowicz und Cunnigham wird in der Tat die erste Furchenbildung auf der seitlichen Fläche der Großhirnhemisphären bisweilen durch strahlenförmig um die Fossa Sylvii angelegten Furchen angedeutet. Auf diese Weise würde die seitliche Fläche des Hirnmantels, ungefähr um die Hälfte

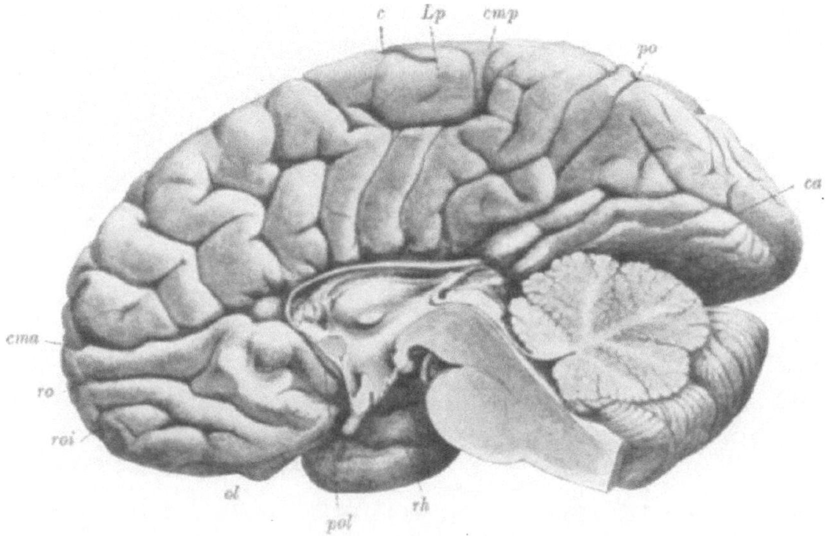

Abb. 31. Mediale Fläche der rechten Hemisphäre eines menschlichen Gehirns mit totalem Balkenmangel. (Nach Marchand, l. cit.: Fall I.)

rh = S. rhinicus: roi = S. rostr. inferior.; c = Fortsetzung des S. Rolandi; cmp = Pars posterior s. calloso = marginalis; ca = Fiss. calcarina; pol. = Polus temporalis; ro = S. rostralis; Lp = Lobulus pararolandicus; po = Fiss. parieto-occipitalis; ol = Sulcus nervi olfactorii; cma = Pars anterior sulci calloso marginalis. Die Habenula hat sich seitlich von der Decke des dritten Ventrikels abgelöst; die Gl. pinealis ist herausgerissen. Oberhalb der dicken vorderen Kommissur ist das Säulchen, dahinter das Foramen Monroi sichtbar, darüber der Plexus chorioid. Vor der vorderen Kommissur und der Lamina terminalis der schmale Streifen, der dem Pedunculus corp. callosi entspricht; davor der Sulcus paraolfactorius und die innere Riechwindung. Das Infundibulum und der Hypophysenstiel sind defekt.

des dritten Fötalmonates, in verschiedene dreieckige Felder, deren Spitze der Fissura Sylvii zu und die Basis dem freien Rande des Hirnmantels zu gerichtet ist, geteilt. Diese Furchen besäßen jedoch nach Cunningham nur ein vorübergehendes Leben, so daß später (gegen Anfang des 5. fötalen Monats) die Hirnmanteloberfläche wieder glatt wird, bis die endgültigen Furchen auftreten. Diese letztere Tatsache fällt mit der weiteren Entwicklung des Hirnmantels um die Fissura Sylvii herum zusammen, die auf diese Weise durch eine immer üppiger werdende Entwicklung der Großhirnhemisphären bedeckt wird. Nun wies gerade die linke Hemisphäre in meinem Falle (I) von balkenlosem

Gehirn eine, der eines menschlichen fötalen Hirnes in der Zeit der vorübergehenden Furchen vollständig ähnliche Furchenanordnung auf. In dieser Hemisphäre fehlte in der Tat das Operculum Fossae Sylvii; drei oder vier strahlenförmige Furchen gingen vom Truncus fiss. Sylvii aus und teilten die seitliche Fläche der Hemisphäre, indem sie sich auf dieselbe erstreckten, in ebensoviele dreieckige, von anderen vollkommen unregelmäßigen Furchen durchzogene Zonen.

Phylogenetische Anomalien finden sich ebenfalls nicht so selten auf den Großhirnhemisphären von Individuen mit Balkenmangel. So bemerkte man in den von Stöcker und von Klieneberger beschriebenen balkenlosen Ge-

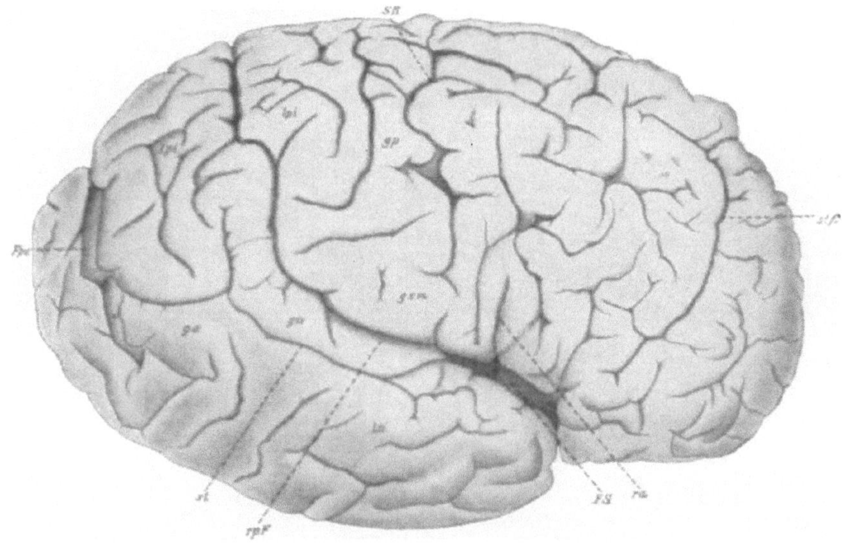

Abb. 32. Rechte Großhirnhemisphäre resp. laterale Fläche eines Gehirns mit totalem Balkenmangel. (Fall I Mingazzini.)

FS. = Fossa Sylvii; rpF = Ramus posterior Fiss. Sylvii; ra = Ramus anterior vertic. fiss. Sylvii; SR = Sulcus Rolandi; stf = Sulcus transversus front.; gp = G. postcentralis; lpi = Lobulus pariet. superior; Fpe = Fissura perpendic. externa; gsm = dem unteren Teile des G. postcentralis und dem vorderen Teile des Lobulus pariet. inferior entsprechender Lobulus; gts = Gyrus tempor. supremus; lti = Lobulus temporalis inf.; ga = G. angularis (hinterer Teil).

hirnen und in der rechten Hemisphäre meines Falles N. I den Mangel der Vereinigung der Fiss. calcarina mit der Fiss. parieto-occipitalis (Abb. 33), eine dem Gehirne sämtlicher Primaten, mit Ausnahme des Ateles und des Gibbons, gemeinsame Anordnung. In derselben Hemisphäre meines Falles bemerkte man auch die Fortsetzung des R. posterior fiss. Sylvii auf dem freien Rande des Gehirnmantels (Abb. 32), wie beim Saïmiri und beim Mycetes, die Anwesenheit einer vollständigen Fiss. perpendicularis externa und des darauffolgenden, bei allen niederen Primaten des alten Weltteiles normalen Operculum occipitale. Daß nun die abnorme, an den Hemisphären angetroffene Anordnung nicht eine direkte Folge des Balkenmangels sei, wie Onufrowics anzunehmen geneigt

wäre, sondern sowohl die eine wie die andere Tatsache, nämlich das abnorme
Verhalten der Hemisphärenoberfläche und der Mangel des Balkens auf ein
und dieselbe Ursache zurückzuführen seien, welche die normale Entwicklung
dieser Bildungen hinderte oder fälschte, dies muß ein jeder erkennen, der die von
den Autoren mitgeteilten Beschreibungen der Fälle von Balkenmangel genau
studiert hat. Sie beweisen uns, wie die Art und Weise des abnormen Verhaltens
der Furchung von dem Mangel des Balkens unabhängig sei. Während z. B. die
Windungen der lateralen Fläche der Hirnhemisphäre in den Fällen von balkenlosen Gehirnen von Molinverni, Langdon-Down, Paget, Jolly und Eichler
(rechte Hemisphäre) normal, und im Falle Sander's und in dem Eichler's
besonders reichlich im Frontallappen waren, waren sie hingegen abnorm im
Falle H. Virchow's, stark verkürzt im Falle Urquhart's, im Bereich
der Frontallappen verschmolzen in dem von Randaccio, sehr unregelmäßig

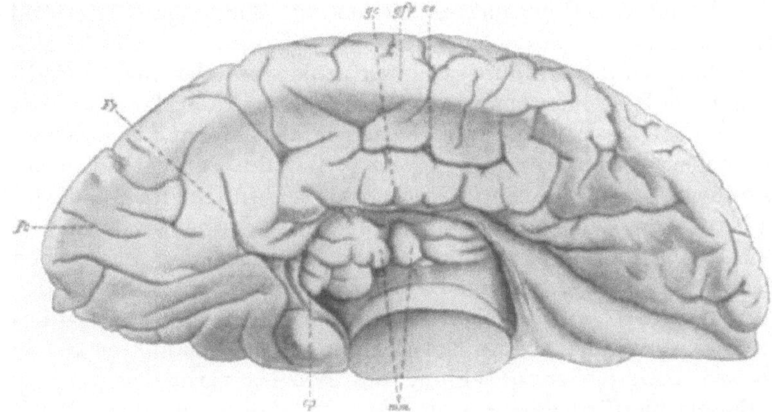

Abb. 33. Linke Hirnhemisphäre; mediale Fläche desselben Gehirns wie in
vorstehender Figur.

Fp = Fiss. parieto-occipitalis; Fc = Fiss. cunei; se = hinterer (horizontaler) Teil des
S. calloso-marginalis; gc = G. corp. callosi (mittlerer Teil); gfp = G. fronto-parietalis-
medialis; mm = warzenförmige Erhöhungen (Etat mamelloné) auf der Seitenfläche des
Seitenventrikels; cp = Crura poster. fornicis.

in jenem Kaufmann's, der nicht einmal genau den S. Rolandi rechts feststellen konnte; endlich waren die sekundären Furchen in den Fällen von
Knox, Palmerini und Gaddi sehr schwach entwickelt.

Als mehr im Zusammenhang mit dem Balkenmangel und auch als atavisti-
sches Zeichen muß die Reduktion der rechten Hinterhauptlappenzone in
meinem Falle I betrachtet werden. Sander erwähnt diesbezüglich zutreffend,
daß Reichert bereits bemerkt hatte, wie die Größe des Balkens mit der des
Hinterhauptlappens in direktem Verhältnisse stehe; er fügt hinzu, daß die
vergleichende Anatomie weitere Beweise dieser Behauptung liefere, da bei den
Säugetieren der Balken um so größer ist, je stärker die hinteren Teile der
Hirnhemisphäre entwickelt sind, um bei den Affen und den Menschen seine
größte Länge und Dicke zu erreichen.

Von nicht geringerer Bedeutung sind die Anomalien, welche uns die mediale
Fläche der Großhirnhemisphären in den meisten Fällen von Balkenmangel

bieten. Oft fehlt in der Tat der S. calloso-marginalis, und die ganze mediale Fläche wird bald von strahlenförmig (Abb. 31 u. 33), bald von schräg von vorn nach hinten verlaufenden, bald von vertikal angeordneten Furchen durchzogen, welche sie in ebenso viele Wülste oder Lobuli teilen und zur Scissura inter-hemispherica magna ziehen. Den radiären Windungstypus (mediale Fläche) stellte man in den Fällen von gänzlichem Balkenmangel (Eichler, Forg, Urquhart, Anton (II), Onufrowicz, H. Virchow, Dunn, Marchand, Probst), sowie in den von partiellem Mangel (Hochhaus, Mirto, Min-gazzini Fälle I und II) fest. Im allgemeinen bilden sich die Radiärfurchen da, wo der G. fornicatus fehlt; folglich ist anzunehmen, daß zwischen dem Vorhandensein der einen und der Abwesenheit des anderen eine gewisse Beziehung besteht. Im Falle Mirto's bestand bloß eine kleine zarte Lamelle, deren Ausdehnung nur 2 cm betrug, am vorderen Drittel des Balkens. Im Falle Probst bestand der G. fornicatus nur in seinem vorderen Teile; im Reste der medialen Wand der Hemisphären hielten die Windungen eine strahlen-ähnliche Richtung ein.

Diese Anordnungen der Windungsarchitektur der medialen Fläche sind nach einigen Autoren als Rest einer embryonalen Anordnung zu erklären. In der Tat erscheinen auch auf dieser Fläche im dritten fötalen Monat (beim Menschen) solche, eine strahlenförmige Anordnung um den Sulcus arcuatus herum auf-weisende vorübergehende Furchen (Mihalkowicz, Cunningham). Jedoch ist es nicht der Mangel des Balkens (oder auch des Fornix), der per se ipsum die oben-erwähnte abnorme Anordnung der Falten auf der medialen Fläche bedingt, sondern es sind, wie oben gesagt, der Balkenmangel und die Anordnung der ver-tikalen und schrägen Falten ähnlichen Windungen auf ein und dieselbe Ursache zu beziehen, die, wie sie die weitere Entwicklung der ebenerwähnten Fläche der Hemisphäre, so auch die erste Bildung des Balkens verhindert hat. Einen deutlichen Beweis hierfür liefert uns die Tatsache, daß in verschiedenen Fällen von Balkenmangel bald der aufsteigende Teil des S. calloso-marginalis (Anton), bald der ganze hintere Teil (Fall Onufrowicz), oder der vordere (mein Fall N. I) fehlte, oder auch diese Furche vollkommen entwickelt war (Knox und Kauf-mann). Auch dieser verschiedentliche Entwicklungsgrad der in Rede stehenden Furche hängt augenscheinlich von dem mehr oder minder frühen Zeitabschnitte ab, in welchem die Ursache, die die weitere Entwicklung des Gehirns gestört, zu wirken begonnen hat. Wirklich, wenn man sich daran erinnert, daß der Balken (der Knieteil) schon bei den menschlichen Embryonen von 4—5 Monat sich bildet, so scheint es sonderbar, daß der S. calloso-marginalis sich auch vollständig in den Fällen von Balkenmangel entwickeln könne, da er doch meistens meinen Untersuchungen nach zwischen dem 5.—6. Monate auftritt. Immerhin fehlt es nicht an Beobachtungen, wie z. B. die von Giacomini, die angeben, daß diese Furche (calloso-marginalis) schon bei 20 cm langen (ungefähr 4 Monate alten) normalen Föten vorhanden war. Aus diesem Grunde fehlen in den balkenlosen Gehirnen sehr selten die Fissura parieto-occipitalis und die Fiss. calcarina, von denen die erstere zwischen dem 3. und dem 5. Monat, die letztere zwischen dem 4. und dem 5. fötalen Monat auftritt.

Es ist jedoch nicht zu vergessen, daß einige Autoren die kurz zuvor gegebene Erklärung der Bedeutung der fötalen strahlenähnlichen Furchen verwerfen und sie als wirkliche Leichenprodukte betrachten (Hochstetter und Marchand).

Auch fehlt es nicht an anderen, welche die Bildung der strahlenförmigen Falten der medialen Gehirnfläche auf eine mechanische Ursache beziehen, insofern als dieselbe den direkten Druck des G. arcuatus ohne Vermittlung des Balkens aushält. Dies könnte erklären, warum die strahlenähnlichen Falten bei normalen Gehirnen, in denen der Balken entsprechend des hinteren Endes der medialen Fläche aufhört, sich nur im Präcuneus und im Cuneus bilden.

Die Tatsache, daß in den balkenlosen Gehirnen und besonders in denen, die reich an groben Krankheitsprozessen sind, wie z. B. in der rechten Hemisphäre meines Falles N. I, wo es von neo- und paleophyletischen Erinnerungen wimmelt, zwingt im allgemeinen nachzuforschen, unter welchen Bedingungen dies in solchen Verhältnissen vorkommen kann. Hier ist es notwendig, an das bekannte Gesetz Müller-Häckels zu erinnern, welches lautet: die Ontogenese ist eine verkürzte und beschleunigte Rekapitulation der Phylogenese. Dieses Gesetz bedeutet nicht, daß alle einzelnen Entwicklungsphasen, die einer gegebenen organischen Form oder einem gegebenen Organe vorausgegangen sind, einzeln, innerhalb eines gewissen Zeitabschnittes der Entwicklung des Wesens oder des Organs dargestellt sein müssen; viele derselben sind entweder aufgehoben oder in passender Weise modifiziert worden. Dies findet auch bezüglich der Oberfläche des menschlichen Hirnmantels statt, da einige auf dem Hirnmantel der Primaten normale Anordnungen der Furchen und Windungen während der Entwicklung des menschlichen Gehirnes nicht mehr auftreten. Beobachtet man sie also mit abnormer Häufigkeit hauptsächlich bei den Mikrocephalen, so muß man um so mehr annehmen, daß diese atavistischen Bildungen latente seien, und daß sie, eine günstige Veranlagung angenommen, sich von neuem entwickeln und dauernd auf der Oberfläche des Palliums bleiben können. Man muß also die Gründe erforschen, welche die Verwirklichung des oben erwähnten biologischen Gesetzes stören, und falls es möglich ist, dieselben in einer konkreteren Form ausdrücken. Bei dieser Gelegenheit ist es angebracht daran zu erinnern, wie während der Ontogenese die phylogenetischen Erinnerungen insofern verschwinden, als sie durch endgültige, einer gewissen Tierform angehörende Bildungen ersetzt werden, die sich durch das Gesetz der Vererbung fixieren. Aus dem oben dargelegten Begriff über die Art und Weise, wie Zeichen atavistischer Rückbildung betrachtet werden sollen, ergibt sich klar der Schlußsatz: daß eine phylogenetische Erinnerung, falls sie auf der Oberfläche des Gehirnmantels auftritt, keinen anderen Wert besitzt als jene, die sich auf einem anderen Organe entfaltet. Folglich muß man, um sich einen Begriff über die Normalität eines organisierten Wesens zu bilden, auf die Anwesenheit atavistischer Charaktere nicht bloß im Schädel und im Gehirn, sondern auch in allen anderen Organen forschen. So z. B. das Wiederauftreten beim Menschen von überzähligen Wirbeln oder Rippen, von Muskeln, die nur höheren Wirbeltieren eigen sind, die enorme Entwicklung des Kleinhirnwurmfortsatzes, eine wie die der Makaken und der Cynocephalen geformte Ohrmuschel, ein überzähliger Finger, kurz alle diese Zeichen besitzen denselben Wert, den ein oberflächlicher Gyrus cunei oder der Mangel des Gyrus frontalis infimus haben kann. Man begreift nun, warum man die Zahl der Entartungsstigmata von den Normalen zu den Geisteskranken, den Epileptikern und vor allem den Idioten im allgemeinen zunehmen sieht (Näcke) und warum mit der Zahl der abnormen Stigmata selbst die eigentlichen nervösen Krankheiten sich mehren. Wenn in der Tat im Kampfe zwischen der Ontogonie und der Phylogonie während der Entwicklung eine Störung auftritt, so bleiben die atavistischen Erinnerungen, welche ein vorübergehendes (endouterines) Leben haben, siegreich und die (nach dem Mendelschen Gesetze) latenten können wieder zum Vorschein kommen und endgültig vorhanden bleiben. Nun sind es gerade die Krankheitsprozesse, die wir als das bedeutendste Element, welches geeignet ist, die regelmäßige Vollziehung der Entwicklungsprozesse zu stören, ansehen müssen. Eine Bedingung, damit das Häckel-Müllersche Gesetz sich vollständig entfalten kann, ist, daß kein störendes Element während der regelmäßigen Entwicklung eines gegebenen Organismus oder Organes dazwischen komme. Tritt solch ein ätiologischer Faktor in Tätigkeit, so wird die Entwicklung des Organs gehindert und es entstehen ungenügend entwickelte Produkte oder solche, die reich an den verschiedenartigsten Regressionsanomalien sind. Ein durch uterine Krämpfe oder durch andere krankhafte Ursachen während der Schwangerschaft hervorgerufener Druck auf den Kopf des Fötus, die abnorme Enge der Schädelforamina und folglich der Hirngefäße, die amyloide Entartung der Hirnsubstanz, die frühzeitige Verwachsung der Nähte des Schädeldaches, die heredo-luetische Infektion, alles dies sind Ursachen, die, wie wir bereits gesehen, von hervorragenden Pathologen hervorgehoben wurden und die alle ein und dasselbe Resultat, nämlich das, die normale Entwicklung des Gehirns zu hindern und so das Erscheinen der schlummernden atavistischen Kundgebungen zu fördern haben. Es ist also unmöglich, Grenzen zwischen Atavismus und Pathologie zu ziehen, und ihre Trennung wird um so schwerer sein, je frühzeitiger (in der fötalen Periode) ein Krankheitsprozeß ein Organ oder einen Teil desselben während seiner Bildung befallen haben wird. Natürlich können die Anomalien, die in einem während seiner Entwicklung von der Norm abgewichenen Gehirne erscheinen, niemals die gleichen sein. Sie hängen von zahlreichen Umständen, hauptsächlich von dem intrauterinen Lebensabschnitt, in welchem die Störungen einsetzen, von der Schwere und der Dauer der Läsionen usw. ab. Eine atavistische Erinnerung ist also nichts anderes als ein Zeichen, welches darauf hinweist, daß die Entwicklung eines Organs nicht mit der normalen Regelmäßigkeit vor sich gegangen ist und die Krankheit ihrerseits eine zum Wiederaufleben des Atavismus notwendige Bedingung ist.

Da uns nun die Erfahrung gelehrt hat, daß in einigen balkenlosen Gehirnen sich Spuren angeborener Krankheitsprozesse vorfinden (die während des intrauterinen Lebens aufgetreten sind), ist es angebracht nachzuforschen, warum die atavistischen Erinnerungen auf solchen Gehirnen und besonders auf denen, in welchen die Krankheitsprozesse schwer und frühzeitig auftraten, mehr oder weniger häufig sind. Die „Striae Lancisii" fehlen natürlich in den Fällen von totaler Balkenagenesie. Die Taeniae tectae hingegen bestehen bisweilen fort, so z. B. bestand in den Fällen I und II Marchand's ein Streifen (Taenia tecta), innerhalb des S. corporis callosi dem Längsbündel des Balkens anliegend. In diesen beiden Fällen war der Hauptteil der Taenia tecta durch die auf der medialen (oberen) Fläche des sog. Balkenlängsbündels des Balkens gelegene Fortsetzung der Großhirnrinde gebildet; derselbe setzte sich in Gestalt kleiner dreieckiger Keile auf der Oberfläche des Processus linguiformis des obengenannten Bündels selbst fort.

Die Ganglienzellen bildeten in den beiden von Marchand beschriebenen Fällen von Balkenmangel an der Übergangsstelle der Hirnrinde auf die Taenia tecti eine stärkere

Anhäufung und dann einen kleinen Streifen in der tieferen Schicht. Die Fasciola cinerea setzte sich wie ein graues Band von der Taenia tecti nach unten hin fort, indem sie das untere Ende des ventralen Fortsatzes des Balkenlängsbündels wendete und in die Fascia dentata überging.

Nicht selten fehlen in balkenlosen Gehirnen Bildungen, die zu den wesentlichen Teilen des Gehirnes gehören, oder es liegen andere morphologische Anomalien, die nicht ohne Interesse sind, vor. Im allgemeinen tritt die Fornix geteilt auf. In den Fällen von Arndt-Sklarek und von Probst vereinigten sich die Crura posteriora und die Columnae fornicis nicht mit dem Corpus fornicis, sondern waren von demselben getrennt und standen während ihres horizontalen Verlaufes in enger Verbindung mit dem ventralen Winkel des Balkenlängsbündels. In meinem II. Falle waren die beiden Hälften des Corpus fornicis nicht vereinigt.

Die Commissura anterior weist häufig keine Entwicklungsfehler auf, wie z. B. in den von Poterin-Dumontel, Foerg, Birch-Hirschfeld, Langdon-Down, Sander, Huppert, Hagen, Deny, Anton, Marchand (2 Fälle) beschriebenen Fällen von partiellem oder totalem Balkenmangel. Manchmal hingegen fehlt diese Kommissur gänzlich, wie in den Fällen von Hochhaus, von Foerg, Langdon-Down, Eichler, Sander, Kaufmann, Palmerini; in meinem Fall I, in dem Anton's und H. Virchow's; oder auch teilweise (im Falle Probst bestand sie aus zwei untereinander nicht verbundenen seitlichen Teilen), oder sie befand sich im rudimentären Zustande (Kaufmann und Palmerini); bisweilen war sie hingegen größer als gewöhnlich (Paget, Huppert, Mirto, Molinverni, Giannelli). Da außerdem die Commissura mollis in nicht frischen Gehirnen leicht zerreißbar ist, so ist der eventuelle Mangel derselben in den von den Autoren beschriebenen normalen Hirnen sehr in Zweifel zu ziehen (Schwalbe), daher ist es einleuchtend, daß den oben erwähnten Fällen, in denen man von der Abwesenheit der Commissura mollis redet, keine große Bedeutung zugemessen werden kann; denn es können immer Zweifel über die Genauigkeit der entsprechenden Beobachtungen bestehen.

Was das Septum pellucidum betrifft, so war in meinem Falle N. I kaum eine Spur desselben wahrzunehmen. Die Abwesenheit desselben wurde häufig in den Fällen von Balkenmangel festgestellt (Huppert, Urquhart, Molinverni, Randaccio, Eichler, Turner, Palmerini, Gaddi, Mingazzini, Fall I); bisweilen bestanden nur Überreste der Laminae septi (Anton); in seltenen Fällen waren sie erhalten, so in den Fällen von Sander, Poterin-Dumontel, Birch-Hirschfeld. Die Abwesenheit des Septum jedoch hat keine Beziehung zum Mangel des Balkens, denn während dasselbe im Falle Randaccio's, in welchem noch ein Balkenrest vorhanden war, fehlte, war es zugegen, wie bereits oben erwähnt wurde, in den von Onufrowicz und Poterin-Dumontel beschriebenen Fällen vollständigen Balkenmangels. Im Falle Onufrowicz und in jenem von Probst bestand das Septum aus einem Stücke Windung, das sich auf der medialen Wand der Hemisphäre fortsetzte.

Das Verhalten des Nervus olfactorius findet im allgemeinen bei den Beschreibungen balkenloser Gehirne wenig Erwähnung. Nur Palmerini berichtet, daß in seinem Falle der rechte N. olfactorius fehlte, während der linke kaum rudimentär angedeutet war. Häufig begegnet man einer verschiedenartigen Entwicklung der Frontallappen; im Falle I von Groz waren die Insula und

das Operculum abwesend. In anderen Fällen bemerkte man Einfachheit
und Armut der Windungen. Banchi bemerkte in seinem Falle eine Zunahme
des Umfanges und des Gewichtes der ganzen Kleinhirnmasse, sowie eine
Asymmetrie in der Teilung der entsprechenden Lappen.

Der Balkenmangel kann auch mit anderen Anomalien vergesellschaftet sein.
Im Falle Lucien's bestand eine Abwesenheit des Chiasmas, des Tractus opt. und
der Sehnerven; im Falle Zingerle's fehlten die Zirbeldrüse und das Ganglion
habenulae. Nicht selten begegnet man der Verwachsung der medialen Wände
der beiden Hemisphären und besonders der Frontallappen. In einigen Fällen
trifft man Veränderungen der Hirnhäute an. So beobachtete Zingerle entsprechend der inneren Durafläche der linken Hemisphäre eine weißliche Pseudo-
membran, welche eine Zyste einschloß; letztere drückte stark auf das darunterliegende Scheitelhirn. Groz (Fall I) fand die Pia in der Nähe der beiden Frontallappen sehr gefäßreich, verdickt, trübe und von narbigem Aussehen. Kosowsky
fand die Dura verdickt, an einigen Stellen mit der Pia verwachsen und (im
subduralen Raum) eine große Menge seröser Flüssigkeit enthaltend.

In einigen Fällen von Balkenmangel fand man Asymmetrien des Schädels,
der manchmal auch klein (wenn nicht Hydrocephalie gleichzeitig mitbestand)
oder auch hypsicephal erschien.

Ebenso wurde nicht selten Mikrogyrie bei balkenlosen Gehirnen angetroffen.
Was die Ursache dieser Mißbildung anbetrifft, glaubt Jelgersma, daß zwischen
der Ausdehnung der grauen und der Menge der weißen Substanz ein gegenseitiges
Verhältnis bestehe. Zur Aufrechterhaltung dieses Verhältnisses ist es nun infolge
der Enge des Schädels notwendig, daß normalerweise die graue Rinde an Oberfläche zunehme, indem sie die Furchen und die Windungen bildet; da hingegen
bei den balkenlosen Gehirnen die weiße Substanz sehr vermindert ist, so ist es
nicht notwendig, daß die graue Rindensubstanz so ausgedehnt sei und folglich
im Verhältnisse zum Inhalte (an Marksubstanz) vermindert sie sich (Mikrogyrie).
Gegen diese Lehre ist aber Probst aufgetreten. Dieser Verfasser hat hervorgehoben, daß in seinem Falle (von Balkenmangel) eine diffuse, sehr schwere
Mikrogyrie in der einen Hemisphäre, in der anderen aber eine an einigen Stellen
kaum angedeutete bestand; und dennoch fehlte jede Spur des Balkens. Und da
Probst beobachtete, daß in seinem Falle außer der Mikrogyrie, auch ein bedeutender Mangel an Fasern der weißen Substanz und Heterotopien der grauen
Substanz der Großhirnhemisphären bestanden, so behauptet er, daß die Mikrogyrie von denselben unbekannten Wachstumsstörungen abhängig sei, auf welche
die Armut der Gehirn- resp. der Hemisphärenmarkmasse zu beziehen ist. Letztere
wäre also in diesen Umständen nicht die Ursache der Mikrogyrie, sondern gehe
parallel mit derselben einher. In der Tat müßten die aus den Pyramidenzellen —
deren Kollaterale sie zum Teile darstellen — stammenden Balkenfasern der
medianen Linie zu fortschreiten und auf den anderen Teil übergehen. Probst
fand gerade in seinem Falle einen Mangel an Pyramidenzellen und Verminderung der kleinen Pyramidenzellen auch da, wo keine Mikrogyriezonen bestanden.
Groz hingegen ist der Meinung, daß die Mikrogyrie von einer primären Entwicklungshemmung der grauen Substanz (nicht der weißen) abhängig sei; in
seinem Falle, in welchem er Hypoplasie des Kleinhirns, der Oblongata und
teilweisen Mangel des Balkens und des Septum pellucidum vorfand, stellte er
eine Verminderung der Zahl der Nervenzellen sowie die Abwesenheit der Riesen-

zellen (und der Purkinje'schen Zellen) fest. Diese Meinung jedoch verträgt sich nicht wohl mit der Tatsache, daß es nicht an Fällen fehlt, in denen selbst in den mikrogyrischen Zonen keine wahrnehmbaren Unterschiede in der Struktur gegenüber der der normalen Rinde vorgefunden wurden. Endlich wäre es angebracht zu erwähnen, daß nach Anton die Mikrogyrie durch den vom Hydrocephalus verursachten Druck hervorgerufen wäre.

Eine der am meisten erörterten Fragen ist die der Pathogenese des Balkenmangels und so erachte ich es für notwendig, die zahlreichen, diesbezüglich aufgestellten Theorien in Kürze einzuführen.

Sander vermutete, daß sie auf eine Entwicklungsanomalie der vorderen Gehirnarterie zurückzuführen sei.

Arndt und Sklareck behaupten, der Balkenmangel hänge von einer jener gleichen embryonalen Störung ab, welche zu der Fissura mediana des Thorax, des Abdomens und der Blase führt; auch Hochhaus nimmt (für seinen Fall) eine Entwicklungshemmung an.

Die meisten Autoren führen den Balkenmangel auf ein ausschließlich mechanisches Element zurück. Eines derselben wäre der Hydrocephalus internus. So wäre nach Birch-Hirschfeld der Hydrops des Verga'schen Ventrikels die Ursache des Balkenmangels. Nach Anton ist der Hydrocephalus internus nicht nur fähig die Entwicklung des Balkens zu hindern, sondern auch den Schwund desselben, falls er bereits gebildet ist, zu verursachen. In der Tat ist der Hydrocephalus internus häufig festgestellt worden. Reil spricht z. B. in seinem Falle „von einer starken Füllung der Ventrikularhöhle mit Wasser", Anton von „viel Flüssigkeit in den Ventrikeln", Poterin-Dumontel, Foerg reden von „stark erweiterten Ventrikeln"; andere, wie z. B. Foerg selbst, Birch-Hirschfeld, Huppert, Molinverni, Palmerini, H. Virchow, Rokitansky, Probst, Langdon-Down, Sander, Hagen, Deny, Hochhaus, Arndt-Sklarek, Marchand stellten vorwiegend Erweiterung im hinteren Seitenventrikelhorn fest, Kino einen einseitigen Hydrocephalus. Im Falle Kaufmann's war der Hydrocephalus so deutlich, daß er eine schwere Schädigung des Kleinhirnmarkes und einen Porus an den Seiten des Wurmes verursacht hatte. Ebenso glaubt Goldberg in seinem Falle von totalem Balkenmangel (in welchem eine Mikrogyrie mit bestand), daß das Vorhandensein von „Arachnoidalzysten" oder besser von Zysten der Plexus chorioidei die Ursache der Krankheit gewesen sei. Auch in meinem Falle I war unzweifelhaft die Ursache des Balkenmangels auf den Hydrocephalus internus zurückzuführen. Für diese Deutung sprach nicht bloß die Erweiterung der Seitenventrikel, sondern auch der Befund an der Oberfläche des linken derselben, dessen Erweiterung viel stärker war als die des rechten und dessen Wandung fast überall einen warzenartigen Zustand aufwies; der größte Teil der Bildungshemmungen wurde nun gerade in der linken Hemisphäre wahrgenommen. Doch sind gegen die Grundsätze der mechanischen Theorie nicht wenige Einwände erhoben worden. In der Tat fand man in vielen Fällen von Kommissuren- resp. von vollständigstem Balkenmangel keine Spur von Hydrocephalus im Gehirn. Daher nehmen einige Forscher an, daß die Erweiterung der Ventrikel (Hydrocephalus) mit dem Mangel der Balkenfasernmasse nicht in Zusammenhang zu bringen sei. Höchstens könnte man in einzelnen Fällen und besonders in denen von „partiellem" Balkenmangel die letzte Ansicht vertreten. Nach Marchand aber ist auch diese nicht stichhaltig. Und zwar behauptet dieser Autor, daß der Hydrocephalus internus nicht als eine Folge des Schwundes einer bedeutenden Menge von Markfasern gedeutet werden darf; ja nach einigen ist es das Gegenteil. Wenigstens in den Fällen von Arndt-Sklarek, in welchen das frontale Horn verengt und das hintere erweitert war, ist anzunehmen, daß der starken Entwicklung der Balkenlängsfasern wegen, das Lumen des ersteren verengert sei und daß die Erweiterung der hinteren-unteren Hörner der Seitenventrikel als eine kompensatorische Veränderung betrachtet werden müsse.

Kaufmann, Richter und Bruce schreiben die Agenesie des Balkens einer ausgebliebenen Vereinigung der beiden Hemisphären infolge des durch Entzündungsprozesse der Hirnhäute und durch abnorme Schädelbildung verursachten Herabsinkens des freien Randes der Hirnsichel zu, was die medialen Flächen der Hemisphären während der Entwicklung voneinander trennen würde. Aus diesem Grunde würden die zusammenzuwachsenden Teile verlagert und die Verschmelzung verhindert werden. Auch gegen diese Lehre sind schwerwiegende Einwürfe erhoben worden. Es genügt hier, die Art und Weise hervorzuheben, in welcher sich die vordere Kommissur und der Balken bilden, nämlich die fortschreitende Entwicklung von vorn nach hinten und die allmähliche Verlagerung der aus der Schlußplatte bestehenden primären Verbindung, um zu begreifen, daß dadurch die Notwendigkeit einer Verwachsung der medialen Hemisphärenflächen, damit sich eine Kommissuralbahn bilde, sich durchaus nicht ergibt. Ferner verträgt sich diese Ansicht nicht wohl mit der Tatsache, daß in einigen Fällen von Balkenmangel sich nicht nur häufig die anderen Gehirnkommissuren vorfinden, sondern daß diese bisweilen gerade eine stärkere (s. oben) Entwicklung erleiden.

Zingerle (und mit ihm Archambault) betrachten als genetische Ursache des Balkenmangels die Ependymitis granulosa, da infolge dieser Verletzung die periventrikuläre Zone, welche zum großen Teile die intrahemisphäre Balkenstrahlung umfaßt, in Mitleidenschaft gezogen wird. Der Balken würde entweder direkt, durch den die Ependymitis verursachenden Prozeß oder durch die Kreislaufstörung und durch den vom Hydrocephalus ausgeübten Druck in seiner Entwicklung gehindert. Diese Annahme findet eine Bestätigung in mehreren bei der Sektion erhobenen Befunden; so z. B. im Falle Kozowsky's (partieller Balkenmangel) bestanden unleugenbare Reste einer chronischen Meningitis und Ependymitis granulosa. Jedoch ist dieser Befund kein beständiger und in verschiedenen Fällen von Balkenagenesie wurde ein normaler Zustand des Ependyms angetroffen. Trotzdem haben einige Forscher hervorgehoben, daß dieser Einwurf von geringem Werte sei, denn der Krankheitsprozeß könnte ein sehr frühzeitiger (z. B. im 3. Monat des intrauterinen Lebens) und leichter sein, so daß keine Spur von ihm übrig bleibt; da nun seine Wirkung während der Entwicklung der Balkenfasern zutage getreten ist, so hätten diese derart gelitten, daß sie entweder unvollständig entwickelt geblieben wären, oder sich gar nicht hätten entwickeln können und vom normalen Typus abgewichen wären.

Meines Erachtens ist es wahrscheinlich, daß in den ersten Monaten des intrauterinen Lebens sich entwickelnde Toxine eine elektive Wirkung auf (bisher postulierte) Gruppen von Rindenzellen, aus denen die Balkenfasern stammen, oder auf diese Fasern selbst ausüben, und zwar so, daß die Entwicklung derselben vermindert oder gehemmt wird. Diese Ansicht findet ihr Analogon in Befunden an Gehirnen von Patienten, die vom Little'schen Syndrom befallen waren. Die sehr lebhaften Erörterungen, welche die Pathologen in verschiedene Parteien teilten, solange man vorgab, eine einförmige Pathogenese dieser Krankheit zu finden, haben allmählich nachgelassen, als die (auf Befunde gestützte) Überzeugung sich Bahn brach, daß die pathogenetischen Ursachen höchst verschiedenartig sein können, und zwar daß sie nicht selten auch in einer primären Agenesie der gesamten Rindenzellen der Rolando'schen Zone und folglich der der Pyramidenbahnen zu suchen sind. Andererseits ist es bekannt, wie Toxine endogenen oder exogenen Ursprungs in fast elektiver Weise bald diese, bald jene Gruppe von Nervenzellen oder von Markfasern, sowohl der Großhirnrinde und der Stammganglien als des Rückenmarks angreifen; es genügt, hier unter anderen Krankheiten an die Tabes zu erinnern.

Dies treibt uns, die Diskussion auf einen anderen Standpunkt (von den Ursachen absehend) zu übertragen; ob es sich nämlich in den Fällen von Balkenmangel bloß um eine verfehlte Entwicklung ausschließlich des Balkens in sensu strictiori (Sachs, Schröder und Archambault), oder um Abwesenheit sämtlicher Balkenfasern, sowohl des interhemisphärischen wie des intrahemisphärischen Teiles (Onufrowicz, Dejerine u. a.) handelt.

Wahrscheinlich finden die oben erwähnten Meinungsverschiedenheiten ihre Berechtigung darin, daß die den Mangel des Balkens bedingenden Ursachen nicht immer die gleichen sind; bisweilen sind sie wahrscheinlich die Folgen eines diffusen Krankheitsprozesses, bisweilen sind sie der Ausdruck einer Herderkrankung. Von diesem Standpunkte aus verdient die von H. Vogt vorgeschlagene Einteilung Erwähnung. Diesem Verfasser nach können die vollständig balkenlosen Gehirne in zwei große Gruppen eingeteilt werden: a) in solche mit schweren Veränderungen oder Mißbildungen der Großhirnhemisphären, b) in solche, in welchen diese letzten intakt sind.

a) In den Fällen der ersten Untergruppe findet man einen Hemmungszustand in der Differenzierung und in der Entwicklung der Großhirnhemisphären, verbunden mit schweren Läsionen, welche die ganze (auch makroskopische) Architektonik des Gehirns verwickelter gestalten. Im Falle H. Virchow's z. B. fehlten nicht bloß der Balken, sondern auch die Commissura anterior; außerdem bestand gleichzeitig Mikrogyrie, Hydrocephalus internus und eine abnorme Entwicklung des Kleinhirns. Abweichungen und Abnormitäten stellte man auch in den Fällen Anton's und H. Vogt's fest. In meinem Falle I (Abb. 33) bestand, wie wir bereits gesehen haben, ein état mamelloné (im Thalamus), besonders auf der Seite, auf welcher die morphologischen Anomalien zahlreicher waren. Dies vorausgeschickt, ist es angebracht, zu erwägen, wie in einer bedeutenden Anzahl dieser Fälle sich die Randwindung unverändert zeigte; sie ist bekanntlich während der Entwicklung Veränderungen unterworfen, welche die unmittelbare Folge der Balkenentwicklung sind, und deshalb bleibt sie unversehrt, wenn der Balken sich nicht entwickelt. Man könnte in der Tat annehmen, daß dieser Defekt einen Ausdruck einer phylogenetischen Erinnerung darstelle, da, wie oben gesagt, bei den Diphelidae, der G. Ammonis als Randwindung von der Spitze des Lobus temporalis in Gestalt eines vorn offenen Bogens über den Ventrikel zieht und sich hinten vor dem Thalamus vertieft. Hier fehlt

der Balken und die die beiden Hemisphären verbindende Platte wird von der
Lamina terminalis gebildet: die Randwindung stellt den medialen Rand des
Palliums dar und enthält auch eine gut entwickelte Rinde. Als Gegensatz
hierzu sehen wir in den mit Balken versehenen Gehirnen der höheren Säuger
eine gut entwickelte Rinde nur in jenem Teile des G. marginalis, der sich
dem Balken gegenüber kaudalwärts befindet; während der dem Balken gegenüber dorsalwärts sich befindende Teil atrophisch ist. Je mehr im allgemeinen in der Phylogenese der Balken entwickelt ist, um so größer ist die
Ausdehnung, welche der atrophische Teil des G. marginalis erwirbt. Dies findet
gerade beim Menschen statt, bei welchem, wie schon oben gesehen wurde, der
dorsale Teil desselben sich in die Striae longitudinales verwandelt; und in
der Tat dehnt sich im Verlauf der ontogenetischen Entwicklung der Balken
nach hinten aus und verursacht, die Randwindung verschiebend, die Atrophie
derselben. Der atrophische Zustand dieses Teiles der Randwindung (G. marginalis) ist also die Folge der Entwicklung des Balkens.

Da nun in den Fällen von balkenlosen Gehirnen keine Balkenfasern in die
Lamina terminalis eindringen können, begreift man, daß dieselbe im Stadium
einer Epitheliallamelle geblieben ist. Indem nun die die Atrophie des vorderen
Abschnittes der Randwindung bedingende Ursache wegfällt, hat sich jene in
proportionierter Weise in allen Teilen entwickeln können (Fälle Anton's und
H. Vogt's). In diesem Falle kann man also nicht von einem wirklichen Atavismus
(im Sinne des Wiederauflebens einer paleophyletischen Formation), sondern
nur von einer Entwicklungshemmung reden. Folglich ist nach H. Vogt anzunehmen, daß in den Fällen von komplettem Balkenmangel, welche von anderen
Mißbildungen begleitet sind, ein absoluter Mangel der Balkenfasern vorliegen
muß. Dies ergibt sich auch aus den von diesem Verfasser in zwei Fällen von
teilweisem von schwerer Mikrocephalie begleiteten Mangel des Balkens vorgenommenen Forschungen. Er hat hier festgestellt, daß in der Marksubstanz
der balkenlosen Großhirnhemisphären eine bedeutende Menge Markfasern
fehlten; infolgedessen ist es wahrscheinlich, daß bei diesen Umständen einige
Kategorien von Nervenzellen der Hirnrinde fehlen. Roß nimmt in der Tat
an, daß es die Pyramidenzellen seien; Kölliker hat in Gehirnen von Mäusen
festgestellt, daß bestimmte Kategorien von Rindennervenzellen (nämlich die
polymorphen und die pyramidalen) mit den Balkenfasern in Verbindung stehen.
Es fehlt nicht an Analoga als Stützen dieser Ansichten: es genügt hier, die
Zellen von Betz zu erwähnen, die einigen Verfassern nach mit den Pyramidenbahnen in Verbindung ständen, wie auch das Stratum calcarinum (Sehschicht),
welches in der Anophthalmie verschwindet. Jedoch ist es gegenwärtig verfrüht, von Nervenzellen des Balkensystems zu reden, weil es v. Valkenburg
(s. oben) nicht gelingt, bei der sagittalen Durchtrennung des Balkens verschiedener Säugetiere nennenswerte Veränderungen in bestimmten Gruppen
von Nervenzellen der Hirnrinde aufzufinden.

b) Dieselben Ansichten können keine Anwendung finden in der zweiten
Untergruppe der Fälle von Mangel des Balkens, und zwar bei denen, in welchen
die Großhirnhemisphären keine groben Veränderungen aufweisen. Zu dieser
Klasse gehört der Fall Forel's-Onufrowic's. Hier war die Architektonik
des Gehirns eine normale, nur befand sich an der Stelle des Balkens ein so-
genanntes Balkenlängsbündel. Das gleiche bemerkte man im Falle Stocker.

In dieser zweiten Klasse fehlt irgendwelches Zeichen, welches andeutet, daß die Entwicklung des Gehirns eine falsche Bahn eingeschlagen habe, es besteht weder Mikrogyrie, noch Mangel an Lappung, welche für eine frühfötale Krankheit sprächen. Hier erscheint nach H. Vogt der Balkenmangel nicht als ein zu einer Mißbildung koordiniertes Zeichen (wie in den Gehirnen der ersten Gruppe), sondern als Ausdruck einer rein lokalen Störung, welche den Balkenmangel verursacht hat. Dort (in der ersten Gruppe) fehlte also die Anlage des Balkensystems; hier hingegen handelt es sich um eine Entwicklungshemmung der Kommissurfasern, die normale Anlage aber ist vorhanden.

Während in den vorhergehenden Fällen der Krankheitsprozeß in einer Bildungshemmung des Balkens besteht, gibt es eine Gruppe von Fällen, in denen der bereits gebildete Balken infolge eines durch einen schweren Hydrocephalus internus ausgeübten Druckes atrophisch wird; dies kann übrigens so bei den Fällen der ersten wie bei der zweiten Gruppe zutreffen. Die Fälle von sekundärer Balkenatrophie weisen alle einen teilweisen Defekt des Organs selbst auf. Hierher gehören die Fälle von Foerg, in welchen der Balkenmangel in der Mitte bestand; der von Birch-Hirschfeld, in welchen der vordere Teil des Balkens verschwunden war und der von Gausser. Immerhin sind nicht alle Fälle mit stark rarifiziertem Balken dieser Reihe zuzuschreiben; denn in vielen Idiotengehirnen ist die geringe Entwicklung des Balkens auf einen partiellen Mangel der Anlage zurückzuführen. Alle Momente, die für einen totalen Mangel ursächlich in Betracht kommen, können bei geringer Intensität auch nur zu einem teilweisen Defekt führen.

Natürlich auch der bloß teilweise gebildete Balken (Agenesia partialis) kann die Ursache seines Bestehens in einem teilweisen Mangel der Anlage haben; hierher gehört der oben erwähnte Fall von Probst, in welchem nur der frontale Pol des Balkens ausgebildet war. Bei diesem letzten Falle ist also a priori anzunehmen, daß es sich um einen Mangel der Anlage handelte, denn vom Balken entwickelt sich zuerst das frontale Ende, und dann wächst er von vorn nach hinten. Das gleiche gilt von den Fällen Nobiling's, Paget's und meinem Falle II (hier war nur die Frontalanlage vorhanden), und von den drei Fällen Sander's (es bestand nur die vordere und die mittlere Anlage, das Splenium fehlte). Im Falle Jolly's hingegen bestand der mittlere und hintere Teil des Balkens; hier fehlte das Septum pellucidum, und außerdem bestand keine Anlage des vorderen Teiles des Balkens. Es möchte daher scheinen, daß die Bildung der primären Anlage des Balkens (an der gewöhnlichen Stelle) keine Conditio sine qua non für die weitere Ausbildung des Systems sei. Diese Schlußfolgerung wäre jedoch nach H. Vogt nicht gerechtfertigt, denn gerade in den Fällen von Mangel des vorderen und mittleren Balkenteiles ist zu vermuten, daß man es mit einem durch hydrocephalischen Druck verursachten Verschwinden dieses Teiles des Organs zu tun habe.

Die Autoren, die sich mit der Agenesie des Balkens beschäftigt haben, haben bei der Untersuchung der mikroskopischen Befunde der betreffenden Gehirne die Anwesenheit eines in Längsrichtung verlaufenden Bündels (Balkenbündel, Balkenlängsbündel, Fasciculus callosus longitudinalis), dessen anatomische und funktionelle Struktur Gegenstand längerer Erörterungen gewesen ist, beobachtet (Abb. 34—37). Die Meinungen über die Natur dieses Längsbündels können in zwei Kategorien eingeteilt werden.

I. Einige Autoren haben dieses Bündel als ein normales Element der Assoziationsbahnen betrachtet, das nur in den Fällen von Abwesenheit der Balkenkommissur deutlich sichtbar wird. Dieses supponierte Verhalten wird jedoch, je nach den Autoren, verschiedentlich erklärt.

a) Einige Forscher meinen, daß das Balkenlängsbündel dem Fasciculus longitudin. superior arcuatus (Burdach) entspricht, so z. B. Onufrowicz und später Kaufmann und Hochhaus. Onufrowicz identifizierte das (in seinem Falle von Balkenagenesie) starke, in sagittaler Richtung verlaufende, unmittelbar oberhalb des ventrikulären Daches gelegene Bündel mit dem Fascic. longitudinalis superior (oder arcuatus) und betrachtete es als ein (frontookzipitales) Assoziationsbündel, dessen Fasern er als gewöhnlich eng verbunden mit den Balkenstrahlungen ansieht. Infolge dieser Verschmelzung wäre nach Onufrowicz das in Rede stehende Bündel in den normalen Gehirnen nicht sehr deutlich, es würde aber sichtbar werden, nur wenn beim Mangel der Balkenfasern das reiche System der Querfasern verschwindet, die unter normalen Zuständen diese sagittalen Bahnen verdecken und dissoziieren. Außerdem glaubt er, daß das obere Längsbündel sich im Tapetum fortsetze. Gegen diese Ansicht erhoben Dejerine, Banchi und ich Einwürfe und wiesen darauf hin, daß das obere Längsbündel sich nicht mit dem Tapetum fortsetzen kann, da letzteres an der lateralen Seite des Stabkranzes (an der Höhe des Balkens), der es somit scharf vom medialen Längsbündel trennt, gelegen ist.

Abgesehen von dieser ungenauen Identifizierung beschrieb Onufrowicz das Balkenlängsbündel gut und erkannte es als aus parallelen, in sagittaler Richtung verlaufenden und den Lobus frontalis mit dem Lobus occipitalis vereinigenden Fasern bestehend.

b) Andere, wie Dejerine, sind der Meinung, daß der Fasciculus callosus longitudinalis der balkenlosen Gehirne mit dem Fasciculus reticulatus des Stabkranzes (retikuläres Stabkranzfeld von Sachs, Fasciculus corticocaudatus von Obersteiner und Redlich, Fascicul. fronto-occipitalis von Dejerine) identisch sei. Wie bekannt, erstreckt sich dieses Fasersystem längs des äußeren Winkels des Seitenventrikels im Stabkranze und liegt oberhalb des Caudatus, unter- und außerhalb des Balkens, zwischen dem Cingulum und dem oberen Längsbündel. Am Kopfe und am Stamme des Caudatus deutlich hervortretend, wird es immer kleiner, je mehr letzterer abnimmt. Meynert glaubte, daß dieses Bündel aus Fasern bestehe, die im Caudatus entspringen und zu den Windungen des oberen Hemisphärenteiles ziehen. Wernicke und mit ihm Sachs hegen die Ansicht, daß derselbe, aus dem Genu callosi und der weißen Substanz des Frontallappens hervorgehend, zwischen den Caudatus und dem oberen Rande des Putamens zur inneren Kapsel zieht. Dejerine meint, er entspreche der Corona radiata nuclei caudati (Meynert) und dem Fasciculus corporis callosi ad capsulam internam (von Wernicke).

Nach Dejerine strahlen nun die Fasern des Fasciculus occipito-frontalis, nachdem sie distalwärts das Tapetum gebildet haben, in den Windungen sowohl der äußeren Fläche des Hinterhauptlappens, wie in die des unteren äußeren Randes desselben aus; und da seine Bündel nichts mit den Balkenfasern zu tun haben, so begreift man, wie dieselben in Form von Balkenlängsbündeln in den Fällen von Balkenmangel deutlich werden können. Als Beweis der Beziehung des Fasciculus occipito-frontalis mit dem Tapetum führt dieser Autor die Tatsache an, daß die Verletzungen des Hinterhauptlappens sich nicht nur im Forzeps, sondern auch im Tapetum und auf dem Fasciculus occipito-frontalis fühlbar machen. Zahlreiche Einwände sind aber auch gegen die Meinung Dejerines erhoben worden. So weist z. B. L. Banchi nach Entfernung der Präfrontallappen bei Affen nach, daß der Fasciculus occipito-frontalis (Dejerines) entartet, während der Balken unversehrt bleibt. Probst und mit ihm einige andere Autoren haben außerdem den Einwurf erhoben, daß der Fasciculus occipito-frontalis nicht mit dem Balkenlängsbündel identifiziert werden kann, da jener in dem von Probst untersuchten balkenlosen Gehirne einem Bündel entsprach, welchem Verf. die Benennung δ beilegte und das vom Balkenlängsbündel getrennt war. Außerdem beteiligen sich nach Probst die Fasern desselben durchaus nicht am Aufbau des Tapetums; denn in seinem Falle von Balkenmangel erreichten sie letzteres nicht. Endlich konnte Probst im Balkenlängsbündel keine Fasern erkennen, die zur inneren Kapsel zögen, wie Dejerine es bezüglich des Fasciculus fronto-occipitalis meint. Banchi und ich haben gleichfalls in unseren Fällen von Balkenmangel (wie dies aus den abgebildeten Schnitten hervorgeht) den Fasciculus occipito-frontalis genau in jenen Verhältnissen angetroffen, die Dejerine beim Normalen angegeben hat, nämlich verbunden mit der inneren Kapsel und dem Tapetum, welches derselbe teilweise bildet, doch wohl vom Balkenlängsbündel getrennt (Abb. 35, 36, 37).

c) Muratoff hat das Balkenlängsbündel mit einem von ihm im Hunde-Gehirn unter dem Namen Fasciculus subcallosus (Abb. 38 u. 39) beschriebenen Bündel identifiziert, das er infolge von experimentellen Durchschneidungen des Balkens, die er bei diesem Tiere ausgeführt, gefunden hat. Dieser Verfasser hat es in drei Abschnitte geteilt: den oberen, unterhalb des Balkens gelegenen, mit horizontalem Verlaufe; den unteren, der die Basalganglien bedeckt und den seitlichen, absteigenden, der zwischen den Balken und den Fuß des Stabkranzes wie ein anormales Bündel dringt. Gegen die Muratoff'sche Ansicht hat man aber den Einwand erhoben, daß man nicht weiß, mit welchem Bündel des menschlichen Gehirns (Abb. 38 u. 40) der Fasciculus subcallosus des Hundes übereinstimme; der Autor gibt übrigens zu, daß derselbe hier, der Balkenfaserung wegen, unkenntlich ist.

d) Anton und Zingerle fanden in ihren Fällen, in denen Stamm und Splenium des Balkens fehlten (partielle Agenesie), an der medialen Wand der Hemisphäre, und zwar an der Stelle des Balkens, ein Längsbündel, das sie, der Lage nach, mit dem Fasciculus nuclei caudati (= Assoziationsbündel des subependymären Graues, Fasciculus longitudinalis medialis) identifizierten.

e) Es fehlt nicht an solchen, die, wie Bruce, glauben, daß das Längsbündel den Elementen des Septums entstamme. Dieser Forscher bemerkte in seinem Falle von Balkenmangel, daß dorsal- und frontalwärts der vorderen Kommissur, die vorhanden war, entsprechend, die zum Teile bloßgelegte weiße Substanz (Area septi) vorlag, die zwischen der vorderen Fornixsäule und den Rändern der medialen Windungen eingeschaltet war. Diese von den Elementen des Septums kommende Masse zeigte sich in den transverso-vertikalen Schnitten der Hemisphären als ein von sagittalen Fasern gebildetes Bündel dreieckigen Durchschnitts; sie zeigte die Lage und die Verhältnisse des medialen Balkenbündels und setzte sich nach dem Hinterhauptspole zu fort. Die sie bildenden Fasern würden nach Bruce nicht zum Tapetum, sondern zum Alveus ziehen.

f) Einige Autoren, wie Banchi, sind der Meinung, daß das Längsbündel
einer stärkeren Entwicklung normaler Assoziationsfasern entspringe und eigentlich aus drei Bündeln (den parieto-okzipitalen, parieto-frontalen und fronto-
okzipitalen Bündeln) bestehe. Er nimmt an, daß die sagittalen Fasern normalerweise in dieser Zone existieren und deutlich hervortreten, wenn der Balken
fehlt, nicht nur, weil sie von dem Geflechte der Kommissurenfasern be-
freit, sondern auch weil sie vermehrt sind.

Wie ich schon bemerkt, ist es in der Tat wahrscheinlich, daß in den Fällen von Balkenmangel und noch mehr in denen von Mangel des ganzen Kommissurensystems, in welchen für diese ausgedehnte kontralaterale Verbindungen zwischen den verschiedenen Gehirnzonen fehlen, die homolateralen Verbindungen der Zentren selbst, nämlich die Assoziationssysteme,
reichlicher werden müssen. Arndt und Sklarek haben tatsächlich in
ihrem Falle von Balkenagenesie gefunden, daß das atypische Bündel
sich in den hier bestehenden Rest des Balkens fortsetzte. Diese Tatsache nun, welche diese Verfasser zur Stütze ihrer Annahme der Heterotopie
des Balkens heranziehen (siehe weiter unten), wird von Banchi zur Ver-

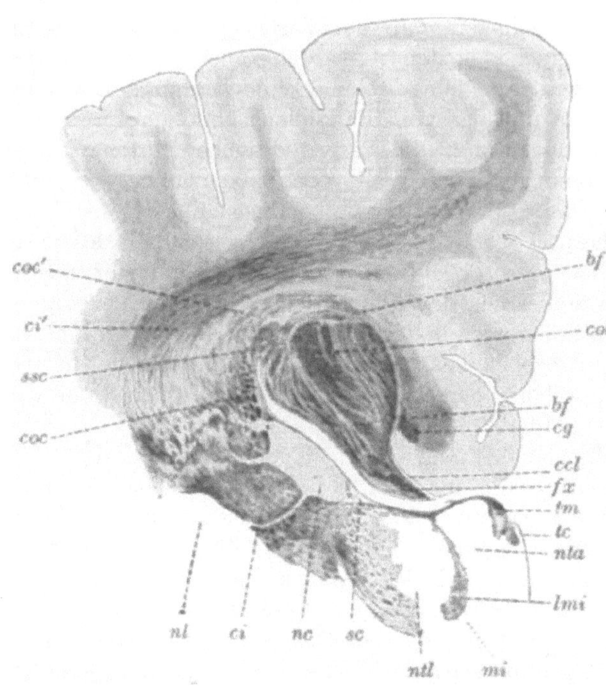

Abb. 34. Superomedialer Teil eines durch die
Zwischenmasse eines balkenlosen Gehirns angelegten Frontalschnittes. (Nach Marchand, l. c.).
Col = Balkenlängsbündel; ccl = unteres mediales Ende
desselben; bf = Bogenfasern am oberen Rande; fx =
Fornix; cg = Stelle des Cingulum; ci = innere Kapsel;
ci' = Ausstrahlungen derselben; nc = Nucleus caudatus;
nl = Nucl. lentif.; sc = Stria cornea; tn = Taenia medull.
und Stratum zonale thalami; ntl = Nucleus lateralis
Thalami; coc = Fasern des retikulären kortiko-kaud.
Bündels; coc' = Fortsetzung dieser Fasern nach oben, die
sich an die Bogenfasern anlehnen; ssc = Stratum subcallosum; ccl = Fiss. collateralis; nta = Nucleus anterior
thalami; lmi = Lam. medull. interna thalami; mi = Massa
intermedia; tc = Tela chorioidea.

teidigung seiner Ansicht angerufen, nämlich daß das atypische Bündel der
Vertreter eines in dem Balkengebiete normal verlaufenden, bloß in den Fällen
von Balkenmangel zahlreicheren und zu einem kräftigen Bündel vereinigten
Assoziationsfasersystems sei.

Zugunsten seiner Theorie bemerkt Banchi auch, daß das Balkenlängsbündel
in seinem Falle nicht bloß aus Quer- und Sagittalfasern, sondern auch aus
solchen des extra-ammonischen Teiles des Fornix superior (Kölliker) oder des

Fornix longus, eines Bestandteiles des normalen Balkens bestand. (Die Fibrae perforantes, die auf dem Wege der Lyra in den kontralateralen Fornix ziehen, fehlten natürlich im Falle Banchi's.) Die Beobachtung Cajal's, nach welcher die Querfasern des Balkens am meisten einfache Kollateralen von Assoziationsneuronen darstellen, könnte zugunsten der Annahme Banchi's reden; immerhin haben die experimentellen Entartungen (infolge der Durchtrennung des Balkens) in einigen Punkten die Beobachtungen Cajal's bestätigt, doch haben sie die Anwesenheit medialer, sagittalwärts verlaufender Längsfasern des Balkens noch nicht nachgewiesen.

II. Eine andere Theorie betrachtet das Balkenlängsbündel als entweder ganz oder zum Teile aus Balkenfasern gebildet, die, am Hilus angelangt, anstatt zur anderen Hirnhemisphäre zu ziehen, eine sagittale Richtung einschlagen und auf diese Weise ein stark ausgeprägtes Assoziationssystem darstellen (Sachs, Mingazzini, Probst, Schröder, Römer, Arndt-Sklarek, Marchand). Man hätte es also mit einer Verlagerung der Balkenschicht zu tun, welche davon abhängt, daß letztere nicht fähig gewesen ist, sich mit jener der anderen Hemisphäre zu vereinigen; in anderen Worten, das Balkenlängsbündel würde eine Heterotopie (sui generis) des Balkens darstellen.

In meinem Fall (II.) von partieller Agenesie des Balkens habe ich ein vom Fasciculus fronto-occipitalis, vom Cingulum und vom Fasciculus arcuatus wohl getrenntes, die Lage des Balkens einnehmendes, mediales Sagittallängsbündel beschrieben und dasselbe als „Balkenbündel" identifiziert (Abb. 35,

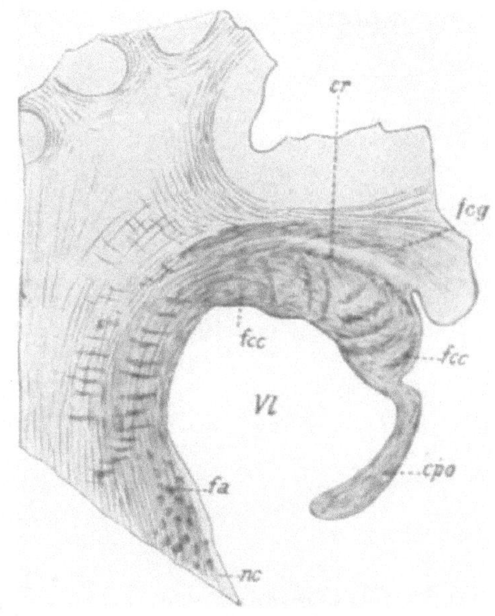

Abb. 35. Superomedialer Teil eines durch den vorderen Teil des Colliculus caudatus sinister eines balkenlosen Gehirnes ausgeführten Frontalschnittes (zweiter eigener Fall).

fcc = Balkenlängsbündel, welches sich mit Fasern des fronto-okzipitalen Assoziationsbündels fortsetzt; cpo = Crus posterius fornicis; cr = Stabkranz; nc = Nucleus caudatus; fa = Fronto-okzipitales Assoziationsbündel; fcg = Bündel des Cingulums; Vl = Ventric. lateralis.

36, 37). Die Fasern desselben verhielten sich, besonders in der mittleren und der hinteren Balkenzone so, daß sie vollkommen an den Verlauf der Balkenfasern erinnerten und ich konnte sie bis in den Hinterhauptlappen, wo sie einen Teil des Tapetums bildeten, verfolgen. Ebenfalls gewahrte ich im Balkenlängsbündel einige Balkenfasern, die anstatt, wie in den normalen Schnitten, eine Querrichtung aufzuweisen, einen schrägen oder vollständig sagittalen Verlauf hatten. Die Tatsache, daß in meinem Falle der Verlauf einiger Balkenfasern von jenem des normalen Balkens verschieden war, konnte meines Erachtens leicht erklärt werden. Im Balken, besonders im Splenium, verlaufen tatsächlich Fasern (Sachs, Anton, Flechsig), die höchstwahrscheinlich zur Vereinigung der kortikalen Sehzentren der rechten Seite (Flechsig) mit den in der linken

Hemisphäre gelegenen kortikalen Hörzentren dienen; folglich ist es logisch, anzunehmen, daß beim Mangel dieser Bahn, wenigstens in Fällen partieller Balkendefekte, sich andere von sagittalem Verlaufe entwickelt haben müssen, die durch Balkenbündel hindurch die entsprechenden hinteren mit anderen kortikalen Zentren, besonders mit dem Klangbilderzentrum assoziiert haben müssen. Es würde sich also m. E. um eine teilweise Agenesie der Balkenfasern handeln, zu welchen neue Bündel hinzugetreten sind, und nicht um eine Heterotopie sensu strictiori, wie Sachs meint.

Probst beschreibt in seinem Falle das mediale Bündel (Balkenlängsbündel) als aus einem Komplex verschiedener Fasergruppen bestehend. Seiner Meinung nach kommen die Fasern des erwähnten Bündels aus verschiedenen Hirnrindenzonen und hauptsächlich von den Windungen der medialen Fläche. Sie bilden seines Erachtens verschiedene mehr oder weniger lange Fasersysteme, die verschiedene Gebiete untereinander verbinden. Unter diesen Systemen befand sich eins, welches die mediale Wand des Hinterhaupthornes durchdrang und sich ins Tapetum fortsetzte. Nach Probst bilden, in seinem Falle, die von den verschiedenen Hirngebieten herrührenden und, wie die Balkenfasern, gegen die mediale Oberfläche gerichteten Fasern nicht den Balken, sondern gehen in das Längsbündel über. Im Falle dieses Autors fand außerdem auf der ventralen Seite des Balkenlängsbündels ein Austausch von Fasern zwischen dem Fornix und dem Bündel statt.

Sehr beweisführend zugunsten der heterotopischen Theorie wäre die Tatsache, daß in Arndt's und Sklarek's Fall von Balkenmangel in der Zone des Balkenknies eine 2 mm lange Balkenkommissur bestand, und daß die Querfasern derselben beiderseits in das Balkenlängsbündel hineindrangen. Gegen die von diesen beiden Autoren angeführten Beweisgründe ist aber der Einwurf erhoben worden, daß solche Beziehungen vorliegen können, auch wenn das Balkenlängsbündel nicht den heterotopen Balken, sondern ein an dieser Stelle normalerweise bestehendes und mit den Kommissurenfasern des Balkens vermischtes System darstellt.

Marchand betont, daß, in seinem Falle von kompletter Agenesie des Balkens, abgesehen von dem vorwiegend sagittalen Verlaufe, der Hauptunter-

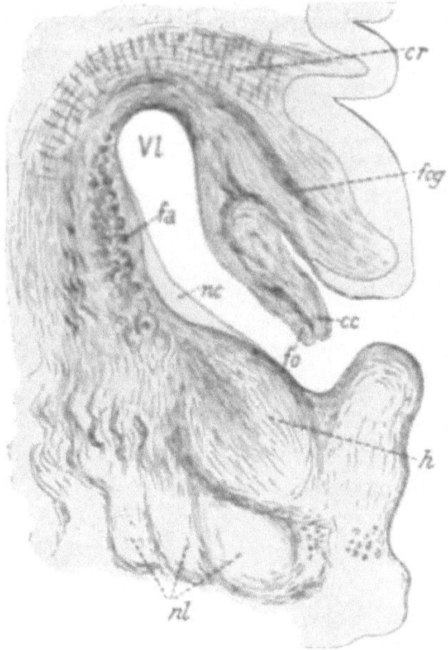

Abb. 36. Dorsomidealer Teil eines durch den mittleren Teil des linken Thalamus des in vorstehender Abbildung wiedergegebenen balkenlosen Gehirnes ausgeführten Frontalschnitt. (Zweiter eigener Fall.) Die im Balkenlängsbündel verlaufenden Fasern weisen einen schrägen Verlauf auf und setzen sich, dorsalwärts vom Ventriculus lateralis angelangt, mit dem fronto-okzipitalen Assoziationsbündel, eine parallele Richtung einschlagend, fort. cr = Stabkranz; fcg = Cingulum; Vl = Ventriculus lateralis; fa = fronto-okzipitales A.-Bündel; nc = N. caudatus; cc = Corpus callosum; fo = Corpus fornicis; h = Thalamus; nl = N. lentiformis.

schied zwischen dem Balkenlängsbündel der balkenlosen Gehirne und jenen
der Normalen darin bestand, daß bei ersteren (dem vorderen und dem
mittleren Teile entsprechend) die aus den unteren Windungen der medialen
Fläche kommenden Bogenfasern auf der medialen Seite sehr zahlreich waren,
während sie auf der lateralen Seite fehlten, so daß die charakteristische
Balkenstrahlung nach der Konvexität der Hirnhemisphäre verschwunden
war. Da, bevor die Verbin-
dung der beiden Hemisphären
(im dritten Monate des intrauterinen Lebens) eintritt, schon
ein Teil der Balkenfasern
an der medialen Wand der
Hemisphären ausgebildet ist, so
ist zu vermuten, daß dieselben
fortfahren sich zu entwickeln,
selbst wenn die erwähnte Verbindung wegfällt. Daher meint
Marchand, daß es sich beim
Mangel des Balkens nicht um
einen primären Defekt der Ursprungszellen der Balkenfasern
handelt, sondern daß bei ver-
hinderter Balkenbildung die
Fasern, die nicht in die entgegengesetzte Hemisphäre dringen können, eine von der Norm
abweichende Richtung ein-
schlagen, nämlich den Weg in
derselben Hemisphäre auf-
suchen; um so mehr, da es
wahrscheinlich ist, daß es nicht
bloß diejenigen Balkenfasern
sind, welche jenen Zellen entspringen, sondern daß sie
auch zum Teil von Kollateralen gebildet werden. Mit
anderen Worten stelle nach

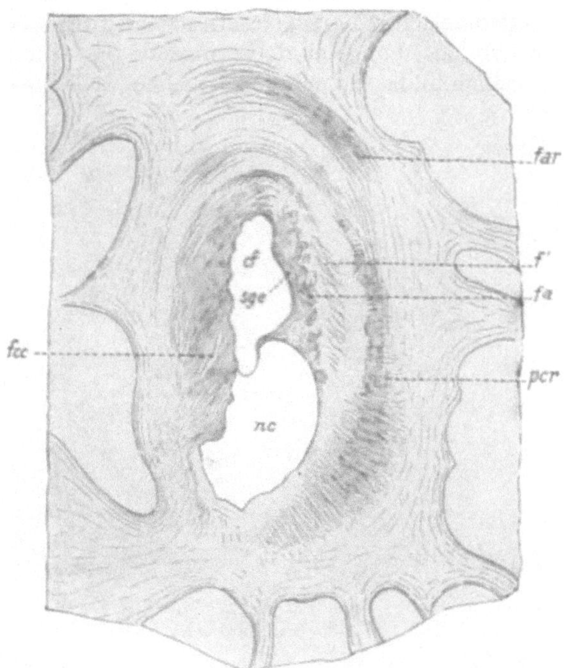

Abb. 37. Dorsaler Teil eines Frontalschnittes
am Niveau des vorderen Endes des linken
Thalamus von dem in den vorstehenden
Abbildungen dargestellten balkenlosen Gehirne (zweiter eigener Fall).

far = Fascicul. arcuatus; fcc = Balkenbündel; fa =
fronto-okzipitaler A-Bündel; f' = Ausstrahlungen desselben; pcr = Fuß des Stabkranzes; nc = N. caudatus;
sge = Subst. grisea ependymaris; cf = Cornu frontale.

Marchand das Balkenlängsbündel eine Mißbildung mit teilweisem Defekt
der Balkenfasern dar.

Im Falle Marchand's waren nun in dem in Rede stehenden Bündel sagittale
Fasern deutlich sichtbar; sie traten schon auf der medialen Seite des Cornu
frontale in Gestalt eines Längsbündels auf. Auf der ventralen Seite gesellten
sich zu diesem die Fasern des Fascicul. olfactorius, während die Columna fornicis sich ihm auf dem unteren Rande näherte (Abb. 34); auf diese Weise nahm
das Bündel bedeutend an Dicke zu und legte sich der Wand des Seitenventrikels
an. Je mehr es nach hinten (distalwärts) zog, nahm der Umfang des Bündels
immer eine mehr elliptische Form an, während es sich ventralwärts zungen-
förmig verlängerte und endlich noch mehr distalwärts zur Bildung der medialen

Bekleidung des Cornu posterius diente. In seinem Falle hebt Marchand ganz besonders das Verhalten des distalen Endes des Balkenlängsbündels hervor. An der Übergangsstelle vom hinteren zum unteren Horne (carrefour ventriculaire) des Seitenventrikels, wies es eine große Ähnlichkeit mit dem normalen Forzeps auf. Man bemerkte tatsächlich zahlreiche Fasern, welche von den medialen Windungen in das Längsbündel ausstrahlten: Laterale Fasern, die an der äußeren Ventrikelwand emporstiegen, legten sich den Längsbündeln an (aufsteigende Forzepsfasern nach Sachs), ebenso von der dorsalen Markmasse aus in das Längsbündel dringende Fasern. Während nun diese Fasern gewöhnlich in das Splenium übergehen, schien es, als ob sie im Falle Marchand's

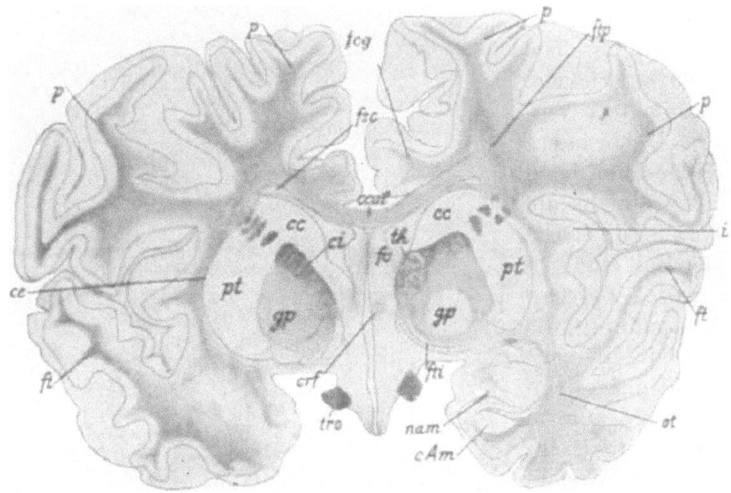

Abb. 38. **Aus dem Gehirn eines 4¹/₂ Monate alten Kindes.** Der Schnitt liegt rechts unmittelbar hinter dem Thalamus, links in dessen hinterem Teile.

p = Gyrus parietalis; fsc = Fasc. subcallosus; fcg = Cingulum; ccal = Corp. callosum; cc = N. caudatus; ci = Caps. interna; pt = Putamen; gp = Globus pallid.; ce = Caps. externa; ft = Stabkranz d. Temporallappens; tro = Tractus opticus; crf = Crura fornicis; th = Thalamus; fo = Corpus fornicis; ftp = Stabkranz vom Parietallappen zum Thalamus; fti = Pedunculus inf. thalami; nam = Nucleus amygdalae; cAm = Cornu Ammonis; ot = Fasciculus occipito-temporalis.

in die Sagittalfasern übergingen. Ein anderer Teil der Fasern zog medialwärts in einen zungenförmigen Ventrikelfortsatz, welcher dem Forceps minor entspräch; sie gehören also denen an, die vorn auf der medialen Wand des Cornu posterius emporsteigen. Dieser ventrale Fortsatz entsprach in seiner Lage der zwischen der Fimbria und der Fasciola cinerea (resp. dentata) gelegenen Furche (nämlich dem sogenannten Zuckerkandl'schen Balkendreiecke). Im allgemeinen stimmt Marchand mit Banchi darin überein, daß er einräumt, daß das Balkenlängsbündel in seinem Hauptteile ein Assoziationssystem zwischen dem Lobus frontalis und dem Lobus occipitalis, dem Lobus frontalis und dem Lobus parietalis, und vielleicht zwischen dem letzteren und dem Lobus occipitalis darstellt. In der Tat besteht ein Teil desselben aus dem Lobus occipitalis und dem Lobus temporalis entstammenden Fasern, die sich an der

dorsalen Peripherie des Seitenventrikels vereinigen. Da im allgemeinen die
Anordnung dieses Teiles dem normalen Verhalten entspricht, mit Ausnahme
des nicht stattfindenden Überganges in die entgegengesetzte Seite, so ist
nach Marchand zu vermuten, daß die hier normalerweise eingedrungenen
Fasern ihre sagittale Richtung innehalten; und daß sie an anderen Stellen
aus dem Balkenbündel herausdringen, um sich auf die mediale Fläche der Lob.
parietalis und frontalis zu begeben. Ein zweites noch wesentlicheres Element
bestand im Falle Marchand's aus dem Fornix longus, dessen Fasern seiner
Meinung nach teilweise aus den Ganglienzellen der Stria Lancisii, zum Teil
aus der Fasciola cinerea und dem Cingulum entspringen.

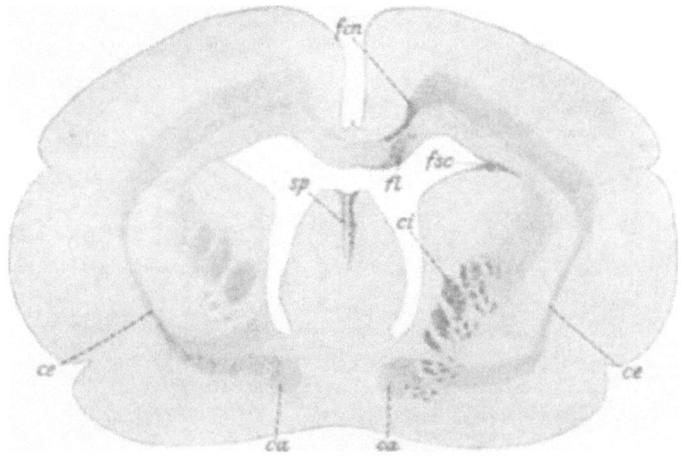

Abb. 39. Frontalschnitt entsprechend dem Caput caudati durch die Großhirnhemisphären eines Hundes, von welchem der Lobus frontalis r. abgetragen worden ist. Marchische Färbung. (Nach Shukowsky in Bechterew, l. c.).

fcn = Cingulum (links degeneriert); fl = Fornix longus, in seinem Verlaufe nach dem
Balken; fsc = Fascic. subcallosus teilw. degeneriert; sp = in das Septum eindringende
Fornixfasern; ci = Caps. inter.; die degenerierten Fasern sind die ventralen; ce = Caps.
externa; ca = Commiss. anterior, links auf ihrem Verlaufe nach der Caps. externa und
teilweise auch rechts degeneriert.

Auch die Annahme, daß dieses Längsbündel eine Heterotopie der Balkenfasern
darstelle, war Gegenstand nicht weniger Kritiken. Banchi hebt in der Tat
hervor, daß, da in den Fällen von Balkenmangel, die Hemmung der Kommissurenbildung sehr frühzeitig stattgefunden und die Elemente, welche den Ursprung
des Balkens darstellen, betroffen hat, der Begriff der Heterotopie schwer zu
erklären bleibt. Hierzu füge man, daß diese Annahme sich schlecht mit den
Fällen verträgt, in denen, wie in dem seinigen, die anderen Hirngebilde und
deren Funktionen vollständig normal geblieben sind; Stöcker stellt dieselben
Erwägungen an. Dejerine hat auch gegen die Annahme der Heterotopie des
Balkens einen Präjudizialeinwurf erhoben; nämlich daß bei der Agenesie des
Balkens wir uns in denselben Verhältnissen befinden, die uns die anatomo-
pathologischen Resultate des Bahnenverlaufes der nach Gudden'scher Methode
operierten Tiere wiedergeben und daß, da der distale Anteil (welche dem Dache

des Ventrikels entspricht) verschwunden ist, auch der proximale Trakt des
Balkens verschwinden müßte, und folglich müßten die Ursprungszellen der
heterotopischen Fasern selbst atrophisch werden. Gegen Dejerine könnte
man jedoch einwenden, daß in Fällen von Balkenagenesie der Sachs'schen
Annahme nach die Balkenfasern in ihrem distalen Teile nicht unterbrochen
noch resorbiert wären, sondern nur die Richtung geändert hätten, was eine
Aplasie des Neurons nicht mit sich bringt.

Wie man sieht, sind wir weit entfernt davon, ein zufriedenstellendes Resultat
bezüglich der Bedeutung des Balkenlängsbündels erreicht zu haben. Es ist dies
eine Frage, deren Lösung nicht gänzlich dem Studium der Fälle von Agenesie des

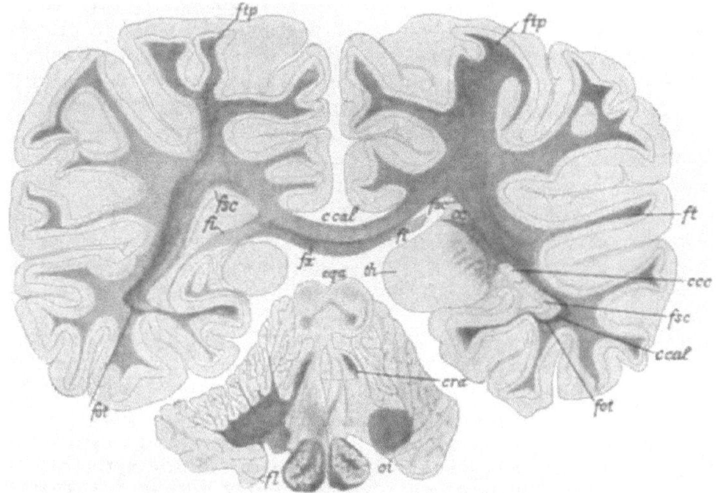

Abb. 40. Frontaler Schnitt der Großhirnhemisphäre eines 4¹⁄₂ Monate alten
Kindes. (Nach Reimers in Bechterew, l. c.)
ftp = Stabkranz vom Parietallappen zum Thalamus; fsc = Fasciculus subcallosus; ccal =
Corpus callosum; fx = Fornix; fi = Fimbria; cc = N. caudatus; th = Thalamus; ft =
Stabkranz des Schläfelappens; ccc = Schwanz des N. caudatus; fot = Fasciculus longi-
tudinalis inferior; cqa = Corpus quadrigem.; cra = Bindearm; oi = Oliva inferior; fl =
Flocculus.

Balkens anvertraut werden kann, da die infolge ihrer pathogenetisch verschiedenartigen Veränderungen nicht identische Resultate liefern können. Es genügt,
an die Fälle teilweiser Aplasie des Balkens zu denken, welche einen von dem
der Fälle von vollständiger Agenesie desselben verschiedenen histologischen Befund liefern. Uns kommt es nun darauf an, die von allen festgestellte anatomische Tatsache hervorzuheben, nämlich daß man in einem Teile der Fälle von
Balkenmangel längs der medialen Fläche einer jeden Hemisphäre ein Längsbündel antrifft, welches normalerweise nicht sichtbar ist; immerhin kann dasselbe sehr wohl von dem dorsalen Längsbündel, dem Cingulum, dem Fasciculus
occipito-frontalis (Dejerine) und dem Fascic. subcallosus (Muratoff's) unter-
schieden werden. Andere Elemente sind notwendig, um entscheiden zu können,
ob es als ein normales, aus kommissuralen Fasern bestehendes Bündel betrachtet

werden kann, welches nur in den Fällen von Mangel des Balkens und der Kommissuren im allgemeinen sichtbar wird; oder ob es wenigstens zum Teil einen Komplex heterotoper Fasern darstellt, denn die homolateralen Verbindungen der Zentren selbst müssen in diesem Falle reichlicher werden und folglich die intrahemisphärischen Assoziationsbahnen sich stärker entwickeln.

Der vollständige wie auch der partielle Balkenmangel können, manchmal ohne irgend eine körperliche oder psychische Erscheinung zu geben, verlaufen und einen einfachen Sektionsbefund bilden. Er ist, wie bereits in der Ätiologie gesehen wurde; mit einem langen Leben (73 Jahre), ohne sich durch irgend eine Störung zu äußern, verträglich. In den Krankengeschichten wird bisweilen angegeben, daß die Patienten, bei deren Sektion der Balken nicht gefunden wurde, an Hemiplegie, Paraplegie und anderen motorischen Störungen litten; diese sind jedoch nicht auf die Läsionen des Balkens, sondern auf Veränderungen anderer Großhirnzonen zu beziehen, welche sich in Begleitung jener vorfinden (Porencephalie, Rindenaplasie, Mikrogyrie). So erklärt es sich, wie in nicht wenigen Fällen ähnliche Störungen vollständig fehlen. Viele dieser Patienten litten manchmal an epileptischen Anfällen (Fälle von Arndt-Sklarek, Anton, Huppert, Probst).

Häufig trifft man psychische Störungen an: unter 56 Fällen von Balkenmangel (40 mit vollständiger Agenesie) fand man 38 mit und 18 ohne diese Symptome. Im Kapitel über die Physiopathologie des Balkens

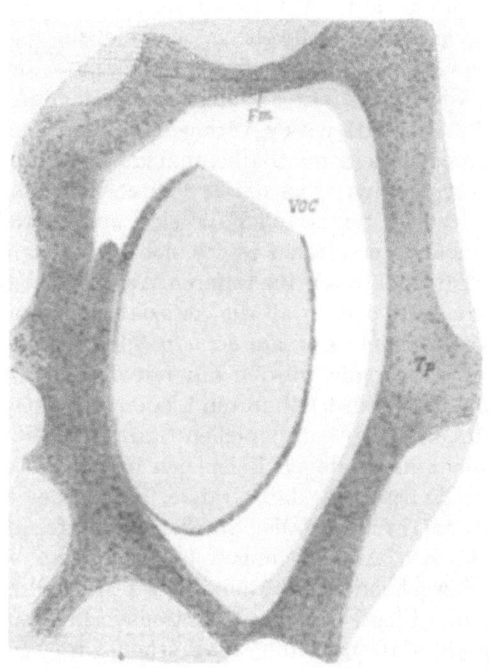

Abb. 41. Vertiko-transversaler, durch eine Großhirnhemisphäre am Niveau des vorderen Teils des Lobus occipitalis eines an Längsdurchschneidung des Balkens operierten Hundes ausgeführter Schnitt (Lo Monaco, l. c.). Die Entartung des Forceps major und des Tapetum zeigt sich deutlich. (Von einem in meinem Laboratorium aufbewahrten Präparat.) Tp = Tapetum; Fm = Forceps (occipitalis); Voc = Ventriculus lateralis (cornu occ.).

wird eingehends erörtert werden, welche Rolle diesem letzten Organ in Fällen der Läsion desselben im Hervorrufen dieser Störungen zukommt. Die am häufigsten anzutreffende psychopathische Erscheinung ist die Idiotie; obwohl jedoch Idiotie und Balkenmangel häufig zusammengehen, besteht doch nicht eine notwendige Korrelation; ja einige Patienten, bei denen Geistesstörungen fehlten, besaßen ein Gehirn ohne jegliche Spur des Balkens. Es seien hier erwähnt die Fälle von Jolly (intelligenter Mann von 58 Jahren), Eichler (43jähriger anscheinend normaler Mann), Klob (12jähriges Mädchen, welches normal, aber Daltonistin und Musikfeindin war), Mirto (73jähriger

Mann, der nie Störungen der motorischen Sphäre, noch solche der Intelligenz aufgewiesen hatte) und meine Patientin (Fall Nr. II), die keine ausgeprägten Geistessymptome (ausgenommen in den letzten Monaten ihres Lebens infolge der Dementia paralytica) aufwies. Der Kranke Klieneberger's hatte, bevor er von der Dementia paralytica befallen wurde, nur Anomalien des Gefühlslebens aufgewiesen. Die Patientin Kaufmann's hatte nie Geistesstörungen an den Tag gelegt. Auch die Patienten von Molinverni, Gaußer, Nobiling und Giannelli wiesen intra vitam keine auffallende psychopathische Symptome auf. Mit Recht sagt Eichler, daß der Fall eines Patienten, wie der von ihm beschriebene, in welchem ein ausgeprägter Kommissurenmangel ohne Geistesstörungen bestand, genügt, um zu beweisen, daß die Idiotie nicht von diesem Defekt abhängen kann. Man kann also nicht, wie Bechterew und Lewandowsky verlangen, einen Zusammenhang zwischen Idiotie resp. Mikrocephalie und Balkenmangel annehmen; und noch viel weniger kann man annehmen, was dieser letzte Autor hinzufügt, nämlich daß die (bezüglich der Idiotie) negativen Fälle sich auf partiellen Balkenmangel beziehen.

In anderen Fällen zeigte sich eine progressive Geistesschwäche zuerst in der Jugend oder auch im reiferen Alter. Um diese letzte Möglichkeit zu erklären, meint Schupfer, daß die Assoziationsbahnen hinreichend seien, die Folgen des Balkenmangels nur auf eine beschränkte Zahl von Jahren auszugleichen. Die Geistesstörungen würden nur mit der Abnahme des Ersatzes eintreten, nämlich wenn die hierzu bestimmten Elemente (infolge der Seneszenz) sich abzuschwächen beginnen. Vom prinzipiellen Standpunkte aus ist diese Theorie annehmbar, da es nicht an analogen Beispielen in der Pathologie des Nervensystems fehlt. Es ist z. B. bekannt, daß Kranke, die in der Kindheit von Polyomyelitis anterior acuta infantum befallen wurden, im reiferen Alter, auch ohne außerordentlichen physischen Anstrengungen ausgesetzt zu sein, einer bedeutenden, manchmal vorübergehenden Schwächung der Muskelkraft des befallenen Gliedes entgegengehen. Dieser rasche Funktionsverfall muß sicherlich darauf zurückgeführt werden, daß nun die, die bisher zum Ausgleich der Funktion der anderen (verschwundenen) fähigen Nervenzellen der Rückenmarksvorderhörner eine relative Hyperfunktion zu erfüllen berufen sind und deshalb in den Zeitabschnitt der Präseneszenz tretend, eine Herabsetzung ihrer Dynamik erleiden. Außerdem ist es angebracht, hervorzuheben, daß bei balkenlosen Individuen die psychischen Störungen auch durch von der Aplasie des Balkens ganz unabhängige Ursachen eintreten können; so wies meine Patientin (Fall II) nur in den letzten Monaten ihres Lebens Symptome von Geistesstörung auf, die auf eine progressive Paralyse zurückzuführen waren. Es wäre also logisch anzunehmen, daß in diesem Falle eine angeborene Abiotrophie eines Teiles der Nervenelemente des Gehirns die Substanz desselben den von der Spirochaeta pallida verursachten Schädigungen gegenüber, weniger widerstandsfähiger mache.

Fünftes Kapitel.

Anatomie des Tapetum.

Ein wichtiger, mit der Geschichte des Balkens verbundener Punkt ist die Bildung des Tapetum.

Der Name Tapetum hat nicht für alle Anatomen dieselbe Bedeutung. Reil verstand unter Tapetum die zarte Faserschicht von dreieckigem Aussehen, welche den inneren Teil der Sphenoidal- und Okzipitalhörner auskleidet. Burdach beschränkte später die Benennung Tapetum nur auf die den oberen und äußeren Teil des Sphenoidalhornes auskleidende Schicht; alles, was vom Balken in den Okzipitallappen (Horn) zieht, nennt er Forceps posterior. Dieser verschiedenartige topographische Begriff führte zu vielen Verwirrungen, denn seitdem faßten die einen das Tapetum im Sinne Reil's, die anderen im Sinne Burdach's auf. In den letzten Jahren jedoch haben sämtliche Autoren, unter denen auch ich mich befinde, das Tapetum in dem (weiteren) Sinne Reil's angenommen.

Man hat lange Zeit darüber gestritten, ob das Tapetum zu dem Balken gehöre oder nicht; in dieser Hinsicht wurden mehrere Theorien aufgestellt. Wir können dieselben in zwei Klassen einteilen: die erste umfaßt alle diejenigen, welche behaupten, daß das Tapetum aus einem einzigen Fasersysteme, das nach einigen gerade der Balken ist, bestehe. Zur zweiten Klasse müssen wir die Theorien rechnen, nach denen zwei Fasersysteme, unter welchen der Balken entweder bloß teilweise oder gar nicht einbegriffen ist, das Tapetum bilden.

A. Der ersten Klasse sind folgende Ansichten einzureihen:

a) Das Tapetum ist ein Ausfluß der Balkenfasern. Diese Lehre wurde zuerst von Burdach und dann von Beevor, Schröder, Probst und in neuerer Zeit von Archambault vertreten. Letzterer stützte sich auf die Resultate der bei balkenarmen Gehirnen gemachten Beobachtungen. Ja er nimmt an, daß wahrscheinlich auch Fasern der vorderen Kommissur an der Bildung des vorderen Teiles des Tapetums beteiligt sind.

Dem Begriffe, daß der Balken, sei es auch nur teilweise, an der Bildung des Tapetums beteiligt sei, widersetzt sich Muratoff. Auf Grund der Untersuchung der Gehirne zweier Hunde, von denen er bei einem das Knie und teilweise den vorderen Teil, beim anderen das Splenium und einen Teil der Portio posterior des Balkenstammes durchtrennt hatte, kam er zu dem Schlusse, daß, dem Fasciculus occipito-frontalis (Onufrowicz) gleich, ein von ihm Fascic. subcallosus genanntes Bündel (Abb. 30) bestand, das nur degenerierte, wenn in einer Hemisphäre der Stirn- oder der Hinterhauptlappen zerstört waren. Dagegen bemerkte er, daß nach der Balkendurchtrennung weder eine Degeneration des Tapetums, noch des Fasciculus subcallosus bestand. Folglich bleibt, seines Erachtens nach, das Tapetum nach der Balkendurchtrennung intakt, vorausgesetzt, daß die Großhirnrinde nicht zufällig verletzt sei. Die Schlußsätze dieses Verfassers können jedoch nur mit gewissem Vorbehalt angenommen werden, denn die von den Gehirnen dieser beiden Hunde stammenden Präparate wurden nur nach der Weigert'schen Methode behandelt, mittels welcher es nicht leicht ist, eine Degeneration zerstreuter und wenig zahlreicher Bündel mitten unter anderen kompakten wahrzunehmen. Auch Anton widerspricht dem Begriffe, daß die Balkenfasern an der Bildung des Tapetum beteiligt seien. In seinem Falle von Erweichung des Cuneus und eines Teiles des Forceps poster. corporis callosi bemerkte er auf der Seite der Läsion eine Entartung des Tapetums, die auf der gesunden Seite nicht bestand. Anton hebt nun hervor, daß, wenn das Tapetum Kommissurenfasern enthielte, es in gleicher Weise auf beiden Seiten degeneriert sein müßte.

b) Kaufmann und Onufrowicz behaupteten, in Übereinstimmung mit diesen beiden letzten Forschern (Onufrowicz, Anton), daß das Tapetum vom Balken vollständig unabhängig sei, weil man an balkenlosen Gehirnen das Fortbestehen des Tapetum wahrgenommen hat. Diesen Verfassern nach gehören die Fasern des Tapetums ausschließlich zum Okzipito-frontalbündel, welches sie unrichtig als Fascic. longitudinalis superior identifiziert haben. Banchi meint gleichfalls, daß in seinem Falle von Balkenmangel das Tapetum des Cornu inferius et posterius aus dem fronto-okzipitalen Bündel gebildet gewesen sei und auch Edinger ist derselben Meinung.

Diese Ansicht ist aber nicht ganz einwandfrei. In der Tat bezweifeln Anton und Zingerle in ihrem Falle von Balkenmangel, daß ihr Stratum sagittale (Fasciculus fronto-occipit.) am Tapetum beteiligt sei. Sie heben hervor, daß die auf dem Dache des Ventriculus verlaufende Längsfaserung zu gering sei, um die kräftige Längsfaserung des Tapetum zu bilden. Auch Banchi selbst bemerkte bei der Abtragung des Frontallappens bei Affen, daß die Entartung des Fasciculus fronto-occipitalis hinten nicht die Zone des Operculum parietale überschreitet. Gegen die Ansichten Kaufmanns behauptet Schröder, daß die retikulierte Stabkranzzone durch die von der Capsula interna kommenden Fasern gebildet wird, die nach vorn und oben ziehen, um in die Rinde der inneren Fläche der Hemisphäre auszustrahlen. Seinen Untersuchungen nach können nun weder die Fasern der „Zona reticulata coronae rad.‘‘, noch die des Fasciculus caudati, welche das Frontookzipitalbündel bilden, ins Tapetum verfolgt werden.

B. Einige Autoren vertreten eine der zweiten Klasse angehörende, besonders auf sekundäre Entartungsbefunde und embryologische Angaben gestützte Annahme des plurifaszikulären Ursprungs des Tapetum.

a) Eines der Bündel wäre sicherlich der Balken, während bezüglich des anderen die Autoren in Zweifel sind. Die meisten schreiben eine der Quellen des Tapetum dem Balken zu, aber beschränken sich, wie Levy-Valensi, darauf, jenes bloß von letzterem abzuleiten, insofern der Balken nach dem Schnitte des Spleniums nicht „en masse‘‘ degeneriert. Nach Flechsig kann das Tapetum nicht als eine einfache Balkenstrahlung betrachtet werden, denn außer den Balkenfasern enthält es auch andere Assoziationssysteme, welche die Mittellinie nicht überschreiten. Zingerle ist ebenfalls der Meinung, daß die Bildung des normalen Tapetums eine komplexe sei, und daß es nicht bloß einen bedeutenden Anteil der Balkenstrahlungen, sondern auch Assoziationsfasern in sich begreift, die den Lobus occipitalis und den Lob. temporalis derselben Hemisphäre verbinden.

b) Andere Autoren sind, trotz der Behauptung eines zweifachen Ursprunges der Fasern des Tapetums, der Meinung, daß der Unterschied in der Herkunft der beiden Gruppen von Fasern nicht zwischen dem medialen und dem lateralen Teile, sondern zwischen dem proximalen und dem distalen Teile liegt. Lo Monaco und Baldi (Abb. 41) haben in der Tat wahrgenommen, daß infolge von Längsdurchtrennung des Balkens das Tapetum nur vorn degeneriert, während es sich hinten intakt erweist. Sie nehmen somit einen doppelten Ursprung des Tapetum an: einen vorderen, callösen, und einen hinteren unbestimmten, aber von diesem unabhängigen. Auch die von Mirto an Schnitten eines balkenlosen Gehirns vorgenommenen Untersuchungen haben nachgewiesen, daß das Tapetum nur in der vorderen Hälfte, nämlich in jenem Faseranteile, der nach Lo Monaco aus dem Balken kommt, bedeutend verdünnt war.

c) Verschiedene Autoren nehmen die partielle (nicht komplette) Teilnahme des Fascic. frontooccipitalis als bewiesen und die des callösen Anteiles als zweifelhaft an. Zu diesen gehört Rhein, der, die Degeneration von Schnitten eines menschlichen Gehirns, in welchem eine Blutung des unteren Hornes des

rechten Seitenventrikels bestanden hatte, studierend, zu dem Schluß kam, daß
zur Bildung des Tapetums sicherlich ein bedeutender Anteil des Fascicul. occi-
pitofrontalis notwendig sei; wenn auch noch zweifelhaft bleibt, ob der callöse
Anteil daran beteiligt ist.

d) Nach Anton besteht gleichfalls das Tapetum aus dem fronto-okzipitalen
Bündel und aus einem unteren, medialen Fasersysteme, das wahrscheinlich den
frontalen mit den Hinterhauptlappen vereinigt.

e) Nach anderen besteht das Tapetum unzweifelhaft
zum Teil aus dem fronto-okzipitalen (Assoziations-)
wurde zuerst von Dejerine verteidigt. Obwohl in
der Tat derselbe annimmt, daß zur Bildung des
Tapetum wesentlich das fronto-okzipitale Bündel
beiträgt, meint er, daß teilweise auch der Balken
daran beteiligt sei, und daß gerade dieser zur
Bildung der äußeren Wand des Hinterhaupthornes
beitrage. Beim Untersuchen einer Reihe von frontalen Gehirnschnitten sieht man in der Tat, nach
Dejerine, wie sich vom Forceps major Fasern ablösen und längs der äußeren Wand des Hinterhaupthornes verlaufen. In den umschriebenen Verletzungen des Hinterhauptlappens gewahrt man gleichfalls,
wie degenerierte Tapetumfasern in die Bildung des
Forceps major treten. Aus diesen Ergebnissen
scheint also hervorzugehen, daß der Balken einen
gewissen Anteil an der Bildung der äußeren Wand
des Hinterhaupthornes nimmt; und dies ist um
so wahrscheinlicher, da Ramon y Cajal nachgewiesen hat, daß die callösen Fasern oft nichts
anderes sind als die innere Bifurkation der langen
Assoziationsfasern.

Auch ich fand beim Studium eines menschlichen
Gehirnes, dem teilweise der Balken fehlte (2. Fall),
daß die Fasern des Tapetums, obwohl bedeutend
rarifiziert, doch gut sichtbar waren (Abb. 42, 43, 44),
was das augenscheinliche Fortbestehen des ganzen
Tapetums in den Fällen von Balkenmangel erklärt.

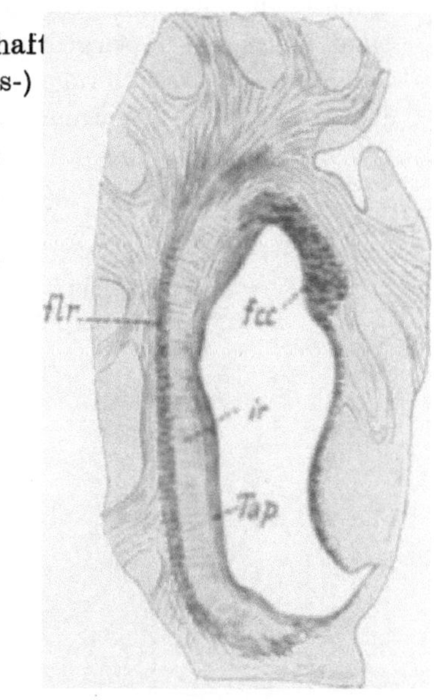

Abb. 42. Frontalschnitt
des medialen Teiles eines
Frontalschnittes durch
die linke Hemisphäre,
dem distalen Ende des
G. hippocampi eines
balkenlosen Gehirns ent-
sprechend. (Mein 2. Fall.)
fcc = Balkenbündel; Tap =
Tapetum; ir = Radiatio optica interna; flr = Fasciculus
longitudin. inferior.

Hätte es sich in diesem Falle um eine vollständige Agenesie des Balkens gehan-
delt, wie die makroskopische Untersuchung es vermuten ließ, so ist es klar, daß,
nachdem das Tapetum erhalten war, man wenigstens auf die Unabhängigkeit
des Tapetums vom Balken hätte schließen können: Hier aber bestand ein
Teil der Balkenkniefaserung. So erklärt sich die Tatsache, daß im Gehirne
meines Falles die Tapetumfasern etwas spärlich waren. Ich habe daher behauptet, daß das Tapetum nur zum Teile aus Balkenfasern, zum Teile aus dem
Fasciculus fronto-occipitalis gebildet wird. Diese Schlußfolgerungen vereinbaren
sich mit dem anderen Befunde, nämlich, daß das Tapetum bloß nach dem zweiten
Monate nach der Geburt sich mit Mark zu bekleiden beginnt (Abb. 45, 46). Ja
es wird nicht ohne Nutzen sein, daran zu erinnern, daß meinen besonderen
Forschungen nach die Myelinisierung des Tapetums in zwei verschiedenen

Zeitabschnitten einsetzt. In einem ersten Zeitraume (zwischen dem vierten und dem fünften Monate des extrauterinen Lebens) bemerkt man spärliche, vereinzelte, vertikal verlaufende und zum großen Teile (Abb. 47) den Sehstrahlungen anliegende (äußere) Fasern; in einem zweiten Zeitabschnitte (im sechsten Monate) erscheint das Tapetum, wenn der Balken noch nicht ganz myelinisiert ist, wie beim Erwachsenen, aus einer dichten vertikal laufenden Fasergruppe gebildet. Diese Untersuchungen stützen jedoch nicht die Annahme, daß die

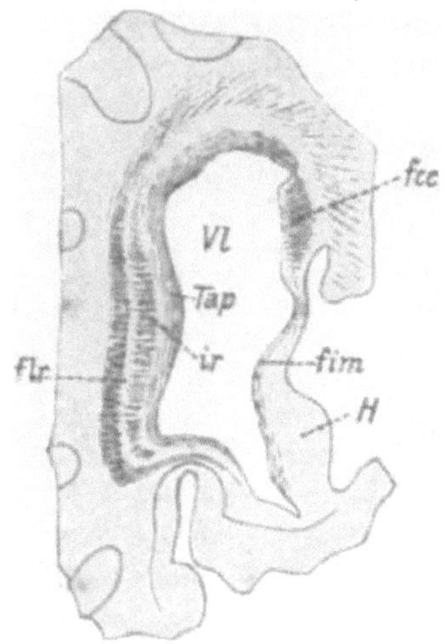
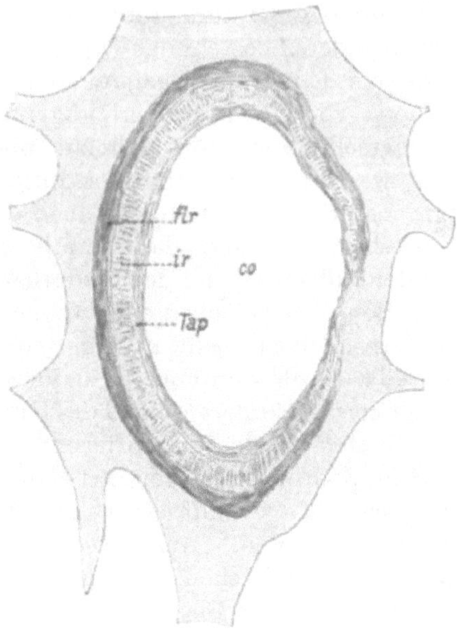

Abb. 43.   Abb. 44.

Abb. 43. Frontalschnitt durch die linke Hemisphäre, dem Gyrus hippocampi entsprechend, von dem in den vorstehenden Abbildungen angegebenen balkenlosen Gehirne (mein 2. Fall).

H = G. hippocampi; fcc = Balkenlängsbündel; Vl = Ventric. lateralis; fim = crus post. torn.; ir = Radiationes opticae; flr = Fasciculus long. inf.; tap = Tapetum. Die Fasern des Längsbalkenbündels weisen eine vorwiegend quere Anordnung auf; aus seinem dorsalen Ende sieht man in vertikaler Richtung parallele Fasern aufsteigen, die, sich auf den dorsalen Ventrikelwinkel beugend, nach außen umbiegen, um sich mit dem Tapetum fortzusetzen.

Abb. 44. Frontalschnitt durch das linke Cornu occipitale des balkenlosen Gehirns (mein 2. Fall).

flr = Fascic. long. inf.; ir = Radiationes opt.; tap = Tapetum; co = Cornu occipitale. Man sieht die gut entwickelten Sehstrahlungen und den Fasciculus longitudinalis inferior; das Tapetum besteht aus spärlichen und zarten Markfasern.

innere Schichte der Tapetumfasern, wie O. Vogt behauptet, eine sagittale, und die äußere eine vertikale Richtung aufweise.

Dotto und Pusateri konnten nach vollständigen Balkendurchtrennungen und teilweiser Durchschneidung der Fasern der Lyra bei zwei jungen Katzen (spärliche) degenerierte, in den ganzen Fasciculus occipito-frontalis und im Tapetum zerstreute Fasern (mit Marchi) wahrnehmen. Auch sie folgerten hieraus ein Argument zugunsten Dejerines und meiner Theorie, welche das Tapetum als eine gemischte, nämlich zum größten Teile vom Fasciculus occipito-frontalis und zum kleinsten Teile von Balkenfasern abhängige Bildung betrachtet. Obwohl jedoch diese Resultate der beiden Autoren immer mehr die Lehre bestätigen, daß an der Bildung des Tapetums auch Balkenfasern teilnehmen, so beweisen sie aber nicht, daß daran auch die Fasern des Fasciculus fronto-occipitalis beteiligt sind.

Auch Janichewski ist der Meinung, indem er sich auf experimentelle Beobachtungen stützt, daß der äußere Teil des Tapetums aus umfangreichen Fasern callösen Ursprungs besteht und der innere, aus zarten Fasern gebildete Teil dem Fasciculus occipito-frontalis angehöre.

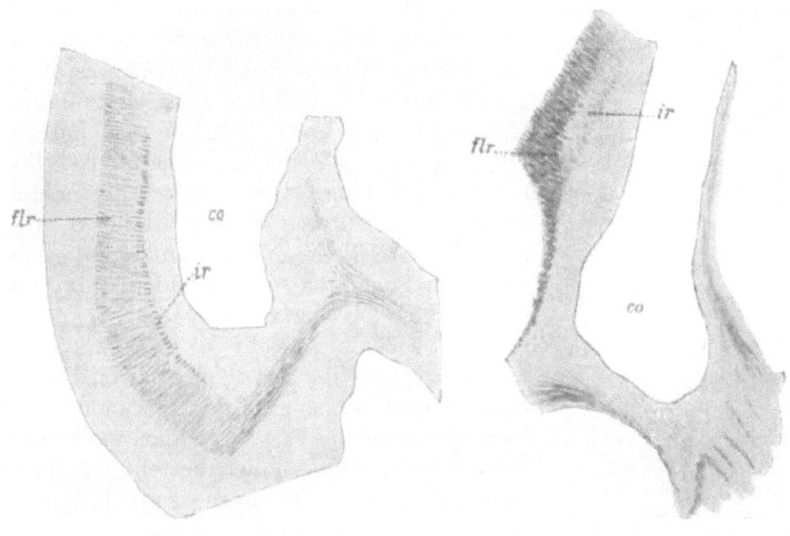

Abb. 45.   Abb. 46.

Abb. 45. Frontalschnitt durch den ventromedialen Teil des linken Cornu occipitale eines 22 Tage alten Kindes. (Eigenes Präparat.) Palsche Methode.
Der Fasciculus longitudinalis inferior (flr) ist nur zum Teile myelinisiert; ebenso hat bereits die Myelinisierung des lateralen Teiles der Sehausstrahlungen begonnen; in den Fasern des Tapetum bemerkt man keine Spur von Myelinisierung. ir = Radiationes opticae; co = Cornu occipitale.

Abb. 46. Frontalschnitt durch den ventromedialen Teil des vorderen Teiles des linken Cornu occipitale (co) eines 1¹/₂ Monate alten Kindes. (Eigenes Präparat aus meiner Sammlung.)
Ein ventrales Stück der lateralen Wand ist abgeschnitten, folglich ist auf dieser Strecke der Fasciculus longitudin. inf. nicht ganz sichtbar. Es fehlt jede Andeutung von Myelinisierung des Tapetums. Die Sehstrahlungen werden durch spärliche, schräg gerichtete Fasern angedeutet, die in die anstoßende Schicht des Fasciculus longitudinalis inferior (fir) dringen; letzterer erscheint blasser gefärbt als in den von Erwachsenen stammenden Präparaten.

flr = Fasciculus longit. inf.; co = Cornu occipitale; ir = Rad. optic. interna.

f) Eine etwas ähnliche Meinung wurde auch von O. Vogt vertreten. Nach diesem Verfasser enthält das Tapetum sowohl Fasern des fronto-okzipitalen Assoziationsbündels (das er, wie Muratoff, Fasciculus subcallosus nennt), als auch Balkenfasern. Das Tapetum besteht nach O. Vogt aus einer inneren Schicht feiner Fasern von blasser Färbung und sagittaler Richtung, sowie aus einer äußeren, besonders dorsalwärts breiteren Schicht von dunklerer Färbung und aus dicken, vorwiegend in vertikaler Richtung verlaufenden Fasern. Die zarten

Fasern (Stratum internum) sollen dem Systeme des Fasciculus subcallosus angehören; die dichten (Stratum externum) wären Kommissuren(trabanten-) fasern. In letzterer Schicht verlaufen, den embryologischen Forschungen O. Vogts nach, auch Fasern des Fasciculus subcallosus, die aber im Gehirne der Erwachsenen vollständig von den Fasern des Stratum internum bedeckt sind. So erklärt sich diesem Verfasser nach die anscheinende Unversehrtheit des Tapetum beim Balkenmangel.

Obersteiner und Redlich behaupten, daß, bei einigen Tieren wenigstens, das Tapetum nur im weiteren Sinne als vom Trabs cerebri und vom Fasc. subcallosus gebildet betrachtet werden könne, und daß es nicht die innere Auskleidung des Cornu inferius bilde, sondern daß zwischen ihm und dem Ependym eine zarte Schicht von Fasern des Fasciculus subcallosus eingeschaltet ist. Da sich nun verschiedene Gebilde an der Bekleidung der hinteren und unteren Hörner beteiligen, so schlagen sie vor, diesen Namen aufzugeben und die einzelnen Schichten, die sie bilden, mit dem entsprechenden Namen zu belegen.

Hier sei die Ansicht Monakow's erwähnt, der behauptet, daß das Tapetum von Fasern des Balkens und von solchen des Fasciculus occipito-frontalis, sowie des Fasc. n. caudati gebildet werde. Nach Bechterew endlich besteht das Tapetum zum Teil aus Balkenfasern, zum Teil aus Elementen des Fasc. nuclei caudati.

Wie man sieht, sind sehr wenige der Meinung, daß das Tapetum einem einzigen Fasersysteme entstamme, welches entweder ausschließlich der Balken, oder der Fasciculus longitudinalis superior, oder der Fasciculus fronto-occipitalis, oder der Fasciculus subcallosus wäre. Fast alle Neurologen hingegen behaupten, daß am Tapetum zwei Fasersysteme beteiligt sein müssen, von denen das eine aus den Balkenfasern besteht, während das andere nach einigen (Janichewsky, Dejerine, Rhein, Dotto-Pusateri und mir) vom Fasciculus fronto-occipitalis; nach Bechterew und Monakow vom Fasciculus n. caudati; nach Obersteiner, Redlich und O. Vogt vom Fasciculus subcallosus; nach anderen (Anton, Flechsig, Levy-Valensi, Lo Monaco, Mirto, Zingerle) von einem nicht sicher festgestellten Bündel gebildet wird. Wir können also annehmen, daß ein Teil der Tapetumfasern höchstwahrscheinlich vom Balkensysteme gebildet wird; bezüglich des anderen Anteils ist es noch nicht sicher, ob es aus dem Fasciculus fronto-occipitalis oder aus dem Fasciculus n. caudati gebildet wird; doch sprechen sich die meisten zugunsten des ersteren Bündels aus. Jedoch sei erwähnt, daß nach einigen Forschern die echte innere Bekleidung des Hinterhornes ausschließlich vom Fasciculus n. caudati oder vom Fasc. subcallosus gebildet werde.

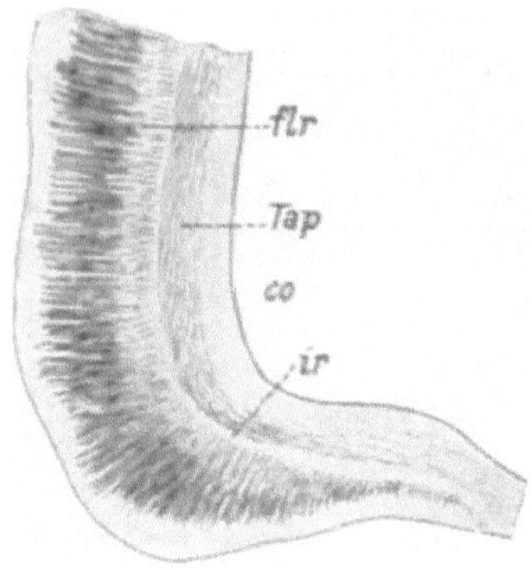

Abb. 47. Frontalschnitt (seitlicher Teil) des unteren medianen Teiles, der linken Hemisphäre (Cornu occipitale) eines 4 Monate alten Kindes entsprechend. (Aus meiner Sammlung.) Der Fasciculus longitud. inferior (flr) ist fast vollständig myelinisiert. Die lateralen Fasern der Sehausstrahlungen (ir) werden durch schräge Fasern, die medialen durch schwarze Pünktchen dargestellt. Die Fasern des Tapetum (Tap) sind kaum in Form von sehr zarten, parallelen, vertikalen Bündelchen dargestellt.

co = Cornu occipitale.

Sechstes Kapitel.

Der Verga'sche Ventrikel.

Die Beschreibung des Balkens (und des Septums) kann nicht von jener des sechsten Ventrikels (Ventriculus Vergae, Ventr. triangularis, Tricorne medium, Fornixventrikel), der ein manchmal zu einer wirklichen Höhle erweiterter, zwischen der Unterfläche des Balkens und ober dem Psalterium gelegener medialer Spaltraum ist, getrennt werden. Der Verga'sche Ventrikel sollte genauer als Silvio'scher Ventrikel bezeichnet werden. Im II. Teile der Werke des Silvio de la Boe (im Jahre 1671 in Paris gedruckt) steht in der Tat: „Corpus callosum, „ubi in septum pellucidum incipit attenuari, hiatum habere, ipsum etiam septum „quamvis tenuissimum, in partes duas nonunquam dirimentem, cum admira- „tione ... observavimus, et spectatoribus nostris demonstravimus jam aliquoties."

Duncan folgte ihm und die Andeutung, welche sich auf „la petite cavité" des Septums bezieht, befindet sich in seinem 1678 in Paris erschienenen Buche: „Explication nouvelle et mécanique des actions animales ecc."

Es wurde später der in Frage stehende Ventrikel auch von Vicq d'Azyr beobachtet. Betrachtet man in der Tat die Tafel V des von diesem Verfasser herausgegebenen Werkes, so tritt der VI. Ventrikel deutlich hervor und zeigt sich als die Fortsetzung und der Anhang des Ventriculus septi. In dem die Abbildung erklärenden Text heißt es, daß die Laminae des Septum pellucidum mehr der Mitte des Gewölbes, als nach vorn oder hinten genähert sind. Diese Äußerung Vicq d'Azyr's führt uns zu der Folgerung, daß der in Frage stehende Ventrikel von ihm auch im modernen Sinne gedeutet worden war.

Immerhin kommt das Verdienst, die Aufmerksamkeit auf den in Rede stehenden Ventrikel gelenkt zu haben, Verga zu (1851). Er beschrieb einen Spalt, der die Verbindung zwischen dem Balken und dem hinteren, nicht immer mit dem des Septum pellucidum, mittels eines Aquaeductus (Aquaeductus caudae septi) verbundenen Teile des Gewölbes unterbricht. Es ist nicht ohne Belang, den geschichtlichen Verlauf dieser Entdeckung zu verfolgen. Da Ferrario (in einem an den Physiologen Panizza gerichteten Schreiben) über die Beobachtung einer ausgedehnten, ihrer ganzen Länge nach zwischen dem Balken und dem Gewölbe liegenden Höhlung berichtete, machte Verga in einem offenen Briefe an Ferrario seine Ansprüche auf die Entdeckung der Höhle geltend und erklärt den Fall Ferrario's als ein Hydrops des Ventrikelapparates des Septum pellucidum und des Gewölbes. Er berichtet eingehend über die leichtesten Mittel, den neuen Ventrikel selbst in jenen Fällen aufzufinden, in denen dem Anscheine nach keine Spur von demselben vorhanden ist.

Nach der Mitteilung Verga's schrieb Polletti, Anatom in Ferrara, über den neuen Ventrikel desselben. Burgonzio erwähnte ihn (1866), indem er ihn bei einem fünfjährigen Mädchen freilegte. Biffi und De Vincenti (1882) fanden ihn bei einem Paralytiker. Ingami und Strambio heben denselben in ihren anatomischen Abhandlungen hervor. Tenchini auch (unter Mitarbeit Staurenghi's) machte ihn ebenfalls zum Gegenstande besonderer Forschungen.

Der Ventrikel Verga's befindet sich, nach Tenchini, bei erwachsenen Männern vollständig entwickelt in 4% der Fälle, bei den Frauen in 9%.

Die Arbeiten Tenchini's, sowie eine neuerdings erschienene von Anile bringen das Vollständigste, was man bezüglich dieser Höhle wünschen kann. In den Fällen, in denen diese Höhle Verga's breiter ist, kann sie sich längs der ganzen Fläche des Fornix bis in die Nähe der Seitenränder desselben erstrecken; in dieser Zone jedoch ist der Fornix stets mit dem Balken verlötet und es besteht deshalb nie eine Verbindung zwischen der Höhle Verga's und den Seitenventrikeln. Bisweilen steht sie mit der Höhle des Septums mittels einer zarten Leitung, Aquaeductus ventriculi Vergae, in Verbindung.

Diesen medianen Spalten, die sich unterhalb des Balkens befinden, sollte man nicht den Namen Ventrikel beilegen. Der Name Ventrikel sollte (Anile, Sterzi) ausschließlich den zentralen Höhlen der Hirngebilde vorbehalten bleiben, welche ein Überbleibsel des ursprünglichen Markrohres und als solche vom ventrikulären Ependym bekleidet sind, und nicht für die unregelmäßigen Höhlen, Reste der interhemisphären Spalten (oder, nach anderen, einer Resorption der kommissuralen Massen) dienen.

Von den Fällen, die ein deutliches Bild von dem Ventrikel Verga's liefern können, seien hier zwei eingehend mitgeteilt; einer (Fall 2) Tenchini's, und der andere, der Fall Anile's; sie können hier als Paradigma der Verga'schen Höhle dienen. Im Falle 2 (Abb. 48) Tenchini's wies der Ventrikel Verga's eine Länge von 22 mm und eine Breite (entsprechend des blinden Grundes) von 6 mm auf. Derselbe war unregelmäßig gebildet, in Gestalt einer Keule. Der Boden war sehr zart; die innere Oberfläche von den Elementen des (bei mikroskopischer Untersuchung festgestellten) Ependyms bekleidet und die Höhle mit Serum angefüllt, welches durch den Aquaeductus in den Ventrikel des Septums dringen konnte. Im Falle Anile's verlief die Höhle in antero-posteriorer Richtung, vom Schnabel des Balkens zum Wulste. Der Mitte zu verengerte sie sich etwas, die Gestalt zweier

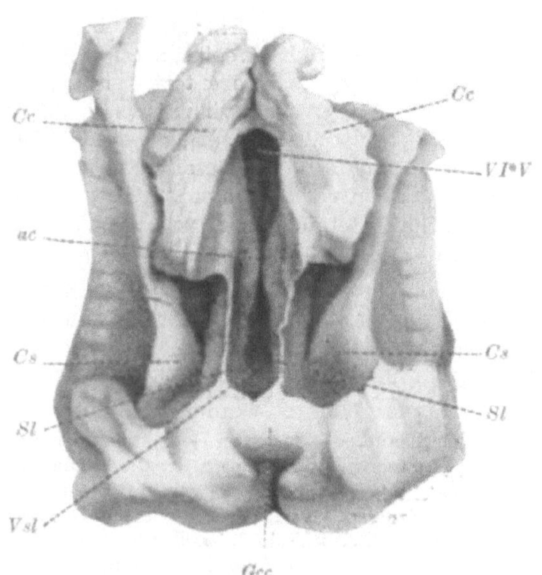

Abb. 48. **Menschliches Gehirn mit vorhandenem Verga'schen Ventrikel.**
Gcc = Balkenknie; Cc = Balkenwulst; Vsl = Ventriculus septi; VI⁰V = Verga'scher Ventrikel; ac = Aquaeductus ventriculi septi; Cs = Colliculus caudatus; Cs = Seitenventrikel; Sl = Laminae septi. (Aus Tenchini, Del sesto ventr. cerebr.)

Hohlkegel annehmend, die durch abgestumpfte Spitzen (Sanduhr) vereinigt waren. Der vordere 10 mm breite Kegel (dem Ventrikel des Septum entsprechend) versenkte seine Basis bis unterhalb des Balkenschnabels; die hintere Höhle (Ventrikel Verga's in sensu strictiori) hielt sich in einer horizontalen Ebene. Beide Höhlen waren durch einen Isthmus von 4 mm Breite verbunden und bildeten so eine einzige, fast 7 mm lange Höhle. Seitwärts war dieselbe, ihrer ganzen Länge nach, durch zwei wohl getrennte Platten begrenzt, die sich oben bis zur hinteren Fläche des Balkens erhoben, unten ihren Rand mit dem medialen der beiden die Fornix bildenden Streifen verschmolzen.

Das Vorhandensein des sechsten Ventrikels läßt sich wohl erklären, nur wenn man die Phylo- und die (menschliche) Ontogenese berücksichtigt. Beim

Bos taurus (Tenchini) und bei den Einhufern reicht in der Tat das Septum pellucidum mit seinem Ventrikel beständig bis zum hintersten Ende des Balkens; dasselbe besteht nun auch in der menschlichen Ontogenese. Die transitorische Entwicklung des menschlichen Gehirns beweist in der Tat, daß (wenigstens einigen Autoren nach, s. o.) die beiden Platten des Septums ein Teil der Hemisphärenoberfläche sind und die Höhle des Septums ein Rest der unterhalb des Balkens, der spät erscheint, verschlossen gebliebenen interhemisphären Spalte ist. Im embryonalen Leben verlängern sich nun die beiden Platten nach hinten als Verga'scher Ventrikel, welcher deshalb als eine hintere Fortsetzung des Cavum septi pellucidi angesehen werden muß. Der Verga'sche Ventrikel, als phylogenetische Erinnerung, m. E. würde gerade einen (vorübergehenden) anatomischen normalen Zustand der letzten Monate des intrauterinen, sowie der ersten Tage des extrauterinen Lebens darstellen und dauert höchstens 6—12 Monate nach der Geburt (Tenchini). Auch in einer Abbildung des Kollmann'schen Handbuches der Entwicklungsgeschichte weist das Großhirn eines sieben Monate alten menschlichen Fötus die deutlich nach hinten bis zum Balkenwulste verlängerte Höhle des Septum pellucidum auf. Dasselbe zeigt der anatomische Atlas von Mihalkovics und eine, von Gegenbaur in seinem Lehrbuch der Anatomie des Menschen, angeführte Zeichnung.

Die von Verga angeführten Gründe, um seinen Ventrikel als eine besondere Höhle anzusehen, sind nicht überzeugend. Er behauptet, daß sein Ventrikel, zum Unterschiede von dem des Septum pellucidum, eine sehr unregelmäßig dreieckige Form annimmt. Diese Tatsache aber läßt ganz andere Erklärungen zu. Wenn die das Septum begrenzenden Platten sich mit den beiden Hälften des Gewölbes verlöten, so ist es klar, daß da, wo dieses letztere seine vorderen Säulen mehr genähert hält, der hieraus entstehende Spalt enger sein wird als weiter hinten wo die hinteren Säulen in größerer Entfernung voneinander stehen und die Querfasern der Lyra (Davidis) einschließen. Folglich besteht der Verga'sche Ventrikel nicht ohne das gleichzeitige Vorhandensein desjenigen des Septum pellucidum; und der Grund, weshalb in den meisten Fällen die beiden Platten des Septums sich zwischen dem vorderen Teile des Balkens und den vorderen Säulen des Gewölbes erhalten, während sie sich nach hinten bis zum Verschwinden verfeinern, muß wahrscheinlich in den mechanischen Entwicklungsgesetzen gesucht werden. Betrachtet man in der Tat die Verga-sche Höhle als eine hintere Verlängerung der Höhle des Septum, so erklärt es sich wohl, warum wir unter gewöhnlichen Verhältnissen fast niemals das Septum pellucidum in beständiger Ausdehnung vorfinden. Die beiden Platten des Septums, bzw. der sogenannte Schwanz des Septums, verlängern sich in der Tat nach hinten auf eine mehr oder weniger große Entfernung vom hinteren Ende des Balkens (Anile). Die Maße, die man von dem Septum gibt (fast 2 cm in sagittaler Richtung) entsprechen somit einem zwischen zwei unbeständigen Extremen liegenden Durchschnittsmaße. Um also zu verstehen, warum einige Male diese Höhle sich während der Entwicklung nicht schließen konnte, ist es logisch anzunehmen, daß in den ersten Stufen des fötalen Lebens irgend eine an sich leichte Ursache, wie z. B. eine Ependymitis leichten Grades (des Aquaeductus Sylvii) oder ein leichter Hydrocephalus internus den Verschluß des Gewölbeventrikels zur normalen Zeit verhindert habe. Bekanntlich wird ein großer Beitrag des Ventrikel Verga's von Individuen geliefert, welche

Störungen der geistigen Funktionen aufwiesen. Verga selbst gab ausdrücklich zu, daß angesichts einer gewissen Häufigkeit von Transsudaten in den verschiedenen Hirnhöhlen bei den Geisteskranken es auch weniger schwer ist, den Ventrikel selbst aufzufinden und aufzuklären. So finden wir unter den von Verga zusammengestellten Fällen zwei Pellagrapsychosekranke, zwei von Verwirrtheit Befallene, einen Imbezillen, einen chronischen Dementen und zwei hydrocephalische Kranke. In gewissen Fällen könnte man behaupten, daß diese Störungen in der ersten Kindheit ohne wahrnehmbare klinische Erscheinungen begonnen und sich erst später verschlimmert haben. Dies kann man aus der Tatsache schließen, daß bei einigen Individuen, bei welchen sich der Verga'sche Ventrikel vorfand, ein leichter chronischer Hydrocephalus internus bestand, der sich durch weiter nichts als durch Kopfschmerzen äußerte (wie in den Beobachtungen Dubini's); oder daß dieser chronische Hydrozephalus, begünstigt durch einen Herzfehler, sich plötzlich so verschlimmerte, daß er eine wirkliche seröse Apoplexie (Hydrocephalus apoplecticus), wie in dem Falle Ferrario's und in einem Tenchini's, mit dem ganzen Syndrom, das einer solchen Komplikation vorausgeht oder sie begleitet, hervorrief. Eine solche Verschlimmerung des Hydrocephalus, besonders bei Individuen, die von Kindheit an daran gelitten, findet auch bei normalen ventrikulären Höhlen und mit bestimmten Symptomen statt.

Die vorhergehenden Erwägungen gestalten die Ansichten Sterzi's und anderer, nach denen die ursprünglich zwischen dem Balken und den Columnae forn. begriffene Masse eine feste ist und die Höhle des Septum sich sekundär, infolge eines Involutionsprozesses des Gewebes, welches den zentralen Teil derselben bildet, produziert, als wenig annehmbar. Die Verga'sche Höhle könnte nach Sterzi nur auf eine wirkliche größere Ausdehnung eines Resorptionsprozesses zurückzuführen sein; auf diese Weise erkläre es sich, warum die Höhle des Septum nicht vom Ependym bekleidet ist. Gegen eine solche Theorie spricht aber die Tatsache, daß die Verga'sche Höhle sehr leicht bei den Hydrozephalen aufzuweisen ist; daß sie von Ependym ausgekleidet ist, wie auch mit den Beobachtungen Tenchini's, welcher wahrgenommen hat, daß die Verga'sche Höhle normalerweise nach der Geburt verschwindet.

Noch viel weniger annehmbar ist die Theorie Dejerine's, welcher den Verga'schen Ventrikel als ein lineares Divertikel der Seitenventrikel betrachtet. Eine solche Annahme verstößt sicher gegen die groben anatomischen Beziehungen des in Rede stehenden Ventrikels.

Siebentes Kapitel.

Balkenblutungen.

Die Fälle von Balkenblutungen gehören zur Seltenheit; neuerdings sind deren vier beschrieben, die ich per extensum anführe. Bezüglich der älteren Literatur muß Gintrac erwähnt werden, der im Jahre 1869 eine Balkenblutung erwähnte.

1. Fall — Erb (1894). Mann, 61 Jahre alt, chronischer Nephritiker, erkrankte plötzlich an heftigem Kopfschmerz, Schwindel und Erbrechen, dann folgte soporöser Zustand mit unfreiwilligem Harnabgang und Cheyne-Stokes'schem Atmen; Puls langsam.

Objektive Untersuchung: leichte Genicksteifigkeit, Anysokorie (R > L), Pupillen-reaktion normal, keine Störungen der äußeren Augenmuskeln, ebensowenig des Fazialis und des Hypoglossus. Die Bewegungen der Glieder wurden langsam ausgeführt, waren aber vollständig. Keine Sensibilitätsstörungen.

Während der folgenden Tage war die Genick- und Rückensteifigkeit von ziemlich lebhaften Schmerzen im Rücken, im Kreuzbein und in den Beinen begleitet; gleichzeitig bestanden leichte Zuckungen in den gesamten Gliedern, mehr rechts. Deutliche psychische Störungen (euphorischer Zustand abwechselnd mit Delirium).

Exitus $2^1/_2$ Monate nach dem Iktus. Befund: hämorrhagische Infiltration der Hirn-häute und Hyperämie der Hirnrinde. Der Balken ist in seiner ganzen Ausdehnung durch eine Blutung, die sich in den Seitenventrikeln sowie im dritten Ventrikel verbreitet hatte, zerstört worden.

2. **Fall — Hongberg (1894).** Frau, 32 Jahre alt, die seit zwei Jahren an Verfol-gungswahn litt; wird plötzlich von Kopfschmerz, Schwindel, Erbrechen und allge-meinem Mattigkeitsgefühl befallen. Irgend ein motorisches oder sensitives Defizit war nicht wahrnehmbar; ebensowenig bemerkte man Koordinations-störungen. Das Gesicht war blaß, der Harn ohne Eiweiß. Tempera-tur normal, Puls nicht frequent.

In den folgenden Tagen war das Sensorium benommen, das all-gemeine Mattigkeitsgefühl nahm zu, Puls und Atmung wurden frequent, Delirien, Incontinentia alvi et urinae und akuter Deku-bitus traten auf. Die Motilität und die Sensibilität der Glieder waren erhalten; die Pupillen lichtträge. Exitus nach einigen Tagen.

Bei der Autopsie fand man (neben einer Zyste im Plexus chorioideus) eine frische, 4 cm lange, 2,5 cm tiefe Blutung im Balken, die sich bis zum hinteren Teile des Spleniums erstreckte und an den Seiten am Über-gangspunkte in die Hemisphären endete; eine andere war im Sep-tum pellucidum vorhanden.

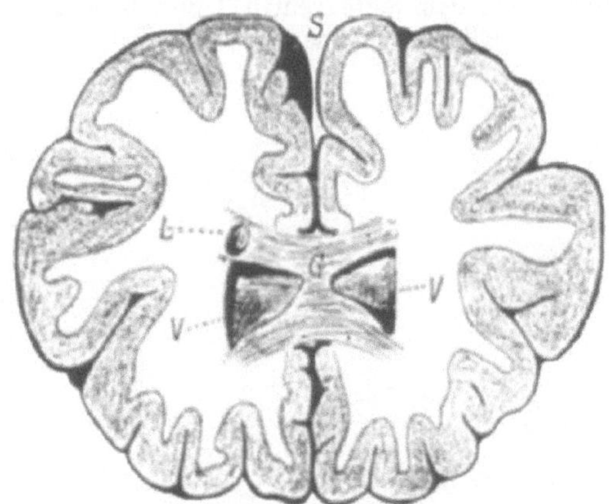

Abb. 49. Blutung des Balkens (Fall meines damaligen Assistenten Dr. Ascenzi — Riv. di patol. nerv. 1900). Vertiko-transversaler Schnitt durch das Balkenknie.
S = Fissura interhemisphaerica; V = Vorderhorn der Seitenventrikel; G = Genu corp. callosi; L = hämorrhagische Zyste.

3. **Fall — Infeld (1902).** Frau, 19 Jahre alt. Sie wurde unversehens von einem von Bewußtseinsverlust, von bilateralen Krampferscheinungen in den Gliedern, von Trisma und von Strabismus gefolgtem Iktus befallen. Keine Reaktion auf schmerzliche Hautreize. Nach Abklingen der Krämpfe wurde eine schlaffe Lähmung der Glieder, Miosis und Lichtpupillenparese bemerkt. Exitus 4 Stunden nach dem Iktus.

Bei der Sektion zeigte sich der hintere Teil des Balkens durch eine Blutung zerstört, welche sich in die Seitenventrikel und den vierten Ventrikel ausgedehnt hatte.

4. **Fall — Ascenzi (1908).** Mann, 64 Jahre alt, nicht Alkoholiker, keine Lues, ohne krankhafte Antezedenzien. 3 Jahre vor seinem Tode kehrte er eines Morgens, am ganzen Körper zitternd und aufgeregt, die Beine schleifend, nach Hause zurück; er blieb einige Tage in einem Dämmerzustande und dann schien Besserung einzutreten.

Die objektive Untersuchung ergab das Folgende: weniger rechts und deutlicher links, besonders im Arme ausgeprägte Tetraparesis, mit Beteiligung des VII. und XII.: ausgedehnte Hypertonie in den Hals-, Rumpf- und Gliedermuskeln, viel ausgeprägter rechts und im Arme; Zittern des rechten Armes in toto (nicht vom Willen beherrscht), arhythmisch in bezug auf Häufigkeit und Ausschlag der Oszillationen; dasselbe dehnte sich sehr wenig im linken Arme aus. In den Muskeln des rechten Oberschenkels zeigte sich der Tremor in faszikulärer Form (das linke Bein war gänzlich davon frei). Das Gehen war dem Kranken,

selbst wenn gestützt, nicht möglich; es gelang ihm kaum, die aufrechte Stellung inne-
zuhalten. Grobe praxisch-motorische Störungen, soweit man bei dem Geisteszustand des
Kranken beurteilen konnte, waren nicht wahrzunehmen. Die Sehnenreflexe waren links
schwach und fehlten rechts fast ganz. Große Zehe plantar auf beiden Seiten; keine
Sensibilitätsstörungen.

In der Folge wies Patient ausgeprägte psychische Störungen auf: die Aufmerksamkeit
war gering; er begriff nur einfache Fragen, vollzog nur die elementarsten Befehle. Er war
vollständig unorientiert, wies von Zeit zu Zeit Aufregungsperioden mit Verborrea und
akustischen Halluzinationen feindlichen Inhalts auf, die aber bei ihm keine Reaktion
hervorriefen.

Im Verlaufe von 2—3 Jahren bildete sich ein Demenzzustand aus. Exitus nach drei
Jahren unter adynamischen Herz- und Lungenerscheinungen.

Sektion: In einem vertiko-transversalen, durch das Genu corporis callosi (und das
vordere Ende des Vorderhornes) gehenden Schnitte begegnet man einer hämorrhagischen
Zyste von der Größe eines Kirschkernes; dieselbe hatte ihren Sitz in der linken Ausstrahlung
des Balkens über dem Seitenventrikel und befand sich in einer Entfernung von ungefähr
3 mm vom Gewölbe und $1^1/_2$ cm von der medialen Oberfläche der Hemisphäre (Abb. 69).

An der Hand dieser wenigen Beobachtungen ist es nicht möglich, ein geeignetes Kapitel über die Balkenblutung zu verfassen und ätiologisch und symptomatologisch sie von ähnlichen, in anderen Teilen des Gehirns gelegenen Herden gleicher Natur zu unterscheiden. Bemerkenswert ist das jugendliche Alter, in welchem das weibliche Geschlecht befallen wurde, wie ebenfalls der Mangel der gewöhnlichen und bekannten pathogenetischen Ursachen bei demselben.

Das Bild der symptomatischen Erscheinungen war meist jenem einer Blutung in den Ventrikelräumen ähnlich, von welcher sie sich vielleicht durch

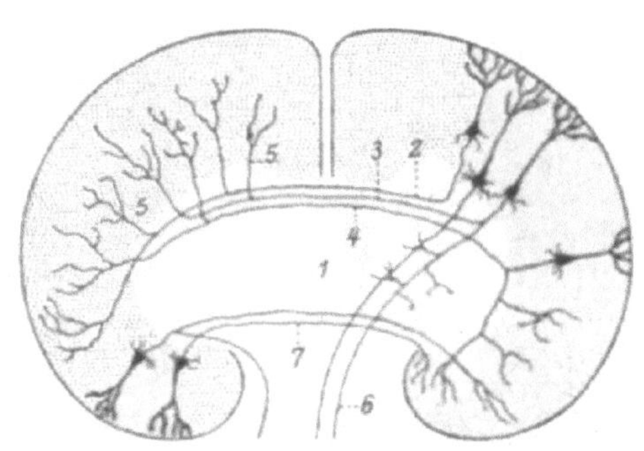

Abb. 50. Schema, das in einem Frontalschnitte des Großhirns die wahrscheinliche
Anordnung der Kommissurenfasern anzeigt.
(Nach R. y Cajal, l. c.)
1 = Balken; 2 = direkte Achsenzylinderfaser; 3 =
Kollaterale einer Projektionsfaser; 4 = Kollaterale
einer Assoziationsfaser; 5 = Kollaterale der Balkenfasern; 6 = zwei Projektionsfasern; 7 = vordere
Kommissur.

den Beginn unterscheidet. Im Falle Erb bestanden nervöse Störungen, die zum
Teil (wenn nicht ganz) auch auf die Hirnhautläsionen, welche bei der Sektion
vorgefunden wurden, wie auch auf die Ventrikelüberschwemmung zurückzuführen sind. Der Kranke Hongberg's wies während der ersten Tage nach
dem Iktus keine bedeutenden Störungen auf: in der Folge traten akuter
Dekubitus mit Herabsetzung der Herztätigkeit und Erscheinungen von
respiratorischer Insuffizienz auf. Beim Kranken Infeld's war die Zerstörung
des Balkens von schwerer Blutung in den Ventrikeln begleitet; die verallgemeinerten Krämpfe und der stürmische Verlauf können hierauf zurückgeführt werden.

In diesen letzten Fällen stellte sich der Tod erst nach einigen Tagen ein
und im Falle Erb's nach zweieinhalb Monaten, obwohl der Iktus plötzlich
unter Kopfschmerz, Schwindel und Erbrechen aufgetreten war.

Nun haben die drei oben erwähnten Fälle gemeinsam, daß die Blutung, obwohl in einem verschiedenen Grade, den vorderen Teil des Balkens verschont hatte. Ingfeld führt das darauf zurück, daß der hintere Teil des Balkens nicht von der Arteria cerebri anterior, wohl aber von der Arteria cerebri post. versorgt werde und daß so die Zirkulationsverhältnisse in diesen Arterien verhältnismäßig besser sind. Im Falle Ascenzi's hingegen blieb der Patient noch zwei Jahre am Leben, aber hier war die Blutung auf die linken Ausstrahlungen des vorderen Drittels des Balkens beschränkt.

Nie wurden Störungen der allgemeinen Sensibilität wahrgenommen; Veränderungen des Pulses, der Atmung und Temperatur fehlten. Diese semiologischen Elemente lassen annehmen, daß die Blutung im Balken sich langsam ausbildet; vielleicht ist es dies Verhalten, das uns gestatten könnte, eine primitive Ventrikelblutung von jener des Balkens oder eines anderen Gehirnteiles, die sich erst in einem zweiten Zeitabschnitte in den Ventrikeln verbreitete, zu unterscheiden.

Häufig, wenn auch wenig ausgeprägt, waren hingegen die motorischen Symptome bald in Form eines Ausfalls, bald in Form von Zittern und Zuckungen der Arme; gewöhnlich haben sie beide Seiten befallen und sind bisweilen auf der einen bloß ausgeprägter; außerordentlich selten waren Paresen des VII. und des XII. Hirnnervenpaares vorhanden.

Der Fall Ascenzi's (4) ist wertvoll wegen seiner langen Dauer (zwei Jahre), die es möglich ge-

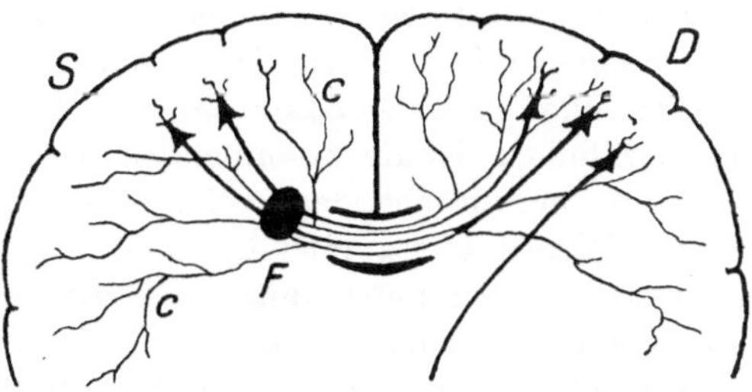

Abb. 51. Balkenblutung — schematische (Fall Ascenzi's, l. cit.).

S und D = linke und rechte Hirnhemisphäre; F = krankhafter Herd am medialen Anfange der linken Balkenkniestrahlung, der infolge seiner Lage sämtliche Kollateralen betrifft, welche von den aus der linken Seite kommenden Balkenfasern abhängen und einige von der rechten Seite kommende Kollateralen (C C) verschont.

macht hat, jene in den vorhergehenden Fällen nicht differenzierbaren (diaschisischen) Erscheinungen aus dem initialen Symptomenkomplex auszuscheiden, so daß das klinische Syndrom hier als der wirkliche Ausdruck der Balkenveränderungen betrachtet werden kann. Während nun in diesem Falle die motorischen Störungen stationär geblieben sind (oder auch sich gebessert haben), verschlimmerten sich hingegen die geistigen und Patient war bisweilen von einem Aufregungs- und Verwirrungszustand befallen; diese progressive Störung der psychischen Fähigkeiten könnte eventuell unter gewissen Bedingungen ein gutes diagnostisches Element für die Vermutung des Krankheitssitzes im Balken bilden. Der Fall Ascenzi's verdient ferner hervorgehoben zu werden, weil, wie bereits erwähnt wurde, ein bilateraler motorischer Ausfall verschiedenen, und zwar auf der Seite der Läsion stärkeren Grades bestand. Wie weiter oben erwähnt wurde, befand sich die Verletzung an der Übergangsstelle zwischen dem linken Rande des Genu Trabeos und der seitlichen Ausstrahlung desselben und so konnte sie sowohl aus der Rinde derselben Hemisphäre, in welcher sich die Läsion befand, als die aus entgegengesetzter Hirnhemisphäre stammenden Balkenfasern zerstören.

Ascenzi vermutet nun, daß die von dem kleinen hämorrhagischen Herde abhängige Zerstörung eines Teiles der Balkenfasern der Rinde einer Hirnhemisphäre jenen, wenn auch minimalen, doch wahrnehmbaren Einfluß aufgehoben habe, welchen die Rinde der entgegengesetzten Hemisphäre auf dieselbe ausübte. Daher eine Herabsetzung der kortikalen Reizbarkeit, die infolge der Lage der Verletzung, als wesentlich in den beiden motorischen Zentren, den rechten und den linken, empfunden werden mußte, insofern als die im Genu corporis callosi verlaufenden Fasern Nervenzellen der Hirnrinde entstammen, die in der Nähe der psychomotorischen Zentren gelegen sind und mit diesen mittels der kurzen Assoziationsbahnen sicher in Verbindung stehen (Abb. 50). Um ferner die stärkere linke Parese (Seite der Verletzung) zu erklären, muß man sich der Art und Weise der Verteilung der Balkenfasern erinnern, die, einmal aus dem seitlichen Rande des Balkens ausgetreten, zahlreiche Kollaterale aussenden, welche einer jeden derselben gestatten, eine Wirkung auf ein ausgedehnteres Großhirnrindengebiet als das anfänglich von seinen Ursprungszellen eingenommene auszuüben. Die kleine, hämorrhagische, längs der linken Balkenausstrahlung gelegene Zyste hat also im Falle Ascenzi's zusammen mit den aus der linken Rinde stammenden Fasern auch sämtliche aus ihr nach der Kreuzung hervorgehenden Kollateralen außer Tätigkeit gesetzt. Die aus der rechten Hirnrinde stammenden Balkenfasern werden dagegen, da sie nach ihrer Kreuzung vom hämorrhagischen Herde betroffen wurden, nicht alle ihre Kollateralen verloren haben, und daher ist ihre Wirkung auf die linke Hirnrinde in geringerem Grade herabgesetzt (Abb. 51) und folglich die Parese links viel leichteren Grades als rechts.

Anhang. [In einem Falle Schneider's war der Balken, dem vorderen Teile entsprechend, dünn wie Papier, während der hintere Teil ganz normal war. Die mikroskopische Untersuchung zeigte, daß der größte Teil der Balkenfasern zerstört war, was vielleicht die Folge einer hämorrhagischen Thrombosis des Balkenastes der Art. corporis callosi anterior war.]

Achtes Kapitel.

Balkenerweichungen.

Eine sehr wichtige, obgleich verhältnismäßig wenig häufige Gruppe von krankhaften Prozessen des Balkens wird von jenen geliefert, welche die Gefäße dieses Organs befallen, nämlich die Erweichungen und die Hämorrhagien.

Die Balkenerweichungen trifft man selten isoliert an; sie sind meistens mit Herden anderer Großhirnzonen vereinigt, so daß es oft schwer fällt, zu unterscheiden, welcher Teil der klinischen Erscheinungen dem Balken zukomme. Die reinsten Fälle sind folgende: die von Kauffmann, Righetti, Marchiafava-Bignami, Milani, Marie und Guillain, Giannelli (2), Mingazzini-Ciarla, Costantini, O. Rossi, Anton und Levy-Valensi.

Ich muß hier auch an die von anderen Autoren (Lerebouillet [nach Levi-Valensi zitiert], Muggia, Hartmann, Liepmann-Maas, v. Leuten, Rad, Anton und Redlich-Bonvicini) beschriebenen Fälle von Balkenerweichungen erinnern. Da aber in diesen Fällen die Erweichungen nicht auf den Balken allein beschränkt waren und sich hingegen über die Grenzen dieses Gehirnteils hinaus erstrecken, so erschien es mir richtig, in der Epikrise nur die folgenden Fälle von reiner Balkenläsion in Betracht zu nehmen.

1. Fall. Kauffmann berichtet über einen 45jährigen, vollständig gesunden Mann, der, plötzlich von einem Iktus getroffen, nach einigen Stunden starb. Bei der Sektion fand man eine auf den ganzen Balken ausgedehnte Erweichung; von jenem war nur das vordere Ende erhalten. Außerdem stellte man eine totale Läsion des linken und eine partielle des rechten G. corporis callosi fest.

2. Fall. Righetti: Junger, nicht arteriosklerotischer Mann, der eine leichte Kontusion an der linken Stirngegend davongetragen hatte; 24 Stunden nach dem Trauma wurde er von einem Iktus befallen und starb nach sehr kurzer Zeit im Koma. Bei der objektiven Untersuchung fand man Anisokorie (Pupille R $>$ L), sowie rechts Parese des Facialis superior. Die Sektion zeigte eine weiße Erweichung, welche den Forceps posterior links betraf. Die genaue Untersuchung der Hirnarterien wies keine makroskopischen Veränderungen der Gefäßwandung auf, welche die Genese der Erweichung hätten erklären können.

3. Fall. Marchiafava - Bignami: Ischiämische Erweichung des Balkens bei einem 57jährigen, wegen Bronchopneumonie in das Krankenhaus eingetretenen und nach zwei Tagen gestorbenem Manne.

4. Fall. Milani: Mann in den fünfziger Jahren, nicht Luetiker, starker Trinker, der psychische Störungen in Form von Charakteränderung aufzuweisen begann. Plötzlich wurde er von einem Iktus, ohne unmittelbare Folge, getroffen; einige Stunden später trat ein Zustand motorischer Erregung auf, welchem ein zwei Tage dauerndes Koma folgte. Die wichtigsten motorischen Erscheinungen, die nicht verschwanden, bestanden aus einer leichten, verallgemeinerten, mit kaum wahrnehmbarer linker Parese, Steh- und Gehbeschwerden, sowie mit motorisch-apraktischen Erscheinungen verbundenen Hypertonie der Glieder. Ataktische und Sensibilitätsstörungen waren nicht vorhanden. Von psychischer Seite aus bestand Verwirrtheit und in den letzten Tagen ein Zustand von geistiger Schwäche. Der Exitus erfolgte 20 Tage nach dem Iktus. — Der makro- sowie der mikroskopische Befund ergab eine typische Erweichung des Balkens, wie man sie infolge von ausgedehnten Gefäßveränderungen antrifft.

5. Fall. Marie und Guillain: Mann, 62 Jahre alt, wurde von einem Iktus mit Bewußtseinsverlust getroffen; diesem folgte rechte spastische Hemiplegie mit Beteiligung des unteren VII. Die gleich vorgenommene objektive Untersuchung ergab ferner faszikuläre Zuckungen der Muskeln des rechten Oberschenkels und choreiforme Bewegungen in den linken Gliedern, Unmöglichkeit die Zunge herauszustrecken und Dysarthrie; Patellarreflexe auf beiden Seiten gleich; Babinski rechts; Kremasterreflexe fehlen. Auf der hemiplegischen Seite scheint es, daß er die Stecknadelstiche wahrnehme, doch führte der Kranke nie die Hand der gesunden Seite auf die gereizte Stelle; ferner bemerkte man eine linke Hemianopsie. Später, nach dem Iktus, trat ein vorübergehendes Aufwachen des Bewußtseins wieder auf (der Kranke sagte seinen Namen). Exitus fünf Tage nach dem Iktus.

Sektionsbefund: frische weiße, auf die linke Hälfte des Genu und ungefähr $^1/_2$ cm in die weiße Substanz der linken Großhirnhemisphäre ausgedehnte Erweichung des Balkens. Außerdem Erweichung, älteren Datums, rechts des Lobus occipitalis, links des Kopfes des Caudatus, des Nucleus lenticularis und des Cuneus.

6. Fall. Giannellis (I): Frau, 55 Jahre alt. Lues ungewiß. Seit zwei Jahren Symptome von Geisteskrankheit (Apathie, unmotiviertes Lachen, verwirrtes Reden). Die objektive Untersuchung hob folgende Symptome hervor: Parese des unteren VII. links; Pupillenlichtreaktion träge; Patellarreflexe gesteigert (R $>$ L). Dann Iktus. Nach dem Iktus fand man spastische Hemiplegie links und Hemiparese rechts; obere und untere Sehnenreflexe gesteigert; Bauchreflexe fehlten; kein Babinski; Pupillen lichtstarr. Patientin nimmt die Schmerzreize wahr, führt aber nicht die Hand auf die gereizte Gegend. Ausdrucksloses Gesicht, Mutismus; Incontinentia urinae et alvi, außerdem bald Dekubitus in der Kreuzbeingegend; Exitus 53 Tage nach dem Iktus.

Sektionsbefund: Frische weiße Erweichung des vorderen Balkenendes; rechts Erweichung älteren Datums, des Putamen und des vorderen Armes der inneren Kapsel.

7. Fall. Giannellis (II): Mann, 69 Jahre alt. Starker Wein- und Likörtrinker, wurde einmal im Koma gefunden. Seit zwei Jahren paralytiformes Syndrom. Die objektive Untersuchung ergab: Paraparese, Steh- und Gehstörungen; Verringerung der Muskelkraft.

Kau- und Schluckbewegungen langsam; keine Dysarthrien; Seh- und Gehörvermögen normal; Mangel an Reaktion auf Geruchreize. Nach dem Iktus schwere Veränderungen der psychischen Funktionen; Aufmerksamkeit und Perzeption schwach; teilweise Desorientierung, schwere Gedächtnisstörungen, Ideendissoziation, blasse Größen- und Verfolgungsideen, gleichgültige Gemütsstimmung. Exitus nach zwei Jahren.

Sektionsbefund: Atheromasia der A. cerebri profunda. Erweichung des Balkens, die im vorderen Teile desselben auf die dorsale Schicht beschränkt war, während das Splenium vollständig betroffen war.

8. Fall. Mingazzini (und Ciarla): Mann, 60 Jahre alt. Im Jahre 1902 Iktus, wovon eine linke Hemiparese zurückblieb. Im Jahre 1911 zweiter Iktus mit Verschlimmerung der Parese und idiomotorische Apraxie links.

Status (1. VII. 1912): Linke, im oberen Gliede ausgeprägtere Parese (keine Ataxie); Geh- und Sehstörungen (das Gehen findet unter kleinen Schritten und der Neigung nach vorn zu fallen, statt). Motorische Apraxie der linken Glieder, Sehnenreflexe lebhaft

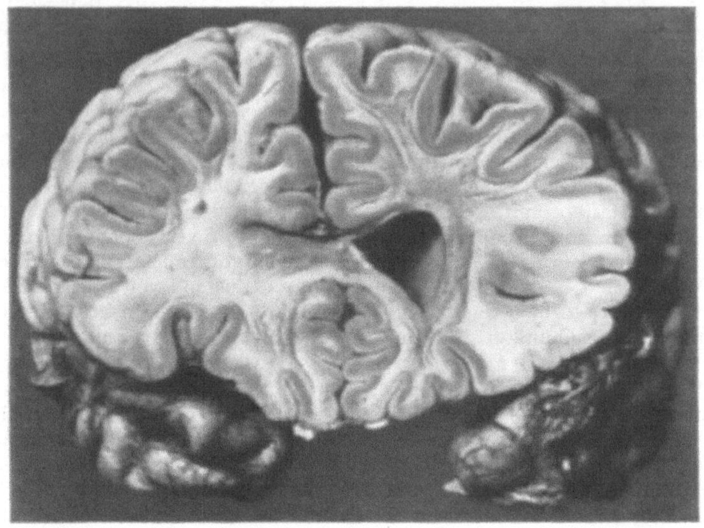

Abb. 52. Makroskopischer Frontalschnitt der Großhirnhemisphären im Niveau des Genu trabeos eines von Erweichung des Balkens befallenen Patienten (Mingazzini).
Man bemerkt, daß die Substanz des Genu rechts zum großen Teil resorbiert, im Zentrum und links etwas weich und von kanariengelber Farbe ist.

links. Auf dieser Seite Licht- und Akkommodationspupillenreflexe träge, Astereognosie, Batianästhesie und Perversion des Temperatursinnes. Gehör vermindert, Visus herabgesetzt auf $\frac{1}{2}$; Geruch links feiner. Außerdem Gedächtnisschwäche, Verarmung des Vorstellungsschatzes und Ideenassoziation sehr schwach; die altruistischen Gefühle sind sehr vermindert. Intervallsperioden von Ruhe abwechselnd mit Angstzuständen.

Exitus ein Jahr nach dem zweiten Iktus.

Summarischer Sektionsbefund: Rechts fast totale Erweichung des vorderen Balkendrittels, außerdem eine Resorption des vorderen Segments der inneren Kapsel. Anscheinende Degeneration der mittleren Zone des mittleren Balkendrittels. (Auf Abb. 52 sind die auf dem Niveau des Genu gefundenen makroskopischen Läsionen zu sehen.)

In einem Frontalschnitte der Großhirnhemisphäre, am Niveau des proximalen Endes des Genu bemerkt man folgendes: Der größte Teil des den Balken bildenden Gewebes ist vollständig zerstört, und zwar rechts in einem höheren Grade als links; dasselbe ist durch einen Hohlraum ersetzt, in welchem Bindegewebsschichten verlaufen, nur zwei, den dorsalen und den ventralen Rand dieses Schnittes bildende Streifen bleiben unversehrt; hier gewahrt man Überreste spärlicher, entweder geschwollener oder in ihrem Verlaufe unterbrochener Nervenfasern.

Rechts sind die Balkenausstrahlungen, der Fasciculus fronto-occipitalis, das Stratum sagitt. internum (Verlängerung des Bündelchens selbst) atque externum (Stabkranz) fast vollständig verschwunden. Das gleiche bemerkt man in den Fasern des der F_2 und F_3 entsprechenden Stabkranzes. Rarefiziert

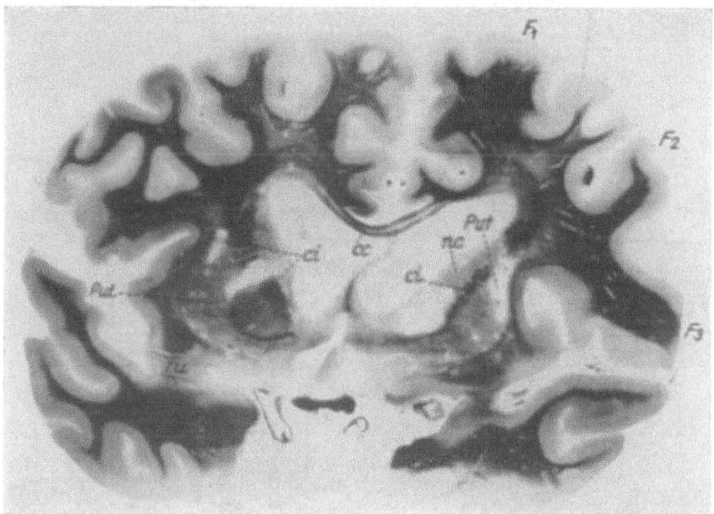

Abb. 53. Mikroskopischer Frontalschnitt der Großhirnhemisphären desselben Patienten der vorhergehenden Abbildungen im Niveau des vorigen, aber etwas distaler ausgeführt.

Rechts bemerkt man zwei Erweichungen, die eine derselben betrifft das dorsolaterale Drittel des Putamens und die angrenzenden Zonen der Capsula int. (ci) und der Capsula ext.; die andere zerstört die ventrale Hälfte des Caudatus (nc) und den anliegenden Teil der Capsula interna. Der (mittlere) Teil der intakt gebliebenen Capsula interna ist um ungefähr $^1/_3$ ihrer Zone reduziert und teilweise degeneriert. Der Fasciculus fronto-occipitalis ist vollständig verschwunden; die Capsula externa und ein Teil der Fasern der Caps. extrema des Fasciculus uncinatus ist zum großen Teil degeneriert. — Links besteht ein Substanzverlust in lineärer Form, der in Querrichtung den mittleren Teil der Capsula interna in zwei Teile (einen ventralen und einen dorsalen) trennt, indem er sich (im Innern) bis zur angrenzenden Substanz des Caudatus und (außen) bis in das Putamen (Put) erstreckt. Ein anderer kleiner Erweichungsherd betrifft den dorsalen Winkel des Putamens. In der Trabs cerebri (cc) sind die die Lamina media derselben bildenden Nervenfasern degeneriert; die Fasern der Laminae dorsales und ventrales sind in einer etwas größeren Anzahl als in den vorhergehenden Schnitten erhalten. Erstere (die dorsalen) jedoch sind etwas rarefiziert und werden beim Sichumbiegen als (Balken) Ausstrahlungen immer seltener, um links in einem höheren Grade als rechts zu verschwinden; die anderen (ventralen) bilden hingegen ein dichtes Bündel, das sich auf dem dorsalen Rande der Capsula interna verliert. Außerdem bemerkt man, rechts mehr als links, eine ziemlich ausgesprochene Rarefizierung des Stabkranzes und des Centrum ovale der F_1 und F_2.

sind die Fasern, welche an der Markachse und an den supra- und infraradiären Markgeflechten der Windungen selbst beteiligt sind. Links sind die Markfasern des Fasciculus fronto-occipitalis zum Teile zerstört, die anderen Schichten — nämlich das Strat. sagittale externum atque internum — sind gut erhalten.

In einem im Niveau ein wenig distaler vom vorhergehenden Schnitte (Abb. 53) gelegenen Frontalschnitte der Großhirnhemisphären bemerkt man folgendes:

Rechts zwei Erweichungsherde; einer derselben befällt das dorsolaterale Drittel des Putamens und die angrenzende Zone der Caps. int. und der Caps. ext.; der andere zerstört die ventrale Hälfte des Caudatus und den anliegenden Anteil der Caps. int. Der mittlere intakt gebliebene Teil der Caps. interna ist ungefähr um die Hälfte seiner Fläche reduziert. Der Fasciculus fronto-occipitalis ist vollständig verschwunden, die ganze Capsula externa und ein Teil der Fasern der Caps. extrema sind degeneriert.

Links trennt ein linienförmiger Substanzverlust den mittleren Teil der Caps. interna in querer Richtung in zwei Teile (einen ventralen und einen

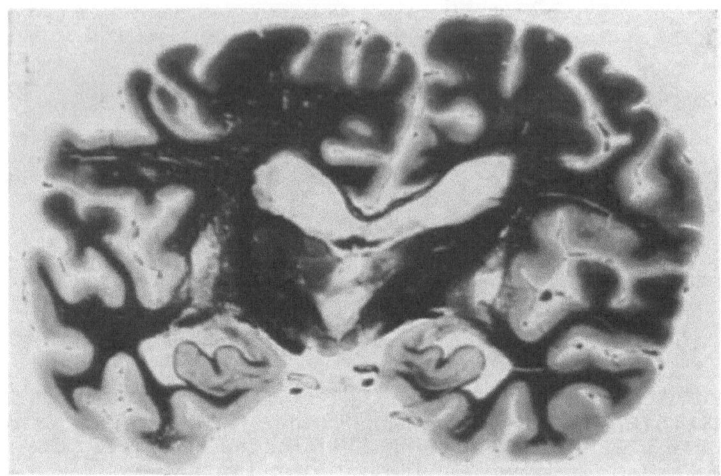

Abb. 54. Frontalschnitt der Großhirnhemisphäre, ausgeführt im Niveau der Corpora mamillaria. (Derselbe Fall der zwei vorigen Abbildungen.)
Rechts sieht man, daß die Nervenelemente des Nucleus ant. thalami etwas reduziert sind. Eine sehr ausgedehnte und gröbere Reduktion beobachtet man im Nucleus medialis thal., dessen Gebiet kaum die Hälfte jenes ist, welches vom entsprechenden linken Kerne eingenommen wird. Auch der Nucleus ventralis c) ist reduziert. Ein Substanzverlust nimmt die beiden ventralen zwei Viertel des Putamen und das ventrale Viertel der Capsula externa ein. Fast vollständig degeneriert sind die medialen Fasern des Pes pedunculi, rarefiziert der Stabkranz des Operculum der F₃ und des unteren Teiles der Ca. — Links bemerkt man einen kleinen Substanzverlust, welcher den mittleren Teil des Putamen einnimmt. Das Degenerationsgebiet der mittleren Balkenzone reduziert sich immer mehr und mehr; dasselbe teilt den Balken in zwei Hälften, eine dorsale und eine ventrale, in welchen fast gänzlich normale Markfasern verlaufen. Der Streifen, der das Maximum seiner Feinheit in der Nähe der medianen Linie erreicht, verbreitet sich wahrnehmbar entsprechend den Balkenstrahlungen; der Bruchteil derselben, der oberhalb der Spitze des Fasciculus fronto-occipitalis liegt, besteht beiderseits aus etwas rarefizierten Nervenfasern. Auf beiden Seiten, links mehr als rechts, erscheinen die Markfasern des Cingulums (besonders die ventralen) rarefiziert; verschwunden sind zum Teile die Markfasern des supraradiären Netzes des G. cinguli.

dorsalen) und dehnt sich (im Innern) bis zu der dem Caudatus angrenzenden Substanz und (nach außen) bis in das Putamen aus; ein anderer Erweichungsherd befällt den dorsalen Winkel des Putamens.

Im Balken sind die Lamina media der den Trabs bildenden Nervenfasern degeneriert; erhalten sind in etwas größerer Anzahl als in den vorigen Schnitten die Fasern der Lamina dorsalis und ventralis; die ersteren (dorsalen) sind jedoch etwas rarefiziert und beim Umbiegen als (Balken-)Strahlungen werden sie immer spärlicher, um links in einem höheren Grade als rechts zu verschwinden; die anderen (ventralen) bilden hingegen ein dichtes Bündel, das sich auf dem dorsalen Rande der Caps. interna verliert. Auf beiden Seiten, jedoch rechts mehr als links, bemerkt man eine ziemlich ausgeprägte Rarefizierung des Stabkranzes und des ovalen Zentrums der F_1 und F_2.

In einem im Niveau der Corpora mamillaria angelegten Frontalschnitte der Großhirnhemisphäre (Abb. 54) bemerkt man: Rechts die Nervenelemente des Nucleus ant. thalami etwas weniger reduziert als in den vorigen Schnitten; eine größere Anzahl von Nervenzellen und -fasern sind

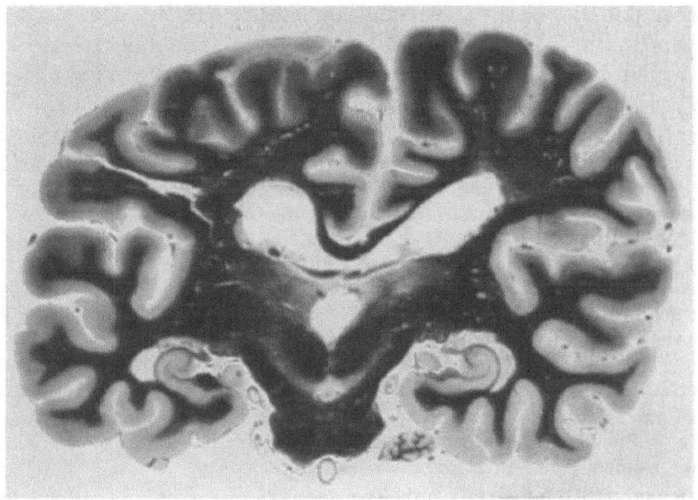

Abb. 55. Frontalschnitt der Großhirnhemisphären am Niveau des distalen Endes des Nucleus lateralis thalami. (Derselbe Fall der drei vorigen Abbildungen.) Rechts sind die Markfasern des Nucleus later. thal. reduziert; resorbiert diejenigen, welche das mediale Fünftel des Pes bilden; vollständig verschwunden (degeneriert) die Fasern, welche den Pes lemniscus-superficialis bilden. Ebenso sind die die rechte Hälfte des Balkens bildenden Fasern reduziert und stark rarefiziert jene, welche die entsprechende Ausstrahlung des Fasciculus fronto-occipitalis bilden. Rarefiziert der Stabkranz des unteren Teiles der Fa und der Pa. Keine eigentliche Degeneration im Balken.

gut erhalten. Sehr ausgedehnte und gröbere Reduktion bemerkt man im Nucleus medialis Thal., dessen Fläche kaum die Hälfte derjenigen erreicht, welche vom entsprechenden Kerne links eingenommen sind; reduziert sind auch der Nucleus semilunaris und der Nucleus ventralis c. Ein Substanzverlust nimmt die beiden ventralen Viertel der Capsula externa ein. Fast vollständig degeneriert sind die Fasern des Pes pedunculi. Rarefiziert ist der Stabkranz des Operculum der F_3 und des unteren Teiles der Ca.

Links beobachtet man einen kleineren Substanzverlust, der den mittleren Teil des dorsolateralen Randes des Putamens einnimmt.

Die Degenerationsfläche der mittleren Balkenzone reduziert sich immer mehr und mehr: sie teilt den Balken in zwei Hälften, eine dorsale und eine ventrale, in welcher fast ganz normale Markfasern verlaufen. Der Streifen, welcher den höchsten Grad der Reduktion in der Nähe der mittleren Schicht erreicht, wird dem Teile der Balkenausstrahlung entsprechend bedeutend breiter; der Teil der letzteren, der oberhalb der Spitze des Fasciculus fronto-occipitalis liegt, wird auf beiden Seiten von etwas rarefizierten Nervenfasern gebildet. Beiderseits, links wie rechts, erscheinen die Fasern des Cingulums (besonders die ventralen) rarefiziert; zum Teil verschwunden sind die Elemente des supraradiären Netzes des G. cinguli.

In einem am Niveau des distalen Endes des Nucleus lateralis thalami angelegten Frontalschnitte der Großhirnhemisphären (Abb. 55) sieht man rechts die Markfasern des Nucleus lateralis thalami und die das mediale Fünftel des Pes bildenden Fasern reduziert; vollständig degeneriert sind die Bündelchen, welche den Pes lemnisc. superficialis bilden; ebenfalls reduziert die Fasern, welche die rechte Hälfte des Balkens bilden und bedeutend auch die, welche die dem Fasciculus fronto-occipitalis entsprechende Ausstrahlung bilden; rarefiziert ist der Stabkranz des unteren Teiles der Fa und der Ca.

9. Fall. Costantini: Mann, 65 Jahre alt, Trinker und Raucher; seit acht Monaten bestanden psychische Störungen (Verschrobenheiten, Reizbarkeit und Gedächtnislakunen). Plötzlich weist er eines Tages einen Zustand intensiver psycho-motorischer Aufregung auf. Der Status gab das Folgende: Abweichung des Kopfes und der Augen nach links; Kontraktur des Genickes; Hypotonie des unteren VII. links, Tetraspasmus ausgeprägter links. Liquor normal. — Nach zwei Tagen Aufregungszustand, Anfälle Jacksonscher Epilepsie (links). Tiefe Reflexe ausgeprägt: Hautreflexe schwach; Pupillen gleich und Lichtreaktion prompt. Außerdem ein durch Gestikulieren und Schreien charakterisierter Erregungszustand und vollständige Desorientierung.

Den Krampfanfällen folgte ein soporöser Zustand, von welchem sich der Kranke nicht wieder erholte. Exitus im Koma 18 Tage nach dem Beginne des Erregungszustandes.

Sektionsbefund: Hämorrhagische Erweichung arteriosklerotischen Ursprungs, die fast vollständig die Balkenstrahlungen beiderseits betrifft; rechts erstreckte sie sich auf eine gewisse Strecke in das Centrum semiovale.

10. Fall. Rossi O.: Mann, mit unbekannter Anamnese, wurde infolge eines apoplektiformen Anfalles in bewußtlosem Zustande in das Krankenhaus eingeliefert. Es blieb eine links ausgeprägtere spastische Tetraparese mit Babinski-Oppenheim, und ein psychopathischer Zustand, in welchem Apathie und Schwierigkeit der höheren Assoziationsprozesse vorherrschten, zurück. Man bemerkte keine echten apraktischen Symptome (nur ein einziges Mal stellte man tonische Perseverationen fest). Hingegen beobachtete man dysarthritisch-dysphasische Störungen: die Antworten des Kranken bestanden in kurzen, farblosen, schematischen Worten (Verarmung des Wortschatzes, Agrammatismus, bisweilen Perseverationen).

Bei der Sektion fand sich eine Balkenerweichung, und zwar in den vorderen fünften und den hinteren drei Zehnteln, während der übrige Teil des Balkens (makroskopisch) intakt war. Die histologische Untersuchung der Gehirnschnitte ergab, daß die Laminae dorsalis und ventralis des Balkens intakt waren und daß die Erweichung nur die mittlere Zone befallen hatte.

11. Fall. Anton: Krankheitsgeschichte sehr summarisch. Mann, 65 Jahre alt, von linker Hemiparese mit oberflächlicher und tiefer gleichseitiger Hemianästhesie befallen.

Sektion: Obliteration einer Art. prof. cerebri und darauf folgende sehr ausgedehnte Gehirnerweichung, die, außer anderen Zonen, auch den rechten Forceps major befallen hatte.

12. Fall. Levy-Valensi: An Meningitis cerebri gestorbener Patient. Krankengeschichte fehlt.

Bei der Sektion fand man eine Erweichung des Spleniums, und zwar des Genu posterius, mit darauf folgender Entartung der Fasern des linken Tapetum; ferner Erweichung des Balkenknies.

Die Symptomatologie der Balkenerweichungen kann, der Seltenheit der Fälle wegen, auch nicht vollkommen sein; jedoch kann man im ganzen folgendes anführen. Das Syndrom setzt im allgemeinen plötzlich ein und wird durch einen Iktus angezeigt, der zuweilen von einem Bewußtseinsverlust begleitet wird. Im Falle Costantini's zeichnete sich der Beginn durch plötzliche psychomotorische Aufregung, gefolgt von einem komatösen Zustande, aus. In diesem letzteren blieb nach Verschwinden des Komas ein bis zum Tode fortbestehender stuporöser Zustand zurück. Aber auch in den Fällen, in welchen der Exitus (letalis) geraume Zeit nach dem Iktus erfolgt war und die Kranken sich von dem auf den Iktus folgenden stuporösen Zustand wieder erholt hatten, sind die psychischen Störungen in sehr imponierender Form aufgetreten. Überlebt in der Tat der Kranke, so bleiben Gedächtnisschwäche, Verarmung des Ideenvermögens, Schwierigkeit der Ideenassoziation, Abblassung des altruistischen Gefühles, selten vorübergehende paranoische Wahnideen zurück. Jedoch sind die Geistesstörungen von einem Falle zum anderen an Intensität verschieden; so bedurfte es z. B. in meinem Falle einer sehr genauen Untersuchung, um eine sehr leichte Geistesschwäche zu eruieren. Das klinische Bild der Geistesstörungen kann aber mit keinem speziellen Symptomenkomplex individualisiert werden und sicher ist es, daß der von Raymond bei Balkengeschwülsten beschriebene Symptomenkomplex bei Balkenerweichungen nicht angetroffen wurde.

Man hat hervorgehoben, daß die psychischen Veränderungen schon mehr oder weniger ausgeprägt vor dem Iktus bestehen, Veränderungen, die höchstwahrscheinlich auf chronische Alkoholintoxikation, auf Lues oder Arteriosklerose zurückzuführen sind. Doch ist das nach der akuten Läsion des Balkens dargebotene psychische Bild stets so schwer gewesen, daß es nicht so leicht wäre, es durch den bloßen grundlegenden, krankhaften Prozeß zu erklären, ohne irgendwie den Sitz (den Balken), der betroffen worden ist, in Erwägung zu ziehen, um so mehr, da sich die vorgefundene anatomische Verletzung in einigen Fällen als höchst geringfügig herausgestellt hat.

Diese Vermutung wird durch die Schwere der auch bei Balkenblutungen beobachteten psychischen Störungen bestätigt: so folgte im Falle Ascenzi der geringfügigen, auf die Balkenstrahlungen beschränkten Blutung ein schwerer geistiger Verfall, dessen Erklärung nur im Sitze der Verletzung zu suchen ist, da hier Alkoholismus, Lues, Gehirnarteriosklerose oder sonst ein plausibles ursächliches Element fehlten. Ebensowenig konnte die bei der Sektion vorgefundene Nierenerkrankung in seinem Falle als Ursache der psychischen Störungen angesehen werden, denn, wenn diese durch eine Insuffizienz der hauptsächlichsten Ausscheidungsorgane verursacht werden, so weisen sie gewöhnlich keinen so langen Verlauf (zwei Jahre) mit beständig fortschreitender Verschlimmerung der psychischen Zustände auf, wie man ihn bei dem Patienten beobachtet hat. Auch im Falle Milani's war die Erweichung auf den Balken beschränkt und doch hatte die mikroskopische Untersuchung eine diffuse Hirngefäßveränderung ausschließen lassen. Folglich konnte, diesem Forscher nach, die Genese der erwähnten psychischen Störungen nicht einmal auf die bei der histologischen Untersuchung wahrgenommenen Veränderungen der Gehirnrinde zurückgeführt werden, denn diese waren nur leichten Grades und von der Art, wie man sie gewöhnlich auch bei Patienten antrifft, die intra vitam keine psychischen Symptome aufgewiesen haben; er nimmt daher an, daß der Balken als Sitz der Erweichung einen vorwiegenden, wenn auch nicht ausschließlichen Einfluß auf die Schwere der psychischen Symptome ausübt.

Häufig sieht man bei den Balkenerweichungen Motilitätsstörungen in den Gliedern beider Seiten, in Form bald von Ausfall, bald von Reizerscheinungen. In einigen Fällen wurde eine verallgemeinerte Muskelhypertonie, aber nie (nach einer echten Hemiplegie) eine frühzeitige Kontraktur wahrgenommen. Die Ausfallsstörungen haben die Schwere einer echten vollständigen Lähmung nicht erreicht. Außerdem ist die Bilateralität nie symmetrisch und bisweilen hat man es anstatt mit einer Schwäche oder einem Tetraspasmus mit ausgeprägten Erscheinungen einer einseitigen oder beiderseitigen Lähmung (rechts und links) verschiedenen Grades der Glieder zu tun. Die größere Schwere der motorischen Störungen der einen Seite entspricht stets einer verhältnismäßig größeren Ausdehnung des Erweichungsprozesses nach der entgegengesetzten Seite der lentikulokapsulären Gegend zu oder um dieselbe herum. So sind im Falle Marie - Guillain der Erweichung des Lenticularis und des Caudatus rechts die choreiformen Bewegungen der linken Glieder, und der Erweichung der weißen Substanz der linken Großhirnhemisphäre die spastische Hemiplegie rechts zuzuschreiben. Das gleiche gilt für den Fall (I) Giannelli's; auch hier gab die Erweichung des vorderen Armes der inneren Kapsel rechts die Erklärung der alten linken Hemiparese; die Erweichung des vorderen Balkenendes erklärte die Hemiparese rechts und die Steigerung der linken Parese. Auch in meinem Falle hing die linksseitige Parese von der Erweichung eines Teiles des vorderen Segmentes der rechten inneren Kapsel ab. Im Falle Costantini's, in welchem die Erweichung sich nach rechts über die Balkenstrahlungen hinaus erstreckte (auf das ovale Zentrum), bestand ebenfalls ein links ausgeprägterer Tetraspasmus und eine Hypotonie des unteren Fazialis derselben Seite. Seltener sind die Fälle, in denen die Parese sich bloß auf den Fazialis beschränkt; hierher gehört ein Fall Righetti, in welchem man kaum von einer Erweichung des Balkens reden kann, da hier nur der Forceps posterior sinister von der Erweichung befallen war und doch eine Parese des unteren rechten Fazialis vorlag.

Den Kranken gelingt es selten zu gehen, sei es infolge ihres geistigen Zustandes (Koma), sei es wegen des Tetraspasmus oder der doppelten Hemiparese. Gelingt es ihnen, so findet es unter kleinen Schritten statt und mit der Neigung nach vorn (in meinem Falle), oder nach vorn und auf eine Seite (Fall Milani's) zu fallen.

Zu den motorischen Störungen gesellen sich bisweilen auch Sprachstörungen, und zwar bald, fast vollständig dysphasischer Art (Mutismus, Fall Giannelli; Verarmung des Wortschatzes, Agrammatismus, Fall Rossi), bald dysarthrischen Charakters (Fälle Marie - Guillain und Mingazzini - Ciarla).

Das Kauen und das Schlucken ging in den beiden Fällen Giannelli's mit Schwierigkeiten vonstatten.

Die Sehnenreflexe sind im allgemeinen gesteigert und in höherem Grade auf der Seite, auf welcher die Parese schwerer ist (mein Fall). Die Pupillen reagieren bald auf Licht (Fall Costantini und Milani), bald sind sie träge (mein Fall und der Giannelli's). Anysokorie bestand in den Fällen von Rossi und Righetti; das Babinski'sche Phänomen zeigte sich in den Fällen von Marie-Guillain (auf der Seite der Hemiplegie) und von O. Rossi.

Sensibilitätsstörungen werden von den Autoren wenig erwähnt, vielleicht weil der Geisteszustand dieser Kranken nicht immer eine methodische Untersuchung gestattete. Bisweilen fehlten sie (Milani), bisweilen nahmen die Kranken zum mindesten den Schmerzreiz wahr (I. Fall Giannelli's). In meinem Falle bestand links (apraktische Seite) Astereognose, Bathyanästhesie, und Inversion des Temperatursinnes; doch ist nicht zu vergessen, daß hier außer dem Balken (vorderes Drittel) ein Teil des vorderen Segmentes des Lenticularis und der inneren Kapsel rechts verletzt war.

Selten sind die spezifischen Sinne der Balkengeschwulstleidenden untersucht worden. Bisweilen findet man Hyposmie (mein Fall), oder Anosmie (II. Fall Giannelli's); nur einmal bestand Hemianopsie links (Fall Marie-Guillain); hier aber bestand gleichzeitig auch Erweichung des rechten Lob. occipit.

Der Tod tritt kurze Zeit (einige Stunden oder einige Tage), bisweilen 3—8 Wochen, oder auch sogar 1—2 Jahre nach dem Iktus ein. Der Exitus trat schnell ein, wenn der Kranke in einen Zustand von Koma, Stupor oder schwerer Verwirrung verfiel (Fälle Milani's, Fall I Giannelli's, Fälle Righetti's und Costantini's). Die Ursache, warum der Tod bisweilen schnell eintritt, ist schwer zu sagen; sicherlich hängt dies nicht von der mehr oder minder großen Ausdehnung der Erweichung des Balkens, noch davon ab, daß mehr die vordere oder die hintere Hälfte desselben betroffen ist. Vergleichen wir die Durchschnittszahl der Todesfälle jener, die sofort nach einer oder zwei extratrabealen Gehirnerweichungen sterben, mit denen jener Patienten, die nach einer Balkenerweichung zugrunde gehen, so imponiert sicher der viel höhere Prozentsatz der letzteren. Im großen und ganzen bieten die Erweichungen (und die Blutungen) des Balkens eine sehr schwere Prognose. Da der schnelle tödliche Ausgang weder auf die Menge der entzogenen Hirnsubstanz, noch auf die Funktion, welcher der Balken vorsteht, zurückgeführt werden kann, so muß man, meines Erachtens, annehmen, daß ein schnelles Anhäufen von Liquor im dritten und vierten Ventrikel und folglich ein brüsker Druck auf die Fovea rhomboidalis die Ursache des Todes sei. Leider schweigen die erhobenen Befunde fast alle über diesen Punkt.

Die Sitzdiagnose der Balkenerweichungen weist die gleichen Schwierigkeiten wie die Verletzungen anderer Natur auf: die Bilateralität der motorischen Erscheinungen, die Schwere der psychischen Störungen, die Geh- und Stehbeschwerden, der Mangel an Störungen der Sensibilität und der Funktionen der Gehirnnerven bilden die Elemente einer Vermutungsdiagnose. Diese erlangt einen größeren Wert, wenn dyspraktische Symptome links hinzutreten. Beim Patienten Milani's wurde die diagnostische Aufgabe gerade durch die Anwesenheit apraktischer Symptome erleichtert, die, wenn auch im absoluten Sinne nicht als ausschließlich für den Balken charakteristisch betrachtet werden können, vereint mit psychischen, motorischen und Gehstörungen den besten Hinweis auf den Sitz der Verletzung bilden. Jedenfalls macht die Apraxie des Gesichts die Diagnose von Balkenerweichung (besonders des vorderen Drittels) sehr wahrscheinlich, während, wenn auch umschriebene oder ausgedehnte Läsionen des Balkenkörpers vorhanden sind, auch dyspraktische motorische Störungen der linken Gliedmaßen erscheinen.

In den Fällen, in denen eine Untersuchung über die Praxie nicht ausgeführt werden kann oder nicht vorliegt, kann die Diagnose einer Balkenerweichung nur vermutet werden, wenn einige klinische Bilder in Erwägung gezogen worden sind, die eine fast identische Symptomatologie aufweisen können, nämlich die Paralysis pseudobulbaris und einige krankhaften Brückenprozesse. Die Balkenerweichung kann in der Tat mit der Paralysis pseudobulbaris verwechselt werden, überhaupt wenn die Apraxie fehlt; jedoch kann die Anamnese zu Hilfe gezogen werden, denn die doppelten Hemiparesen stellen sich nur nach zwei oder mehreren Iktus ein. Ferner fehlt nie, wenigstens in den klassischen Formen der pseudobulbären Lähmung der Lach- und Weinkrampf oder die Neigung zu weinerlichem Gesicht, eine äußerst seltene Störung bei den Balkenerweichungen. Endlich sind bei dieser Krankheit die Geistesstörungen bisweilen kaum angedeutet, was mit den eklatanten psychischen Veränderungen in großem Gegensatze steht, welche die Balkenerweichung charakterisieren. — Manchmal kann letztere mit einer Zerstörung des medianen Teiles des Pyramidenanteiles der Brücke verwechselt werden; hier kann eine Zerstörung, besonders auf der Medianlinie, teilweise die Pyramidenbahnen betreffen mit folgender Tetraparese und Dysarthrie, ohne die Fasern des Gesichtsnerven und des Abduzens zu befallen; doch pflegen hier in diesem Falle die Apraxie wie auch die psychischen Störungen zu fehlen.

Das diagnostische Problem ist oft noch mehr verwickelt und manchmal auch in Fällen von mit Erweichungsherden anderer Gehirngebiete komplizierten Balkenerweichungen unlösbar.

Daß infolge der Balkenerweichung Störungen der Gnosie, der Eupraxie und der Sprache psychisch wichtige Elemente einsetzen müssen, steht also unzweifelhaft fest. Zwischen dieser Tatsache jedoch und der Ansicht Bastian's liegt ein großer Abstand. Er glaubte, daß, wenn in den Fällen, in welchen auf eine gleichzeitige Thrombose der Aa. cerebrales anterior et media links nicht nur eine rechte Hemiplegie und eine totale Aphasie, sondern auch ein ausgeprägter Grad von Geistesschwäche folgt, dies darauf zurückzuführen sei, daß der Balken der Blutversorgung beraubt worden sei. Jedoch, da es bekannt ist, daß die Läsion des Gebietes der sensorischen Aphasie hinreiche, um den Grund der Verminderung des Geistesvermögens darzutun, ist es nicht logisch, der gleichzeitigen Zerstörung des Balkens das Demenzsyndrom zuschreiben zu wollen; doch besteht kein Zweifel, daß diese letztere Läsion zur bedeutenden Verschlimmerung der psychischen Störungen beitragen kann.

Zusammenfassend gestatten uns immerhin die spärlichen Beobachtungen von Balkenblutungen oder -erweichungen zu behaupten, daß das reine, d. h. bloß durch die akute Verletzung des Balkens bedingte Syndrom aus einer doppelten, selten auf beiden Seiten gleichen Hemiparese besteht, die im allgemeinen von nicht gleicher Intensität und schwerer ist auf der Seite, welche derjenigen gegenüberliegt, auf der die Zerstörung sich auszubreiten neigt. Oft gesellen sich zur Hemiparese der einen, reizmotorische Symptome der anderen Seite (faszikuläres Zittern, choreatische Bewegungen usw.). Betrifft die Verletzung den vorderen Balkenteil, so ist es das vom Gesichtsnerv versorgte Muskulaturgebiet, das befallen wird; wenn der mittlere Teil vom Krankheitsprozesse befallen wird, so herrscht unter den Symptomen die Apraxie (Dispraxie) des linken Gliedes vor. Hat die Läsion ihren Sitz im hinteren Teile des Balkens (im Gegensatz zu der kapsulären Hemiplegie), so ist der Mangel an Bewegung der unteren Glieder ausgeprägter als in den oberen. Die Sehnen- und Hautreflexe zeigen sich geschwächt oder fehlen oder bleiben unverändert, gewöhnlich fehlt der Babinskireflex. Man kann immer mit mehr Recht eine akute Balkenverletzung annehmen, wenn in den von der Parese oder der vollständigen Lähmung betroffenen Teilen die Anästhesie fehlt (mit oder ohne Fähigkeit, die Hand der nicht gelähmten Seite auf die künstlich, auf den gelähmten Teilen, hervorgerufenen Schmerzpunkte zu führen). Eine weitere semiologische, bei Zerstörungen des Balkens (Malacien oder Blutungen) bisweilen wahrgenommene Eigentümlichkeit, die ein weiteres Argument liefert, um die motorischen Symptome der indirekten Reizung der Rolandi'schen Rinde zuzuschreiben, besteht darin, daß nicht selten die Krämpfe dissoziiert sind, wie z. B. im Balkenblutungsfalle Ascenzi's, in welchem sie stark das obere Glied, wenig das untere und gar nicht den linken Fazialis interessierten. In den klinisch genau studierten Fällen von Balkenblutungen und -erweichungen hat man stets eine mehr oder minder tiefe Bewußtseinsstörung wahrgenommen, die bei einigen sogar verschiedene Tage gedauert hat (wie z. B. im Falle Ascenzi: Zyste des Balkens).

Nachtrag. Wahrscheinlich müssen als Ausgänge der Erweichungen des Balkens oder der umschriebenen Teile folgende ganz außergewöhnliche Veränderungen angeführt werden:

Sclerosis moniliformis des Balkens — Jacquin et Robert. Frau in den dreißiger Jahren, litt seit 2 Jahren an linker spastischer Hemiplegie und an einem leichten Grad von Geistesschwäche. Exitus nach Iktus. — Die Sektion ergab Erweichung der rechten Großhirnhemisphäre; der Balken zeigte sich an Dicke vermindert, und zwar in seiner Kontinuität durch Zonen sklerotischen Gewebes, die ihm ein moniliformes Aussehen verliehen, unterbrochen.

P. Marie, Pelnar und Skaliska fanden im Balken zweier Dementer das Splenium von brauner Farbe und von einer, der normalen nachstehenden Konsistenz, mit zystischen lakunären Höhlen; dieser Prozeß erstreckte sich (im 2. Falle) bis zum Stratum subependymale der inneren Wand des Cornu occipitale und bis zum Forceps maior hin. In diesen Zonen fand man histologisch eine Gliawucherung; gleichzeitig bestanden Erweichungsherde in der Hirnrinde und im ovalen Zentrum. Diese eigentümliche Balkenverletzung wurde von den Autoren als eine primäre angesprochen, von Dejerine dagegen als eine sekundäre von den kortikalen oder den subkortikalen Läsionen abhängige erklärt.

Folgender Fall ist auch den Veränderungen der Zirkulation des Balkens zuzuschreiben:

Fall Deetz. — Frau, die klassische epileptische Anfälle aufwies. Bei der Sektion fand man ein Aneurysma cirsoides der Balkenarterie; außerdem bestand in einer Zone des Lobus frontalis Glianeubildung und diese war auch von veränderten Gefäßen durchzogen.

Neuntes Kapitel.

Balkentraumen.

Kocher berichtet über verschiedene eigene Fälle von tiefen traumatischen Verletzungen des Gehirns, in welchen, neben anderen Gehirnbildungen, der Balken mehr oder minder beteiligt war. Von deutlich auf den Balken beschränkten Verletzungen sind nur 3 Fälle bekannt.

Fall 1. Chipault: Der Kranke hatte eine Schußverletzung am Kopfe davongetragen; die Folgeerscheinungen entwickelten sich erst zwei Monate nach dem erlittenem Trauma; sie äußerten sich unter linker Hemiparese, begleitet von Zeit zu Zeit von epileptischen (Jackson'schen) Zuckungen, die im Arme derselben Seite einsetzten. Die motorischen Störungen wiesen einen langsamen, progredienten Verlauf auf. Nach vorgenommener Röntgenuntersuchung entfernt Barker das im Balken gelegene Geschoß. Dennoch besserten sich die oben erwähnten Erscheinungen nicht, ja die Hemiplegie wurde vollständig und total und von häufigen Jackson'schen Krämpfen und psychischen Störungen begleitet. Chipault nahm einen neuen Eingriff vor und entfernte subkallöse Verwachsungen. Später blieben die Hemiplegie und die Krampfanfälle aus.

Fall 2. Forli: 47 jähriger Mann, weder Trinker noch Luetiker, ohne persönliche pathologische Antezedenzien, fällt aus einer Höhe von 20 m, mit dem Kopfe nach unten, auf einen Heuhaufen, von wo er gegen eine Tür geschleudert wird. Äußere Verletzungen waren nicht wahrzunehmen; augenblicklich trat ein Zustand psychomotorischer Aufregung auf, dem vollständiger Bewußtseinverlust von einer Dauer von drei Tagen folgte. Als der Patient wieder zu sich gekommen, stellte man Anisokorie, einseitige Lähmung des VII. und des XII., die nach wenigen Tagen einsetzte, fest. Die psychischen Erscheinungen blieben schwer (tiefe Verwirrung, vorübergehende Aufregungszustände) und in der letzten Zeit trat ein Demenzzustand deutlicher hervor. Exitus einen Monat nach dem Unfalle, durch broncho-pneumonische Komplikationen.

Sektion: Leichte Depression des äußeren linken Scheitelbeines; deutlich auf den Balken lokalisierte Erweichung links, die sich von der vorderen Extremität der Thalami bis zum Splenium erstreckte; letzteres erschien (in ungefähr den mittleren drei Fünfteln) unversehrt. Der histologische Befund bestätigte die geringe Ausdehnung des krankhaften Herdes, der besonders den dorsalen Teil des Balkens betraf: die Erweichung bestand aus nebeneinander liegenden Foyers lacunaires, die in den einzelnen Abschnitten nicht vollständig den Verlauf der Markfasern unterbrachen.

Fall 3. Levy-Valensi: Ein Knabe erhält mitten in die Stirn eine Pistolenkugel; die Eintrittsöffnung' befand sich 2 mm links von der Medianlinie, an der Verbindungsstelle des oberen mit den zwei unteren Stirndritteln. Die Röntgenuntersuchung lokalisierte das Geschoß im mittleren Teile des Balkens. Während zwei Tagen wies Patient einen leichten Stuporzustand und häufige Brechanfälle zerebralen Typus auf. Die 18 Tage nach der Verletzung vorgenommene Untersuchung wies weder eine psychische noch eine motorische Störung auf. Der Kranke wurde aus den Augen verloren.

Bezüglich dieses letzten Falles ist es wegen Mangel an einer topographischen Bestätigung des Herdes unmöglich, eine Erwägung anzustellen. Im Falle 1 (von Chipault) könnten die subkallösen Verwachsungen für das Fortbestehen der Hemiplegie und der Krampfanfälle verantwortlich gemacht werden. Die im Falle 2 (Forli's) angetroffenen umschriebenen Störungen könnten den Wert einer experimentellen Läsion besitzen, da die psychischen Störungen, welche der Kranke aufwies, ausschließlich an die Verletzung des Balkens gebunden betrachtet werden könnten. Jedoch kann man auch annehmen, daß ein Teil des Symptomenkomplexes wenigstens der Hirnerschütterung zuzuschreiben wäre.

Zehntes Kapitel.

Blutzirkulation des Balkens.

Der arterielle Kreislauf des Balkens ist eine bisher noch ungenügend studierte Frage. Das was wir wissen, ist mehr auf indirekte Schlußfolgerungen (Verhalten der Erweichungen), als auf anatomische Forschungen zurückzuführen. Vor allem ist es angebracht, hervorzuheben, daß die Balkenblutungen und -erweichungen, wie es oben gezeigt wurde, äußerst selten sind, vielleicht auch weil die entsprechenden Arterien in sehr spitzem Winkel abgehen und folglich die zum Eintritt eines Embolus in dieselben nötigen Bedingungen wenig günstig sind. [Es sei hier erwähnt, daß Gintrac (1869) in einer Statistik von 560 Fällen von Hirnblutungen nur 3 im Balken vorfand.] Außerdem muß ein anderer Punkt betont werden, nämlich daß einige Balkenzonen eher als die anderen

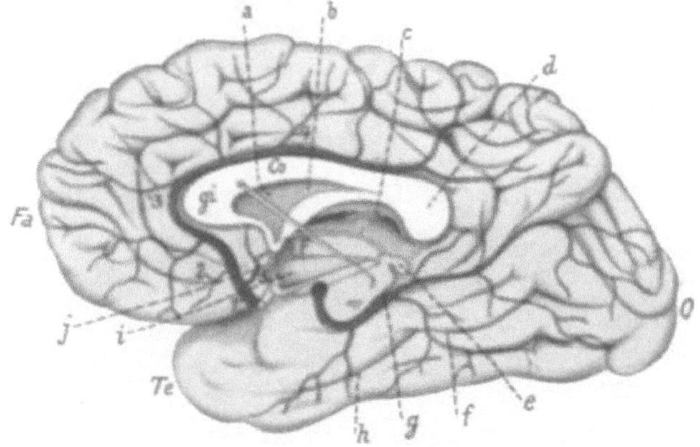

Abb. 56. Arterien der medialen Großhirnfläche. (Hälfte der natürlichen Größe.)
1 = A. cerebralis anterior; 2, 3, 4 = kollaterale Äste derselben; 5 = Ast des Balkenschnabels. a = Septum pellucidum; b = Schwanz desselben; c = hinterer Teil der Fiss. cerebralis transversa; d = Balkenwulst; e = Corpus pineale; f, h = Fiss. collateralis; g = rechter Ast der Querspalte des Großhirns; gi = Balkenknie; i = III. Ventrikel; j = Lamina terminalis; F = Foramen interventriculare; Fa = Frontalpol; O = Okzipitalpol; T = Thalamus; Te = Temporalpol. (Nach Sterzi, l. cit.)

befallen werden, d. h. daß die Erweichungs- und die hämorrhagischen Herde bald totale, bald partielle sind. Kaufmann, Muggia, Costantini und Lereboullet-Lagane (zitiert bei Levy-Valensi) haben Fälle von totaler Erweichung des Balkens beschrieben. Bisweilen sind dagegen die Herde entweder auf den vorderen Balkenteil resp. auf das Genu, oder auf den Truncus, oder auf das Splenium beschränkt. Die Fälle Ascenzi's, Marie-Guillain's, der meinige (und Ciarla's), der Milani's und Rossi's beziehen sich auf Blutungen oder Erweichungen des vorderen Teiles. In den Fällen von Balkenhämorrhagien resp. -erweichungen Erb's, Hongberg's und Hartmann's waren der Truncus und das Splenium zerstört. In anderen Fällen ist umgekehrt das Genu und der Truncus, mit Ausnahme des hinteren Teiles, zerstört. So wurde im Falle Liepmann-Maas (Apraxie) eine Erweichung in der Verteilungszone der Art. cerebr. ant. sin. festgestellt; es lag hier nämlich eine Zerstörung der linken Hälfte des Corpus (trabeale) in seinem vorderen Dreiviertel vor; die Rami frontales int.

medius und posterior (Arteriae corporis callosi) waren thrombosiert. Auch im Falle v. Leuten's waren das Genu und der Truncus zerstört, der hintere Teil des Spleniums teilweise erhalten. Ebenso im Falle von Rad, in welchem das distale Fünftel des Balkens intakt geblieben, der vordere und mittlere Teil der linken Hälfte desselben dagegen vollständig erweicht waren.

Bisweilen ist nur das Splenium zerstört. Hierher gehören die Fälle Anton's. Hier war die Art. cerebr. post. dextra thrombosiert und es hatten sich somit Erweichungsherde im unteren Teile des Spleniums gebildet; es lag hier auch eine Zerstörung des hinteren (Balken-)Teiles des Forzeps (Corporis callosi) und nachfolgende Degeneration dieses Fasersystems auf der inneren Ventrikelwand vor. Ähnlich war der Befund in dem von Redlich-Bonvicini

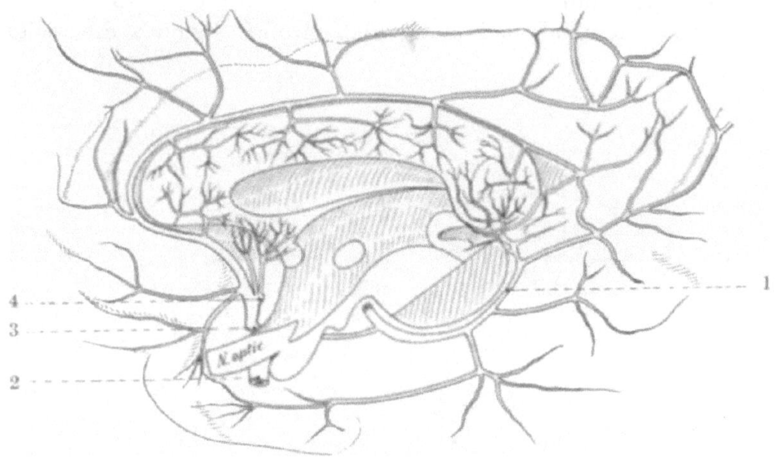

Abb. 57. Schema der Arterienverteilung im Balken. (Nach M. Goldstein.) 1 = Art. cerebri post. 2 = Art. carot. int. 3 = Art. cerebri ant. 4 = Art. commun. ant.

beschriebenen Gehirne; hier wurde auch der basale Teil des Spleniums degeneriert gefunden. In einem Falle Levy-Valensi's bestand eine Erweichung, die sich auf das Splenium beschränkte. Diese Beobachtungen rechtfertigen die Annahme, daß der Balken nicht ausschließlich durch eine Arterie versorgt wird; in der Tat einzelne isolierte Zerstörungen des Spleniums würden beweisen, daß keine eigentliche arterielle Zirkulation bestände, denn es genügt, daß die Endzweige der Art. corp. callosi verschlossen seien, um diese Zone in Nekrose verfallen zu lassen. Doch ist die Tatsache, daß das bloße Splenium in Nekrose verfällt, wenn die Art. cerebr. postica verschlossen ist, sehr verleitend.

Das Verhalten der Gefäßzirkulation im Innern des Balkens ist bis jetzt wenig bekannt. Beevor und Kolisko haben nach endovasalen Injektionen der Gehirnarterien wahrgenommen, daß nicht bloß die Art. cerebri ant. (die Art. corporis callosi), sondern auch die Art. cerebri posterior zur Versorgung des Balkens beiträgt.

Gleich nach der Anastomose der Art. cerebri anterior (corporis callosi) einer Seite mit der der anderen Seite, mittels der Art. communicans, wendet sich erstere nach oben und erreicht den Balken ungefähr am Mittelpunkte zwischen dem vorderen Pole des Balkens und der Spitze des Rostrum (Abb. 57). In der Höhe des Genu angelangt, wendet sie sich nach rückwärts und endigt entsprechend dem hinteren Viertel des Balkens, den sie bis an diese Stelle versorgt. Auf ihrem Laufe gibt sie mehrere sekundäre Zweige ab, und zwar: a) die Aa. centrales anteriores, die dem Anfangsteile der Arteria corporis callosi entspringen und durch die vorderen Öffnungen der Area perforata anterior dringen; einige kleine Ästchen (Ramusculi hemisphaerici) versorgen das Genu corporis callosi, das Septum pellucidum und die Fornixsäulen; b) ein oder zwei Äste des Balkenschnabels, die sich von der obengenannten Arterie sofort nach deren Eintritt in die Fissura interhemisphaerica abzweigen und den Balkenschnabel, die vordere Kommissur und die Lamina terminalis mit Blut versorgen.

Die andere Arterie, nämlich die Art. cerebri posterior, versorgt einen Teil des Balkens, und zwar nach Beevor die Forceps major und den hinteren unteren Teil des Spleniums; auch Kolisko glaubte, daß sie bloß einen (mehr oder weniger ausgedehnten) Teil des Spleniums durchströme. M. Goldstein hingegen ist der Meinung, daß das ganze Splenium durch die Art. cerebri posterior mit Blut versorgt werde. Die Tatsache, daß bisweilen Fälle von Degeneration der einzigen Lamina ventralis des Spleniums angetroffen werden, wenn die Art. postica thrombosiert war, erklärt sich nach M. Goldstein dadurch, daß sich in der Lamina dorsalis splenii die Zirkulation besser durch die Anastomosen, welche letztere mit den Ästen der Art. corporis callosi eingeht, erhalten kann, während die Kraft des kollateralen Blutstromes nicht zur Blutversorgung des nach unten und vorn gewendeten ventralen Teiles des Balkens genügt.

Was den Kreislauf der arteriellen Äste im Innern des Balkens anbetrifft, so sei vor

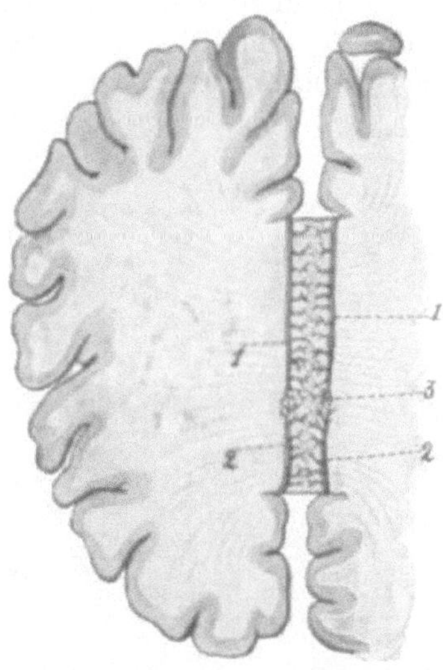

Abb. 58. Schema der arteriellen Zirkulation des Balkens.

1, 1 = die beiden Arteriae corporis callosi, welche die beiden vorderen Balkendrittel versorgen; 2, 2 = die beiden Äste der Art. cerebr. posterior, welche zur Versorgung des hinteren Drittels des Balkens bestimmt sind; 3 = frontale Endigungen dieser letzten Arterien, Anastomosen mit dem okzipitalen Ende der Art. corporis callosi bildend.

allem betont, daß die, welche in den Balken dringen, sich hier baumähnlich teilen, was der Tatsache entspricht, daß die Balkenarterien dem kortikalen Systeme angehören. Ob sich Anastomosen in dem Balken bilden, ist zweifelhaft; es scheint jedoch, daß sowohl in der Zone der einzelnen Arterien, wie auch zwischen den aus der Art. communic. anter. resp. aus den Arteriae cerebri ant. und der A. cerebri posterior kommenden Ästen (Abb. 58), wie auch zwischen den entsprechenden Endzweigen, welche die beiden (rechte und linke) Hälften des Balkens versorgen, sich feine Verbindungen herstellen. Folglich ist die Trennung der Durchblutungszonen einer jeden Arteria corporis callosi keine scharfe, da die Äste der einen Seite auch in die der anderen übergehen

(M. Goldstein). Hier sei daran erinnert, daß die Balkenäste der Art. corporis callosi und der Art. cerebri posterior nicht nur den eigentlichen Balken, sondern auch den medialen Teil der Balkenstrahlungen ernähren: der Endteil dieser Ausstrahlungen hingegen wird von Markästen der Arterien der Hirnwindungen versorgt.

Die Tatsache, daß nicht immer die Thrombose der Art. corporis callosi der einen Seite vom Ausgleiche mittels der Anastomose mit jener der gesunden Seite gefolgt wird, so daß die eine Hälfte des Balkens folglich der Nekrose anheimfällt, begreift sich um so leichter, wenn man erwägt, daß bisweilen die Bedingungen der Arterienwandung für die Wiederherstellung des kollateralen Kreislaufs nicht sehr günstig sind.

Das Bestehen der Anastomosen zwischen der Art. cerebri anterior und der Art. cer. posterior erklärt, warum, wenn die zweite verlegt ist (was gewöhnlich

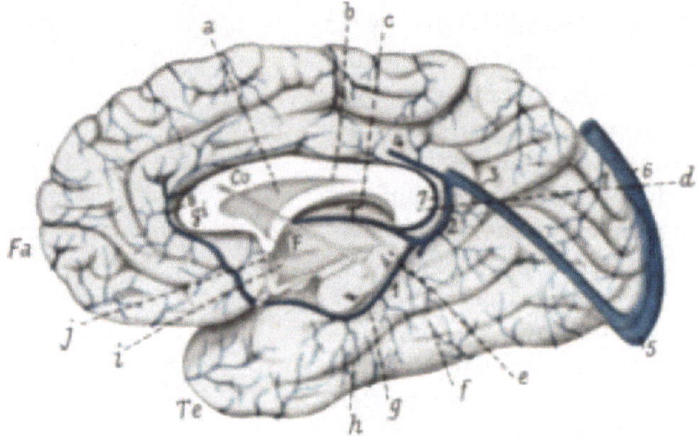

Abb. 59. Venen der medialen Fläche des menschlichen Großhirns. (Hälfte der natürlichen Größe.)
1 = Vv. cerebrales superiores; 2 = V. magna cerebri; 3 = Sinus rectus; 4 = Sinus sagittalis inferior; 5 = Confluens sinuum; 6. = Sinus sagitt. superior; 7. = Vv. post. corporis callosi; 8 = V. anterior corp. callosi. Bezüglich der anderen Erläuterungen siehe Abb. 56. (Nach Sterzi.)

hinter ihrem Einmündungspunkte der Fall ist), oft eine Erweichung des Spleniums nicht auftritt, und warum, falls ein Verschluß der Art. cerebri anterior auftritt, man meistens nur eine Erweichung des Genu (trabeos) und derselben Seite feststellt; denn im Truncus callosi kann der Kreislauf mittels Anastomosen sowohl mit der Art. corporis callosi der anderen Seite, wie mit der Art. cerebri posterior, sich wieder herstellen. Der Unterschied zwischen dem Splenium und dem Reste des Balkens bezüglich des Herkommens des Blutes (aus den beiden Balkenarterien) könnte vielleicht auch das Unversehrtbleiben des Spleniums bei den sog. primären Degenerationsprozessen (Marchiafava und Bignami's) erklären; obwohl, meines Erachtens, dies der verschiedenen Bedeutung und dem verschiedentlichen Ursprung, den die Markfasersysteme des Splenium haben, zuzuschreiben sei (s. u.).

Nach Goldstein eignet sich die Art und Weise der Verteilung der Balkenarterien auch zur Erklärung anderer Tatsachen. In der Tat haben wir oben gesehen, daß, den meisten Autoren nach, die Entwicklung des Balkens beim Genu beginnt und sich später nach hinten zu erstreckt, während nach anderen (Marchand, Reichert, Hochstetter u. a.) der Balken sich als ein Ganzes bildet und allmählich eine weitere Entwicklung erleidet. Bedenkt man nun, daß der Balken von den Ästen der Carotis interna und der Arteria basilaris im Verhältnis zur Funktion der von ihnen versorgten Zonen versorgt wird, so hat man ein Argument zur Bekräftigung der Annahme, daß das Genu und das Splenium, in unabhängiger Weise, voneinander getrennt, sich entwickelt haben, nämlich daß der frontale Teil des Balkens sich während seiner Entwicklung kaudalwärts ausgestreckt habe, den Stamm bildend, und sich später mit dem Splenium vereint habe. Hiernach wäre es nicht gestattet, nach M. Goldstein zu folgern, daß der Mangel des Balkens oder eines Teiles desselben von einer ursprünglichen Anomalie der Gefäße abhänge, da in diesem Falle vielleicht die Gefäßanomalien sekundär sind.

Außerdem lassen die Fälle von auf den ganzen Balken ausgedehnter Erweichung als wahrscheinlich annehmen, daß, geradeso wie individuelle morphologische Verschiedenheiten bestehen, es auch eine Verschiedenheit in der Gefäßverteilung gibt, und zwar sowohl im ganzen Balkenkreislaufe, als auch in der Verteilung der Balkengefäßäste und in jener der Endarterien und der Kapillaren.

Die Venae corporis callosi unterscheiden sich in zwei Arten: die vorderen und die hinteren. Die vorderen Balkenvenen vereinigen sich an den Seiten des Chiasma mit den Venae cerebrales mediae profundae, um die Vena basilaris zu bilden (Abb. 59). Die hintere Balkenvene (Vena posterior corporis callosi) bildet sich am Boden der Fissura interhemisphaerica, gegen die Mitte des Balkens, aus der Vereinigung von drei oder vier kleinen Venen. An der Oberfläche desselben, über der Stria lateralis verlaufend, zieht sie nach hinten und durch die Aufnahme kleiner Äste längs ihres Laufes nimmt sie an Kaliber zu. Schließlich umgibt sie den Balkenwulst und dringt so in die entsprechende V. cerebralis interna; bisweilen münden eine oder beide in die Vena magna cerebri. Normalerweise bestehen also zwei hintere Balkenvenen, eine rechts, die andere links, die, entweder getrennt in die beiden Venae cerebrales int. oder vereint, in eine derselben münden können. Unter den Nebenvenen der hinteren Balkenvene verdienen einige, welche den medialen Flächen der Hemisphären, nämlich der Rindenzone, die den Balken umgibt, entspringen, hervorgehoben zu werden.

Elftes Kapitel.

Balkengeschwülste.

Den krankhaften Prozessen, die mit einer verhältnismäßigen Häufigkeit den Balken befallen, sind die Geschwülste beizuzählen. Bevor ich eingehend dieses Kapitel behandle, scheint es mir angebracht, drei neue Fälle von Balkentumor zu veröffentlichen; den ersten verdanke ich der Freundlichkeit des Kollegen Dr. Giannelli, und den zweiten, welcher, wie der vorhergehende, bisher noch nicht veröffentlicht wurde, dem Kollegen Dr. Panegrossi; der dritte wurde von mir erst vor kurzem untersucht.

1. Fall (Giannelli). L. Sajfo, 37 Jahre alt, verheiratet, ohne Kinder. Im Dezember 1913 begann Patientin an Kopfschmerzen zu leiden, die sich mehrere Tage hindurch wiederholten

und dann beständig wurden. Ferner begann sie eine stets zunehmende allgemeine Schwäche wahrzunehmen; sie klagte aber nie über Erbrechen, Phosphenen oder Akusmen. Anfangs Mai 1914 traten Schwierigkeiten im Harnanhalten und Singultus hinzu; ebenso Anfälle von Bewußtseinsverlust, über welche nähere Einzelheiten fehlen; man weiß nur, daß während derselben einer der Arme einen stärkeren Widerstand gegenüber den passiven Bewegungen bot und daß Patientin nie Harn verloren, noch sich in die Zunge gebissen hatte.

Status (21. IV. 1914): Hirnnerven normal, mit Ausnahme einer leichten Parese des VII. inferior sin.; bedeutende Herabsetzung der Muskelkraft in den Armen und den Beinen (bilaterale Hemiasthenie). Patellar- und Achillessehnenreflexe schwach; rechts Zehen plantar, links Plantarreflex nicht auslösbar. Aufrechte Stellung schwer; um in dieser Stellung nicht umzufallen, muß Patientin mit gespreizten Beinen stehen und wenigstens auf einer Seite unter dem Arm gestützt werden. Sie geht mit gespreizten Beinen in kleinen Schritten und mit langsamen Schwankungen auf der eigenen Achse, und neigt, nach rechts und hinten zu fallen. Kleinhirnasynergie besteht nicht; nur werden die diadokokinetischen Proben vom linken Arme etwas schlecht durchgeführt.

Allgemeine Sensibilität und spezifische Sinne normal; bloß über den Geruchsinn kann man kein exaktes Urteil abgeben; derselbe scheint stark vermindert.

Man stellt einige apraktische Störungen im linken Arme fest. (Die Untersuchung beschränkte sich bloß auf drei Handlungen und konnte nicht fortgesetzt werden, da sie die Patientin ermüdete.) Einmal wurde die Patientin von tonisch-klonischen Zuckungen im linken Arme befallen. Die Schädelperkussion ist schmerzhaft, besonders an der Stirn rechts. Die psychische Untersuchung ergibt einen deutlichen Betäubungszustand.

Fundus: Neuritis optica. Im Harn: 0,80⁰/₀₀ Eiweiß und einige Hyalinzylinder.

R. W. (im Blute) negativ. — Lumbalpunktion: Liquor unter starkem Drucke; Eiweiß, zwei Linien (Nißlröhrchen), spärliche Lymphozyten; W. R. negativ.

Zusammenfassend wies also die Patientin Kopfschmerz, Neuritis optica, Betäubung, Steigerung des Liquordruckes; schmerzhafte Schädelperkussion rechts, Asthenie der Glieder beiderseits und des Facialis inferior links, sowie auch Jacksonsche Anfälle auf dieser Seite auf, sowie Astasie und paretikospastischen Gang auf.

Exitus 13. VI. 1914.

Sektion: Die medialen Windungen sind vorgewölbt. In einem vertikotransversalen Schnitte durch die Großhirnhämisphären 1¹/₂ mm vom Balkenknie, fand man einen rundlichen Tumor von 5 cm Querdurchschnitt und 3 cm Höhe, von weicher Konsistenz, gräulicher Farbe. Derselbe hatte den Balken sowie das Septum pellucidum, die Crura anteriora der Fornix und die vorderen Hörner der Seitenventrikel in Mitleidenschaft gezogen, ohne irgend eine Verbindung mit den benachbarten Gebilden einzugehen. Rechts infiltrierte er ein wenig die Markachse des G. cinguli.

In den mehr distalen (frontalen) Schnitten war der Balken von jeglicher neoplastischer Infiltration frei.

2. Fall (Panegrossi). Renzi Giovanni, 11 Jahre alt. Eltern und sieben Brüder leben und sind gesund. Patient befand sich bis vor drei Jahren (1914) wohl; in jener Zeit fiel er von einem Esel. Nach dem Falle blieb ein leichtgradiger Kopfschmerz zurück. — Am 27. Mai 1916 wurde er plötzlich von einem starken Stirnkopfschmerz befallen, der seither anfallsweise und 1—2 Tage dauernd auftrat; im Juni hielten diese Anfälle auch mehrere Tage an. Patient wandte in jenem Monate Arzneimittel an, deren Inhalt nicht festgestellt werden kann; während drei Monaten verschwand der Kopfschmerz, um im Oktober mit neuer Heftigkeit wieder aufzutreten und wurde von da an fast beständig und sehr stark; ferner war er bisweilen von Erbrechen und einem Gefühle von Betäubung begleitet; außerdem nahm Patient auf der Höhe des Anfalles Parästhesien unter der Form von Ameisenlaufen in den Gliedern wahr.

Im Dezember (1916) begann der Kranke Schwindelzustände wahrzunehmen, die bisweilen von Parakusien unter Form von Ohrensausen begleitet waren; der Kopfschmerz wurde heftiger, das Erbrechen häufiger. Die drei Zweige des V. Gehirnnervenpaares waren auf Druck schmerzhaft, die Lider fielen herab.

Im Februar 1917 Lumbalpunktion, die unter hohem Drucke eine helle Flüssigkeit ergab: Globulin abwesend; keine Pleiozytose.

Status 20. II. 1917: Ausgeprägte Benommenheit; von Zeit zu Zeit stößt Patient einen Schmerzensschrei aus und zeigt Neigung links zu liegen. Vom im Bette liegenden Patienten wird der Kopf stark nach hinten gebeugt, die Oberschenkel etwas auf den Unterleib, die Beine auf die Oberschenkel flektiert. Die Augenmuskelbewegungen normal, der VII. unversehrt. Der Gang hat einen zerebellaren Typus. Man bemerkt einen verallgemeinerten Tremor, besonders in den oberen Gliedern und links; der Tremor ist ein grober und zu gewissen Zeiten nimmt er das Aussehen kleiner klonischer Zuckungen an.

Patellar- und Achillesreflexe lebhaft, besonders rechts. Incontinentia alvi et vesicae. Schädelperkussion an den Stirnhöckern gibt rechts und links den Ton eines zersprungenen Topfes und ist hier viel schmerzhafter als in den anderen Schädelteilen.

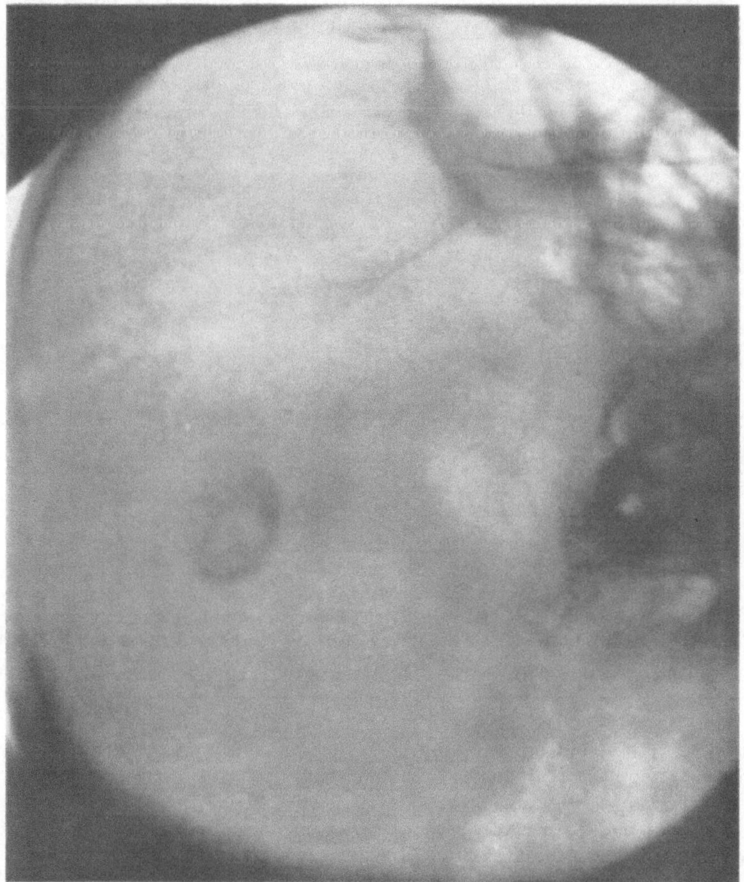

Abb. 60. Radiogramm in anteroposteriorer Richtung (links) des Schädels des von der Balkengeschwulst befallenen Patienten. Fall von Panegrossi. In der Richtung des unteren Teiles des Scheitelbeines (links), entsprechend der verkalkten Geschwulstzone, sieht man einen fast kreisförmigen Schatten.

Status 6. III. 1917: Benehmen albern, Patient lacht oft. Leichte Ptosis und Tremor der Zunge. Läßt man den Patienten Asa foetida und Moschus riechen, so erscheint es, als ob er den Geruch wahrnehme, doch kann er nicht angeben, ob die entsprechenden Gerüche angenehm sind oder nicht. Patellar- und Achillesreflexe lebhaft.

Patient klagt über Stirnschmerz. Schädelperkussion schmerzhaft, besonders auf dem linken Stirnhöcker.

Fundus oculi: Neuritis optica bilateralis. Visus: R. = $^8/_{10}$, L. = $^9/_{10}$. Grün nicht wahrgenommen. Gesichtsfeld für die anderen Farben normal.

Status 16. III. 1917: Benommenheit ausgeprägter; Druck auf die Äste des Trigeminus schmerzhaft. Links Hypotonie des unteren Fazialis und Muskelkraft der Glieder herabgesetzt; Patellarklonus, Incontinentia alvi et vesicae. Zerebellarer Gang; Patient neigt nach rechts zu fallen, der Kopf ist nach rechts gekehrt. Eine Untersuchung bezüglich dyspraktischer Störungen konnte nicht vorgenommen werden.

Plantarreflexe normal, Kornealreflex beiderseits vorhanden.

Das vom anteroposterioren Teile aufgenommene Röntgenbild (Abb. 60) zeigt das Vorhandensein einer unregelmäßigen weißlichen Zone, ungefähr in der Höhe des oberen, vorderen Teiles des (knöchernen) Schläfengebietes; sie entspricht (wie die Sektion es bestätigt hat) dem linken dorso-lateralen, in ein verkalktes Gewebe umgewandelten Teil des Tumors.

27. III. 1917 Exitus.

Sektion: In einem in der Höhe des Genu corporis callosi durch die Großhirnhemisphären angelegten Frontalschnitte findet man, daß sowohl der medianliegende Teil des Genu (Abb. 61), wie die Ausstrahlungen desselben durch etwas ödematöse Faserbündel

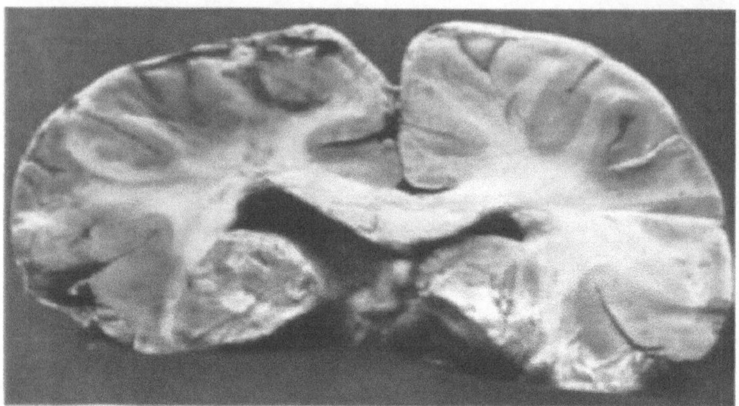

Abb. 61. Photogramm eines im Niveau des Genu corporis callosi angelegten Frontalschnittes der Großhirnhemisphären des von Balkengeschwulst betroffenen Patienten (gleicher Fall der vorhergehenden Abbildung).
Man bemerkt die ziemlich entwickelten, den medianen Teil und die Balkenausstrahlungen bildenden Bündel. Die Laminae septi geschwollen.

dargestellt sind; die Laminae des Septum pellucidum sind auch stark ödematös und weisen ein dem Neoplasma ähnliches Aussehen auf.

Beim Anlegen eines Frontalschnittes in der Höhe des mittleren Teiles des Balkens (Abb. 62) bemerkt man in der vom Corpus callosum, vom Fornix und dem dritten Ventrikel eingenommenen Zone einen runden, sonnenblumenförmigen Tumor, der seitwärts in die mittlere Zelle der Seitenventrikel eindringt und besonders rechts sämtliche angrenzende Gebilde, nämlich den Caudatus, die Capsula interna und den Lenticularis quetscht; der linke dorsolaterale Rand ist verkalkt. In diesem Schnitte bemerkt man auch, daß das obere Ende des linken Gyrus frontalis sup. aus einem mit rötlichem, zum Teile erweichten Gewebe angefüllten Hohlraume besteht. Sieht man, nach sanfter Entfernung der medialen Flächen der Großhirnhemisphären, der Fiss. interhemisphaerica, von oben darauf, so gewahrt man, wie das Genu des Corpus callosum hinten mit einem deutlichen, rundlichen Rand endigt, der mit dem Vorderende der Neubildung keine Verwachsung eingeht.

Betrachtet man von oben her den hinter diesem Schnitt gelegenen Gehirnteil, so sieht man, wie links der dorsolaterale Rand der Geschwulst mit den Windungen der medialen Fläche verwachsen ist und verkalkt aussieht. Entfernt man die medialen Flächen der Großhirnhemisphären voneinander, so bemerkt man, daß die Neubildung kaudalwärts deutlich mit einer freien Fläche endigt, hinter welcher sich sehr deutlich das Splenium, dessen vorderer und hinterer Rand rundlich und glatt sind, zeigt (Abb. 63).

Bei der Untersuchung der medialen Fläche der Großhirnhemisphären zeigte sich, daß vorn sehr deutlich die Wurzeln des G. fornicatus und des G. fronto-pariet. medialis vorhanden waren; hingegen wurden längs des mittleren Teiles der Sulcus corporis callosi, die beiden Gg. fornic. und fronto-parietales mediales durch Windungen ersetzt, die dazu neigten, eine teilweise strahlenförmige Gestalt anzunehmen; die Abgrenzung des Praecuneus war somit vorn unmöglich. Der Cuneus bestand aus einem Komplexe unregelmäßiger Windungen, die oben in ein hinteres Anhängsel endigten, was darauf zurückzuführen war, daß der hintere Teil der Calcarina, anstatt deutlich nach oben und hinten in bogenförmiger Richtung zu ziehen, in fast horizontaler Richtung nach hinten verlief.

Diagnose: Tumor, der sich in dem Gebiete des mittleren (wahrscheinlich agenetischen) Teiles der Region des Balkens entwickelt hatte.

Einen nicht weniger wichtigen Punkt bezüglich der Pathogenese findet man in der Untersuchung der makroskopischen Schnitte. Es wurde hervorgehoben, daß der Tumor den

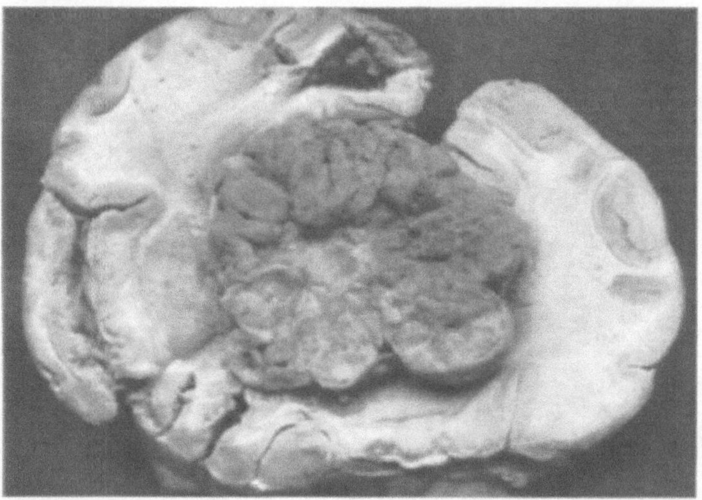

Abb. 62. Frontalschnitt im Niveau des mittleren Teiles des Balkens durch die Großhirnhemisphären, dem vorderen Teil des Balkentumors entsprechend, um die Ausdehnung und die Gestalt desselben zu zeigen (derselbe Fall der vorhergehenden Abbildung).

mittleren Teil des Balkens und den dritten Ventrikel einnahm; nun endigte der hintere Teil des Genu deutlich vor der Neubildung und das Splenium hinter derselben, und zwar beide mit glattem, rundlichen Rande, ohne irgendwelche Veränderung. Hätte die Neubildung den mittleren Teil der Balkensubstanz befallen, so hätte sich die Substanz desselben mit dem frei gebliebenen Teile des Balkens fortsetzen müssen. Hingegen war gerade das Gegenteil der Fall. Es ist also anzunehmen, daß der mittlere Teil des Balkens als Erscheinung einer Entwicklungshemmung fehlte und daß sich im Fötus nur die distalen Enden entwickelt hatten, was nicht überrascht wenn man bedenkt, daß der Balken sich allmählich von vorn (Pars genualis) nach hinten entwickelt, und daß das Splenium einigen Autoren nach eine funktionelle Bedeutung für sich hat. Dieser Begriff einer Agenesia partialis trabeos findet eine glänzende Bestätigung durch die Untersuchung des Verhaltens der Windungen der medialen Fläche der Großhirnhemisphären. Dieselben hatten längs des mittleren Teiles ihre normale Morphologie eingebüßt und wurden hier durch strahlenförmige Windungen dargestellt, die durch fast bis zum ventralen Rande der medialen Fläche reichende Furchen getrennt waren. Dieses Verhalten ist, wie wir in den vorherigen Abschnitten gesehen haben, den balkenlosen Gehirnen eigen.

Zusammenfassend wies Patient Kopfschmerz, Erbrechen, Neuritis optica bilateralis und stets zunehmende Benommenheit, verallgemeinerten Tremor und bisweilen bilaterale

klonische Zuckungen, links Parese des unteren Fazialis und Hemiasthenie der Glieder,
Steigerung (bis zum Klonus) der unteren Sehnenreflexe, zerebellaren Gang mit Neigung
nach rechts zu fallen auf. Bei der Sektion: Tumor vom Aussehen einer Sonnenblume
und von runder Gestalt, der die Mitte der Balkenregion befällt, die Windungen der
medialen Fläche komprimierte und auf den Caudatus, rechts auch auf die Capsula
interna übergreift.

3. persönlicher Fall. Tumor corporis callosi et centri ovalis partis posterioris lobi frontalis dextri.

Visconti Lorenzo, 44 Jahre alt, hat sich vor 20 Jahren ein Ulcus durum
zugezogen, aber nie eine Quecksilberkur durchgemacht. Er trinkt wenig Wein. Im
November 1918 begann er des Morgens über Kopfschmerzen in der Stirngegend, über
Amblyopie, und im darauffolgenden Monat über nicht einmal von den Verwandten
gut beschriebene Krisen zu klagen: Wie es scheint, bestanden diese in einer schnell zu-
nehmenden Schwäche der unteren und in Zittern der oberen Glieder, ohne Bewußtseins-

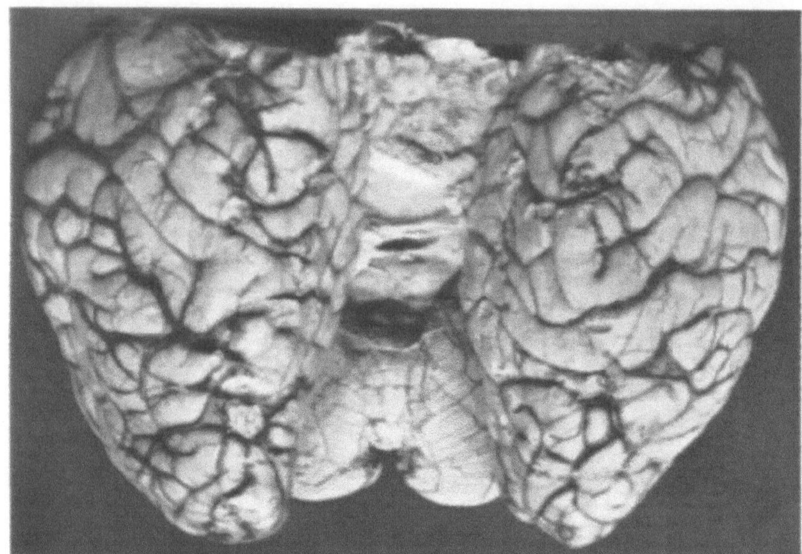

Abb. 63. Photogramm des hinter dem vorigen Schnitte gelegenen und von
oben gesehenen Großhirnanteiles (derselbe Fall der vorhergehenden Abbildung).
Man sieht fast den ganzen vorderen Rand des Spleniumfußes frei; der hintere Rand
desselben bedeckt kaum die vorderen Vierhügel.

verlust: die erwähnten Störungen waren deutlichen Schwankungen unterworfen. Außerdem
wies der Patient seit Einsetzen der Krankheit deutliche psychische Störungen auf. Er
orientierte sich nicht gut in bezug auf die Zeit und den Ort, zeigte sich verwirrt, hatte das
Gedächtnis für die in jüngster Vergangenheit stattgefundenen Ereignisse verloren; die
Verwandten sagten, daß er wirklich „imbezill" geworden sei. Der untersuchte Harn
zeigte sich normal.

Status (25. Jan. 1919): Deutliche Insuffizienz der Seitenbewegungen des linken Auges
(keine Dyplopie). Die Bewegungen der Zunge sind normal. Der untere linke Fazialis erschöpft sich leichter als der rechte. Die Sprachäußerungen sind in jeder Beziehung
ausgezeichnet.

Eine Störung des Trophismus und der aktiven Bewegungen, sowohl der oberen Glieder
als der rechten unteren, besteht nicht. Bei passiven Bewegungen leisten die Glieder der
linken Seite einen die Norm überschreitenden Widerstand; dem Patienten gelingt es nicht,
das linke untere Glied vom Bette zu erheben. Beim Gehen bewegt er sich in kleinen Schritten,
indem er den linken Fuß nachschleift.

Die Patellar- und die Achillesreflexe, sowie die der Oberschenkeladduktoren sind beiderseits, doch links mehr als rechts lebhaft, besonders die Achillesreflexe; links ist Babinski und Oppenheim Reflex deutlich; ebenso sind die oberen Sehnenreflexe lebhafter als normal, dagegen sind die epigastrischen sowie die Abdominalreflexe abwesend. Die Pupillen sind klein, gleich auf beiden Seiten, reagieren träge auf Licht und Akkommodation.

Die Schädelperkussion ist besonders in der Stirngegend schmerzhaft. Ebenso ist die Perkussion der verschiedenen Äste des Trigeminus schmerzhaft. Deutliche Tast-, Temperatur- und Schmerzhypoasthesie der linken Wange und im linken Unterschenkel; Pallästhesie, Bathyästhesie und Stereognose normal.

Visus = 1 auf beiden Seiten; keine Dyschromatopsie, Gesichtsfeld auf beiden Seiten leicht verengt. Die Galton'sche Pfeife und die Uhr werden beiderseits gut wahrgenommen. Weber und Rinne normal; ebenso Geruch- und Geschmacksinn.

Der Harn weist keine pathologischen Elemente auf.

Patient legt eine so geringe Aufmerksamkeit an den Tag, daß man oft gezwungen ist, sehr scharfe Reize anzuwenden, um eine Antwort zu erhalten; die Perzeption ist sehr langsam, auch bezüglich elementarer und gewöhnlicher Fragen. Das Gedächtnis ist unsicher und untreu, mehr für die jüngst- als für die längstvergangenen Ereignisse. Patient ist bezüglich der Zeit und des Ortes gut orientiert. Die Rechnungsfähigkeit ist fast vollständig aufgehoben (z. B. 30 — 24 = 100 usw.).

Patient hat nie ein Zeichen von Apraxie aufgewiesen: führt er ein Glas oder einen Löffel zum Munde, ergreift er einen Kamm oder das Nachtgeschirr, so werden die Bewegungen regelrecht ausgeführt, die Gegenstände fallen ihm jedoch leicht aus den Händen.

29. Jan. Lumbalpunktion. Liquor unter niederem Drucke; Albumin 2 Linien (Nißlröhrchen); Globulin negativ; Sediment (Lymphozyten) normal.

Status (30. I. 1919): Patient wurde gestern Abend plötzlich von einem Verwirrungszustand, begleitet von Harnverlust, befallen; dieser Zustand dauerte eine Viertelstunde. Ein ähnlicher Anfall trat heute Morgen mit den gleichen Kennzeichen auf und von der Dauer von wenigen Minuten. Die Pupillen sind verengert, reagieren aber auf Licht. Bei der zwei Stunden später stattgefundenen Untersuchung des Patienten bemerkt man Parese des Corrugator supercilii links; der Lidschluß vollzieht sich links weniger gut als rechts; beim Zähneknirschen wird der linke Lippenwinkel nicht verzogen (ausgeprägte Fazialisparese). Harn normal.

2. II. 1919: Exitus.

Sektion: Das Gehirn weist äußerlich keine wahrnehmbaren Veränderungen auf.

Beim Anlegen eines Frontalschnittes durch die Großhirnhemisphäre, entsprechend dem Genu corp. callosi (Abb. 64), bemerkt man rechts, daß die ganze, dem ovalen Zentrum entsprechende Substanz von einem neoplastischen Gewebe von rötlicher Farbe befallen ist. Dasselbe reicht medialwärts fast bis zum vorderen Segment der inneren Kapsel.

In einem durch die Großhirnhemisphären unmittelbar vor dem proximalen Ende des Thalamus angelegten Frontalschnitte sieht man den enorm geschwollenen Corpus callosum, der rechts in eine rosarote, weiche Substanz umgewandelt ist. Diese Veränderungen bemerkt man rechts auch im ganzen entsprechenden ovalen Zentrum des Frontallappens, im G. praecentralis und im unteren Teile des vorderen Endes des Schläfenlappens; im zentralen Teile des Gewebes gewahrt man hier und da einige gelbliche, in Erweichung begriffene Zonen. Entsprechend der mehr distalwärts durch die Großhirnhemisphären ausgeführten Frontalschnitte findet man das Balkengewebe augenscheinlich normal.

Diagnose: Tumor trabeos et subst. albae lobi frontalis dextri.

Epikrise. — Patient wies also zuerst fast plötzlich ein durch Kopfschmerz und Benommenheit charakterisiertes Syndrom auf. Diese Erscheinungen eröffneten das Krankheitsbild und dauerten bis zum Tode fort. Unter den Herdsymptomen befanden sich links eine Parese der Glieder, und von Zeit zu Zeit vorübergehende Paraplegie, wie auch eine Parese des linken VII. Der anatomische Befund zeigte, daß der Tumor den vorderen Teil des Genu corp. callosi rechts befallen und sich auch in dem darunterliegenden Centrum ovale auf die Pars opercularis der F_3 und auf den Gyrus praecentralis dieser Seite ausgedehnt hatte.

Zieht man die Ausdehnung des Tumors auf das ovale Zentrum und besonders den unteren Teil des G. praecentralis dexter in Betracht, so ist das Auftreten der leichten Parese des Fazialis und des unteren Gliedes links, die nicht der Verletzung des Balkens zugeschrieben werden darf, einleuchtend. Auf diese Weise wird auch indirekt der semiologische Begriff bestätigt, daß, wenn nur der Balken vom Tumor befallen ist, die Gehirnnerven intakt bleiben.

Ferner verdient die Abwesenheit der Apraxie und der dysarthrischen Störungen hervorgehoben zu werden; die erste erklärt sich dadurch, daß der mittlere Teil des Balkens vollständig von der neoplastischen Infiltration verschont geblieben war, da man in vielen Befunden festgestellt hat, daß besonders die Zerstörung dieses Balkenanteiles zu dyspraktischen Störungen der Glieder An-

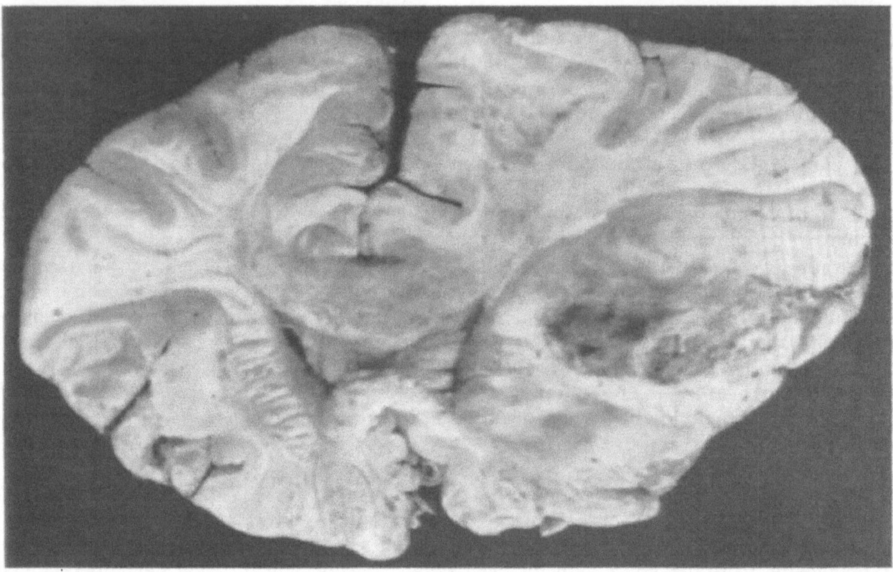

Abb. 64. Frontalschnitt der Großhirnhemisphären am Niveau des Balkenknies eines von einer Neubildung des Genu corp. callosi et lobi frontalis dextri betroffenen Patienten.
Im Zentrum des Knieanteils der Balkengeschwulst sieht man eine erweichte Masse.
(Aus meiner Sammlung.)

laß gibt. Ebenso erklärt die Integrität der linken Hälfte des Balkenknies, des Linsenkernes und der ganzen subkortikalen Ausstrahlung im Bereiche der Broca'schen Zone die Abwesenheit einer jeglichen Dysarthrie, welche man sehr leicht bei Verletzungen dieser Gebilde antrifft.

Es ist schwer zu beurteilen, ob zuerst der Iktus und dann der Tod durch die Lumbalpunktion begünstigt oder wenigstens beschleunigt worden sind, denn die Anwesenheit der zentralen Erweichung der Neubildung kann, wie das häufig der Fall ist, zu einem diffusen Ödem des Gehirns, wie solches der Befund aufwies, Veranlassung geben.

Der erste, der sich mit der Frage der Balkengeschwülste beschäftigte, war Bristowe. Ihm folgten Giese und Ramson und später Schupfer (1899), der, unter meiner Leitung arbeitend, 25 Beobachtungen zusammenstellen konnte. Dann erschienen die Arbeiten Duret's, der sich zum großen Teil an die Schlußfolgerungen Schupfer's hielt; sodann folgten die Arbeiten Schuster's (1902), der 32 Fälle analysierte; die Lippmann's (1907), dessen Analyse sich auf 50 Fälle erstreckte; die Panegrossi's, der 60 Fälle studierte (1908).

Levy-Valensi bietet uns die vollständigste Zusammenstellung der bis 1910 veröffentlichten Fälle, welche die schon von den früheren Autoren verwerteten und viele andere neue, sowie zwei eigene umfaßt: im ganzen 93 Fälle, unter denen sich drei latente und vier fast ausschließlich das Symptom Apraxie aufweisende Geschwülste befanden, so daß sich seine Analyse bezüglich der übrigen Symptome auf 86 Fälle erstreckt. Er teilt diese Fälle ein in solche mit und solche ohne Geistesstörung. Was die Symptome der Läsionen und besonders der Geschwülste des Balkens betrifft, glaubt dieser Verfasser, sie in folgende Gruppen einteilen zu können: 1. Negative Zeichen: Unversehrtheit der Hirnnerven, Fehlen von Sensibilitätsstörungen; 2. nicht eigentümliche Zeichen: Torpor, Schläfrigkeit, Koma (Syndrom der endoventrikulären Hypertension), Demenz, bilaterale motorische Störungen, Sphinkterenstörungen (ani et vesicae), Dysarthrie; 3. eigentliche Balkensymptome: psychisches Syndrom von Raymond und motorische Apraxie. — Später (1914) hat Milani die Frage wieder aufgenommen, indem er sich im großen und ganzen auf die Statistik Levy-Valensi's stützt, zu welcher er nur einige neue Fälle hinzufügt. Obwohl er sich zum großen Teile an die Ansichten der französischen Autoren hält, führt er doch eine genaue Prüfung und Kritik der einzelnen Symptome und der von den verschiedenen Verfassern als Richtschnur zur Feststellung der Diagnose der Balkentumoren vorgeschlagenen Schemata durch. Aus seiner eingehenden Analyse folgert er, daß man an den Balken, als Sitz eines Tumors denken könne, wenn, nach Vermutung der Natur des Leidens durch Anwesenheit irgend eines allgemeinen Geschwulstsymptoms, folgende allgemeine symptomatische Elemente festgestellt werden, und zwar das Bestehen:

1. psychischer Störungen (hauptsächlich das besondere Raymond'sche Syndrom);

2. motorisch-praxischer Störungen;

3. spät auf der einen oder auf beiden Seiten auftretenden und langsam fortschreitenden motorischen (Reiz- oder Lähmungs-)Störungen.

Neuerdings (1915) hat Ayala alle die nicht in der Statistik Levy-Valensi's enthaltenen Fälle [von 1910 bis 1915 (im ganzen 112)] in einer Tabelle zusammengestellt; und es ist ihm gelungen, einen wirksamen analytischen Vergleich zwischen den von den anderen Autoren und den von ihm erzielten Ergebnissen durchzuführen.

Bezüglich der Natur der Neubildung in den von Ayala zusammengefaßten Fällen handelte es sich 8 mal um Sarkome, 5 mal um Gliome und 2 mal um Gliosarkome; und in 2 Fällen war es nicht möglich, die Natur derselben zu bestimmen. Folglich bleibt auch in den neueren Fällen die bereits von Levy-Valensi und von Milani hervorgehobene größere Häufigkeit der sarkomatösen Geschwülste bestätigt; sehr selten findet man Gummata im Balken.

Was den Sitz anbetrifft, befiel und zerstörte die Geschwulst (nach der Statistik Milani's) den ganzen Balken in 24 Fällen, und in 64 Fällen nur einen Teil desselben, nämlich 17 mal das Knie, 8 mal den Truncus, 22 mal die zwei vorderen Drittel und 17 mal das hintere Drittel des Balkens. In den von Ayala zusammengestellten Fällen hatte der Tumor 5 mal den ganzen Balken, 6 mal das vordere, 3 mal das mittlere, 3 mal das hintere Drittel desselben befallen; 1 mal war der Sitz unbestimmt. In beinahe allen diesen Fällen war der Tumor nicht auf den bloßen Balken beschränkt, sondern hatte in seiner Ausdehnung in mehr oder weniger bedeutender Weise die angrenzenden Gebilde mitergriffen. Meistens war das ovale Zentrum der einen oder der anderen Hemisphäre oder auch beider befallen; noch häufiger aber war die weiße Substanz des Frontallappens und folglich der Fornix minor ergriffen. Bisweilen befiel der Tumor einen Hinterhauptlappen (Giese) oder beide (Wahler) oder das unter den Zentralwindungen liegende Mark (Forster). In zwei Fällen war auch der G. corporis callosi verletzt; einige Male erstreckte sich der Prozeß auf die Corpora striata, auf die innere Kapsel, auf die Seitenventrikel, auf das Septum pellucidum und auf das Trigonum.

Außer der Neubildung bestanden in den von Ayala gesammelten Fällen: ein hämorrhagischer Herd und eine Erweichung (im Falle Clarke's), ein frischer hämorrhagischer Herd mit Überschwemmung des linken Seitenventrikels als Ursache des Todes (im Falle Léri und Vurpas), und eine kleine Erweichung im Falle Ayala's; ähnliches war bereits in den Fällen Bruns und Catola's festgestellt worden. Ebenso wurden in den Fällen von Balkentumoren, als indirekte Folgen derselben, Veränderungen der Tangentialfasern, der Pyramidenzellen der Hirnrinde und der Assoziationsbündel wahrgenommen.

Sehr spärlich sind die Fälle, in welchen der Tumor ausschließlich auf den Balken beschränkt war, oder besser gesagt, sich sehr wenig lateralwärts ausdehnte. Als solche können die Fälle Berkley's, Oliver's, Beevor's, der erste Newton-Pitt's, der Pugliese's, Alber's, Fantoni's, der meinige, jene von Leichtenstern, Pick, Bergmann, Legrain und Marnier, Kopezynski, Legrain und Fasson, Agostini angesehen werden; im ganzen 15 Fälle auf einer Gesamtzahl von 110 Beobachtungen.

Im allgemeinen fehlte nie, weder in den Fällen, in welchen die Geschwulst sich auf den Balken beschränkte, noch in jenen, in welchen Zerstörung oder Infiltration der Nachbargewebe bestanden (s. z. B. Abb. 65), die Druckwirkung auf die angrenzenden Teile, von denen der wichtigste die innere Kapsel ist; davon, wie wir später sehen werden, rührt auch das Auftreten motorischer Symptome auf der einen oder der anderen Seite des Körpers her.

Studieren wir vor allem die allgemeinen, den Hirntumoren gemeinsamen Symptome (mit Ausnahme der Geistesstörungen). Bristowe zählt in seinem Schema zu den klinischen Kennzeichen der Balkentumoren „den Mangel und die geringe Entwicklung der den Hirngeschwülsten eigenen Symptome, die sich in diesen Fällen langsam und progressiv ausbilden". Auch Ransom, Panegrossi, Duret u. a. wiederholen im großen und ganzen die gleiche Behauptung, die fast vollständig durch die von Levy-Valensi, Lippmann und von mir gesammelten klinischen Untersuchungen bestätigt wird. Es ist nicht zu bestreiten. daß solche Störungen durch ihre Milde, im Krankheitsfalle, von untergeordneter Bedeutung sind. Hingegen ist es nicht richtig, daß dieselben selten seien; in der Tat treten die allgemeinen Symptome in der Kasuistik Levy-Valensi's in ungefähr 55 % der Fälle auf, und in 50 von Lippmann zusammengestellten Beobachtungen bemerkte man nur 12 mal die vollständige Abwesenheit derselben, so auch in 18 von Ayala gesammelten Fällen fehlten sie sehr selten gänzlich (Fälle Jacquin's, Marchand's, Laignel-Levastine's und Levy-Valensi's, Léri's und Vurpas, Ayala's), d. h., daß in 78 % der bis jetzt veröffentlichten Fälle ein oder mehrere allgemeine Hirnsymptome bestanden.

Ausnahmsweise findet man die Gruppierung einer größeren Anzahl von allgemeinen Symptomen. Unter den Symptomen dieser Gruppe ist der Kopfschmerz das am häufigsten zu beobachtende. Schupfer gibt einen Prozentsatz von 44 %, und Levy-Valensi einen von 49 % an. Unter den von Ayala zusammengestellten Fällen befand er sich in 13 = 68 %; meistens war er nicht lokalisiert, sondern auf den ganzen Kopf verbreitet und von verhältnismäßig gelinder Intensität. Doch fehlt es nicht an Fällen, in welchen derselbe an bestimmten Stellen ausgeprägter war. So z. B. herrschte der Kopfschmerz im Falle Geßner's auf der rechten Hälfte der Frontalgegend vor, auf der linken

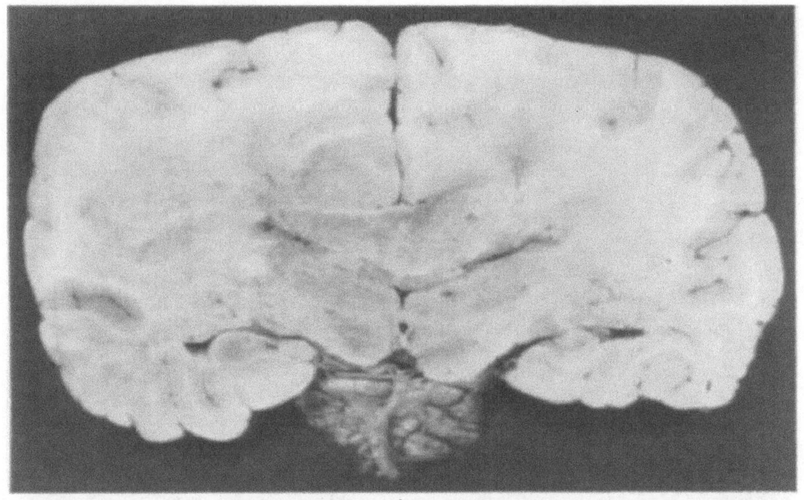

Abb. 65. Querschnitt durch die Großhirnhemisphären, dem mittleren Teile des Thalamus entsprechend.
Der Balken ist von einem Tumor (Gliom) infiltriert, der sich nach dem ovalen Zentrum rechts erstreckt. (Von einem in meinem Laboratorium aufbewahrten Präparate.)

im hier publizierten Falle Panegrossi's, in meinem Falle auf der rechten Regio temporo-occipitalis, in jenem Costantini's auf dem Scheitel; in dem von Geyken auf der Regio parietalis, und im Falle Clarke's war er am stärksten in der rechten Regio fronto-parietalis. Vergleicht man den anatomischen Befund dieser letzten Fälle mit dem Sitze, in welchem der stärkere Kopfschmerz vorherrschte, so scheint ein Parallelismus zwischen denselben und dem Sitze der stärksten Geschwulstentwicklung in der einen oder der anderen Hemisphäre nicht zu bestehen. Einige Fälle (Marchiafava, Agosta, Costantini) bestätigen die Behauptungen Raymond's, daß der Kopfschmerz bei den Balkentumoren frühzeitig auftritt und in gleichem Schritte mit den Geistesstörungen schreitet. Bei den Patienten Geyken's und Costantini's bestand dieses Symptom. wenigstens während einer gewissen Zeit der Krankheit, vorzugsweise abends und nachts, so daß es einen luetischen Kopfschmerz vortäuschte.

8*

In der Reihenfolge der Häufigkeit der Allgemein-Symptome kommen die Veränderungen des Augenhintergrundes unmittelbar nach dem Kopfschmerze, mit welchem sie sich sehr häufig vergesellschaften. In den von Levy-Valensi gesammelten Fällen bestanden sie 64 mal, in den neuen von Ayala gesammelten Fällen traf man sie in 8 Fällen an = 42 %, und fast immer waren sie bilateral. In diesen 8 Fällen bildete die Stauungspapille nie das einzige allgemeine Geschwulstsymptom; gleichzeitig mit ihr bestanden entweder Kopfschmerz oder Erbrechen oder motorische Reizerscheinungen. Immerhin ist es möglich, daß die Abwesenheit der Stauungspapille davon abhing, daß die Krankheit sich im Anfangsstadium befand; so z. B. entwickelte sich in 2 (unter 13) Fällen von Martin die Stauungspapille im späteren Krankheitsverlauf. Atrophia grisea opticorum ist sehr selten (nur links, im Falle Oliver's).

Störungen der Sehschärfe werden nicht oft mitgeteilt. Im Falle Oliver's war rechts der Visus auf $^1/_{50}$ reduziert; das Gesichtsfeld verhielt sich wie bei

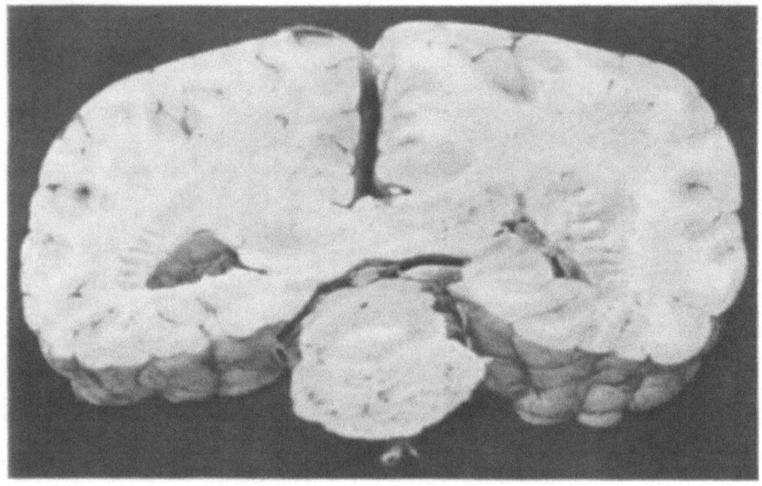

Abb. 66. Querschnitt durch die Großhirnhemisphären, dem Splenium entsprechend.
Das Gehirn gehört dem in der vorhergehenden Abbildung angegebenen Falle an (Fall Ayala).
Der Tumor infiltriert die ganze Substanz des Spleniums.

den Hysterikern konzentrisch verengt, links bestand nur die Lichtperzeption in der nasalen Hälfte. In meinem rezenten Falle war die Sehschärfe nicht bedeutend herabgesetzt: R = $^8/_{10}$, L = $^9/_{10}$; das Grün wurde nicht wahrgenommen.

Weniger häufig als der Kopfschmerz und die Stauungspapille ist das Erbrechen. In den Fällen Levy-Valensi's ist es 29 mal angegeben und in den von Ayala gesammelten ist es nur 4 mal vorhanden (21 %). Auch dieses ist nie isoliert und meistens von Kopfschmerz und der Stauungspapille begleitet. Es ist nicht immer von derselben Intensität und Häufigkeit und kann in jedem Zeitabschnitte der Krankheit auftreten.

Verhältnismäßig selten ist auch der Schwindel (15 %), der ausnahmsweise (Fall von Albers) das einzige Allgemeinsymptom des inneren Schädeldruckes ist; im Falle Geyken, sowie in dem Agosta's war der Schwindel zuweilen von Bewußtseinsverlust begleitet.

Die epileptiformen Anfälle wurden von Levy-Valensi 19 mal angetroffen, nämlich 16 mal in Form von partiellen und 3 mal in Form von verallgemeinerten epileptiformen Krämpfen. In den von Ayala zusammengestellten Fällen hingegen beobachtete man Zuckungen, Zittern oder epileptische Anfälle in 7 Fällen; in drei dieser (Clarke, Costantini, Agostini) herrschten dieselben auf einer (der rechten) Seite vor. In meinem letzten Falle befielen die Krampfanfälle die oberen Glieder und vergesellschaften sich mit Spasmen der Augenmuskeln. Die Fälle, in welchen die epileptischen oder apoplektiformen Anfälle die symptomatologische Reihenfolge der Balkentumoren eröffneten, sind bereits bekannt; ja, in drei Fällen zeigten sich die krampfhaften Zuckungen lange Zeit hindurch in jenen Gliedern isoliert, in welchen später die Hemiplegie auftrat. Im Falle Legrain und Marnier's waren die mit großen Oszillationen auftretenden Zitteranfälle der einzige Ausdruck der Hirndrucksteigerung.

Unter den Allgemeinsymptomen sind die psychischen Störungen sehr häufig. Was dieselben anbetrifft, so ist ihre fast beständige Anwesenheit in den Fällen von Balkenneubildungen, denen sie sozusagen das hervorspringendste Charakteristikum aufdrücken, allgemein anerkannt. Giannelli fand in der Tat derartige Störungen in 100% der Fälle von Balkengeschwülsten, während unter 267 Geschwülsten anderer Hirngebiete sie nur 168 mal vorhanden waren. Diese Angabe wurde durch die Forschungen von Schuster, Knapp, Maggiotto, Levy-Valensi u. a. bestätigt. Unter 110 Fällen von bisher bekannten Balkentumoren fehlten psychische Symptome nur in 8 Fällen; in den neuen von Ayala gesammelten Fällen fehlten sie nie. Wenn nun die Geistesstörungen bei den Balkengeschwülsten nur durch ihre große Häufigkeit gekennzeichnet wären, so könnten wir bezüglich der Diagnose nur einen geringen Nutzen daraus ziehen, denn, wie bekannt, beobachtet man die psychischen Störungen bei Hirntumoren auch anderer Gegenden, besonders bei denen der Frontallappen; sie sollen aber bei den in Frage kommenden Geschwülsten besondere qualitative Charaktere aufweisen. So hat Bristowe als Eigentümlichkeit der Balkenneubildungen einen meist mit starker Schläfrigkeit, Ernährungsschwierigkeit, Sprachverlust verbundenen stuporösen Zustand, wie z. B. bei den Kranken Panegrossi's, Hammacher's, Clarke's und Ayala's beobachtet wurde, angegeben. Nach Ransom zeigte sich eine langsame und zunehmende Geistesveränderung, die in den akuten Fällen sehr oft die Form eines steigenden Stupors annimmt, während sie in den langsamer verlaufenden Fällen mit Halluzinationen, Reizbarkeit und Anfällen von manischen Zuständen zum Ausdruck kommt. Nicht sehr verschieden ist die von Schupfer gegebene Beschreibung des die Balkengeschwülste begleitenden Geisteszustandes. Er betont, daß im allgemeinen bei den Neubildungen des Balkens die Gedächtnisschwäche, die Schläfrigkeit, die Apathie und in gewissen Fällen die Halluzinationen ausgeprägter sind. Bruns hingegen hebt als Kennzeichen der Balkentumoren die schwere Verwirrtheit im deutlichen Gegensatze zum Mangel allgemeiner Symptome hervor; ja, dieser Widerspruch zwischen den Geistes- und den Allgemeinsymptomen wäre, diesem Verfasser nach, das wirkliche Herdsymptom der Balkengeschwülste.

Raymond unterscheidet infolge einer genauen Untersuchung der Geistesstörungen bei Balkengeschwülsten die, welche, seines Erachtens, zur Kategorie der allen Hirntumoren gemeinsamen Symptome gehören (die somit für die

Diagnose des Sitzes wertlos wären) von jenen, die eine Lokalisierung im Balken erlauben. Er redet von einem besonderen „psychischen Syndrom", das in Störungen besteht, welche frühzeitig auftreten und durch Mangel der Ideenassoziation, Gedächtnisstörungen besonders jüngstvergangener Erlebnisse, Sonderbarkeit der Handlungen und des Benehmens, tiefgehende Veränderung des Charakters und Unbeständigkeit der Stimmung charakterisiert sind. Dieses Syndrom sollte nicht nur den Beginn der Krankheit anzeigen, sondern, um den Wert der Lokalisierung zu besitzen dürfte es weder von anderen psychischen noch von neurologischen Störungen begleitet sein. Ein solches psychisches Syndrom scheint vorübergehend in den Fällen Raymond's, Lejarne's und Lhermitte's, Brissaud's, Pasturaud's, Bristowe's, Puttman und William's, Blackwood's, Lutzenberger's, Bruns', Fantoni's, Mingazzini's, Muggia's, Claude und Levy-Valensi's bestanden zu haben. Mit dem Fortschreiten der Krankheit jedoch haben sich die psychischen Symptome unter äußerst verschiedenartigen Charakteren entfaltet. Und dies ist verständlich, angenommen, daß nur ausnahmsweise, wie wir gesehen haben, die Neubildung auf die große Hirnkommissur beschränkt ist. Folglich ist es wahrscheinlich, daß man dieses Raymond'sche Syndrom bloß dann beobachtet, wenn die Neubildung gerade im Balken beginnt und auf denselben beschränkt bleibt. In einem Worte ist es gegenwärtig erlaubt zu schließen, daß es eine vorübergehend (vielleicht im Beginne) wahrnehmbare klinische Modalität ist, die man wahrnimmt, wenn man das Glück hat, den Patienten in diesem Zeitabschnitte zu untersuchen.

Die einzelnen, in den von Ayala gesammelten Fällen hervorgehobenen psychischen Symptome, das eine nach dem anderen analysierend, findet man in diesen Fällen Torpor und Benommenheit 4 mal, Apathie 7 mal, Depression 1 mal, Schläfrigkeit 5 mal, Stupor 3 mal, Demenzzustand 3 mal, Gedächtnisstörungen 11 mal, Verwirrtheit 6 mal, nicht systematisierte Wahnideen 1 mal, Größenwahn 1 mal, manische Erregbarkeit 3 mal und Neigung zum Lachen 1 mal. Auch Levy-Valensi hatte in seiner Statistik 21 mal einen apathischen Zustand, der von der einfachen Herabsetzung der Tätigkeit bis zur absoluten Akinesie ging; 14 mal Affektgleichgültigkeit, 18 mal Demenzzustand, 17 mal Gedächtnisstörungen, 7 mal Verwirrtheit (mit Unorientierung), 6 mal manische Aufregungen, 2 mal Verfolgungswahn, 4 mal Halluzinationen gefunden; Benommenheit war bei 2 der 3 hier publizierten Fälle ausgeprägt. Die von Ayala zusammengestellten Fälle mit denen Levy-Valensi's vergleichend, kann man behaupten, daß die das Krankheitsbild eröffnenden psychischen (Initial-) Symptome sehr häufig einen depressiven Charakter (Torpor, Apathie, Verstimmung) aufweisen und oft mit Gedächtnisstörungen verbunden sind; während hingegen in diesem Zeitabschnitt die psycho-motorischen Erregungserscheinungen, die Halluzinationen und das Vorhandensein von Wahnideen selten sind. Bei vorgeschrittenem Verlaufe der Krankheit bemerkt man fast beständig eine schwere psychische Depression (bisweilen von flüchtigen Perioden motorischer Erregbarkeit unterbrochen), der in Sopor und Koma aufgeht.

Die Autoren haben sich nicht begnügt, die Kennzeichen der Geistesstörungen bei Neubildungen des Balkens im allgemeinen anzugeben und sie haben auch versucht, die Hirnsymptome je nach dem jeweilig betroffenen Segmente des Balkens zu unterscheiden. Hier ist vor allem hervorzuheben, daß die psychischen Störungen bei den Balkentumoren zuweilen fehlen können, wie in den Fällen von Glaser, Wahler, Pontappidan, Mills, in welchen der vordere Teil befallen war oder wie in denen von Touche, Hauenschild, in denen der Tumor den ganzen Balken einnahm und sich auf die anliegenden Zonen erstreckte, oder wie im Falle Boinett's, in welchem die Neubildung auf den Forceps major und das rechte Hinterhirnhorn lokalisiert war und das Splenium berührte, während im Falle Meyer's der Sitz derselben unbestimmt ist. Dies vorausgeschickt, erinnere ich daran, daß Schupfer auf Grund der von ihm genau analysierten Fälle keinen wesentlichen Unterschied bezüglich der Geistesstörungen bei den Geschwülsten der verschiedenen Balkensegmente findet. Seiner Meinung nach liegt die Verschiedenheit bloß in der Zeit des Auftretens derselben und in ihrer Intensität. Sie sollen frühzeitig auftreten, wenn der Tumor seinen Sitz im vorderen Teile des Balkens hat; treten sie hingegen gleichzeitig oder nach den motorischen Störungen auf, so wäre der Sitz der Neubildung das Splenium. Auch Duret schließt sich dieser Meinung im allgemeinen an, nur sollen diesem Verfasser nach bei den Tumoren des Genu (trabeos) die psychischen Störungen frühzeitig auftreten und die vorherrschenden sein, während sie bei denen des mittleren Teiles hingegen in Form von Torpor bestehen und gegenüber den motorischen Störungen in den Hintergrund treten können.

Diese von Schupfer und Duret versuchte Systematisierung der Geistesstörungen entspricht aber nicht der Analyse sichergestellter Tatsachen. Vor allem fehlten bisweilen die psychischen Störungen in den (bereits erwähnten) Fällen von Balkenkniegeschwulst, während sie bei den Tumoren des mittleren Teiles (Devie und Paviot, Zingerle, Pick, Bristowe, Lutzenberger, Legrain und Fasson, Ayala) und des hinteren Teiles (Schupfer, Giese, Bruns, Knapp, Geßner, Laignel-Lavastine, Levy-Valensi, Léri und Vurpas, Agostini) vorhanden waren. Zweitens ist die Frühzeitigkeit sowie die zunehmende schnelle Verschlimmerung derselben ein allgemeiner Charakter nicht nur in den Fällen von Balkenknietumoren, sondern manchmal auch der Tumoren des mittleren und hinteren Balkensegmentes. Im Falle Agostini z. B. (Sarkom des Spleniums) ging gerade bei weitem die Geistesstörung, die den Patienten zum Selbstmord trieb, den anderen Symptomen voraus. Auch die Beobachtungen Schuster's stimmen nicht mit denen Schupfer's und Duret's überein; dieser Verf. teilt sie bezüglich der psychischen Erscheinungen in zwei Klassen: zur ersten zählt er 18 Fälle, bei denen ein Zustand von psychischer Schwäche beobachtet wurde; zur zweiten rechnet er 7 Fälle mit Symptomen, die an das halluzinatorische Delirium erinnerten. Was die Fälle der ersten Klasse betrifft, so hatte der Tumor seinen Sitz in 10 Fällen im vorderen Teile des Balkens, in 3 im mittleren, in 1 im hinteren Teile, in 2 im ganzen Balken, während in 2 Fällen der Sitz nicht angegeben war. Unter den 7 Fällen der zweiten Klasse befand sich die Neubildung 5 mal im hinteren Teile und 2 mal nahm sie den ganzen Balken ein. Aus seiner Analyse folgert er, daß: „die Tumoren, die einfache psychische durch irgend einen Reizzustand nfcht komplizierte Schwächezustände hervorrufen, sich im vorderen Teile des Balkens befinden, während diejenigen, welche Wahn- oder ähnliche Zustände bedingen, im hinteren Teile des Balkens lokalisiert sind".

Die Untersuchungen Milani's stimmen mit jenen Schuster's überein, insofern als auch er nach einer neuen Durchsicht der Fälle bei den meisten

Geschwülsten des vorderen Balkenteiles psychische Schwäche ohne Reizerscheinungen beobachtete; jedoch hebt er hervor, daß die Geistesschwäche nur in 7 Fällen von Tumor des mittleren Teiles angetroffen wurde. Tatsächlich zeigte sich in einigen Fällen von Tumor dieses Segmentes eine psychischmotorische Aufregung: doch war die Neubildung nicht genau umschrieben, sondern dehnte sich nach dem mittleren und hinteren Teile des Balkens zu aus. Im Falle Knapp z. B., in dem heftiges Delirium und Amnesie bestand, fand man, daß der Tumor nicht nur den vorderen Teil des Balkens befallen hatte, sondern sich auf die beiden Großhirnhemisphären und die Ganglien der Basis drückend, auch auf das mittlere Balkendrittel erstreckte.

Die obgleich sehr anziehende Annahme Schuster's ist nicht plausibel, auch wenn man annehmen sollte, daß die mit Erregungserscheinungen oder nicht assoziierten Demenzzustände einerseits und die Wahnideen andererseits entweder von den Läsionen bestimmter Faserordnungen oder wenigstens von einer denselben zugefügten Unterbrechung abhängen und dies verstoße gegen unsere psychiatrischen Anschauungen, auch wenn wir die allgemeine Annahme Wernicke's über den Mechanismus der psychischen Disjunktion oder Sejunktion bis zu den äußersten Grenzen ausdehnen wollten. Außerdem wurden in den letzten Jahren besonders von Dejerine einige Beispiele von sekundärer Degeneration des hinteren Teiles des Balkens beschrieben, ohne daß irgendwelche Wahnideen aufgetreten wären. Die Physiologie lehrt ferner, daß, wenn ein gegebenes Markfaserbündel einer bestimmten Funktion vorsteht, der Mangel der Fasern oder die Verletzung derselben als logische Folge und mit mathematischer Beständigkeit die Aufhebung dieser Funktion mit sich bringen muß. Selbst Schuster gibt zu, daß sich in der Literatur einige, wenngleich seltene Fälle finden, in denen ein Balkentumor ohne irgendwelche Geistesstörung verlaufen ist. Eine solche Ausnahme hat eine große Bedeutung, so groß auch die Zahl der Autoren sei, die das Gegenteil behaupten, und dies um so mehr, als die Balkengeschwülste, selbst die beschränktesten, fast stets eine Fernwirkung auf die angrenzenden Teile und zwar durch Hirnödem oder Diaschisis ausüben. Schuster nimmt zwar die Möglichkeit an, daß besonders in den ohne irgendwelche Symptome verlaufenden Fällen von Agenesie des Balkens Ausgleiche durch von anderen Systemen ausgeführten Funktionsersatz stattgefunden haben können. Aber auch diese Annahme steht nicht im Einklang mit unseren physiologisch-anatomischen Begriffen bezüglich des Baues und der Struktur des Balkens. Zweifelsohne könnte man als Analogon die Tatsache herbeiziehen, daß der Mangel der Pyramidenbahnen der einen Seite bis zu einem gewissen Punkte durch die Hyperfunktion der entsprechenden Gebilde der entgegengesetzten Seite ersetzt werden kann. Doch hier ist das Postulat bereits durch die anatomische Erfahrung bestätigt worden und im Grunde genommen handelt es sich darum, anzunehmen, daß, gesetzt, (im Gehirn) der Mangel der Pyramidenbahn einer Seite bestehe, sich die der anderen Seite, welche sich im Rückenmark mit der ersteren vereinigen muß, stärker entwickle. Hingegen wird, sobald der Balken entfernt ist, der angerufene Ausgleich ein Mythus, denn in diesem Falle bleibt keine andere Verbindungsbahn zwischen den beiden Hemisphären als die Commissura anterior. Leider, wie dies Banchi hervorgehoben hat, kann man nicht sagen, daß dieselbe in den Fällen von Agenesie des Balkens immer mehr als gewöhnlich entwickelt sei. Übrigens befindet sich die Physiologie, von diesem Standpunkte aus, in voller Übereinstimmung mit der Pathologie, denn nach den Beobachtungen Lo Monaco's sind die an vollständiger Balkenlängsdurchtrennung operierten Hunde lebhaft, gefräßig, hören und sehen und verhalten sich gerade so gut wie die gesunden Tiere.

Analysieren wir ferner die psychischen Symptome der von Ayala zusammengestellten Balkentumorfälle und versuchen wir, dieselben je nach dem Sitze des Tumors der von Schuster vorgeschlagenen Einteilung zufolge zu gruppieren, so erhält man in der Tat auch keine Bestätigung der Behauptung dieses letzten Verfassers. Den Torpor, die Apathie, die Schläfrigkeit usw., mit einem Worte die Verlangsamung der psychischen Tätigkeiten fand man in der Tat in wenigen Fällen von Tumoren des hinteren Segmentes des Balkens (Laignel-Lavastine und Levy-Valensi, Léri und Vurpas, Ayala), oder in jenen Fällen, in denen auch das mittlere Segment befallen war. Ayala hingegen bemerkte, die neuen von ihm zusammengesetzten Fälle analysierend, daß psycho-motorische Reizzustände, Halluzinationen und, im Falle Costantini's, in welchem der Tumor das Genu corporis callosi in Mitleidenschaft gezogen hatte, Wahnideen vorherrschten. Bezüglich dieses letzten Falles kann man bemerken, daß der Tumor auch die Präfrontallappen befallen hatte. Doch sind viele andere Fälle bekannt, in welchen auch bei Mitbeteiligung dieser beiden Lappen und bei Verletzung des Genu callosi keine psychischen Störungen wahrgenommen worden waren. Übrigens begreift man nicht, warum durch Verletzungen des Spleniums Reizbarkeitserscheinungen auftreten sollten, da wir aus der Physiologie doch wissen, daß, wenn in einer gegebenen Gehirnbildung eine Funktion liegt, die Entfernung ersterer notwendigerweise die Aufhebung letzterer oder den Verlust der Kontrolle über andere Funktionen zur Folge haben muß. Leider wissen wir nicht ganz genau (s. unten), welche die Funktion der im hinteren Segment des Balkens verlaufenden Fasern ist.

Diese Frage beiseite lassend und bezüglich des klinischen Wertes der psychischen Störungen bei Balkengeschwülsten abschließend, scheint die Behauptung zulässig, daß wir noch nicht befähigt sind, dieses oder jenes psychische Syndrom als das Charakteristikum der Läsionen des einen oder des anderen Balkensegments anzuerkennen. Man kann nur sagen, daß psychische, verschiedentlich assoziierte Schwächezustände fast stets vorhanden sind, und daß man nur ausnahmsweise (gleichgültig, welches das betroffene Balkensegment sei) psychische Reizerscheinungen wahrnimmt. Die beständigsten charakteristischen Merkmale dieser Störungen sind: ihre äußerste Häufigkeit (95 %); ihr frühzeitiges Einsetzen, ihr schnelles Fortschreiten und die bedeutende Schwere, die sie sehr bald erlangen.

Von diesem Standpunkte aus sind die neuerdings von Stern über die psychischen Störungen bei Gehirngeschwülsten im allgemeinen und bei Balkengeschwülsten im besonderen angestellten Studien von höchstem Interesse. Er hebt vor allem hervor, daß sich in der Literatur Fälle vorfinden, in denen jedwelche Art von psychischer Veränderung fehlt. Hierher gehören die Fälle Schuster's, Lippmann's, Mill's (angeführt bei Levy-Valensi), Wahler's (der beide Gehirnhemisphären betraf) und ein eigener Stern's. Auch Hauenschild hat über einen Kranken mit Balkentumor berichtet, der trotz der schweren körperlichen Allgemeinerscheinungen (Stauungspapille) geistig intakt geblieben war. Von derselben Bedeutung fast ist die Tatsache, daß nicht selten die psychischen Störungen viel später auftraten als die körperlichen Erscheinungen, oder auch als die Apraxie. Von dieser Art war ein Fall Stern's, in welchem die psychischen Störungen erst auftraten als der Tumor eine bedeutende Größe erreicht hatte. Das größte Interesse bietet der zweite Fall Hartmann's; in welchen weder eine Orientierungsstörung noch ein Zeichen von Geistesschwäche, sondern nur eine Verlangsamung des Gedankenablaufs und vor allem der Merkfähigkeit bestand, und nur später Ratlosigkeit, Apathie, Aufmerksamkeits- und Gedächtnisstörungen auftraten. Ebenso wies der Patient v. Vleuten's, der an einer linken, ausgeprägten Dyspraxie litt, zuerst nur eine Verlangsamung der psychischen Vorgänge auf, während er im weiteren Krankheitsverlauf unorientiert und stuporös wurde. Auch in einem meiner Fälle bestanden lange Zeit hindurch nur Gedächtnisstörungen und erst später stellten sich schwere psychische Veränderungen ein. Ferner kann man den Fall Ransom's den negativen beizählen: der Kranke war ruhig, intelligent, fast normal; nur wenn die Kopfschmerzen zunahmen, entwickelte sich eine Reizbarkeit, die bisweilen in eine lebhafte Erregung überging, die durch beruhigende Mittel allmählich verschwand. Unter den negativen Fällen befindet sich auch der Hartmann's, in welchem der Krankheitsprozeß fast bis zur gänzlichen Zerstörung der Balkenfaserung führte und in welchem diese Verletzung bereits bestand, bevor die schweren Geistesstörungen auftraten. Aus dieser Untersuchung folgert Stern, daß ein koordinierter, harmonischer Gedankenablauf stattfinden kann, wenn selbst ein Teil der Balkenverbindungen außer Funktion gesetzt ist. Dieser Schlußsatz schließt die andere Tatsache nicht aus: nämlich, daß im allgemeinen bei den Balkengeschwülsten die psychischen Störungen nicht nur einen hervorragenden Teil im symptomatischen Bilde darstellen, sondern oft frühzeitig auftreten.

Die nicht seltene Flüchtigkeit der allgemeinen Geschwulstsymptome gibt uns zu verstehen, wie die Balkentumoren lange Zeit hindurch latent bleiben können; nämlich bis sie eine bedeutende Größe erreicht und folglich das Gehirn einen starken Druck erfahren habe. Daher kann man, nach Stern, begreifen, warum in der Reihenfolge der Symptome frühzeitig einige psychische Störungen, wie z. B. die Benommenheit, auftreten. Stern hat festgestellt, daß es zwei Gruppen von psychischen Veränderungen sind, die hervorragen; nämlich: 1. der Korsakow'sche (amnestische) Symptomenkomplex, 2. eine Abnahme der initiativen Spontanität in Bewegungen und im Gedanken.

Den Korsakow'schen Symptomenkomplex haben nur wenige Autoren eingehend besprochen (Redlich, Steinert); er wird besonders in zwei Fällen von Pfeifer, in dem von Redlich-Bonvicini, im I. und V. Falle Sterling's und in 4 von den 7 Fällen Stern's hervorgehoben. Gerade die Tatsache, daß er in den Fällen dieses letzten Autors nicht wahrgenommen wurde, macht die Behauptung Pfeifer's, daß der in Rede stehende Symptomenkomplex das am meisten charakteristische Symptom des Balkentumors sei, unannehmbar.

Bezüglich der Abnahme der Gedankenspontanität finden wir in den Fällen von Zingerle, Zipperlin, Hartmann, Levy-Valensi, v. Vleuten, Steinert, Redlich-Bonvicini, in dem meinigen und in zwei Fällen Stern's angegeben. Dieses Symptom scheint nicht immer denselben Grund zu haben. In der Tat haben einige Autoren von Mangel an spontanem Interesse (Zipperlin), andere von typischen Torpor (Redlich-Bonvicini) reden wollen. Levy-Valensi spricht von einem Kranken, der ohne zu reden auf einem Sofa saß, aber kein Zeichen von Demenz aufwies. In anderen Fällen hingegen (Bergmann) scheint die Bewußtseinstrübung die wahre Ursache der Apathie gewesen zu sein. In den oben angeführten Beobachtungen fehlten im allgemeinen deliröse Zustände (auch Levy-Valensi erwähnt deren Seltenheit).

Schwieriger zu erklären ist nach Stern die Ursache der (obwohl noch nicht gänzlich bewiesenen) Häufigkeit des Symptomenkomplexes, der das sogenannte Korsakowsche Syndrom bildet. Der Sitz des Krankheitsherdes könnte vielleicht nicht nur die Genese des Mangels an Aufmerksamkeit, sondern auch die Tatsache erklären, daß der Inhalt eines neuen bewußten Materials durch die Verletzung der Hirnrindenelemente und ihrer Assoziationsorgane verhindert wird. Die übrigens sehr plausible Annahme Wernicke's, daß nicht ausgeschliffene Assoziationsbahnen eine besondere Empfindlichkeit besitzen, ist ungenügend, um zu erklären, warum bei den Balkengeschwülsten das in Rede stehende Syndrom verhältnismäßig häufiger als bei anderen Gehirnsitzen ist. Selbst wenn man, wie Stern richtig betont, den Begriff annehmen wollte, daß der Balken eine koordinierende Tätigkeit besitze (Hitzig und Zingerle), so kann man doch nicht verstehen, warum das bereits erworbene Vorstellungsmaterialvermögen schwereren Zerstörungen unterliegen solle, wenn die kombinierten Tätigkeiten der beiden Großhirnhemisphären unterbrochen werden, als wenn infolge eines anderswo lokalisierten Prozesses die (hypothetischen) Zentralstationen der mnestischen Bilder und ihrer Assoziationen verletzt werden. Es ist schwer zu sagen, ob in dieser Hinsicht die Balkentumoren die gleiche Wirkung hervorrufen wie die im Hemisphärenmarke gelegenen anderen Neubildungen. Sicher mangelt es an Argumenten, um den Nachweis zu liefern, daß ausschließlich die Funktionsstörungen des Balkens das Korsakow'sche Syndrom hervorrufen.

Was das zweite Symptom (Mangel der Spontanität) anbetrifft, so müßte vom theoretischen Standpunkte aus, wenn der Balken die Mechanismen einer regelmäßigen Gesamtarbeit der Assoziationen in sich enthält, der Verletzung desselben eine Störung in der Aufeinanderfolge der entsprechenden Assoziationskomplexe, nämlich eine Dissoziation oder eine Inkohärenz im Verlaufe der Vorstellungen (wie man sie in den amentialen Störungen hat) folgen. Doch dies (wie Stern hervorhebt) zeigt sich nicht in allen Fällen. Freilich bestehen Raymond und Levy-Valensi darauf, daß bei den Balkenneubildungen, neben der Inkohärenz des Verhaltens, Störungen in der Assoziation der Vorstellungen bestehen. Doch hat man es hier nicht mit einer primären Inkohärenz zu tun, wohl aber mit Folgeerscheinungen der Betäubung und den schweren Aufmerksamkeitsdefekten folgenden Syndromen. Stern betont in der Tat, daß wenn der Mangel an Verbindung der interhemisphärischen Assoziationen eine Verarmung der spontanen Assoziationsbildungen verursachte, so wären jene durch Benommenheit nicht zu erklärenden Zustände häufig bei Balkentumoren zu erwarten. Übrigens tragen, nach diesem Autor, andere Faktoren dazu bei, den Mangel an Initiative hervorzurufen; denn dieses Symptom findet sich nicht nur bei den Tumoren des Balkens, sondern auch bei den Erweichungen des Stirnlappens (v. Vleuten, Hartmann), woraus man folgert, daß hauptsächlich der linke Stirnlappen von besonderer Bedeutung gegenüber der Bewegungsinitiative ist. Deshalb ist nach Stern vielleicht ein Teil der vom Balkentumor abhängigen Störungen auf den auf diesen Lappen ausgeübten Druck zurückzuführen. Hierzu füge man, daß, nach Hartmann, das Stirnhirn eine besondere Bedeutung hat, insofern es die zum Aufrechtstehen notwendigen statischen Empfindungen aufnimmt, die vor allem in den Frontozerebellarenbahnen verlaufen und bei Herdläsionen des Stirnhirns verletzt werden. Trotzdem ist nicht zu leugnen, daß die Unterbrechung der Balkenverbindungen teilweise für das Entstehen der Verarmung der Gedanken und für die spontane Unaufmerksamkeit verantwortlich gemacht werden muß.

Immerhin nimmt Stern an, daß die psychischen Störungen bei Balkentumoren nichts Charakteristisches an sich haben; sie können auch fehlen, doch verhältnismäßig oft treten sie frühzeitig auf. Unter den psychischen Störungen sind jedenfalls die Reizbarkeit und die Sonderbarkeit im Benehmen, der amnestische Symptomenkomplex (der bis zum vollständigen Korsakow'schen Syndrom sich entwickeln kann), der Verlust der Spontanität der Bewegungen und der Gedanken und bisweilen die Benommenheit vorherrschend; doch besitzt als Sitzsymptom der Verlust der Spontanität einen geringeren Wert als die Feststellung der linksseitigen Dyspraxie.

Wahrscheinlich können meines Erachtens diese anscheinend sich widersprechenden Tatsachen und Anschauungen in Übereinstimmung gebracht werden, wenn man annimmt, daß die pathogenen Faktoren der Geistesstörungen in den Fällen von Balkentumoren multiple sind. Teilweise stehen sie in enger Verbindung mit dem Sitze des Tumors im Balken, zum Teil nehmen sie ihren Ursprung aus der Beteiligung am Neubildungsprozesse der nahen Gebilde, und zum Teil endlich sind sie der Ausdruck des gesteigerten inneren Hirndruckes (Hydrozephalus), der Kreislaufstörungen, der endogenen Intoxikation, der Diaschisis usw., überhaupt aller jener pathogenen Faktoren der Allgemeinerscheinungen, welche sämtlichen Hirntumoren eigen sind. Die Schwierigkeit ist, zu sagen, welche und wie viele Geistesstörungssymptome von dem einen oder dem anderen dieser Faktoren abhängen.

Von gleich großer Bedeutung wie die psychischen Störungen sind für die Diagnose der Balkenneubildung die Motilitätsstörungen, deren Häufigkeit von allen Autoren anerkannt ist. Dem für diesen Teil fast ohne Einschränkung angenommenen Schema Bristowe's zufolge bestehen sie in dem allmählichen Auftreten der Parese der Glieder der einen Seite, vergesellschaftet mit unbestimmten motorischen Symptomen der entgegengesetzten Seite und mit Mangel an Störungen der Hirnnerven. Diesem charakteristischen Kennzeichen fügt er noch das Vorherrschen dieser Störungen in den unteren Gliedern, sowie die Assoziation mit Kontrakturen, eventuell mit Sensibilitätsstörungen und Krämpfen bei. Raymond bestätigte die Tatsache, daß bei den Balkentumoren die hemiplegischen und tetraplegischen Kontrakturen ohne ausgeprägte Sehnenreflexsteigerung begleitet sind. Nach Steinert wäre der Tatsache, daß bei Hemiplegie das am meisten befallene Glied das untere sei, eine große Bedeutung beizumessen, und dies im Gegensatze zum geläufigen Typus der gewöhnlichen Hemiplegie; hingegen unterscheidet sich nach Bristowe die durch Balkentumor hervorgebrachte Hemiplegie nicht merklich von jener, die man bei den anderen Verletzungen der Großhirnhemisphären wahrnimmt.

Abgesehen von diesen Eigentümlichkeiten bestehen nach Lippmann die motorischen Störungen der Glieder in $60^0/_0$ der Fälle, und nach Milani in $66^0/_0$ derselben. Levy-Valensi findet sie in einem weit größeren Verhältnis,

und zwar 68 mal in 86 von ihm untersuchten Fällen. In 43 Fällen handelte
es sich meistens um Hemiplegia flaccida, die im allgemeinen nach einem Iktus
aufgetreten war und allmählich, bisweilen das Gesicht verschonend, die ganze
eine Körperhälfte befallen hatte. Seines Erachtens ist die Bilateralität der motorischen Symptome nicht so häufig, wie es Bristowe, Ransom und mit ihnen auch
ich annehmen, denn in 96 Fällen bestand sie nach ihm nur 13 mal. Aus der Untersuchung Ayala's hingegen geht hervor, daß die bilateralen motorischen Ausfall-
störungen in ungefähr der Hälfte der Fälle vorlag, während Hemiplegie in 5 Fällen
angegeben ist; in den von diesem Verfasser zusammengestellten Fällen war sie
fast stets spastisch. Die motorischen Störungen fehlten in den unteren Gliedern
im Falle Williamson's und vielleicht in jenem von Legrain und Marniers.
Durch die von Ayala analysierten Fälle bestätigt sich außerdem nicht die
Annahme Bruns, der das fast ausschließliche Vorherrschen der motorischen
Störungen in den unteren Gliedern betont und daher annimmt, daß man von
Paraparese und nicht von doppelter Hemiplegie reden müsse. Im allgemeinen
ist dieser Begriff nicht annehmbar, denn eine echte Paraplegie bestand nur im
Falle Laignel - Lavastine's und Levy-Valensi's, sowie im Falle Clarke's,
in welchem auch eine Schwäche in den oberen Gliedern bestand. In den
Fällen Agosta's und Agostini's war anfangs nur die Paraparese vorhanden;
bald trat Hemiplegie der einen Seite und dann (Fall Agostini) der anderen
Seite hinzu, ohne daß man einen Unterschied in der Schwere der motorischen
Symptome der Arme und der Beine hätte wahrnehmen können.

Lippmann zählt zu den krankhaften motorischen Erscheinungen die allgemeine Schwäche, die er unter 45 Fällen zweimal vorfand. In den von Ayala
zusammengestellten Fällen wird diese Störung nie angetroffen; immerhin ist
es wahrscheinlich, daß sie häufiger sei, als angegeben wird. Nach Milani
muß sie den allgemeinen Symptomen, gleich den funktionellen Störungen zugeschrieben werden.

Neben den motorischen Ausfallsymptomen bemerkt man bei den Balkentumoren verschiedene Formen motorischer Reizsymptome (rhythmischer und
choreiformer Tremor, brüske klonische Zuckungen, Jackson'sche Anfälle).
In der Statistik Levy-Valensi's finden wir sie 14 mal. In den von Ayala
zusammengestellten Fällen waren sie in 8 derselben vorhanden und bestanden
aus: Zittern des Gesichts, der Zunge und der Hände (Williamson); Zittern
unter großen Schwingungen (Legrain - Marnier); verallgemeinertes Zittern
(Léri und Vurpas); Zittern von ataktisch-zerebellarem Typus (Mingazzini);
klonischen Zuckungen der Glieder der einen Seite (Clarke, Agostini); Jackson'schen Anfällen (Hammacher, Clarke, Costantini, Mingazzini).
Von Bedeutung sind in dieser Hinsicht die Fälle Stern's. Im zweiten Falle dieses
Verfassers hatte der Tumor sowohl den mittleren Teil (hauptsächlich links) der
Balkenfaserung befallen, wie auch einen bedeutenden Teil der beiden Gg. fornicati
und der inneren Kapsel links zerstört. Die ersten motorischen Störungen begannen mit Jackson'schen Zuckungen, die, im Arme und in den Fingern rechts
beginnend, sich auf das Bein derselben Seite erstreckten. Auch im dritten Falle
desselben Autors (Tumor, der die ganze rechte Hälfte des Balkens infiltriert
hatte und in die homolaterale Großhirnhemisphäre gedrungen war) hatte die
Krankheit mit Jackson'schen Anfällen links begonnen, denen dann eine linke
spastische Parese folgte. Hier muß hervorgehoben werden, daß da in beiden

vorerwähnten Fällen die Krankheit mit deutlichen Jackson'schen Anfällen begonnen hatte, man annehmen könnte, daß der Krankheitsprozeß seinen Sitz in der Regio pararolandica der gegenüberliegenden Seite, in welcher die Zukkungen ihren Sitz hatten, habe.

Zieht man nun nicht bloß die motorischen Ausfalls-, sondern auch die Reizstörungen in Betracht, so ergibt sich deutlich aus den von Ayala analysierten Fällen, daß sie verschieden gruppiert sind und in einer verschiedenen chronologischen Reihenfolge auftreten. In der Tat finden wir den allmählichen Übergang von der einfachen und isolierten Fazialislähmung (Fall Williamson) zur Hemiplegie, zur Paraplegie und zur Tetraparese, oder besser zur bilateralen Hemiplegie mit Beteiligung der Gesichtsnerven, mit oder ohne Krämpfe und Zittern der Glieder. Ich selbst habe seit langer Zeit die diagnostische Bedeutung dieser motorischen Symptome und besonders ihre Bilateralität betont. Ihre Bedeutung wird auch dadurch nachgewiesen, daß sie nicht bloß bei den Neubildungen, sondern auch in sämtlichen Fällen von Gefäßverletzungen des Balkens angetroffen werden. Solche Bilateralität muß aber nicht im Sinne einer Symmetrie der Symptome, sondern in einem weiteren Sinne verstanden werden, nämlich darin, daß zuweilen motorische Ausfallsstörungen beiderseits, zuweilen Parese auf einer Seite und motorische Erregung auf der anderen Seite bestehen können.

Die Pathogenese der oben erwähnten bilateralen motorischen Störungen könnte ihre Erklärung in der Kenntnis finden, die wir über die anatomische Bildung des Balkens besitzen. Derselbe enthält, einigen Autoren nach (s. oben), keine motorischen Projektionsfasern, die dazu bestimmt sind, die inneren Kapseln zu erreichen (wie es einige glaubten), sondern Assoziationsfasern, welche nicht bloß symmetrische, sondern auch asymmetrische Rindenzonen der beiden Großhirnhemisphären untereinander verbinden. Folglich habe ich behauptet, daß ihre Verletzung die gegenseitige Assoziationstätigkeit der entsprechenden Hemisphären aufhebt, und zwar in einer mehr oder weniger ausgedehnten Weise, je nach der mehr oder minder großen Zahl von außer Funktion gesetzten Fasern, indem sie bald motorische Reizsymptome, bald eine Parese hervorruft. Diese für die Gefäßverletzungen des Balkens richtige Erklärung kann jedoch nicht auf die Fälle von Balkentumor angewendet werden. Unter diesen Umständen tritt infolge der Natur des Krankheitsprozesses selbst, sowie infolge seiner Ausdehnung und seines Übergreifens auf die angrenzenden Gehirnbildungen ein anderer pathologischer Faktor in Funktion. Die Analyse der Befunde bestätigt in der Tat die von allen angenommene Meinung, daß nämlich die motorischen Störungen bei Balkentumoren auf die Zerstörung und häufiger auf den auf die Pyramidenfasern im Stabkranze oder auf die innere Kapsel oder auf den Linsenkern ausgeübten Druck zurückgeführt werden müssen. Beobachtet man aber eine Dissoziation der Paresen, so muß sie darauf zurückgeführt werden, daß der Tumor beim Eindringen in das ovale Zentrum nur auf den unteren Teil der kortiko-brachialen oder der kortiko-kruralen Fasern der einen oder beider Seiten einen Druck ausübt. Dies beweist die Analyse zahlreicher Fälle; so z. B. in jenem von Wahler, in welchem ein Tumor der unteren Hälfte des Balkens sich auf das ovale Zentrum der rechten Großhirnhemisphäre ausdehnte und man eine vollständige linke spastische Hemiplegie wahrnahm. Im Falle Würth's war der Tumor in die Markschicht der linken Großhirnhemisphäre gedrungen, während der

Patient rechts spastische Hemiplegie aufwies. Mein Patient wies bilaterale Hemiparese, die links schwerer war als rechts, auf; der im vorderen Teile des Balkens lokalisierte Tumor hatte, rechts mehr als links, den Kopf des Collicul. caudatus befallen und komprimierte etwas die rechte innere Kapsel. Im Falle Agostini's hatten in einem ersten Zeitabschnitte psychische Störungen vorgeherrscht, während seitens der Motilität keine Störung bestand; später trat langsam und progressiv rechts eine Parese des Armes und Beines und dann des linken Beines auf. Der ersten Phase nun entsprach die ziemlich freie Entwicklung des Tumors im Splenium; der zweiten Phase die Kompression, die progressiv von den zwei Geschwülstausläufern ausgeübt wurde, welche sich im Hemisphärenmark, in ausgeprägterer Weise jedoch rechts, eine Nische gegraben hatten; hier waren die Erscheinungen vom paretisch-spastischen Typus augenscheinlich auf den durch die Neubildung im ovalen Zentrum bedingten Reiz zurückzuführen. Wären die Bewegungsstörungen von der Verletzung der Balkenfasern abhängig gewesen, so hätten im Falle Agostini's gleichzeitig mit den psychischen Störungen solche der Motilität bestehen müssen, während diese erst nach einiger Zeit auftraten, und progressiv schwerer wurden, je mehr die sekundär unterhalb der Regio pararolandica gewucherten beiden Knospungen wuchsen. Jedoch muß hervorgehoben werden, daß im Falle Agostini's der vordere Neubildungsknoten mehr in das ovale Zentrum rechts gedrungen und die Hemiplegie vom paretisch-spastischen Typus auf der homolateralen (rechten) Seite schwerer und vollständiger war. Agostini nimmt billigerweise die von Ascenzi (siehe oben) zur Erklärung der homolateralen Lähmung der Glieder, die von letzterem in einem Falle von unilateraler (linken) Hämorrhagie des vorderen Balkenteiles wahrgenommen worden war, aufgestellte Hypothese an.

Was die Gehirnnerven betrifft, so nehmen Bristowe, Ransom, Giese, Panegrossi, Bruns und andere Autoren übereinstimmend an, daß dieselben intakt bleiben, ja, wie wir gesagt haben, wäre die Unversehrtheit der Hirnnerven und der Sensibilität, assoziiert mit bilateraler Hemiparese, eine der bedeutendsten Eigentümlichkeiten der Balkengeschwülste. Die von Ayala durchgeführte Untersuchung der von ihm gesammelten Fälle bestätigt diese Annahme nur zum Teil, denn die Störungen der Gehirnnerven wurden, obwohl selten, in einem mehr oder weniger ausgeprägten Grade beobachtet. In der Statistik Levy-Valensi's und Milani's finden wir in der Tat einmal Geschmack-, dreimal Gehör-, einmal Geruch- und dreimal äußere Augenmuskelstörungen; selten sind die Pupillenstörungen und die Hemianopsie (drei Fälle). Die untere Fazialis- und Hypoglossuslähmung begleiten oft die Hemiplegie. Fünfmal wurde eine isolierte Lähmung des Fazialis wahrgenommen; in einem Falle (Hauenschild) bestand eine isolierte Parese der einen Zungenhälfte.

In den neuen von Ayala zusammengestellten Fällen findet man keine Angabe über Störungen des V., VIII. und IX. Hirnnervenpaares. Der Geruchsinn ist nur im Falle Costantini's vermindert; die Augenstörungen bestanden im Falle Geyken's und in dem Costantini's. Der Abduzens war im Falle Redlich's, Costantini's und in meinem rechts leicht verletzt. Der Fazialis war stets in fast sämtlichen Fällen von unilateraler und bilateraler Hemiplegie, nur im Falle Williamson's isoliert, befallen; in diesem Falle bestanden jedoch Babinski und Oppenheimphänomenon auf beiden Seiten, obwohl motorische Störungen in den Gliedern nicht vorgefunden wurden. Im Falle Geyken's (Abweichung der Zunge nach links) war der XII. auf der einen Seite verletzt. Steinert bemerkte in einem Falle von Balkentumor (in welchem der G. fornicatus mitbeteiligt war!) einseitige Störungen des Geschmacksinnes. Auch Geruchsstörungen wurden beobachtet.

Diese Resultate bestätigen nicht die Meinung Bruns', der den Mangel sämtlicher Symptome von seiten der Gehirnnerven für die Balkengeschwülste pathognomonisch erachtet. Störungen dieser Nerven können in der Tat spät auftreten, und zwar in einer sehr vorgeschrittenen Phase der Krankheit, bisweilen aber auch gleichzeitig mit anderen Symptomen. Sicher haben sie angesichts ihrer geringen Häufigkeit an sich allein keine große Beweiskraft in der Diagnose der Balkentumoren.

Eine besondere Störung, nämlich die motorische Apraxie (Lippmann), hat auch bei den Balkengeschwülsten einen großen diagnostischen Wert erlangt. Sie besteht bekanntlich in einer Unfähigkeit der Ausführung planmäßiger Handlungen, der weder einem gnosischen Defekte, noch einer Störung der geistigen Funktionen oder einer (dynamischen) Ataxie zugeschrieben werden kann. Sämtliche, diese Störungen betreffenden Fragen beiseite lassend, beschränken wir uns. auf Grund der von uns gesammelten Beobachtungen darauf hervorzuheben, in welchem Zusammenhange sie mit den Balkentumoren stehen und welcher semiologische Wert bezüglich der Diagnose dieser Krankheit ihnen zugesprochen werden muß. Sicher sind die Tumoren nicht die geeignetsten Verletzungen, solche Streitfragen zu studieren; ihre höchst seltene Beschränkung auf den Balken, ihre Nah- und Fernwirkung verwickelt die Frage. Glücklicherweise finden wir uns bezüglich der Apraxie der Tatsache gegenüber, daß dieselbe nicht bloß in den Fällen von Geschwülsten, sondern auch bei Erweichungen des Balkens beobachtet wurde, bei denen es nicht zulässig war, von Fernerscheinungen zu reden. Die von Apraxie begleiteten Balkentumoren sind in der Tat viel weniger zahlreich als andere, von derselben Störung begleitete Balkenläsionen. Den vier von Levy-Valensi und von Milani zusammengefaßten Balkengeschwülsten müssen ein von Oppenheim (in der Diskussion einer von Forster gemachten Mitteilung) angeführter Fall, jene von Clarke, Laignel-Lavastine, Levy-Valensi, zwei von Stern und höchstwahrscheinlich der von Kopczynski, im ganzen 10 Fälle, zugezählt werden. Überlegt man aber, daß die Balkengeschwülste, wie bereits gesagt, fast beständig von Geistesstörungen begleitet werden, und daß, um die Apraxie wahrzunehmen, ein genügend erhaltener Bewußtseinszustand notwendig ist, so ist anzunehmen. daß die apraktischen Störungen vielleicht weit häufiger wahrgenommen würden, wenn es möglich wäre, jene Untersuchungen durchzuführen, die notwendig sind, um sie zu eruieren; um so mehr, als sie in den Fällen von Balkenerweichung, wenngleich diese weniger häufig sind als die Geschwülste, ungemein häufiger angetroffen werden.

Fassen wir kurz diese 10 von Apraxie begleiteten Balkentumorfälle zusammen.

1. Fall Hartmann (1): Linke ideomotorische Apraxie der expressiven und deskriptiven Bewegungen. Tumor des Balkenknies, welcher den linken Stirnlappen und zum geringeren Teil den rechten befällt.

2. Fall Hartmann (2): Linke motorische Apraxie. Auf das Cingulum beschränkter Tumor der vorderen drei Viertel des Balkens.

3. **Fall v. Vleuten**: Bilaterale ideomotorische Apraxie. Geschwulst, welche links die weiße Substanz des G. limbicus, das Cingulum, einen Teil des Knies, das Centrum ovale des Stirnlappens und die ganze linke Hälfte des Balkens zerstört hatte.

4. **Fall Forster**: Bilaterale ideomotorische Apraxie; links ausgeprägter, sich seitwärts in die Hemisphären erstreckender Tumor des vorderen Teiles des Balkens.

5. **Fall Oppenheim**: Linke motorische Apraxie. Sich auf den Balken ausdehnender Tumor des Praecuneus dexter.

6. **Fall Clarke**: Linke ideomotorische Apraxie. Sich auf den linken Stirnlappen erstreckender Tumor des vorderen Teiles des Balkens.

7. **Fall Laignel-Lavastine** und **Levy-Valensi**: Ideomotorische bilaterale Apraxie. Das ovale Zentrum der beiden Lobi parietales befallender Tumor der hinteren drei Viertel des Balkens.

8. **Fall Kopczynski**: Ungeordnete Bewegungen der Hände (wahrscheinlich bilaterale motorische Apraxie). Tumor des vorderen Balkenviertels.

9. (I.) **Fall Stern**: Tumor, der, von den Seitenventrikeln ausgehend, die linke Hälfte des Balkens im vorderen Drittel und den ganzen mittleren Teil desselben komprimierte. Zum Teil melokinetische, zum Teil ideomotorische Apraxie.

10. (II.) **Fall Stern**: Tumor, welcher den mittleren Teil des Balkens, mehr links, die beiden Gyri fornicati und einen Teil des suprakapsulären Markes verletzt hatte. Apraxie von vorwiegend melokinetischem Charakter.

Die Analyse der vorstehenden Fälle ergibt: a) daß die Apraxie bei den Balkentumoren vorwiegend von ideokinetischem, selten von melokinetischem Typus war. b) Daß sie stets in der linken Seite bestand und falls sie bilateral war, die linke Seite am meisten befallen war. Dieser Wahrnehmung entspricht vor allem folgendes Postulat: zeigt ein Kranker linke, (ideo) motorische oder auch bilaterale Apraxie, so darf man eine Läsion des Balkens annehmen. Es ist angebracht, hervorzuheben, daß in den oben erwähnten Fällen das in Frage kommende Segment fast stets die vordere Hälfte des Balkens war. Man muß aber bemerken, daß im Falle **Oppenheim's** die Ausdehnung des Tumors nicht genau angegeben ist. Nur im Falle **Laignel-Lavastine's** und in dem **Levy-Valensi's** betraf die Geschwulst die beiden hinteren Drittel des Balkens; doch war hier auch das ovale Zentrum des linken Lobus parietalis in Mitleidenschaft gezogen und deshalb nehmen diese Autoren an, daß in den entsprechenden Fä'len die auch den Gyrus supramarginalis mit einschließende Verletzung des Scheitellappens hinreichend war, um allein die bilaterale Apraxie zu erklären und daß die Balkenverletzung überflüssig war.

Eine besondere Bedeutung für die Diagnose der Balkentumoren sollen, nach einigen Verfassern, die **Gleichgewichts-** und **Gangstörungen** besitzen. Nach **Zingerle** beobachtet man bei Neubildungen (resp. bei Gefäßverletzungen, nachdem die Fernerscheinungen verschwunden sind) des Balkens eine besondere Störung, die er „Balkenataxie" nennt. Diese bestehe in einer von den Patienten empfundenen Schwierigkeit, sich ohne Stütze aufrecht zu halten, und (in jenen Patienten, in denen eine Untersuchung des Ganges möglich ist), in Schwankungen, die den Charakter des ataktisch-(zerebellaren)-spastischen Ganges annehmen, besonders in der Neigung, während des Gehens nach hinten oder auf eine Seite zu fallen. Diese Störungen wären nach **Duret** ein Symptom hauptsächlich der Tumoren des vorderen Balkenteiles. Auch **Lippmann** hat ferner betont, daß häufig die Gehataxie das einzige Symptom darstellt; und daß, da bei einem seiner Patienten ein diffuses Zittern und beim anderen eine Anästhesie der unteren Glieder bestand, man vielleicht diesen letzteren Störungen die Gangstörung zuschreiben könnte. Levy-Valensi konnte auch in seiner Statistik 13 mal Gleichgewichtsstörungen und 18 mal Gehstörungen hervorheben. Die ersteren bestanden in der Unmöglichkeit, aufrecht zu stehen (4 Fälle), oder in der Neigung, entweder nach hinten (7 Fälle), oder nach rechts (1 Fall), oder nach links (1 Fall) zu fallen; die letzteren in Lateropulsion (5 Fälle), in ataktischem Gange (1 Fall), oder in unsicherem Gehen (12 Fälle). Unter den von Ayala gesammelten Fällen sind die in Rede stehenden Störungen sehr wenig häufig. Ataktischer Gang bestand in einem meiner Fälle und in jenen Kopczynski's; ataktisch-zerebellarer Gang ist auch im Falle von Jacquin, Marchand und von Giannelli angegeben. Selten findet man die Angaben „unsicherer Gang" und „Unmöglichkeit, auf den Füßen zu stehen". Ayala glaubt, daß die Unmöglichkeit, auf den Füßen zu stehen, nicht eine Gleichgewichtsstörung, sondern bisweilen der Ausdruck der Schwäche in den Gliedern und des geistigen Verfalles sei. Ja, begegnet man einer Balkenataxie Zingerle's, so schließt sich Ayala denen an, die behaupten, daß dieses Symptom nichts mit der Schwäche der Glieder und mit der Hypertonie, die sie häufig begleiten, zu tun habe. Wie Ayala scheint es auch mir wenigstens ausschließen zu müssen, daß die Genese dieser Ataxie in den allgemeinen Sensibilitätsstörungen, die häufig fehlen, liege, andererseits hatte Stern bei seiner Kranken 1 Neigung zum Erbrechen, Ohnmacht, Ohrenbrennen, wie dies in vielen Kleinhirnerkrankungen der Fall ist, wahrgenommen. Er meint, daß man es mit der von Bruns unter dem Namen „frontale Ataxie" beschriebenen Störung zu tun habe und daß diese Gleichgewichts- und Gehstörung wahrscheinlich durch eine Störung der fronto(ponto)zerebellären Bahnen bedingt sei um so mehr, als in seinem Falle von Balkengeschwulst diese (in dem vorderen Segment der inneren Kapsel verlaufenden Bahnen) komprimiert waren. Lippmann hingegen, der beobachtet hatte, daß man dieses Symptom auch in den Fällen von auf den Balken beschränkten Tumoren wahrnimmt, schließt zum wenigsten eine eventuelle Beteiligung des Lobus frontalis in der Erzeugung desselben aus. In der Tat bestand es in den von diesem Verfasser zusammengestellten Fällen, sowohl wenn die Infiltration in den Stirnlappen (2 Fälle unter 14), den Hinterhauptlappen (1 Fall), oder den Lobi parietales (1 Fall) stattgefunden hatte. Ebenso ergibt sich aus den von Ayala gesammelten Beobachtungen, daß, wenn man ataktischen Gang wahrnahm, der Tumor auf das vordere Viertel des Balkens beschränkt war (Kopczynski). Im Falle von Jacquin und Marchand hingegen, in welchem kein ataktischer Balkengang (im Sinne Zingerle's), wohl aber eine mit anderen Kleinhirnstörungen vergesellschaftete „Démarche ébrieuse" bestand, verbreitete sich der Tumor im ovalen Zentrum der beiden Stirnlappen. Raymond und Zingerle glauben endlich, die Erklärung der Gangstörungen in der Veränderung jener Balkenfasern zu finden, die die Großhirnhemisphären sich gegenseitig zusenden und die für die gewöhnlichen symmetrischen Bewegungen eine gewisse Bedeutung besitzen. Nun sei es, daß man sich den Balken als ein Verbindungssystem zwischen homologen Zonen der Hirnrinde vorstelle, oder daß man ihn als ein Leitungssystem für die Vorstellungen der zu einer Handlung notwendigen Aufeinanderfolge der Bewegungen betrachte, so muß diesen letzten Autoren nach bei der Veränderung desselben die Harmonie der in den von den Balkenfasern verbundenen Rindenzonen gelegenen Handlungsvorstellungen gestört werden; mit folglicher Unmöglichkeit, jenen Komplex symmetrischer und harmonischer Bewegungen zu vollziehen, welche den Gang bilden. Von derselben Meinung ist v. Leuten. Auch diese Auffassung ist von Hartmann bekämpft worden; denn obgleich letzterer in einem Falle von Balkentumor (Fall 2) dieselbe von Zingerle angegebene Störung gefunden hatte, meint er doch, daß es sich in diesen und in ähnlichen Fällen um Apraxie der unteren Extremität handle; seines Erachtens fehlt die synergische und proportionierte Arbeit der Muskelsysteme, welche der Statik und der Bewegung vorstehen. Zur Zeit also ist es nicht möglich, zu verstehen, warum bei den Balkentumoren die Ataxie einen besonderen Charakter annimmt. Trotz der Verschiedenheit der Auslegungen kann man jedoch sagen, daß dieselbe einen nicht zu übersehenden physio-pathologischen Wert besitzt und, falls sie vorhanden ist, ein wertvolles Symptom für die Diagnose des Sitzes der Balkengeschwülste darstellt.

Bezüglich der Reflexe behauptet Bristowe, daß die Sehnenreflexe nicht gesteigert sind. Die Berichte über diesen Punkt sind sehr unvollständig und in vielen, selbst neueren Beobachtungen werden dieselben nicht erwähnt. So wird z. B. in 7 unter den 18 von Ayala gesammelten Fällen der Zustand der Sehnenreflexe nicht angegeben; es ist anzunehmen, daß sie entweder normal waren oder nicht untersucht wurden. Auch Levy-Valensi hob diesen Mangel hervor, da er nur in 38 unter 93 Fällen das Verhalten der Reflexe erwähnt fand; die Sehnenreflexe waren in 6 Fällen aufgehoben, in 21 gesteigert, in 2 Fällen zuerst übertrieben und dann aufgehoben. Das Babinski'sche Phänomen wurde in 3, Fußklonus in 6 Fällen beobachtet. In den von Ayala gesammelten Fällen waren die Sehnenreflexe nie aufgehoben; in 6 Fällen waren sie gesteigert; Babinski wurde dreimal auf einer Seite und dreimal auf beiden Seiten festgestellt; auf beiden Seiten (ausgeprägter aber rechts) im 1. Fall von Stern; das bilaterale Oppenheim'sche Zeichen wurde nur einmal, Fußklonus zweimal auf einer Seite und zweimal auf beiden Seiten wahrgenommen. Im dritten Falle Stern's waren der Patellar- und der Fußklonus bloß links vorhanden. Im allgemeinen ist das Verhalten sowohl der Sehnenreflexe (der Beine) wie das des Plantarreflexes also ein verschiedenartiges. Was die Hautreflexe anbetrifft, so fand Ayala die Kremaster- und Bauchreflexe links fehlend im Falle Geyken's, und die Bauchreflexe rechts schneller auslösbar im Falle Williamson's. Die Pupillarreflexe auf Licht waren träge in zwei Fällen und bei Akkommodation (links) im Falle Clarke's aufgehoben.

Die Sensibilitätsstörungen lassen sich, falls sie in den Fällen von Hirntumor bestehen, angesichts der Schwere des Geisteszustandes nur schwer hervorheben. Selten nur ist man imstande, das Vorhandensein und den Grad derselben abzuschätzen; übrigens tragen sie wenig zur Diagnose bei. Wie die Motilitätsstörungen, so leiten auch sie ihre Genese auf die von der Neubildung auf die naheliegenden anatomischen Bildungen (innere Kapsel, Thalamus, Lenticularis, Gg. parietales) ausgeübte Kompression zurück. Meistens begegnet man (Hemi)hypästhesie in den paretischen Gliedern, bisweilen (Fall Bruns 5) auf der der Hemiplegie entgegengesetzten Seite. In den von Ayala zusammengestellten Fällen beobachtete man (neben den bereits erwähnten seltenen Geruchstörungen) viermal Hemihypästhesie, einmal Hypostereognosis, zweimal Schmerzhaftigkeit bei Schädelperkussion, einmal Schmerz bei Druck des Supraorbitalastes des Trigeminus. In dem hier veröffentlichten Fall Panegrossi's war die Druckempfindlichkeit besonders auf der linken Stirnhälfte ausgeprägt.

Was die Sprachstörungen anbelangt, so fügen die neuerdings veröffentlichten Fälle nichts zu dem hinzu, was die Autoren bereits mitgeteilt haben. Schon Bristowe hatte hervorgehoben, daß man bei den Balkentumoren Sprachstörungen von nicht aphasischer Natur antrifft. Im Falle Bristowe's (Tumor des Genu callosi) beobachtete man Echolalie; in denen Mill's, Allocco's und im zweiten Falle Bristowe's motorische Aphasie; in den anderen Fällen stellte man stets dysarthrische Störungen fest, die bisweilen jenen der allgemeinen Paralyse, bisweilen denen der multiplen Sklerose oder der pseudobulbären Paralyse glichen (zitternde Sprache, Stottern, unverständliche Worte, Skandierung usw.). In einigen Fällen (Lutzenberger, Brissaud, Mills, Siemerling) hat man jene eigentümliche, von Brissaud „Aphasie d'intonation" genannte Dysarthrie beobachtet, die nach Oppenheim das Zeichen einer Verletzung des Lobus frontalis wäre. Aus der Analyse der von Ayala gesammelten Fälle scheint die Meinung Duret's, daß man nämlich eine Dysarthrie bei den Tumoren des bloßen Balkenknies habe, nicht vollständig gerechtfertigt, da man die Sprachstörung auch in Fällen von Tumoren des mittleren (3 Fälle) und des hinteren Teiles des Balkens (4 Fälle) wahrgenommen hat.

Die genetische Deutung dieser Störungen muß, meines Erachtens, in einem Ausfalle der zwischen den beiden (rechten und linken) Gebieten der motorischen Aphasie sich abspielenden Assoziationsfunktionen gesucht werden, die von den Fasern des vorderen Teiles des Balkens im Sprachmechanismus ausgeübt werden; oder darin, daß die Neubildung (direkt oder indirekt) die Rinde des Broca'schen Gebietes oder die (linke) Linsenkernzone, wo die verbarthrischen Fasern verlaufen, befallen hat.

Die Schluckstörungen wurden von Bristowe angegeben und nach ihm wurden sie mit einer gewissen Häufigkeit hervorgehoben; sie bestanden auch im Falle Marchiafava's, in welchem auch Störungen der rektovesikalen Sphinkteren beobachtet wurden. Es ist anzunehmen, daß wenigstens diese letzteren eher mit dem geistigen Verfalle des Patienten als mit einer Störung einer besonderen Funktion der Balkenfasern in Zusammenhang stehen.

Die Ernährungsstörungen treten ausnahmsweise auf; sie wurden im Falle Ayala's und in jenem Agostini's in Form von allgemeinem, bedeutenden Verfalle und schneller Abmagerung aufgefunden. Einzig in seiner Art ist der Fall Claude-Schaeffer's, in welchem man während der Krankheit eine bedeutende Fettzunahme ohne Störungen in der Genitalsphäre beobachtete. In diesem Falle aber war der Fettansatz nicht so sehr mit dem Balkentumor als mit den Hypophysenveränderungen in Zusammenhang zu bringen; dieselbe war komprimiert, deformiert und in ihrer histologischen Struktur verändert.

Die selten durchgeführte Lumbalpunktion fördert bei den Balkentumoren nichts Besonderes an den Tag. Im Falle Ayala's war der Liquordruck ein niedriger, hoch hingegen war er in den Fällen Geyken's, Clarke's, Giannellis' und Costantini's. Das Aussehen des Liquors ist immer ein klares, ausgenommen im Falle Geyken's, in welchem er leicht getrübt war. Bezüglich seiner chemischen und zytologischen Zusammensetzung wurde er, mit Ausnahme des Falles

Costantini's, normal gefunden; in letzterem Falle fand man Eiweißzunahme, Anwesenheit von Globulin und geringe Lymphozytose. Da jedoch in diesem Falle der Tumor sich mehr in den Präfrontallappen als im Balken entwickelt hatte, könnte man meinen, daß die Veränderung des Liquors nicht im Zusammenhange mit der Balkenverletzung stehe. Immerhin bestand auch im dritten Falle Stern's (Tumor des mittleren Balkenteiles) ein leichter Globulingehalt und eine mäßige Lymphozytose; im 4. Falle desselben Autors (frontaler Balkentumor) zeigte sich ausgeprägte Lymphozytose und Hyperalbuminose. Normal hingegen waren die Eiweißmenge und die Zahl der Lymphozyten im hier publizierten Falle von Giannelli. Im allgemeinen zeigt sich bei den Balkentumoren was man bezüglich der Neubildungen anderer Gehirnteile wahrgenommen hat: nämlich, daß Pleozytose und Hyperalbuminose sich oft zusammen vorfinden, aber auch fehlen können.

Nicht bessere Erfolge haben die radiographischen und radioskopischen Untersuchungen speziell bei Balkentumoren ergeben. Im Falle Hauenschild wurde die Radiographie vorgenommen und eine Läsion der Highmorshöhle vermutet, doch zeigte sich keine Veränderung der Gehirnregion. Bei der Sektion fand man einen, den ganzen Balken befallenden und auf die beiden Hemisphären sich ausdehnenden Tumor. Im Falle Panegrossi hingegen zeigte die radiographische Platte einen, dem verkalkten Tumor entsprechenden Schatten (Abb. 60).

Das, was wir bezüglich der einzelnen Symptome mitgeteilt haben zusammenfassend, müssen wir feststellen, daß die Analyse der neueren Beobachtungen sehr wenig Licht in die Frage über die Diagnose der Balkentumoren gebracht hat. Trotz der bedeutenden Anzahl von Beobachtungen ist diese Aufgabe gerade so schwer geblieben, als sie es vor Jahren war. Die Diagnose der Balkengeschwülste bildet in der Tat eine der größten Schwierigkeiten der Gehirnpathologie. Die Lösung dieser Frage beruht tatsächlich auf so schwankenden Grundlagen, daß, wenigstens bis jetzt, kein Kliniker es wagen würde, mit Sicherheit ein diagnostisches Urteil zu fällen. Die von Bristowe angegebenen, von Giese modifizierten und von Ramson vervollständigten Kriterien, sowie die später von Schupfer formulierten und von Duret angenommenen; das Hervorheben der diagnostischen Bedeutung der Bilateralität der motorischen Symptome und der psychischen Störungen (Schuster); der Versuch, nach Raymond, ein besonders charakteristisches Syndrom der Balkengeschwülste zu individualisieren; endlich die Einführung der Balkenataxie und der Apraxie (durch Liepmann) in die Symptomatologie der Balkengeschwülste; alle diese Kriterien sind noch ungenügend und haben die Zahl der intra vitam diagnostizierten Fälle immer noch nicht zunehmen lassen. Mit Ausnahme weniger Fälle (Bristowe, Hitzig, Brissaud, Lippmann, Forster, Oppenheim), in denen durch Mitwirkung glücklicher Zufälle die Diagnose des Balkentumors gestellt werden konnte, war diese in der Tat in den meisten Fällen (mehr als 100) nur eine Wahrscheinlichkeitsdiagnose oder bildete eine Überraschung des Exstipicium. Der Grund dieser diagnostischen Schwierigkeit ist ein zweifacher, einmal ist die Grundlage, auf welcher die Deutung des Symptomenkomplexes beruhen muß, nämlich die Physiologie des Balkens, wie wir gesehen haben, nichts weniger als geklärt. Zweitens betrachte man das vielgestaltige, im einzelnen Falle vom Balkentumor angenommene pathologisch-anatomische

Aussehen, die außergewöhnliche Beschränktheit der vom Balkentumor selbst hervorgerufenen Symptome einerseits, die von demselben auf die verschiedensten Hirngebilde ausgeübte Nah- oder Fernwirkung andererseits, so wird man begreifen, wie das klinische Bild in den einzelnen Fällen so modifiziert und verdunkelt wird, daß man schwerlich das, was in ihm von der eigentlichen Verletzung des Balkens abhängt, von den Kollateralerscheinungen trennen kann.

Um diese Schwierigkeit zu überwinden, haben die Autoren die zur Zeit ihres Studiums bekannten Fälle einer näheren Durchsicht unterzogen, um allgemeine und beständigere beweisführende Kriterien daraus zu folgern. Doch befanden sie sich vor einem nur teilweise zu verwertenden Material, da viele von den bis vor einigen Jahren veröffentlichten Fällen nur in Bruchstücken oder unvollständig mitgeteilt wurden. Nur in den letzteren Jahren wurden Beobachtungen über Balkentumoren, die mit den der modernen Semiologie des Nervensystems mehr entsprechenden Kriterien studiert und durch genauere pathologisch-anatomische Befunde bekräftigt waren, veröffentlicht; Fälle, die sich in der Tat besser für eine Durchsicht und eine Arbeit bezüglich der diagnostischen Synthese eignen. Immerhin könnte man zur Lösung dieser Frage gelangen, wenn man nicht das einzelne Symptom, sondern den ganzen Symptomenkomplex, den eine Balkenneubildung hervorrufen kann, in Betracht zieht.

Die Fälle von latenten Tumoren, bei denen jeder Versuch, die Diagnose festzustellen unmöglich ist, beiseite lassend, können wir nur den übrigen Fällen gegenüber zwei Möglichkeiten finden.

a) Fälle, in welchen einige Symptome bestehen, die in ihrer Gesamtheit den Gedanken an einen Hirntumor berechtigen, während für die Sitz-(Balken) diagnose keine sicheren Angaben vorliegen.

b) Fälle, in denen der Symptomenkomplex eine Balkenläsion (Sitzdiagnose) als möglich hinstellt, während Beweisgründe für die Bestimmung der Natur (der Geschwülste) fehlen.

ad a) Im ersten Falle können wir uns in Gegenwart isolierter psychischer, oder von mehr oder weniger entwickelten psychischen Symptomenkomplexen oder anderer allgemeiner Symptome von innerem Hirndruck befinden, wie sie bei allen Hirngeschwülsten beobachtet werden. Unter den von Ayala gesammelten Fällen wies kein einziger ein aus dem bloßen Geistessyndrom bestehendes Bild auf; doch fehlt es in der (alten) Kasuistik nicht an Fällen, in welchen sich diese Eventualität zeigte. So z. B. bestand im Falle Puttman's und William's das einzige Symptom aus einem „melancholischen Zustande mit Stupor", im zweiten Falle Berkley's befand sich „Größenwahn", in denen Lutzenberger's, Sinkler's und Bruns' ein „progressiver Status dementialis"; in den Fällen von Blakwood, Steigert und Seppilli spricht man von „Geistesschwächezuständen", in den Fällen von Ransom und Bruns von „Manie". Befinden wir uns einer solchen monosymptomatischen Form gegenüber, so ist die Diagnose des Balkentumors unmöglich, denn es bestehen keine Unterscheidungskriterien zwischen den durch den Tumor bedingten psychopathischen Zuständen und jenen der eigentlichen Psychose, die sie vortäuschen.

Immer ist die Diagnose schwer, besonders wenn sich zu den Geistesstörungen andere Erscheinungen, wie Geh-, Schluck-, Sprachstörungen gesellen.

In diesem Falle kann die Krankheit mit einer pseudobulbären Paralyse oder
mit einer Dementia paralytica verwechselt werden. Meistens gestatten bei
den Balkenfällen der schnelle Fortschritt der psychischen Störungen und ihre
Schwere, auch falls Dysarthrie und Schluckstörungen bestehen, mit verhältnis-
mäßiger Leichtigkeit eine pseudobulbäre Paralyse auszuschließen, bei der das
symptomatische Bild dazu neigt (neue Iktus ausgeschlossen), identisch zu bleiben
und die Geistestätigkeit oft verhältnismäßig wenig leidet. Nicht das gleiche
kann man bezüglich der Differentialdiagnose der Dementia paralytica sagen,
und zwar hatte man es in einigen Fällen (Puttman, Williamson, Fall 3
Bristowe's, in den Fällen von Jacquin und Marchand, Laignel-
Lavastine, Legrain - Marnier, Levy-Valensi) mit Kranken zu tun, die
während einer gewissen Zeit große Reizbarkeit, Sonderbarkeit in den Handlungen, Amnesie usw. bekundet hatten und die dann schnell fortschreitend
in einen Demenzzustand verfallen waren, der an eine progressive Paralyse
erinnerte; eine Vermutung, die durch das Bestehen der Dysarthrie bekräftigt
werden konnte. Untersucht man aber genau den von Balkentumor befallenen
Patienten, so kann man Unterscheidungsmerkmale feststellen. In der Tat nähert
sich in den Fällen von Balkentumoren die Euphorie des Kranken mehr jener der
Dementia praecox, als der an progressiver Paralyse Erkrankten. Außerdem fehlen
bei den Balkentumoren die Pupillenstörungen, wie auch fast immer die Pleozytose (in Liquor). Aber auch wenn wir die Annahme einer Dementia paralytica
ausgeschlossen haben, ist die diagnostische Frage bezüglich des Bestehens
eines Balkentumors der Lösung nicht näher gerückt; meistens bleibt in diesen
Fällen nichts anderes übrig, als die Diagnose auf Status dementialis zu stellen.

Verhältnismäßig günstiger sind die Fälle, in denen ein oder mehrere (Allgemein)symptome der inneren Hirndrucksteigerung (Kopfschmerz und Stauungspapille) bestehen. Die Diagnose des Hirntumors ist dann leichter, die des
Sitzes hingegen fast unmöglich. Oft mußte man unentschlossen bleiben, ob
man es mit einer Geschwulst des Frontallappens zu tun habe, entweder weil die
psychischen Störungen der Geschwülste, sowohl des einen wie des anderen
Gehirnteiles, das frühzeitige Auftreten und die stets zunehmende Schwere gemein
haben; oder weil der Tumor sehr häufig nicht bloß den Balken betrifft, sondern
auch das ovale Zentrum des einen oder des anderen, oder beider Stirnlappen
befällt. Man begreift, wie es dann nicht möglich ist, in einem solchen Symptomenkomplex zu unterscheiden, was der Veränderung des Stirnlappens und
was jener des Balkens zuzuschreiben ist. Nach Bruns spräche zugunsten eines
Tumors des Frontallappens eine gewisse Fröhlichkeit und Witzelsucht; und
gerade dieses Kriterium gestattete Costantini, in seinem Falle den Sitz der Geschwulst in den Stirnlappen zu diagnostizieren, aber nicht zu entscheiden, ob
dieser auch das Balkenknie befallen hatte oder nicht. Nicht leichter ist ein
Urteil zu fällen, wenn zu den Allgemeinsymptomen sich die bloßen Geistesstörungen und die motorischen Reiz- oder Ausfallerscheinungen auf einer Seite
hinzugesellen. Als wahrscheinlichste Lokalisierung kann unter diesen Umständen die eines Tumors der Rolandi'schen Zone erscheinen, besonders wenn
anfangs einseitige motorische Störungen, die nur in einem Gliede vorherrschen
und die Geistesstörungen nicht so ausgeprägt sind. Wenn außerdem den
motorischen Ausfallsymptomen Reizstörungen (Jackson'sche Zuckungen)
vorausgehen, wird es noch wahrscheinlicher sein, anzunehmen, daß es sich um

einen Tumor der Rolandi'schen Zone handelt. Dies erklärt, warum diese Ver-
wechslung mehr als einmal ausgezeichnete Kliniker verleitet hat, die dieser Zone
entsprechende Schädelstelle zu trepanieren.

Immerhin ist zu erwähnen, daß es Balkentumoren gibt, welche verlaufen,
ohne die Gesamtheit der kurz zuvor als charakteristisch bezeichneten Erscheinungen zu bieten; andererseits kann auch dieses Gesamtbild durch Tumoren
anderer Sitze, oder durch multiple Tumoren hervorgerufen werden. Redlich
berichtet gerade über zwei Fälle, in denen der klinische Befund für einen Tumor
des Balkens sprach; und doch ergab die Sektion in einem Falle ein Gliom des
Thalami optici sinistri, im anderen einen Cysticercus racemosus der Basis. In
beiden Fällen bestand ein bedeutender Hydrocephalus, dem die Ähnlichkeit
mit dem symptomatischen Bilde des Balkentumors (Druck auf den Balken
oder Läsion einer großen Anzahl von Balken- und Assoziationsfasern?) zuzuschreiben war. In diesen beiden Fällen fehlte jedoch die Apraxie.

Wie gesagt, nehmen, die Häufigkeit der Herdsymptome in Betracht ziehend,
die psychischen Störungen, die bilaterale nicht segmentäre (nicht dissoziierte)
Lähmung der Glieder, die Unsicherheit im Gehen und der zerebellare Gang
(Balkenataxie) und besonders die ideomotorische (linke) Apraxie die erste Stelle
ein; sind alle diese Symptome vorhanden, so wird die Diagnose des Balkentumors äußerst wahrscheinlich. Leider wird dieser Symptomenkomplex nur
ausnahmsweise angetroffen. Die sogenannten negativen Zeichen, nämlich der
Mangel an Störungen der Gehirnnerven und der Sensibilität, sind von einem
sehr relativen Werte, sei es, daß man sie einzeln oder im Gegensatz zu den
Störungen in den Gliedern betrachtet. Ihr Vorhandensein oder ihre Abwesenheit tragen nichts zur Diagnose des Balkentumors bei. Dasselbe kann man
bezüglich der Störungen der rektovesikalen Sphinkteren, der Sprache, der
Sehnenreflexe, der Ernährung und des Trophismus sagen.

Oben habe ich die Kriterien zusammengestellt, mit welchem einige Autoren
versucht haben, genau einen Tumor in den verschiedenen Balkensegmenten zu
lokalisieren (Schupfer, Duret, Schuster). Die einzelnen Symptome auf
Grund der gesammelten Fälle studierend, habe ich hervorgehoben, welchen
Wert wir diesen Schemata zuschreiben müssen. Dem Stande unserer Kenntnisse nach ist es aber verfrüht, von einer genauen Lokalisierung der Geschwülste
im Genu, im Truncus und im Splenium des Balken zu reden. Nur kann man
behaupten, daß, wenn Gründe vorliegen das Vorhandensein eines Balkentumors
anzunehmen und linke ideomotorische Apraxie besteht, höchstwahrscheinlich
der Sitz der Neubildung im mittleren Segmente des Balkens liegt.

ad b) Die zweite Möglichkeit, die wir finden können, ergibt sich, wenn die
Symptome annehmen lassen, daß der Balken von einer Geschwulst befallen sei,
während die Diagnose der Natur schwer und fast unmöglich ist. Wenn in der
Tat alle Allgemeinsymptome eines Tumors fehlen, wie dies in ungefähr der
Hälfte der Fälle zutrifft, so wird man schwerlich beurteilen können, ob die
Balkenaffektion von neoplastischer oder vaskulärer Natur ist, da dasselbe
Syndrom sowohl bei der einen wie bei der anderen Möglichkeit bestehen kann.
Nur kann man sich das Kriterium der größeren Häufigkeit der Geschwülste
des Balkens gegenüber der Seltenheit der Erweichungen und den Blutungen
vergegenwärtigen; ebenso ist nicht zu übersehen, daß bei diesen letzteren
Zufälligkeiten sich das Syndrom plötzlich entwickelt.

Anhang: **Balkenstich.**

Als Anhang zur Frage über die Diagnose der Erkrankungen des Balkens scheint es mir notwendig, als Heilmittel einiger Krankheitsprozesse, den Balkenstich zu erwähnen.

Bekanntlich besteht in einigen Hirnkrankheiten eine Störung des freien Verkehrs des zirkulierenden Liquors mit den Hirnventrikeln, dem subduralen Raume des Gehirns und dem Rückenmark; was nicht nur durch die Stauung des Liquors, sondern auch durch die Drucksteigerung eine Störung des Blutkreislaufes verursacht. Um den hieraus entspringenden Umständen vorzubeugen, greift man gewöhnlich zur Schädeltrepanation. Um jedoch einen dauernden Erfolg zu erzielen, muß man ein Stück der Dura entfernen, was das Gehirn an der entsprechenden Stelle niemals normal läßt; bei den Hirntumoren treten ferner leicht sekundäre Blutungen auf. Ebensowenig ist zu vergessen, daß der Abfluß des Liquors aus der Trepanationsöffnung oft ein unvollständiger ist, daher der Vorschlag, die Ventrikel zu punktieren, ein Eingriff dieser, der jedoch die Gefahr einer Fistel oder einer Infektion bietet.

Um solche Übelstände zu vermeiden und um es möglich zu machen, daß der in den großen und den kleinen Arachnoidalräumen kreisenden Liquor mit den subduralen Räumen in Berührung komme und um sofort den Überdruck in den Ventrikeln herabzusetzen, ist Anton auf den Gedanken gekommen, den frontalen Teil des Balkens in einer Fläche, welche quer mit dem Sulcus praecentralis verläuft, zu punktieren; die Schädelöffnung muß daher $1^1/_2$ bis 2 cm hinter der Sutura coronaria und $1^1/_2$—2 cm außerhalb der Linea mediana ausgeführt werden. Die Dura wird auf eine kurze Strecke geöffnet und man führt durch dieselbe die Sonde, bis man den Raum zwischen Dura und Hirn findet. Sodann führt man eine gebogene schnabelförmige mit Mandrin versehene Kanüle ein, und der Sichel folgend, geht man hinab, bis man die freie Oberfläche des Balkenkörpers berührt; diese wird dann punktiert, so daß die hohle Kanüle in das Cornu anterius der Seitenventrikel dringt (während man gleichzeitig den Mandrin aus der hohlen Sonde entfernt), was durch das Ausströmen oder das Herausspritzen des Liquors angezeigt wird. Durch Bewegungen der Kanüle von hinten nach vorn wird die Öffnung erweitert und man läßt 10—20 ccm (mehr nicht) von Liquor abfließen. Die Operation ist im allgemeinen nicht gefährlich und wird ohne Chloroformnarkose ausgeführt. Kocher empfiehlt eine weite Eröffnung des Schädels.

Der Balkenstich wurde von Bramann, Hildebrand, Kocher, Elsberg, Haberer und Marburg-Ranzi vorgenommen. Diese letzten Autoren raten, nicht zu kleine Trepanationslöcher zu gebrauchen.

Die Krankheiten, bei denen der Balkenstich versucht wurde, sind der Hydrocephalus internus, die Hirntumoren und die Epilepsie. Beim Hydrocephalus beobachtet man oft nach dem Balkenstiche eine Besserung des Gehens, der Kleinhirnsymptome und der Zeichen der psychischen Hemmung. Anton rät, bei diesen Krankheiten die Operation so früh als möglich vorzunehmen, bevor nämlich die Hirnwandung sich zu stark verfeinert: ebenso gibt er den Rat, darauf zu achten, daß der Liquor nicht zu schnell und nicht in zu großer Menge abgelassen werde. Auch Elsberg kommt, infolge seiner eigenen Beobachtungen, zu dem Schlusse, daß der Balkenstich die beste Methode sei, um den Hydrocephalus internus zu bessern; er behauptet sogar, daß, wenn die kleinen Patienten dem Arzte zugeführt werden, ehe nicht wieder gutzumachende Läsionen im Gehirn stattgefunden haben, man eine vollständige Heilung erzielen kann.

Was die Hirngeschwülste betrifft, so wurden nach Anton die besten Erfolge bei den Hypophysentumoren erzielt; bei denselben trat vor allem Milderung der Betäubung, des Kopfschmerzes und des Erbrechens ein. Bei einem Patienten, bei welchem der Balkenstich zweimal vorgenommen worden war, blieben die Symptome aus. Bedeutende Besserung gewahrte man bei dem Cysticercus des Großhirns; sehr geringe hingegen bei denen des IV. und III. Ventrikels. Bei den Tumoren der äußeren Gehirnteile stellte man nach der Punktur eine Verzögerung der Stauungspapillenbildung, Besserung der motorischen Störungen und der allgemeinen Symptome fest; hingegen blieb der Erfolg bei den Tumoren der Corpora bi(quadri)gemina aus. Oppenheim fand nach dem Balkenstich bei Hirntumoren keine Besserung. Elsberg dagegen hebt vor allem die Vorteile dieser Methode über die einseitige bilaterale Dekompression (mittels der Trepanation) hervor, danach dieser letzten die Symptome sich bisweilen verschlimmern. So z. B. werden sich die Symptome bei einem (rechten oder linken) Tumor des Mesencephalons verschlimmern; ebenso können, diesem Autor nach, die Symptome eines der Capsula interna medialwärts gelegenen Tumors sich infolge einer subtemporalen Dekompression steigern, was nicht geschieht, wenn man für eine Dauerautodrainage der Ventrikel sorgt. Elsberg ist der Meinung, daß der Balkenstich von größerem Werte sei als zeitweilige Palliativmethode, nicht bloß bei nicht lokalisierbaren Hirntumoren, sondern auch bei nicht entfernbaren Groß- und Kleinhirnneubildungen. Er wandte diese Methode dreißigmal bei Hirntumoren anstatt der dekompressiven Kraniotomie an oder kombinierte sie mit dieser und erzielte oft eine Besserung der Papillenveränderungen; bei zwei Patienten verschwanden der Sopor und das Koma sofort nach dieser Operation. Wenn der Kopfschmerz und die Neuritis optica eine dekompressive Operation erheischen bevor der Tumor lokalisiert werden kann, so nimmt Elsberg einen Balkenstich vor und fügt erst eine subtemporale oder subokzipitale Kraniotomie hinzu falls der Stich das Ödem der Papillen und die anderen Allgemeinsymptome des Tumors nicht gebessert hat.

Was die Epilepsie betrifft, so hat man bisher einige ermutigende Erfolge in den Pubertätsformen und in der mit Hydrocephalus internus vergesellschafteten erreicht. Anton ist der Meinung, daß die Besserung der Tatsache zuzuschreiben sei, daß die Epilepsie bisweilen ihren Ursprung in einem Mißverhältnis der Beziehungen zwischen der geringen Schädelkapazität und dem Gehirnvolumen hat. Stieda führte den Balkenstich bei verschiedenen an Idiotie, Epilepsie und ähnlichen Zuständen leidenden Patienten aus; im allgemeinen waren die Resultate nicht ausgezeichnet, es handelte sich jedoch um verzweifelte Fälle. Sicher ist, daß nach der Operation die epileptischen Anfälle weniger häufig wurden und eine Verminderung der motorischen Unruhe eintrat.

Die Operation ist jedoch nicht ganz gefahrlos. Oppenheim teilt mit, daß einer seiner an Hydrocephalus internus leidenden und mit Balkenstich operierten Patienten sogleich nach der Operation starb. Im ganzen wurden die besten Resultate beim einfachen und beim komplizierten Hydrocephalus, bei den Hypophysentumoren und bei den Tumoren der äußeren Gehirngebiete erreicht.

Zwölftes Kapitel.

Balkendegeneration.

Einen besonderen Abschnitt verdient das Studium der Balkenentartungen, welche Marchiafava und Bignami, und (später) mit ihnen auch Nazari fast ausschließlich bei Alkoholikern vorgefunden resp. beschrieben haben. Beim Herstellen vertikotransversaler Serienschnitte durch die Großhirnhemisphären bei diesen Kranken wurden d.ese Autoren durch die Tatsache überrascht, daß einige Male der Balken im frischen Zustande sich als aus einem mittleren Streifen von grauem oder grau-rosafarbigem, oder rosafarbigem Aussehen und

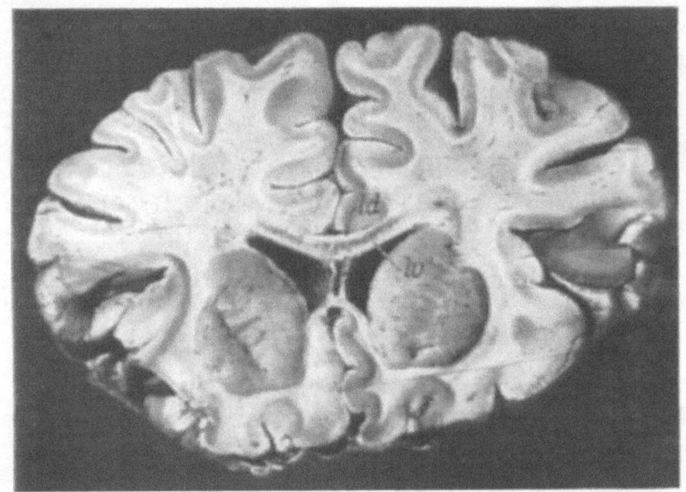

Abb. 67. Makroskopischer, durch die Großhirnhemisphären ungefähr am Niveau des vorderen Endes des Caudatus angelegter Frontalschnitt.
(Primäre Balkendegeneration, Giannelli, Fall I.)
Man bemerkt einen schwarzen (degenerierten) Streifen, welcher die mittlere Balkenzone durchzieht. ld = dorsale und lv = ventraler, normaler Markfasernstreifen des freien Balkenteiles. Diese beiden letzteren Bezeichnungen beziehen sich auch auf die nachstehenden Abbildungen.

aus zwei einem dorsalen und einem ventralen, peripheren, weißen normalen Streifen, welche den ersteren umgrenzten, bestehend zeigte. Bevor wir zur Besprechung der Symptomatologie und der Pathogenese dieser so wichtigen Krankheit übergehen, wird es angebracht sein, daß ich drei solche neue Fälle illustriere. Zwei derselben, noch unveröffentlichte, verdanke ich der Freundlichkeit des Herrn Kollegen Dr. Giannelli.

Fall Giannelli (I).

Krankengeschichte: Macale Luigi, 60 Jahre alt, „von finsterem, menschenscheuem, reizbarem Charakter"; gewohnheitsmäßiger Raucher und Säufer. Am 15. Februar 1912 begannen Geistesstörungen unter den folgenden Symptomen: Mutismus, Fluchtversuch, Verweigerung der Nahrung, Schlaflosigkeit, schlechtes Benehmen seiner Frau gegenüber, bisweilen Schreien und Unruhe. Status vom neurologischen Standpunkte aus normal. Temperatur normal; Harn ohne Eiweiß und Zucker.

Februar 1912: Status epilepticus, Exitus.

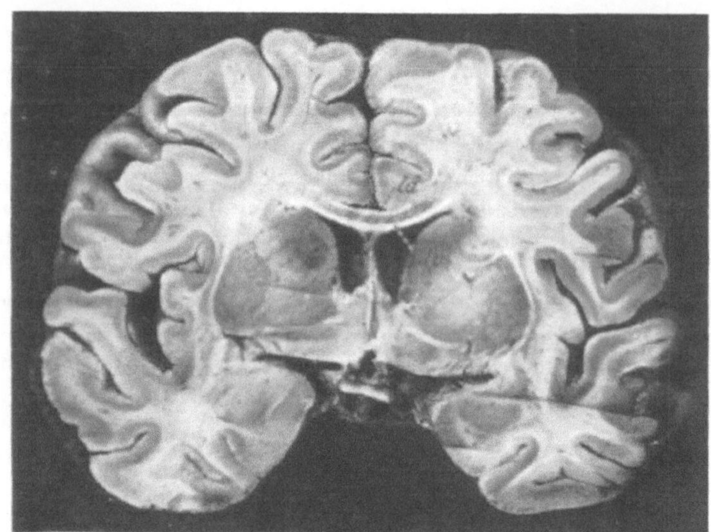

Abb. 68. Makroskopischer Frontalschnitt durch die Großhirnhemisphären, entsprechend dem Chiasma. (Photogramm des damals in Formol aufbewahrten Stückes.) Fall Giannelli (1).

Wie in der vorhergehenden Abbildung sieht man einen schwarzen Degenerationsstreifen, der die ganze Mittelzone des Balkens einnimmt und sich auf eine größere (vertikale) Ausdehnung erstreckt.

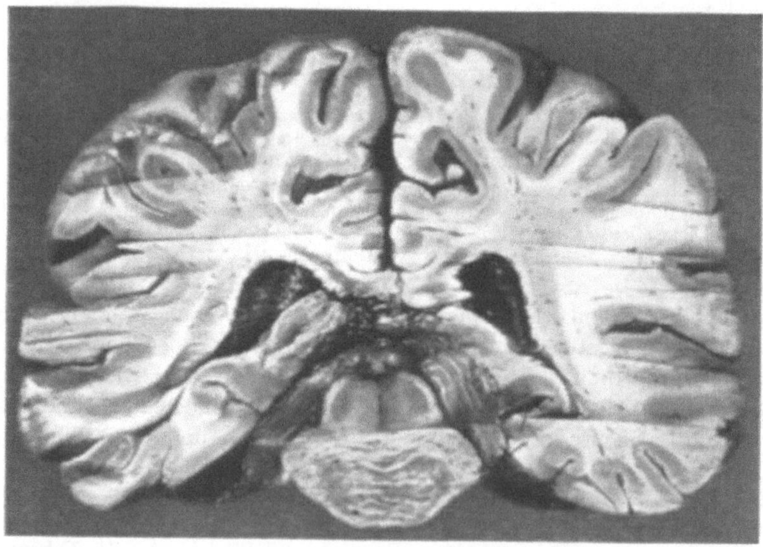

Abb. 69. Makroskopischer Frontalschnitt durch die Großhirnhemisphären in der Nähe des Spleniums. (Photogramm des damals in Formol aufbewahrten Stückes.) Fall Giannelli (1).

Die Degenerationszone des Balkens nimmt die Mittelzone des letzteren ein, wie in den vorhergehenden Abbildungen, doch reicht sie nicht bis zur Medianlinie.

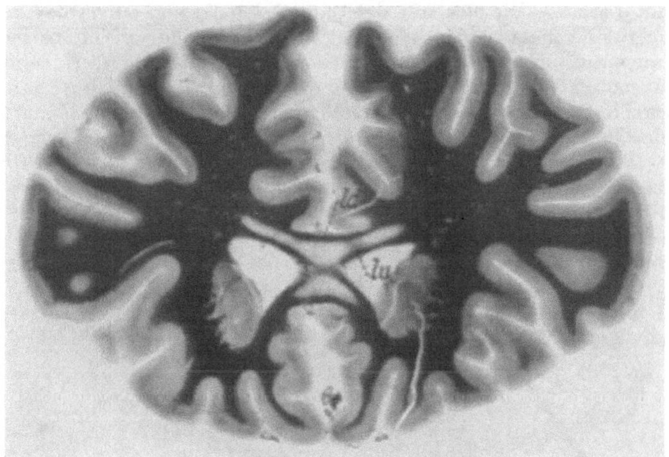

Abb. 70. Mikroskopischer Frontalschnitt durch die Großhirnhemisphären, entsprechend dem konvexen Ende des Balkenknies. Fall Giannelli (1). (Aus meiner Sammlung.) Färbung nach Pal.
Hämatoxylinfärbung nach Pal (von einem in meinem Laboratorium aufbewahrten Präparate). Die (helle) Degenerationszone nimmt den mittleren Teil des Balkenquerschnittes sowohl in dem oberen wie in dem unteren Teile ein und wird von gut erhaltenen der ventralen und der dorsalen Zone angehörenden Markfaserstreifen umgeben.

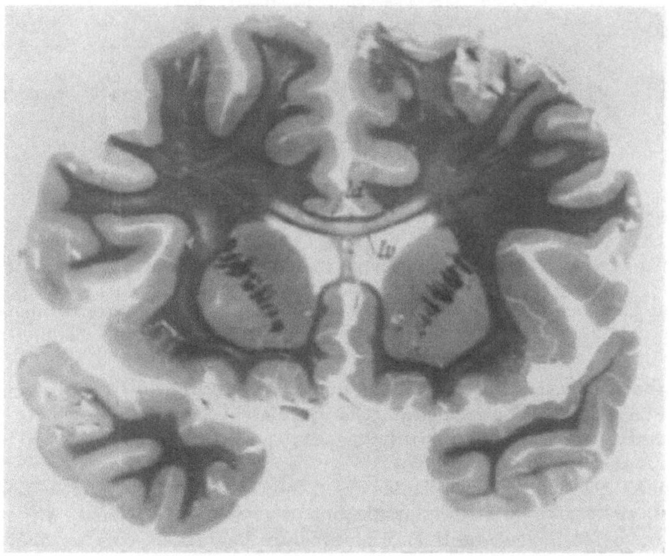

Abb. 71. Mikroskopischer Frontalschnitt durch die Großhirnhemisphären, dem Kopfe des Caudatus entsprechend. Fall Giannelli (1). (Aus meiner Sammlung.) Primitive Balkendegeneration. Pal'sche Färbung (nach einem in meinem Laboratorium aufbewahrten Präparate).
Die (weiße) Degeneration nimmt die ganze mittlere Zone des Balkenquerschnittes ein, aber sie erstreckt sich nicht jenseits der Balkenstrahlungen.

Sektion: Dura normal. Die Pia läßt sich ohne Dekortikation zu verursachen ablösen. Die Hirnwindungen sind makroskopisch normal, die Hirngefäße weisen spärliche arteriosklerotische Plaques auf. Nach Auseinanderziehen der Hemisphären erscheint die obere Fläche des Balkens und die medialen der Großhirnhemisphären normal. Beim Anlegen eines vertiko-transversalen Frontalschnittes ungefähr einen Zentimeter hinter dem vorderen Ende des Balkens (Abb. 67) unterscheidet man an der Schnittfläche des Balkens drei Zonen: die obere und die untere erscheinen weiß, die mittlere ist von rotgräulicher Farbe; die Dicke dieser letzten ist etwas stärker als die der beiden anderen und sie erstreckt sich seitwärs bis zur Stelle, an welcher die Balkenstrahlungen in die Großhirnhemisphäre dringen.

In nachfolgenden vertiko-transversalen, dem Chiasma (Abb. 68) entsprechenden Frontalschnitten behält die Schnittoberfläche das oben beschriebene Aussehen bei.

In einem durch das hintere Ende des Balkens angelegten vertiko-transversalen Schnitte sieht man, wie die graue Balkenzone seitwärts eine Verzweigung aussendet (Abb. 69).

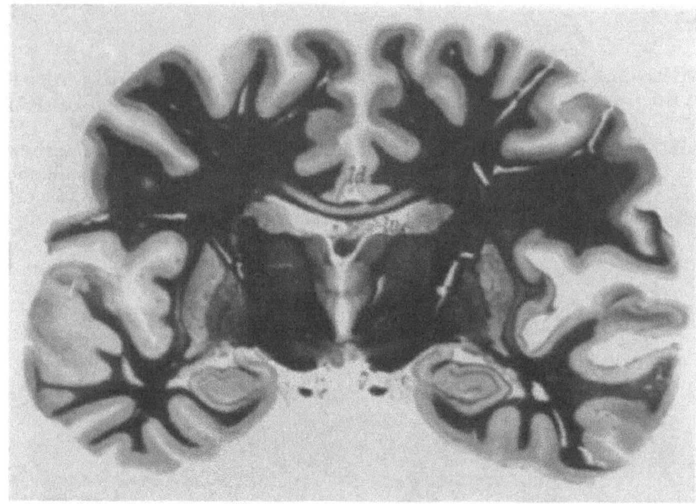

Abb. 72. **Mikroskopischer Frontalschnitt durch die Großhirnhemisphären, dem vorderen Drittel des Thalamus entsprechend. Fall Giannelli (1).**
Färbung nach **Weigert-Pal.** (Nach einem in meinem Laboratorium aufbewahrten Präparat.)
Die den mittleren Teil des Balkenquerschnittes einnehmende Degenerationszone weist eine etwas schmälere (vertikale) Ausdehnung als in den vorhergehenden Schnitten auf.

Andere scheinbare Veränderungen werden in den anderen durch die Großhirnhemisphären (Brücke, Oblongata, Kleinhirn) angelegten Schnitten nicht wahrgenommen.

Die Frontalschnitte durch die Großhirnhemisphären wurden in lückenlosen Serien angelegt und nach **Marchi** und **Pal** gefärbt.

In einem an der Höhe des vorderen Endes des Genu corporis callosi angelegten Frontalschnitte (Abb. 70) sieht man, wie der dorsale und der ventrale Streifen, wie auch jene, welche an den Seiten den reflexen Anteil der Kniesubstanz begrenzen, eine exquisit schwarze Farbe aufweisen, während die Mittelsubstanz eine deutlich ins Weiße gehende Farbe bewahrt hat, mit Ausnahme der zentralsten, nämlich der der hervorragendsten Stelle des Genu entsprechenden; hier haben sich nur einige Markfasern intakt erhalten.

In einem durch den Kopf des Caudatus angelegten Frontalschnitte (Abb. 71) bemerkt man, wie nur zwei Streifen, der dorsale und der ventrale, die schwarze Färbung aufgenommen haben; der mittlere (degenerierte) Teil, welcher weiß geblieben ist, entspricht in vertiko-transversaler Richtung ungefähr den $^2/_3$ des Balkendurchmessers.

In einem anderen (Abb. 72) mehr distalen Schnitte durch die Großhirnhemisphären in der Höhe des vorderen Drittels des Thalamus ist das dorsale und das ventrale schwarze Streifchen des Balkens ausgedehnter geworden, so daß ein jedes einem Drittel des Schnittes entspricht.

Fall Giannelli, (II): De Laurentis Adele, unverheiratet. Im Alter von 40 Jahren beginnt sie an Wahnideen melancholischen Typus zu leiden. Das Syndrom vergesellschaftete sich mit Angstzustand, Verbigerationen und Gehörshalluzinationen von feindlichem Inhalt. Mehrere Jahre hindurch blieb der psychische Zustand unverändert, indem Perioden von mehr oder weniger starker Aufregung abwechselten; dann verfiel Patientin in einen Demenzzustand. Exitus am 8. Juni 1911 (im Alter von 48 Jahren).

Sektion (9. VI. 1911): Dura normal; die getrübte Pia läßt sich leicht ablösen. Beim Anlegen vertiko-transversaler Schnitte durch das hintere Drittel des Balkens bemerkt man, daß auf der Schnittfläche des mittleren freien Teils desselben er einer kleinen, ziegelroten Leiste ähnelt, und dorsal- wie ventralwärts von einem zarten, weißen Leistchen begrenzt wird; das ziegelrote Leistchen erstreckt sich auf ungefähr $\frac{1}{2}$ cm aus. Das dorsale Leistchen von weißer Farbe erscheint dem lateralen Ende zu an zwei gleich von der Mittellinie entfernten Stellen unterbrochen und der zwischen diesen Stellen gelegene Abschnitt weist ein gallertähnliches Aussehen auf.

In den vertiko-transversalen Schnitten des mittleren und vorderen Teiles des Balkens (Genu) besitzt die Substanz desselben ein normales Aussehen. Dem Anscheine nach lassen sich im ovalen Zentrum und im Reste des Gehirns keine wahrnehmbaren Veränderungen nachweisen.

Die histologische Untersuchung der entsprechend dem hinteren Drittel des Balkens und zwar, wo das krankhafte Aussehen des Gewebes am stärksten war, angelegten Frontalschnitte ergab folgendes: Bei Palscher Färbung sieht man in den dorsalen und ventralen Streifen des Balkenquerschnittes zahlreiche gut erhaltene Fasern; neben diesen befinden sich einige, deren Markscheiden hingegen geschwollen und zerstückelt sind: die Schwellungen längs des Laufes derselben sind selten. In der Mittelzone und hauptsächlich in der Nähe des dorsalen Streifens bemerkt man ziemlich ausgedehnte Zonen, in denen die Nervenfasern entweder verschwunden oder einem vorgeschrittenen Entartungsvorgange anheimgefallen sind. Die Nervenfasern sieht man längs des ganzen Verlaufes durch ziemlich gleichförmige Varikositäten unterbrochen (Abb. 74), die sich an einigen Stellen in fast regelmäßigen Abständen folgen. Je mehr man sich der ventralen Leiste nähert, um so spärlicher werden die vollständig degenerierten Fasern. Bisweilen erreichen die Varikositäten die Form enormer (ähnlich den von O. Rossi beschriebenen) kugelähnlicher Anschwellungen. Zwischen diesen letzten bleibt häufig ein Markfaserntrakt vollkommen gesund; nicht selten sind die Anschwellungen enorm und von der Form wahrer Zylinder. Die gleichen Veränderungen bemerkt man auch mit der Bielschowsky'schen Färbung (Abb. 73). Die oben beschriebenen Veränderungen sind viel ausgedehnter nach der ventralen als nach der dorsalen Zone zu.

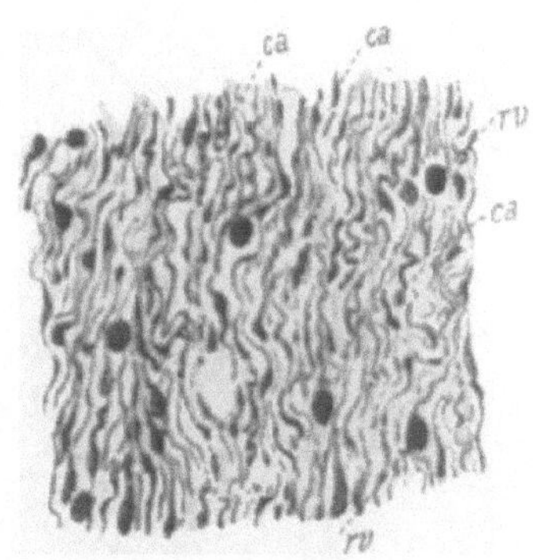

Abb. 73. Segment der degenerierten Mittelzone des Balkens in der Nähe der dorsalen Leiste. Primäre Balkendegeneration. Fall Giannelli (2). Färbung nach Bielschowsky. (Von einem in meinem Laboratorium aufbewahrten Präparat.) Zahlreiche variköse Anschwellungen (rv) der Markfasern (ca), sowie hier und da wirkliche Kugeln längs des Verlaufes derselben.

Ich habe Gelegenheit gehabt, mikroskopisch Gehirnschnitte zu studieren, welche von einem intra vitam beobachteten, an Balkendegeneration leidenden Patienten, der vom Kollegen Dr. Milani makroskopisch illustriert wurde, stammten.

Fall Milani (III). Anamnese: Gentile Pasquale, 58 Jahre alt, Likörverkäufer, ziemlich starker Trinker und starker Raucher. Im Alter von 38 Jahren begannen beim

Patienten Wahnideen aufzutreten, die sich in eigentümlicher Weise in der Aufführung widerspiegelten; er wurde deshalb einmal in einer Pflegeanstalt und zweimal in einer Irrenanstalt untergebracht. Während dreier Jahre (1909—1911) zeigte es sich, daß Patient beim Herannahen der kalten Jahreszeit unfähig war, sich aufrecht zu halten; er beugte sich nach rechts und fiel, stand dann wieder auf und setzte seinen Weg fort (Claudicatio intermittens). An einem der letzten Tage des November 1911 wurde er von einem mit Bewußtseinsverlust assoziierten Schlaganfall befallen. Aus diesem Grunde wurde er in das Krankenhaus S. Spirito eingeliefert (30. XI. 1911).

Status (4. XII. 1911): Puls 90, rhythmisch. Zeichen einer leichten peripheren Arteriosklerose. Oculomotion normal. Beim Zähneknirschen bemerkt man keine Paresen des unteren Fazialis. Bei den Prüfungswörtern beobachtet man nicht sehr schwere Dysarthrien. Die unteren Glieder werden in Halbbeugestellung gehalten. Die passive Streckung der

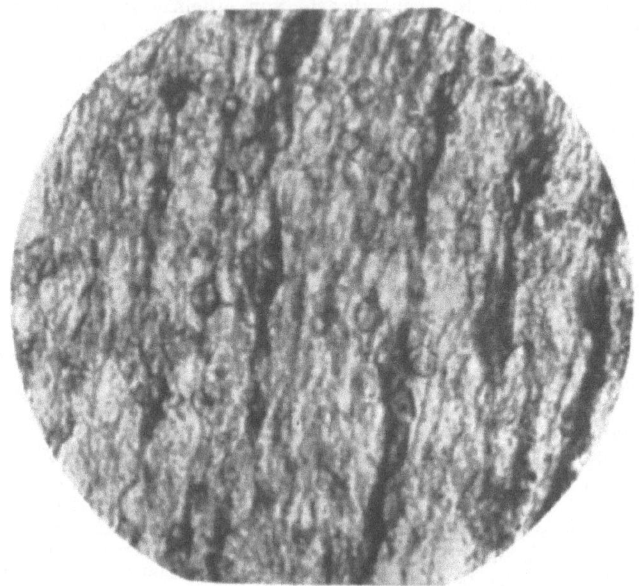

Abb. 74. Primäre Balkendegeneration. Teil der (degenerierten) Mittelzone des Balkens. Fall Giannelli (II). Pal'sche Färbung. (Von einem in meinem Laboratorium aufbewahrten Präparat. Mikrophotographie.) Koritska, hom. Imm. $^1/_{15}$. Die Nervenfasern erscheinen hier und da auf ihrem Verlaufe geschwollen und an vielen Stellen weist die Schwellung ein variköses Aussehen wie eine Kugel auf, und infolge ihrer Aufeinanderfolge erinnern sie an einen Rosenkranz.

Segmente derselben ruft einen lebhaften Schmerz hervor; die aktiven Bewegungen sind nicht ganz vollständig ausführbar; in sehr unvollständiger Weise gelingt dem Patienten die Streckung der Beine. Das Stehen ist unmöglich.

Die Sehnenreflexe der oberen Glieder wie auch der Patellar- und der Achillesreflex sind lebhaft. Fußklonus auf beiden Seiten angedeutet. Die epi-, meso- und hypogastrischen wie auch die Kremasterreflexe fehlen. Zehen plantar. Pupillen gleich, auf Licht gut reagierend. Die Schmerz- und die mechanischen Reize werden vom Patienten in entsprechender Weise wahrgenommen. Eine besondere Untersuchung ergibt keine motorisch-praktische Störungen.

Beim Patienten herrscht eine schwere Apathie vor; er liegt den ganzen Tag untätig im Bette, ohne dem, was um ihn herum vorgeht, das geringste Interesse zu zollen. Secessus inscii. Die spontane Aufmerksamkeit erscheint sehr gering; die provozierte wird ohne große Schwierigkeit hervorgerufen, erschöpft sich aber sehr leicht. Die Perzeptionen vollziehen sich, nach den stets passenden obwohl kurzen Antworten zu urteilen, im allgemeinen genau. Das Gedächtnis scheint schwer geschädigt, und zwar sowohl für das Längst-, als für das Jüngstvergangene. Die Orientierung bezüglich des Ortes, der Zeit und der Personen ist wenig genau.

Patient wies also Dysarthrien, Paresen der unteren Glieder, Steigerung der Sehnenreflexe und eine ausgeprägte Geistesschwäche auf.

Während seines Aufenthaltes im Krankenhause (zwei Monate) blieben die somatischen und die psychischen Symptome ungefähr die gleichen. Obitus 31. I. 1912.

Sektion (1. Febr. 1912): Pia leicht verdickt und mit Leichtigkeit, ohne Abschälungen zu verursachen, ablösbar. Die linke Arteria Sylvii ist an einigen Stellen sklerotisch. Beim Anlegen eines Frontalschnittes durch die Großhirnhemisphären längs des hinteren (Abb. 75) und mittleren Teiles des Balkens bemerkt man eine deutliche Atrophie der Substanz desselben; sie weist ein grau-rosafarbiges Kolorit auf, ausgenommen in den beiden peripheren Teilen, dem dorsalen und dem ventralen. Diese Veränderung tritt nach

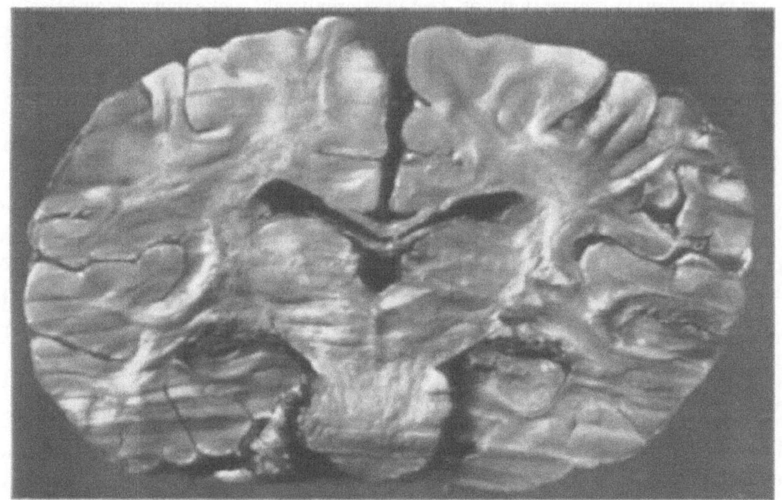

Abb. 75. Querschnitt durch die Großhirnhemisphäre, dem Anfang des hinteren Balkendrittels entsprechend, in einem Falle von Balkendegeneration. Photogramm. Fall Milani III.
Man nimmt augenscheinlich einen Streifen wahr, welcher den mittleren Teil des Balkens einnimmt.

der Medianlinie des Balkens hin deutlicher hervor, während sie nach den Ausstrahlungen zu undeutlicher wird.

In anderen, durch die vordere Hälfte des Balkens angelegten Frontalschnitten bemerkt man dieselbe Veränderung, deren Ausdehnung zunimmt, um in der Nähe des Genu ihr Maximum zu erreichen.

Einem durch das Knie angelegten Schnitte entsprechend erlangt die mittlere Zone auch eine geringere Konsistenz und erstreckt sich auf fast 1 cm in die weiße Substanz des ovalen Zentrums rechts, während sie links das Vorderhorn des Seitenventrikels erreicht.

In den (mikroskopischen) Frontalschnitten bemerkt man, daß die Marksubstanz beider Gehirnhemisphären hier und da Herde von verschiedenartiger Größe aufweist, welche dasselbe Aussehen (Färbung und Konsistenz) wie die veränderte Balkenzone besitzen. Auch in der Marksubstanz der Kleinhirnhemisphären sieht man vereinzelte kleine Herde von grau-rosafarbigem Kolorit. Das Zwischenhirn, die Brücke und das verlängerte Mark weisen makroskopisch nichts Anormales auf.

Bei Anwendung der Toluidinfärbung zeigten sich in der mittleren Zone der in frontaler Richtung angelegten Balkenquerschnitte zahlreiche spindelförmige Gliaelemente; dieselben enthalten einen großen, von einem schwachen Karyoplasma umgebenen Kern. Sie sind sämtlich und beständig in den Balkenquerschnitten in parallelen Reihen gelagert; neben diesen befinden sich andere, zwei oder mehrere, gut blau gefärbte, nebeneinander gereihte Chromatinkörnchen enthaltende Zellen; sehr spärlich sind die spindelförmigen Zellen. Die beschriebene Gliaveränderung wird weniger deutlich, je mehr man dorsalwärts nach der gesunden Zone hin fortschreitet. Die Gefäße weisen keine wahrnehmbaren Veränderungen auf. Ferner bemerkt man zahlreiche Amyloidkörperchen, besonders in der Zwischenzone, doch fehlt es auch nicht an solchen mitten zwischen den ventralsten Fasern der dorsalen und den dorsalen Fasern der ventralen Zone. Ihre Größe ist verschiedenartig; im allgemeinen sind sie von deutlich blasenförmiger Gestalt und ihre Anwesenheit wird mittels des Methylenblaues, welches sie violett färbt, zum Vorscheine gebracht.

Um die hier und da sich in der degenerierten Zone hinschlängelnden Arterien sowie in denselben findet man zahlreiche Anhäufungen von Pigmentkörnchen.

Beim Färben einer der Zonen des ovalen Zentrums, welche makroskopisch das Aussehen einer typischen Degeneration bot, bemerkte man zahlreiche metachromatische Körper, eine ziemliche Anzahl von kleinen Gliazellen, von denen einige von granulösem Aussehen und andere in vorgeschrittener Pigmentdegeneration waren.

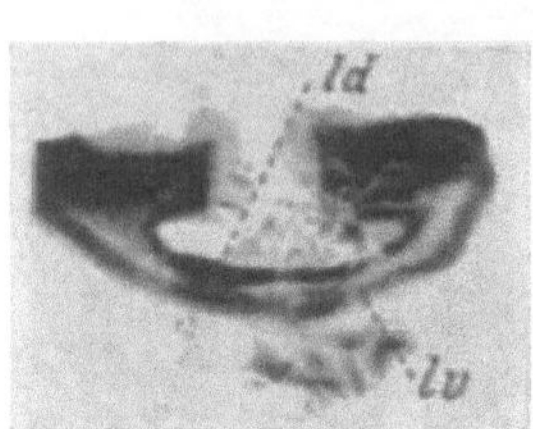

Abb. 76. Mikroskopischer Frontalschnitt durch den Balken eines von primitiver Degeneration desselben befallenen Mannes. (Unveröffentlichter Fall Mingazzini-Bonfiglio.)

Man bemerkt einen Degenerationsstreifen, welcher die mittlere Balkenzone einnimmt und immer schmäler wird, je mehr er sich der Mittellinie nähert.

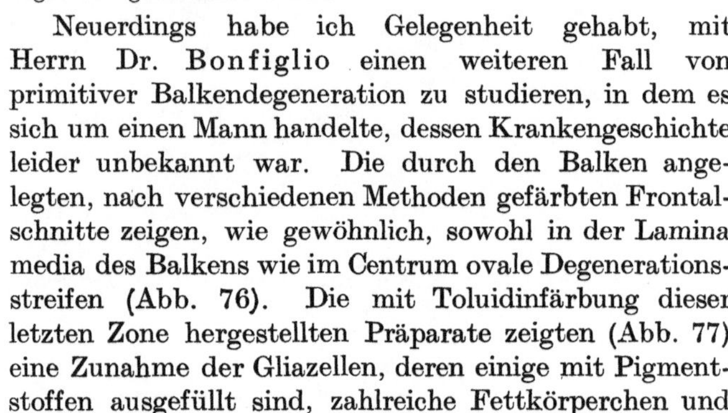

Neuerdings habe ich Gelegenheit gehabt, mit Herrn Dr. Bonfiglio einen weiteren Fall von primitiver Balkendegeneration zu studieren, in dem es sich um einen Mann handelte, dessen Krankengeschichte leider unbekannt war. Die durch den Balken angelegten, nach verschiedenen Methoden gefärbten Frontalschnitte zeigen, wie gewöhnlich, sowohl in der Lamina media des Balkens wie im Centrum ovale Degenerationsstreifen (Abb. 76). Die mit Toluidinfärbung dieser letzten Zone hergestellten Präparate zeigten (Abb. 77) eine Zunahme der Gliazellen, deren einige mit Pigmentstoffen ausgefüllt sind, zahlreiche Fettkörperchen und metachromatische basophile Produkte.

Die Resultate der klinischen und pathologisch-anatomischen Studien wurden neuerdings durch experimentelle Versuche Garbini's bestätigt. Bei täglicher Verabreichung von Äthyl- und Methylalkohol und Weingeist in geringer Menge hat dieser Autor bei Hunden beobachtet, daß die hervorgebrachte chronische Alkoholintoxikation eine Veränderung (primäre Degeneration) der Markfasern, die besonders im medialen (axialen) Teile des vorderen Balkensegmentes deutlich ist, verursacht. Diese Veränderungen, die sich, obwohl in beschränkter Anzahl, auch in der Lamina dorsalis vorfinden, erscheinen nicht vor dem fünften Monat nach Beginn der Intoxikation. Dieselben bestehen aus einer variкösen Anschwellung der Balkenmarkfasern, welche die Markscheide befällt und den Achsenzylinder verschont. Dies bestätigt immer mehr die Annahme, daß die Varikosität der Fasern der erste Grad der auf die chronische Alkoholintoxikation zurückzuführenden Läsion sei. Garbini hebt hervor, daß dieses Aussehen der Balkenmarkfasern nicht als von postmortalen Ursachen abhängig betrachtet werden kann, sei es, weil der Balken der zu den Versuchen verwendeten Hunde gleich nach dem Tode in die Fixierflüssigkeit gebracht wurde; sei es, weil der in Rede stehende Befund nie in den Schnitten von Balken, welche gesunden, als

Kontrolle verwendeten Hunden angehörten, erhoben worden ist. Hierzu füge man, daß das rosenkranzförmige Aussehen nur in drei Versuchstieren von Garbini beobachtet worden ist, und zwar gerade in denen, die am längsten der Alkoholintoxikation ausgesetzt waren; daß gerade die Anzahl der rosenkranzähnlichen Fasern um so größer war, je höher die Intensität und je länger die Dauer der Intoxikation gewesen war. Ferner war das variköse Aussehen der Nervenfasern einzig auf den Balken, und zwar vorwiegend auf die vordere Hälfte desselben beschränkt. Man bemerke auch, daß diese Veränderungen nicht an den Fasern der hinteren Stränge des Rückenmarkes wahr-

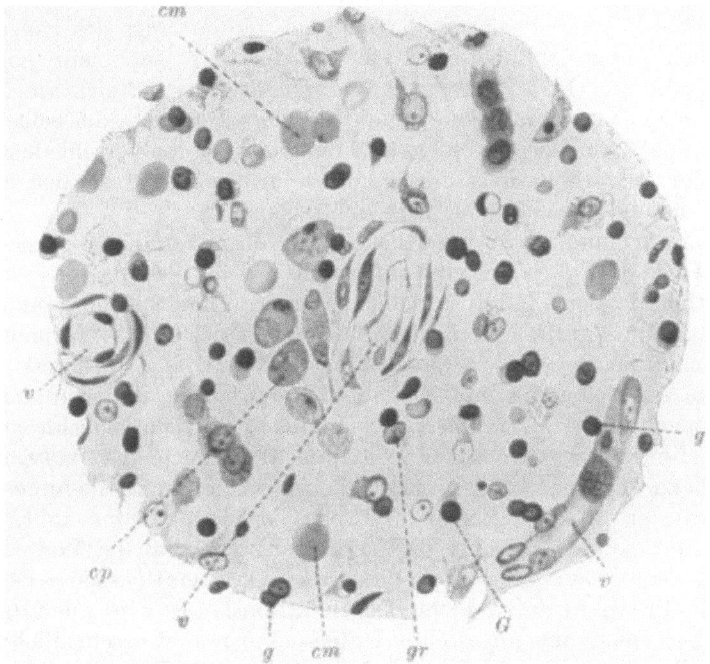

Abb. 77. Mikroskopischer Schnitt einer degenerierten Zone des Centrum ovale eines von Balkendegeneration befallenen Großhirns. Fall Mingazzini-Bonfiglio. Toluidinfärbung. (Von einem in meinem Laboratorium hergestellten Präparate.) Koritska, Ob. Imm. $^{1}/_{15}$, Ok. 3.
Man bemerkt, daß einige Gliazellen einen rundlichen Kern aufweisen. G = Gliakörnchen; v = Blutgefäße; cm = metachromatische Körperchen; gr = granulöse Gliazellen; cp = Gliazellen mit Pigmentstoffen ausgefüllt. Die Figur zeigt auch die ungleiche Wucherung der Gliazellen; dorsalwärts sind diese Gliaelemente etwas zahlreicher als ventralwärts.

genommen wurden, in denen sie vorzugsweise bestehen (Biondi), wenn man es mit einem postmortalen Befunde zu tun hat. Die Veränderungen, die von Garbini in den Balken von chronisch mit Alkohol vergifteten Hunden aufgefunden worden sind, entsprechen ziemlich genau den von Marchiafava und Bignami im menschlichen Balken gemachten Befunden, wie aus der von diesen Autoren gemachten Beschreibung, die hier zusammenzufassen ist, leicht erkannt werden kann.

Bei den primären Balkendegenerationen zeigt sich die Schnittfläche des Balkens bisweilen aufgelockert. Dorsalwärts fallen beim Schnitte zwei Streifen etwas weißer Substanz auf. In den nach Pal gefärbten Präparaten bemerkt man die drei voneinander scharf getrennten Lamellen; wegen der weißen Färbung, welche die mittlere Zone nur längs der Raphe (des Balkens) annimmt, erscheint die Degeneration weniger stark (hier findet man in der Tat mehr oder weniger erhaltene Markfasern). Niemals nimmt man ein bis an die Oberfläche des Balkens sich erstreckendes degeneratives Aussehen wahr. Daher kommt es, daß man bei bloßer Beobachtung der Balkenoberfläche das Vorhandensein der Veränderung, die nur mittels vertiko-transversaler Schnitte, und nicht durch die alten, klassischen, schräg-horizontalen, durch den Sinus corporis callosi geführten Schnitte wahrnehmbar ist, nicht vermuten kann. Die erwähnte Zone erstreckt sich von vorn nach hinten längs des ganzen Balkens und seitlich einige Millimeter in den Stabkranz, um mehr oder weniger brüsk aufzuhören. Ihre Färbung hängt von ihrem Gefäßreichtum ab und nur in alten Fällen bemerkt man eine graue Färbung. Die Dicke der beiden (dorsalen und ventralen) Lamellen verändert sich ein wenig in den verschiedenen Schnittebenen, denn, ceteris paribus, erscheinen sie in den mehr frontalen Abschnitten zarter als in den mehr kaudal (Splenium) gelegenen.

Was die Art und Weise der Ausdehnung des Krankheitsprozesses betrifft, so scheint es, daß derselbe in dem vorderen Teile des Balkens beginnt und von hier sich auf den Stamm desselben, dann auf das Splenium und von dort in einigen Fällen auf die Columnae (anteriores et posteriores) fornicis erstreckt. Niemals fehlt die Entartung des vorderen Balkendrittels, während sehr häufig die Gegend des Spleniums intakt bleibt. Die Tatsache, daß sich nicht selten in der medianen Raphe Nervenfasern vorfinden, deren Markscheide erhalten ist, und daß, die Serie der frontalen (proximalen) Schnitte des Balkens nach den okzipitalen zu verfolgend, die Degenerationszone sich in zwei symmetrische, an den Seiten der intakt bleibenden Raphe liegende Streifen teilt, läßt nach Marchiafava und Bignami die Vermutung zu, daß die Veränderung aus mehr oder weniger symmetrischen, bilateralen Degenerationszonen bestehe. Der Beginn des Prozesses durch kleine Degenerationsherde wird auch durch in der Gegend des Spleniums angestellte Untersuchungen wahrscheinlich; denn in einigen Fällen hat man den Eindruck, daß hier die Entartung weniger fortgeschritten sei als im Reste des Balkens, und daß sie aus multiplen Herden, welche die Neigung aufweisen, zusammenzufließen, hervorgeht.

In den von der in Rede stehenden Krankheit befallenen Gehirnen findet man bisweilen auch die Entartung der vorderen Kommissur, des Brachium pontis und mehr oder weniger ausgedehnter Zonen der unterhalb einiger Großhirnwindungen liegenden Marksubstanz. Die Degeneration nur der Gehirnkommissuren wurde von Bignami und Nazari unter 31 Fällen achtmal (in $^1/_4$ der Fälle) gefunden.

Der Symptomenkomplex der in Rede stehenden Krankheit verdient eine genaue Beschreibung. Das Alter der, alle dem männlichen Geschlechte angehörenden, von dieser Krankheit befallenen Patienten schwankt zwischen 40 und 70 Jahren, mit zwei Häufigkeitsmaxima, das erste zwischen 40 und 50, das zweite zwischen 60 und 70 Jahren. Im allgemeinen handelt es sich um starke Trinker, meistens Wein-, aber auch Likörtrinker; die Bedeutung des Alkohols als ursächlicher Faktor ist also nicht zu bezweifeln, obwohl es bekannt ist, daß man, um das Auftreten der verschiedenen klinischen

Symptomenkomplexe des Alkoholismus zu erklären, häufig die Mitwirkung anderer ätiologischer Momente angerufen hat.

Ja es ist sogar schwer zu beurteilen, ob die primäre Degeneration des Balkens ausschließlich von einer Alkoholintoxikation oder auch von anderen pathologischen Faktoren abhängig sei. Diese zweite Möglichkeit scheint sehr wahrscheinlich, nachdem d'Abundo bei einem Nichtalkoholiker eine auf die Lamina marginalis ventralis und auf den medialen Teil der Lamina marginalis dorsalis lokalisierte Balkendegeneration gefunden hat. Er führt die Ursache des krankhaften Prozesses auf ein Trauma zurück, das die mit einer vergrößerten Glandula thyreoidea versehene Patientin (Störungen der inneren Sekretions-Drüsen) am Kopfe davongetragen hatte.

Lues wurde in zwei Fällen nachgewiesen. Nicht selten handelt es sich um Individuen mit einem der toxischen Wirkung gegenüber mehr als normal labilen Gehirnsysteme; andere waren Abkommen von Trinkern und selbst von Kindheit Trinker. Die von dieser Krankheit befallenen Patienten weisen die Zeichen der Präsenilität auf. Die ersten Erscheinungen können auf 3—6 Jahre zurückgeführt werden, denn gewöhnlich verlaufen die ersten psychischen Störungen, ohne von den Angehörigen bemerkt zu werden. In einigen Fällen hatten bereits verschiedene Jahre vor dem Tode schwere psychopathische Symptome bestanden, von denen sich die Patienten mehr oder weniger vollkommen erholt hatten.

Der Verlauf der Krankheit ist ein langer und erstreckt sich stets, unter Verschlimmerungen und Remissionen, über verschiedene Jahre. Die Hauptsymptome können, den Forschungen Marchiafava's, Bignami's und Nazari's nach, in zwei Gruppen zusammengefaßt werden, nämlich:

a) psychische Symptome, die (in 23 unter 31 Fällen) ihrer Schwere und Natur wegen, dem Krankheitsbilde ihren besonderen Ausdruck verliehen haben. Sie bestehen in einem bis zu einem Zustande geistiger Verwirrung und Demenz fortschreitenden Verfalle des Geistesvermögens, in übertriebener Reizbarkeit und Erregbarkeit mit Episoden von Wutkrisen, die unter der Wirkung des Alkohols noch häufiger und ausgeprägter werden; in Perversionsaffekte, selbst den Angehörigen gegenüber; in ethischer Entartung, die bis zu Obszönitäten und zur Perversion der Sitten, nicht selten mit Vollziehung skandalöser Handlungen (Exhibitionismus) geht. Hierzu tritt die fortschreitende Verschlechterung des allgemeinen Ernährungszustandes bis zum Marasmus.

b) Apoplektiforme und epileptiforme, aus allgemeinen oder einseitigen klonischen, krampfhaften Zuckungen bestehende Anfälle, welche auch wiederholt (in 21 von 31 Fällen) beobachtet wurden. Nicht selten erneuern sich die epileptiformen Anfälle mehrmals während des Tages, dauern wenige Minuten und werden oft von Temperatursteigerung gefolgt.

Außerdem sind in verschiedenen Fällen Ohnmachten, Schwindel, Zittern der Glieder, dysarthrische Störungen, plötzliche und vorübergehende Schwäche der unteren Glieder, von welchen die Kranken bisweilen sofort, ohne Iktuserscheinungen, befallen werden; und manchmal anhaltende, motorische Schwächezustände oder Ataxie, mit folgender Tendenz, plötzlich umzufallen, angegeben worden; selten hingegen wahre Paresen, welche meist vorübergehend waren, wie jene, die man nach den apoplektiformen Anfällen wahrnimmt. Bisweilen ist die Hemiparese nicht transitorischer Natur, sondern hält bis zum Tode an. Auch ohne Lähmungen zeigen die Kranken häufig eine enorme Verlangsamung und Unsicherheit der Bewegungen. Fast immer besteht gleichzeitig eine andauernde sexuelle Impotenz. In nicht wenigen Fällen sind die Patienten gezwungen, ihre Arbeit aufzugeben, während sie in anderen Fällen imstande waren, dieselbe wieder aufzunehmen, besonders wenn die Schwäche und die Parese sich besserten. Betrachten wir im allgemeinen den Gesamtverlauf, so ist die Kennzeichnung der Krankheit als eine „Dementia alcoholica progressiva" gerechtfertigt; zum Unterschiede von der alkoholischen Pseudodemenz, die nach Aufhebung der Giftzufuhr heilbar ist.

Der Verlauf wird von Zeit zu Zeit durch Verwirrungsepisoden und andere psychopathische Zustände, die den Typus des Alcoholismus paralytiformis simulieren und die zeitweise Aufnahme in eine Irrenanstalt nötig machen können, unterbrochen. Nach Bignami und Nazari scheinen die charakteristischen Merkmale, die dieses Krankheitsbild von dem des gewöhnlichen, chronischen Alkoholismus unterscheiden, der progressive Verlauf, welcher trotz der Exazerbationen und Remissionen bis zum marantischen Zustande führt, und die Häufigkeit der apoplektischen Anfälle zu sein. Diese beiden Merkmale, sowie auch die Schwere der psychischen Symptome, besonders in der ethischen Sphäre, in Betracht ziehend, haben Bignami und Nazari das Bestehen der in Rede stehenden Krankheit, die später bei der Sektion nachgewiesen wurde, intra vitam sogar vermuten können.

Die Todesursache war in den meisten Fällen eine Pneumonie oder eine Bronchopneumonia terminalis, seltener die Lungentuberkulose, die Infektion der Harnwege, der Krebs, arteriosklerotische Kardiopathien und durch Dekubitus bedingte septikämische Infektion. Es ist schwer, mit einer gewissen Genauigkeit festzustellen, welche Erscheinung des beschriebenen Krankheitsbildes mit den einzelnen pathologisch-anatomischen Änderungen in Zusammenhang gebracht werden müssen. Es liegt auf der Hand, daß den Verletzungen der Gehirnkommissuren, besonders des Balkens, zum großen Teile die das Krankheitsbild beherrschenden Erscheinungen zuzuschreiben sind. Nach Marchiafava und Bignami ist es in der Tat wahrscheinlich, daß sich die Hauptsymptome der Degenerationen der Gehirnkommissuren, wenigstens zum Teile, mit den Ausfallserscheinungen der Funktionen der durch die Kommissuren assoziierten Hirnzentren vermischen, deren Zusammenwirkung zur Entfaltung der Assoziationserscheinungen von grundlegender Bedeutung ist. Leider verhindert die Tatsache, in verschiedenen Fällen ausgedehnte Veränderungen der subkortikalen Frontal-, Parietal- und Okzipitalzonen gefunden zu haben, ein auf den physiopathologischen Wert der Balkendegeneration gestütztes Urteil zu fällen.

Die im Gehirn durch die Alkoholvergiftung bedingten pathologisch-anatomischen Veränderungen stellen nur den Rest einer seit langer Zeit auf das Nervengewebe ausgeübten krankmachenden Wirkung dar, der, wie anzunehmen ist, einer Funktionsstörung entspricht, welche dem Auftreten der groben histologischen Veränderungen vorausgeht. Alles führt daher auf den Gedanken, daß die in Rede stehende Krankheit in einer Veränderung der Funktionen bestehe, welche in bedeutend ausgedehnteren Gehirnzonen lokalisiert sind als diejenigen, in welchen die nur mit den feinsten Forschungsmethoden nachweisbaren Degenerationen aufgetreten sind. Um diesen Gesichtspunkt zu unterstützen, würde es genügen, daß bisweilen die Balken-(Kommissuren-)Degenerationen nur die Veränderungen darstellen, welche die pathologische Anatomie in Individuen, die unter einem schweren Gehirnsyndrome zugrunde gegangen sind, an das Licht zu bringen vermag. Das ist unverständlich, wenn man nicht das Vorhandensein von ausgedehnteren Veränderungen annimmt, denen der tödliche Ausgang zugeschrieben werden muß, obwohl sie zur Zeit nicht einmal durch die feinsten histologischen Methoden wahrnehmbar sind. Nicht bloß des Studiums der Krankheitsbilder bei Patienten, die von Balkendegeneration befallen sind, sondern auch einer Reihe von kollateralen Erwägungen wegen, ist es nach Bignami und Nazari logisch anzunehmen, daß wenigstens zwischen den meisten psychischen Störungen — in ihren Komplexen —(Ausfallserscheinungen im allgemeinen, Verwirrungszustände, moralische Perversion usw.) und der Degeneration der Bahnen, besonders der Balkenbahnen, welche die beiden Großhirnhemisphären untereinander verbinden, eine enge Beziehung besteht. Die Tatsache, daß, wie wir in den vorhergehenden Abschnitten gesehen haben, die psychischen Störungen bei den balkenzerstörenden Verletzungen (Tumoren, Blutungen, Erweichungen) fast konstant sind und in dem Symptomenkomplex einen vorherrschenden Wert besitzen, können als Stütze der eben angeführten Meinung herangezogen werden.

Die von den Kranken aufgewiesenen Bewegungsstörungen sind nach Bignami und Nazari wahrscheinlich vorwiegend mit den subkortikalen Veränderungen in Zusammenhang zu bringen. Wir erwähnen hier die meist vorübergehenden Paresen, die einfachen Schwächezustände der Glieder, die langsamen und ungeordneten Bewegungen und die epileptiformen Zustände. Wir haben in der Tat gesehen, daß wenige Forscher (Schäfer, Mott, Sherrington, Lewandowsky) dem Balken eine motorische Funktion zuschreiben, daher ist es wahrscheinlicher und mehr in Einklang mit der Physiopathologie der Gehirnhemisphären anzunehmen, daß aus den subkortikalen (subrolandischen) Herden abnorme Reize hervorgehen, welche fähig sind, in der Gehirnrinde Veränderungen zu verursachen, die sich durch motorische Reizzustände ausdrücken. Ebenso ist die geeignetste Deutung der Schwächezustände oder der Paresen der Glieder, der Sprachstörungen jene, sie der Veränderung einer großen Anzahl von Projektionsfasern infolge der periaxilen Degeneration, von der sie entsprechend den erwähnten subkortikalen Herden befallen sind, zuzuschreiben.

Das Verhältnis zwischen Ictus apoplectiformes, Lypotimien und analogen Zuständen, wie sie in fast sämtlichen Krankengeschichten der Patienten angegeben werden und einer bestimmten, umschriebenen Veränderung aufzusuchen, ist nicht möglich. Es handelt sich um Symptome toxischen Ursprungs, deren pathogenetischer Mechanismus noch dunkel ist.

Die Ataxie, welche man im Symptomenkomplex dieser Balkenentartungen beobachtet, kann wahrscheinlich mit den im Brachium pontis angetroffenen Veränderungen in Zusammenhang gebracht werden. Bechterew hat in der Tat Fälle von Ataxie mit Nystagmus von der Dauer von 2—3 Monaten mit Ausgang in Heilung, die bei starken Trinkern nach dem Rausche aufgetreten waren, beschrieben und Lewandowsky nimmt an, daß man auf Grund einer solchen, der Alkoholintoxikation folgenden Ataxie, eine Affektion des Kleinhirns und der entsprechenden Bahnen zu suchen habe. Dejerine hat diese Ansicht noch ausgedehnt, indem er meinte, daß man auch in anderen Ataxien toxischen Ursprungs eine Kleinhirnkomponente in Betracht ziehen müsse. Die Forschungen Marchiafava's und Bignami's, welche gefunden haben, daß sich häufig der

Degeneration des Balkens auch die der Crura cerebelli ad pontem anschließt, liefern uns eine anatomische Grundlage zu den erwähnten Annahmen. Immerhin muß man die Häufigkeit vor Augen haben, mit welcher man Gleichgewichts- und Gehstörungen bei Balkenverletzungen antrifft, so daß, wie weiter oben erwähnt wurde, Zingerle von einer Balkenataxie redet. Folglich ist es nicht unwahrscheinlich, daß in den Fällen, in denen man keine Degeneration des Brachium pontis antrifft, während die der Lamina media des Balkens vorhanden ist, die ataktischen Störungen des Alkoholisten eine genügende Erklärung in dieser letzteren Veränderung finden.

Wie man sieht, hat das zuerst von Marchiafava und Bignami, dann von Milani, von mir und von O. Rossi in dem letzten Jahrzehnt unternommene Studium der Balkendegenerationen ein nicht geringes Licht, wenn nicht auf die Bedeutung, so doch auf den Verlauf der verschiedenen Fasersysteme, die den Balken bilden, geworfen. Die Folgerungen, zu der man beim Studium der Symptomatologie der Balkenverletzungen gelangt, seien diese von der Anwesenheit einer Neubildung, von der Erweichung oder von der Blutung, oder von der sog. primären Degeneration abhängig, sind die gleichen. In der Tat scheint es, daß auch in dieser letzten Krankheit die Tetraparese und die Krämpfe der Glieder der einen Hälfte des Körpers, verbunden mit der Parese der entgegengesetzten Seite, von einer indirekten Mitbeteiligung der Pyramidenbahnen abhängen, während es noch nicht sicher festgestellt ist, ob die psychischen Störungen (wenigstens teilweise) von der Verletzung des Organs selbst abhängen.

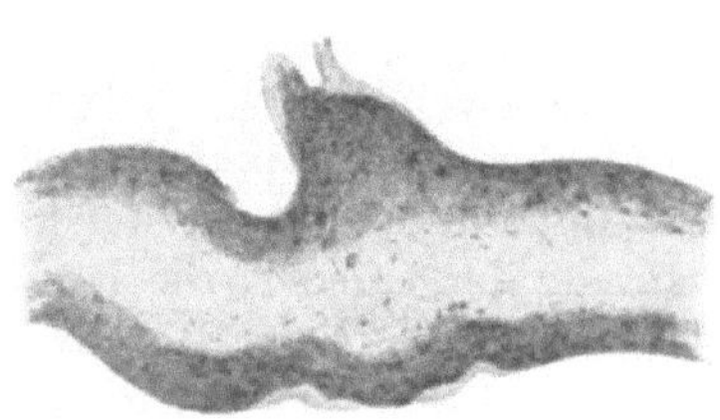

Abb. 78. Vertiko-transversaler Schnitt durch den Balken (dem hinteren Drittel entsprechend) eines Alkoholikers (nach Marchiafava und Bignami). Weigert-Pal'-sche Färbung. M. f. Psych. Bd. XIX, H. 3. Man bemerkt eine ausgedehnte Degeneration, welche nur den oberflächlichen Rand des Balkens verschont.

Die bisher beschriebenen Tatsachen führen zu einem leichteren Verständnis der Symptome und der Pathogenese dieser Krankheit, die ich nun in Betracht ziehen werde.

Vor allem ist die Beschreibung des mikroskopischen Bildes der Schnitte des so veränderten Balkens notwendig, und zwar eine kurze Analyse der histologischen Befunde, welche von den verschiedenen Verfassern in dieser Krankheit erhoben worden sind. Beim Studium mikroskopischer, mit Hämatoxylin-Eosin gefärbter Frontalschnitte des von primärer Degeneration befallenen Balkens haben Marchiafava und Bignami beobachtet, daß die beiden Randlamellen, die obere (dorsale) und die untere (ventrale) desselben, bei schwacher Vergrößerung sich aus Bindegewebe und Nervenfasern, welch letztere fast alle in transversaler Richtung verlaufen, gebildet zeigen. In der Lamina media hingegen ist das Gewebe rarefiziert, weniger dicht und gefäßreicher als die Randzonen; die Nervenfasern sind hier zum größten Teile, aber nicht gänzlich verschwunden. Und zwar sieht man in der entarteten Balkenzone, auch in der, welche bei Weigert'scher Färbung vollständig weiß erscheint, besonders in dem Gebiete der Raphe, wohl erhaltene Nervenfasern (mehr in den hinteren zwei Dritteln des Balkens als im vorderen) (Abb. 78). Ebenso lassen die Bielschowskypräparate in dieser Zone zahlreiche Achsenzylinder sehen, von denen einige auf ihrem Verlaufe variköse Anschwellungen aufweisen.

Bei stärkerer Vergrößerung erscheinen die Gefäßwände in der entarteten Zone bisweilen normal, in anderen Exemplaren zeigen sich die endothelialen Kerne der Wände der kleinen Gefäße geschwollen, hier und da bemerkt man auch eine Hyalinosis perivasalis. An einigen perikapillären Gefäßchen sieht man zuweilen eine bedeutende hyaline Anschwellung der Wände, die bis zu einer fast vollständigen Obliteration des Gefäßlumens geht; jedoch steht die hyaline Entartung nicht in engem Verhältnis mit der Schwere und der Ausdehnung der Entartung des Balkens. Eine Infiltration von lymphozytoiden Elementen in den Adventitialücken ist häufig, aber nicht beständig; im allgemeinen handelt es sich um eine mäßige Infiltration, die selten dazu kommt, lymphozytoide Anhäufungen zu bilden. Die große Masse des degenerierten Gewebes besteht aus einem Gliageflecht, dessen Fibrillen zum großen Teile in transversaler Richtung angeordnet sind; unter denselben sind auch Achsenzylinder wahrnehmbar, welche die Markscheide verloren haben. Die Gliafaserchen erscheinen dichter als normalerweise, während die Gliazellen nicht viel zahlreicher sind als im normalen Zustande. In allen von Marchiafava und Bignami studierten Fällen nimmt man die Anwesenheit von Körnchenzellen wahr, hauptsächlich in den von den Gliafasern umgrenzten Räumen oder in der Nähe der Gefäße. Die größte Anzahl dieser Zellen findet sich an jenen Stellen, an welchen der Entartungsprozeß weniger vorgeschritten ist und wo noch Nervenfasern erhalten sind. In den Präparaten, in welchen die Entartung weit vorgeschritten

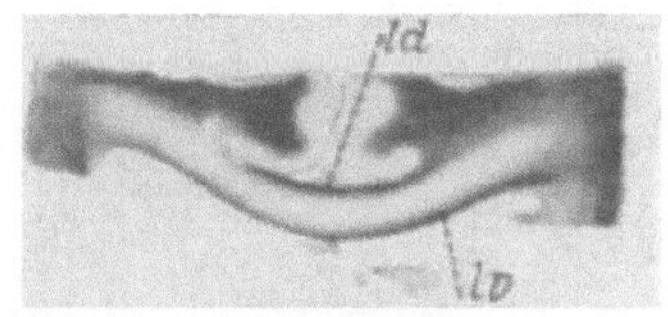

Abb. 79. Vertiko-transversaler Schnitt durch den Balken (eines Alkoholikers), entsprechend dem vorderen Drittel, in einem Falle von sehr ausgedehnter Balkendegeneration. (Nach Marchiafava und Bignami, loc. cit.)
Die ausgedehnte blasse, degenerierte Zone umfaßt ungefähr ²/₃ des Balkens. Die sehr zarten oberflächlichen Markstreifen sind erhalten; sie weisen keine scharfen Grenzen auf, sondern verlieren sich nach und nach; lateralwärts dehnt sich die degenerierte Zone mehr aus, enthält aber auch zahlreiche gut erhaltene Nervenfasern.

ist, findet man hier und da anscheinend leere Lücken und kleine seröse Zysten, deren Ränder von Gliagewebe eingefaßt sind.

O. Rossi hat in zwei Fällen von primärer Balkendegeneration auch die marklosen Fasern desselben verändert gefunden. Im ersten Falle fand er Fensterbildungen und Varikosität der Markfasern, wie auch Unterbrechung der argentophilen Substanz; im zweiten Falle nahm er Anschwellung der Achsenzylinder, Abbau der argentophilen Körnchen und der Körnchennetze wahr. Unter den Adventitiaelementen der Präkapillaren bemerkte er metachromatische basophile Körnchen und Veränderungen der Gliazellen (Ruptur der Kernmembran und Erguß der Kernsubstanz), Gitterzellen, Körnchenzellen und amöboide Gliazellen. Er stellte weder perivaskuläre Veränderungen, noch das Vorhandensein von Plasmazellen fest.

Auch Milani hat seinen Forschungen entnommen, daß die Grundläsion der Krankheit aus folgenden Erscheinungen besteht: a) einer besonderen

Form von Degeneration der Nervenfasern, in denen sich (fast gänzlich) der Achsenzylinder erhält, während die Markscheide verschwindet, und diese letzteren Degenerationserscheinungen aufweisen; b) einer reichlichen Bildung von Abbauprodukten, besonders basophilo-metachromatischen (von Alzheimer), wie auch von hämosiderinischen Pigmenten; c) einem hypertrophischen und hyperplastischen Vorgang wie auch Neubildung von Gliazellen mit ausgedehntem Protoplasma und spärlichen Fortsätzen, sowie von Körnchenzellen, welche die Zerfallprodukte der Fasern resorbieren, während die Bildung der Gliafasern eine geringe ist oder ganz fehlt; d) Veränderungen von verschiedenem Typus, aber von rückbildendem Charakter der Blutgefäße. In den wesentlichsten Linien entsprechen die von Milani angetroffenen histiopathologischen Veränderungen den von Marchiafava und Bignami beobachteten. Sie unterscheiden sich von diesen nur bezüglich der Gliaveränderungen, insofern

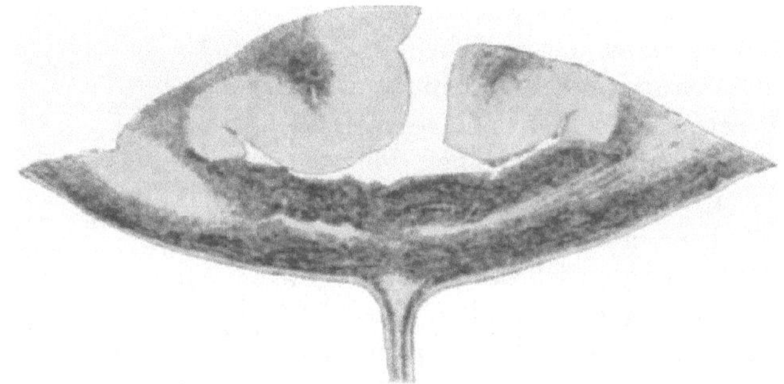

Abb. 80. Vertiko-transversaler Schnitt durch den Balken, in der Höhe des Kopfes des Caudatus, in einem Falle von begonnener und wenig ausgedehnter Balkendegeneration. (Nach Marchiafava und Bignami.) Weigert-Pal'sche Hämatoxylinfärbung, loc. cit.
Die sehr zarte und blasse mittlere Degenerationszone ist in den medialen Abschnitten des Balkens noch zarter und schwerer zu unterscheiden, besonders die Medianlinie; lateralwärts erstreckt sie sich keilförmig.

als Milani in der protoplasmatischen Glia sehr ausgeprägte Wucherungsprozesse und Hypertrophie wahrgenommen hat, während diese Autoren eine geringfügige und in einigen Fällen fast unwahrnehmbare Wucherung annehmen.

Die von mir durchgeführten histologischen Studien stimmen im großen und ganzen mit den Ergebnissen der kurz zuvor beschriebenen Forschungen überein. Auch ich habe das Vorherrschen der Degeneration der Markscheide (Abb. 73 u. 74), die Anwesenheit metachromatischer basophiler Abbauprodukte und hämosiderinischer Pigmente wahrgenommen, während ich, wie Marchiafava, bloß eine geringe Hyperproduktion der Gliazellen feststellte (Abb. 77).

Um festzustellen, welches die Pathogenese dieses besonderen Krankheitsprozesses sei, muß man gleich hervorheben, daß man es nicht mit einer progredienten Gliaveränderung zu tun hat. Es bilden sich in Wirklichkeit hier und da in verschiedenen Zonen einer veränderten Stelle große Gliazellen mit breitem Protoplasma; doch besteht kein Maximum der Hyperplasie im Zentrum der krankhaften Balkendegenerationsherde, wie in gewissen beginnenden

Zerstörungsherden; ja nicht einmal an der Peripherie, wie bei einigen Erweichungsherden, deren Zentrum in toto einen Zerfall der ektodermalen Elemente aufweist. Außerdem nimmt man keine Bildung von Gliafasern wahr. Diese Tatsachen entsprechen der besonderen Art und Weise der Veränderungen der Nervenfasern; in diesen zeigt sich in der Tat keine Zerstörung en masse, welche die Bildung einer kompakten und festen, hauptsächlich aus Gliafasern bestehenden Glianarbe hervorruft. Da es sich hingegen um einen Vorgang handelt, der nicht gleichzeitig sämtliche Markfasern einer bestimmten Zone, sondern nur einige, und diese bloß in einigen sie bildenden Teilen nach und nach befällt, so begreift man leicht, daß die Zellen des Zwischengewebes nur vereinzelt und in kleinen Gruppen hypertrophisch werden und wuchern, da sie wenigstens in den Zuständen, in welchen sie beobachtet wurden, einen genügenden Zusammenhang des Gewebes zu gewähren, allein hinreichen. Natürlich kann man nicht wissen, ob bei vorgeschrittenem Krankheitsprozesse sich nicht eine fibröse Gliasklerose bildet; sicher ist, daß diese bisher fast niemals wahrgenommen wurde. Ja, zieht man den Reichtum der Abbauprodukte und hauptsächlich den der basophilen-metachromatischen Substanzen in Erwägung, so ist es sehr wahrscheinlich, daß der Prozeß, wenn er sich bei der Untersuchung zeigt, noch verhältnismäßig frisch ist.

Höchst wichtig ist auch das Verhalten der Blutgefäße bei diesem Krankheitsprozeß. Tatsächlich kann man in bezug auf das Verhalten der Blutgefäße die Frage stellen, ob es sich um eine absolute oder relative Vermehrung handelt, und beziehungsweise, ob diese Vermehrung das Resultat einer Gefäßneubildung oder eines Anhäufens an bestimmten Stellen vorher bestehender Gefäße sei. Zweifellos befinden sich (Milani) in den veränderten Zonen vor allem zahlreiche Gefäße von bedeutendem Kaliber: Arteriolen, kleine Venen, große Präkapillaren. Die große Verschiedenheit der Richtung, in welcher der Schnitt diese Gefäße trifft, lehrt uns, in den sehr zarten, wie auch in den sehr starken Schnitten (40—60 Mikrometer), daß die Gefäße in Schlängelungen und in sehr dichten, komplizierten Konvoluten angeordnet sind. Dieser Befund kann aber ohne weiteres die Gefäßneubildung ausschließen; diese letztere findet in der Tat, wenigstens in den Nervenzentren, durch Wucherung zartester Kapillaren statt. Dies sieht man aufs deutlichste in den sehr frischen Zerstörungsherden, in denen wir den Verlauf feiner Kapillaren mit sehr zarten Wänden längs des Gerüstes von Fibroblasten, die von den Gefäßen der peripheren Zone des Herdes her, nach dem Zentrum des Herdes selbst zu, zusammenfließen, beobachten. Nun kann man aber nicht annehmen, daß es sich um neugebildete Arteriolen und kleine Venen handelt, die mit starken Wänden versehen sind; ebensowenig ist die Annahme gestattet, daß diese Gefäße seit langer Zeit neugebildete, infolge eines langsamen Prozesses sklerotisch gewordene Gefäße darstellen: denn erstens sind derartige Veränderungen nicht als solche älteren Datums zu betrachten, und zweitens ist die Seltenheit der neugebildeten Kapillaren, die durch Atrophie des Reparationsgewebes sich zurückbilden und verschwinden, bekannt. Es ist anderseits wahr, daß neben diesen sicher erwachsenen und präexistierenden Gefäßanhäufungen sich hier und da Gefäße von sehr kleinem Kaliber mit sehr zarten Wandungen, bisweilen von sehr geschlängeltem, in dichten und regelmäßigen Spiralen bestehendem, oder zuweilen auch gradlinigem Verlaufe vorfinden (Abb. 81 u. 82). Diese Eigenschaften,

d. h. Zartheit der Wandungen, Enge des Kalibers, geradlinige Richtung der
Gefäße, vereint mit der nicht seltenen Hypertrophie der Wandzellen, mit der
intensiven Basophilie ihrer Zytoplasmen, können die Vermutung aufsteigen
lassen, daß hier eine Gefäßneubildung stattfinde. In der Tat bilden die spitzen
Gefäßdivertikel (die Neubildungsknospen von Maximow), deren Deutung
noch sehr zweifelhaft ist (Cerletti), eine große Seltenheit. Ja Milani hat
gefunden, daß, wenn in der degenerierten Zone des Callosum viele dieser
Kapillaren einen geradlinigen Verlauf aufweisen, dies für jene eigentümlich ist,
welche den Faserbündeln parallel verlaufen, die anderen Kapillaren dagegen,
die sich diesen Fasern gegenüber senkrecht befinden, sind nicht geradlinig,
sondern weisen eine ausgeprägte Schlängelung auf (Abb. 81 und 82). Dieser

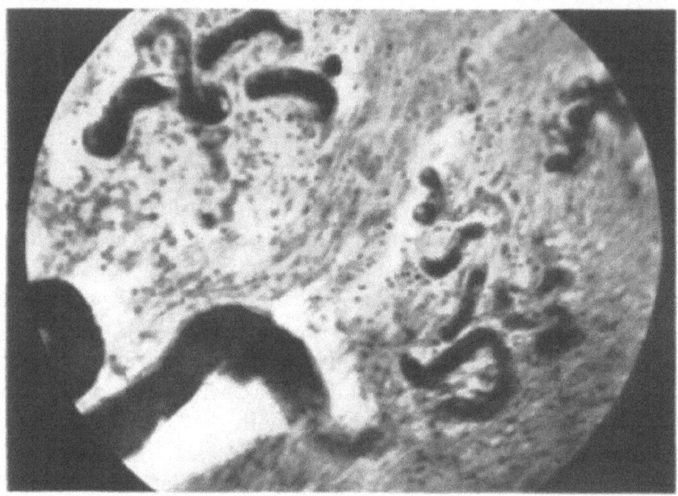

Abb. 81. Primitive Balkendegeneration im Bereiche der mittleren degene-
rierten Zone. Alzheimer'sche Methode.
Zahlreiche geschlängelte, an einigen Stellen komplizierte Knäuel bildende Blutgefäße.
Mikrophotographie. (Nach Milani, Patol. d. corpo call. 1914, Roma.)

Gegensatz erklärt sich sehr gut durch den Mechanismus der Bildung der
Knoten, der Knäuel und der Schlängelungen. Diese Bildungen finden in der
Tat (Cerletti) in allen Fällen statt, in welchen infolge teilweiser Zerstörung des
Nervengewebes (d. h. durch Zerstörung ektodermischer Gebilde) unter Erhaltung
der Gefäße diese in ein Gewebe zu liegen kommen, welches sich zusammen-
gezogen hat. Folglich finden sie Platz in einer mehr als ursprünglich verengten
Zone, sie werden geschlängelter und häufen sich, die einen neben den anderen
an, indem sie Aggregate und Knäuel bilden. Da nun die Größe des Balkens
in der in Rede stehenden Krankheit sich auf ein Drittel der normalen Dicke
reduziert, so begreift man leicht, daß die präexistierenden, meist von dem
Degenerationsprozesse verschonten Gefäße die einen an die anderen sich anlehnen und zu einem sehr geschlängelten Verlauf anordnen. Es ist ja logisch,
daß es gerade die Gefäße sind, die den Fasern senkrecht verlaufen, welche sich
zu Spiralen anordnen, nachdem sich die Markfaserbündel rarefizieren, während

die, welche den Fasern gegenüber selbst parallel verlaufen, sich zwischen den intakt gebliebenen Fasern fügen und sich den nahen parallelen Gefäßen anlegen, ihren geradlinigen Verlauf beibehaltend. Es ist wahr, daß man hier und da Adventitial- und Endothelialzellen in einem proliferativen Zustande findet, doch erklärt sich diese Tatsache, wenn man bedenkt, daß es sich um Elemente handelt, die den Gefäßen angehören und die bezüglich der Gewebe bedeutende Verlagerungen erfahren haben und mitten in ein Gewebe zu liegen gekommen sind, das weicher als gewöhnlich ist und sich in einem Degenerationsprozeß in actu befindet. Deshalb ist selbst unter der Annahme, daß irgend ein kleiner Zweig an irgend einer schwer entarteten Stelle der Herde sich neugebildet habe, auch nach Milani auszuschließen daß eine eigentliche Gefäßneubildung stattgefunden habe.

Man kann auch nach dem Gesagten von der Hand weisen, daß es sich bei diesem Krankheitsprozeß (besonders wegen der Abwesenheit perivaskulärer

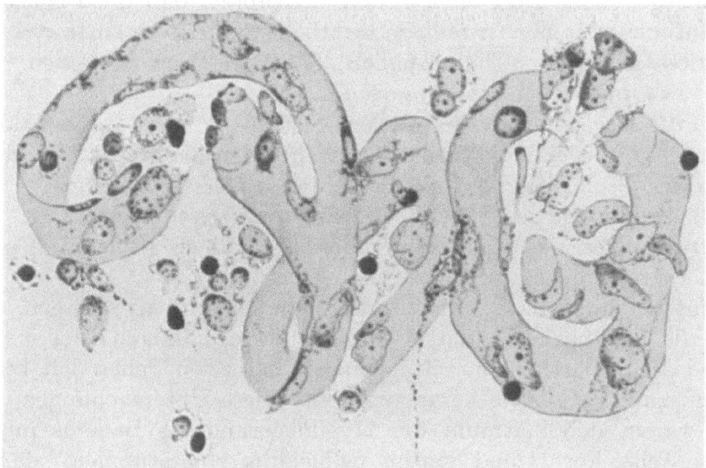

Abb. 82. Prim. Balkendegeneration (demselben Falle der vorstehenden Abbildung angehörend). Gebiet der mittleren degenerierten Zone. Toluidinblaufärbung. Einen sehr komplizierten Knäuel bildende Blutgefäße. Hom. Imm. (Nach Milani, l. cit.)

Infiltration von Leukolympho- oder Plasmatozyten) um einen encephalitischen Infiltrationsprozeß handelt.

Ebenso ist eine Erweichung im gewöhnlichen Sinne des Wortes auszuschließen, da die totale Zerstörung der ektodermalen Elemente, die Invasion der Körnchenzellen mesodermalen Ursprungs und die stürmische Wucherung der Zellen der Gefäßwände fehlen. Ebensowenig kann man sekundäre Degeneration — mit folglicher Zerstörung der Nervenfasern in allen ihren Elementen und in der ganzen Länge, Umbildung der zwischen diesen Fasern gelegenen Gliazellen in Körnchenzellen und Umbildung kompakter Bündel von Gliafasern — ausschließen, da keiner dieser verschiedenen und „komplexen" histiopathologischen Charaktere in den Befunden der in Rede stehenden Fälle angetroffen wurde.

Auch die Annahme einer primären Gliawucherung, die sekundär eine Degeneration der Nervenfasern verursache, ist auszuschließen, da die Veränderungen der Glia verhältnismäßig sehr leicht sind.

Marchiafava, Bignami (und Nazari) behaupten daher, daß es sich um eine primäre Degeneration toxischen Ursprungs der Kommissurenfasern, deren Achsenzylinder lange Zeit hindurch unbeschädigt bleibt, handle. Jedoch können die Autoren sich über die pathogenetische Natur der besonderen Veränderung nicht aussprechen; sie nimmt, wie Milani betont, eine besondere Stellung ein und unterscheidet sich daher von allen chronischen und akuten, durch Alkoholintoxikation verursachten Gehirnveränderungen (Bonhoeffer, Meyer). Bezüglich der Annahme Marchiafava's und Bignami's hebt Milani hervor, daß man in dem in Rede stehenden Krankheitsprozesse einen Komplex von Veränderungen nicht bloß der Nervenfasern, sondern auch der anderen Nervengewebselemente in bestimmten Zonen vor Augen hat. Dies angenommen, ist es schwer, mit Sicherheit den Nachweis zu liefern, ob das zuerst erkrankende Element stets die Nervenfaser oder die Gefäße, oder die Glia sei und deshalb bleibt Milani unentschlossen, ob die von Marchiafava verteidigte Theorie anzunehmen sei.

Ich hingegen habe ganz entschieden behauptet, daß die Degeneration des Balkens auf alkoholischer Grundlage sämtliche Charaktere einer systematischen Degeneration aufweist. Diesbezüglich habe ich hervorgehoben, wie auch Marchiafava und Bignami festgestellt hatten:

1. Daß die Degeneration die mittlere Schicht des Balkens in bald größerer, bald geringerer Ausdehnung (von oben nach unten) einnimmt, während jedoch stets die dorsale und die ventrale Schichten unversehrt bleiben.

2. Daß die Fasern der Striae Lancisii immer immun sind.

3. Daß die Fasern des hinteren Teiles des Balkens (Splenium) sehr häufig von Degenerationsprozessen verschont bleiben.

Die Untersuchungen Marchiafava's und Bignami's haben mich dazu bewogen, die von mir über die Myelinisierung des Balkens der menschlichen Föten und Neugeborenen ausgeführten Studien, von denen ich bereits oben gesprochen, zum Vergleiche heranzuziehen. Diese Untersuchungen, die darauf gerichtet waren, den Zeitraum der Myelinisierung des Balkens (und der angrenzenden Teile, Fornix und Septum pellucidum) zu bestimmen, können meines Erachtens zur Erkennung führen, warum der Degenerationsprozeß im Balken der Alkoholiker einen anatomisch wohl umschriebenen Sitz habe.

Ich habe gefunden, daß im ersten Stadium, welches sich von der 2. oder 3. Woche des extrauterinen Lebens bis gegen Ende des zweiten Monats erstreckt (Abb. 16), die Balkenfasern eine beginnende Myelinisierung, entsprechend der dorsalen und ventralen Ränder (Laminae superfic.) aufweisen.

Im zweiten Stadium, zwischen dem 3.—4. und dem 17. Monate, erstreckt sich die Myelinisierung des Balkens weiter, sowohl in den lateralen wie in den medialen Teilen der Balkenfasern; diese Myelinisierung ist jedoch um so schwächer, je mehr sie sich der medianen Linie nähert, wo die Fasern fast weiß erscheinen (Abb. 8 u. 9). Außerdem schreitet die Myelinisierung auch nach den tiefen Schichten hin. Unterscheidet man in der Tat (frontalwärts) die Balkenfasern in drei Schichten, eine ventrale, eine mittlere und eine dorsale, so bemerkt man, wie die Fasern der tieferen Schichten schon zum Teile, jedoch stets weniger als die beiden Randschichten, myelinisiert sind. Diese beiden neuen myelinisierten Streifen, von denen ein jeder sich der entsprechenden Laminae marginales (superfic.) anlehnt, verdienen den Namen „Laminae profundae".

In einem weiteren Stadium (vom 17. Monat ab) befällt die Myelinisierung noch mehr die Zone der Laminae profundae, wie auch die mittlere Schicht (des Balkens), die, den Vorschlag Marchiafava's annehmend, wir passend „Lamina media" nennen (Abb. 80); ein kleines, dieser Lamina entsprechendes, Streifchen bleibt jedoch noch der Markfasern entblößt.

Vergleicht man nun diese der Ontogenese der Balkenfasern des menschlichen Gehirns entnommenen Resultate mit denen aus dem Studium der primären Balkendegeneration der Trinker erzielten, so scheint es außer Zweifel zu sein, daß wenigstens drei Systeme von Nervenfasern im Balken bestehen. Die der Arbeit Marchiafava's und Bignami's entnommene Abb. 78 bezieht sich auf einen Fall, in welchem die Degeneration ausschließlich (und auf einer vertikalen, sehr beschränkten Ausdehnung) die mittlere Schicht des Balkens (Lamina media) betraf; diese Abbildung entspricht jener (Abb. 9), welche den Balken eines Kindes zwischen $4^1/_2$ und 17 Monaten darstellt. Die Balkenfasern sind hier zum größten Teile vollständig myelinisiert, mit Ausnahme der in der mittleren Schicht (Lamina media) verlaufenden. Die mittlere, sich zuletzt beim menschlichen Neugeborenen myelinisierende Balkenschicht entspricht also der, welche bei den Trinkern zuerst der Degeneration anheimfällt.

Die der Arbeit Marchiafava's und Bignami's entnommenen Abbildungen (Abb. 78—79) stellen einen anderen Fall dar, in welchem nicht bloß die mittlere Schicht (Lamina media), sondern auch die dorsale und ventrale (Laminae profundae) des Balkens zerstört waren; diese Degeneration läßt deshalb nur die Laminae marginales unversehrt. Sie entspricht topographisch gerade der Periode des extrauterinen Lebens, in welcher bloß die Laminae marginales des Balkens myelinisiert sind, wie man aus der dem Frontalschnitte des Balkens eines $1^1/_2$ Monate alten Kindes entnommenen Abbildung (Abb. 16) ersieht. Hieraus ist es gestattet, den Schluß zu ziehen, daß es drei Arten von Balkenfasern gibt (Laminae superficiales, Laminae profundae und Lamina media); eine jede derselben kann, während sie sich zu verschiedenen Zeiten myelinisiert, entweder isoliert oder mit anderen zusammen, wie dies in jedem anderen Fasersystem des Rückenmarkes der Fall ist, degenerieren. Diese drei Arten haben wahrscheinlich eine jede eine verschiedenartige Genese, ein eigenes Schicksal und eine besondere physiologische Bedeutung.

Marchiafava und Bignami bemerken, daß die spätere Myelinisierung der Lamina media als die der ventralen und der dorsalen Schichten nicht bedeutet, daß dies ein von den anderen verschiedenes System sei. In Wirklichkeit liefern sie hierfür keinen Beweis, was um so mehr zu wünschen gewesen wäre, da bisher, von Flechsig an, alle ein derartiges Prinzip angenommen haben. Vielleicht spielen sie auf den bereits von Dejerine erhobenen Einwurf an, nämlich, daß ein System sehr langer Markfasern, wie z. B. die des zerebrospinalen Anteiles der Pyramidenbahn, sich nach und nach, von oben nach unten, in einem proximalen Ausgangspunkte, distalwärts vorschreitend und folglich nicht gleichzeitig, myelinisieren kann. Daher, nach Dejerine, die Möglichkeit, daß man die Myelinisierung eines Fasersystems in einem Zeitabschnitte antreffen kann, in welchem der Kapital(proximal)teil des besagten Systems der Pyramidenbahn myelinisiert sei, der übrige (distale) Teil aber nicht; dies würde irrtümlicherweise zur Vermutung führen, daß diese zwei Teile zwei verschiedene Systeme darstellen. Dieser Einwurf kann aber im Falle der Myelinisierung der Balkenfasern nicht erhoben werden; er bestünde in der Tat mit Recht, wenn es sich z. B. darum handeln würde, die Beziehungen zwischen bestimmten Ordnungen von Markfasern des ovalen Zentrums (oder der Marksubstanz der Hirnrinde) und den Balkenfasern abzuleiten. Nimmt man in der Tat an, daß die Myelinisierung von der Hirnrinde nach dem Balken vor sich gehe, so ist es klar, daß, hätte man eine in einem Zeitraume des kindlichen Lebens myelinisierte Schicht von Nervenfasern in der Marksubstanz der Großhirnhemisphäre und nicht im Balken angetroffen, so würde dieser Befund kein sicheres Argument abgeben, um zu dem Schlusse zu kommen, daß diese beiden zwei verschiedene Systeme seien. Im Balken aber handelt es sich um ein System von Fasern, welche, die eine über die andere, in transversaler Richtung parallel oder fast parallel verlaufen, und nicht um Fasern, welche vom dorsalen Rande des Balkens in die darunter liegenden tiefen Schichten hinabziehen. Das Auffinden eines Zeitabschnittes im kindlichen Leben, in welchem die beiden Balkenrandschichten einen vollständigen Grad von Myelinisierung aufweisen, während der übrige Teil des Balkens (die Laminae profundae ventralis et dorsalis und die Lamina media) entblößt ist, zwingt uns zur Annahme, daß man es hier mit verschiedenen Systemen von Nervenfasern zu tun hat. Bezüglich jener Schicht, die wir jetzt Lamina media nennen, nämlich jener Fasern, die sich in der letzten Periode myelinisieren, war ich in der Tat im Zweifel geblieben, ob sie ein (drittes) von den sich in der zweiten Periode myelinisierenden Fasern verschiedenes System darstellten. Es genügt hier hervorzuheben, wie viele der Balkenfasern, den Untersuchungen Ramon y Cajal's zufolge, die Kollateralen oder die Zweiteilungsäste der langen Assoziationsfasern darstellen. Wenn also, wie dies natürlich ist, die Myelinisierung der Balkenfasern von dem Kortikalursprung gegen das periphere Ende desselben vor sich geht, so hatte ich daraus gefolgert, daß der Mangel an Myelinisierung der Balkenfasern (d. h. hauptsächlich der in der Mittelschichte gelegenen) in einer gewissen Periode vielleicht davon abhängen könnte, daß die Myelinisierung bis zum 17. Monat in der mittleren Schicht (Lamina media) nur die homolaterale Hälfte der letzten Balkenfasern interessiert hätte und daß folglich die Myelinisierung sich später auf den kontrateralen Teil derselben fortgesetzt haben würde. Deshalb war ich im Zweifel geblieben, ob die Fasern der genannten Schicht ein eigentliches System darstellen könnten. Jetzt aber hebt das Studium der Degeneration des Balkens, das uns die menschliche Pathologie bietet, diesen Zweifel auf. Dieses zeigt uns vor allem, daß die Lamina media isoliert degenerieren kann und daß deshalb die zuletzt myelinisierten Balkenfasern ein besonderes System darstellen. Erwägt man außerdem, wie auch aus der Abb. 9 hervorgeht, daß die Myelinisierung des der Lamina media entsprechenden Balkenstreifchens nicht einmal im 17. Monat vollständig ist, so scheint der Schluß gerechtfertigt, daß das zweite Fasersystem (nämlich das, welches sich in dem langen Zeitraume vom 4. bis zum 17. Monat myelinisiert), das den Laminae profundae entspricht, längerer Zeit bedarf, um sich mit Mark zu bekleiden, und dies steht übrigens mit der Tatsache in Einklang, daß es den größten Teil der Balkenfasern bildet.

Es ist also gestattet, aus den Ergebnissen dieser Studien noch einmal zu folgern, daß beim Menschen, die Balkenmarkfasern aus drei Systemen bestehen, die sich in drei verschiedenen Zeitabschnitten myelinisieren. In einem ersten Zeitabschnitte (welcher die ersten drei Monate des extrauterinen Lebens um-faßt) myelinisieren sich die Randschichten des Balkens; dann (zwischen dem 4. und dem 17. Monat) die darunter liegenden Schichten (Laminae profundae) und zuletzt (vom 17. Monat ab) die Lamina media.

Bei dieser Gelegenheit sei hervorgehoben, daß im allgemeinen unter den Neurologen Übereinstimmung in der Annahme herrscht, daß die in der Onto-genese sich zuletzt myelinisierenden Fasersysteme auch die jüngsten in der Phylogenese sind, die paleophyletischen die ersten sind, welche das Myelin an-nehmen. Da folglich die Lamina media eine neophyletische oder wenigstens in der Ontogenese eine jüngere Bildung ist, so versteht man, warum sie wenig dem toxischen Degenerationsprozesse widersteht und warum auch später die Laminae profundae nachgeben, während die Elemente der Laminae marginales, welche eine paleophyletische oder wenigstens eine ontogenetisch ältere Bildung darstellen, der Wirkung des krankhaften Vorganges gegenüber am widerstands-fähigsten sein müssen. Dieser Punkt ist besonders hervorzuheben, da nach der Meinung Marchiafava's und Bignami's die große Veränderlichkeit in der Dicke des degenerierten Balkenteiles davon abhängt, daß die degenerierte Lamina media infolge einer langsamen Atrophie nach und nach an Volumen abnimmt. Sie vermuten, daß die Degeneration in den verschiedenen Fällen ungefähr stets dieselbe Anzahl der Markfasern der dorsalen und ventralen Platten betrifft. Nun genügt es, einen Blick auf die beiden Abbildungen 79 und 80 zu werfen, um sich zu überzeugen, daß unabhängig von der degenerierten Zone die Zahl der in Abb. 80 verschonten Fasern weit größer ist als im Falle der Abb. 79, und daß die Balkenzone im letzteren Falle sich sehr eingeengt haben muß; eine Annahme, die, meines Erachtens nach, unhaltbar ist.

Der zweite Punkt, auf den wir die Aufmerksamkeit lenken müssen, ist, daß bei den primitiven Degenerationen des Balkens, die Striae Lancisii stets un-versehrt vorgefunden wurden. Um dies zu begreifen, bemerke ich noch einmal, daß ich mit dem Namen Stratum Lancisianum das ganze besondere Bündel vertikaler Nervenfasern (Fibrae perforantes Kölliker's) benannt habe, welches zwischen und in den Striae Lancisii liegt, um es von den anderen (tangentialen) Fasern sagittaler Richtung zu unterscheiden, welche in den Striae selbst ver-laufen. Um die Bedeutung dieser beiden Arten von Fasern zu verstehen, sei erwähnt, was ich oben angeführt habe, daß sowohl die Laminae tectae, wie die Nerven (Striae mediales) Lancisii die Vertreter einer Windung (Induseum griseum) sind, welche beim Menschen sich auf dem Wege der Rückbildung befindet.

Es sei auch hier bemerkt, daß ich nichts Genaues bezüglich des Zeitab-schnittes, in welchem sich die tangentialen Fasern der Striae Lancisii myelini-sieren, feststellen konnte, da es mir nur gelungen ist, sie in den bei einem Kinde von 4 Monaten (Abb. 18) durchgeführten Längsschnitten zu beobachten. Was die vertikalen, das Stratum Lancisianum bildenden Fasern betrifft, so geht aus den von mir bei Kindern aus den verschiedenen Lebensperioden, entsprechend der Basis der Striae vorgenommenen Untersuchungen hervor, daß von hieraus die Myelinisierung sich allmählich nach oben (dorsalwärts) ausdehnt, um gegen den 6. Monat des extrauterinen Lebens die Peripherie der Stria zu erreichen (Abb. 19). Es ist wohl zu bemerken, daß sowohl das Stratum Lancisianum (resp. die Fibrae perforantes) wie das unterhalb der

Basis der Taenia tecta (Abb. 7) liegende Markstratum zu einer Zeit (in den ersten drei Wochen des extrauterinen Lebens) sich zu myelisieren beginnen, in der die eigentlichen Balkenfasern noch beinahe nackt sind. Deshalb kam ich zu dem Schlusse, daß die Markfasern der ebengenannten Schichten ein in der Ontogenese sicher altes, von den anderen Nervenfasern unabhängiges, quer im Balken verlaufendes System darstellen, das ihren Widerstand gegenüber dem Degenerationsprozesse des Balkens erklärt. Marchiafava und Bignami fanden in der Tat selbst in den Fällen, in denen die (primäre) Degeneration der Balkenfasern eine schwere und vorgeschrittene war, die Markfasern der Striae Lancisii unversehrt.

Meine entwicklungsgeschichtlichen, an Kinderbalken durchgeführten Forschungen stehen in einem anderen Punkte mit dem Studium der primitiven Balkendegeneration im Einklang; ich meine hier das Verhalten der Markfasern des Spleniums. Flechsig hatte schon beobachtet, daß bei wenigen Wochen alten Kindern längs des Spleniums sich vor den anderen Assoziationssystemen besondere Bündel von Markfasern myelinisieren und meint, daß diese der Sehsphäre angehören. Ich konnte diesen Ausspruch weder bestätigen noch von der Hand weisen, da es mir völlig abgeht, mit welchen Kriterien es Flechsig gelungen sei, diese beiden Faserklassen im Splenium zu unterscheiden. Doch betonte ich die von mir beobachtete Tatsache, daß (wie schon oben gesagt) die Myelinisierung im hinteren Drittel des Balkens, wenigstens zum größten Teile, später vor sich geht als in den beiden vorderen Dritteln. Diese Ergebnisse wurden durch weitere Studien ergänzt, welche das Vorhandensein zweier verschiedener Kategorien von Markfasern im Balken nachwiesen. In der Tat kann man nach Dejerine im Splenium corporis callosi drei Teile unterscheiden: einen oberen (hinteres Ende des Truncus c. callosi), einen mittleren (Genu posterius corporis callosi) und einen unteren oder reflexen (Splenium $\varkappa\alpha\tau$' $\dot{\varepsilon}\xi o\chi\acute{\eta}\nu$). Während nun die Ausstrahlungen des oberen Teiles sich wie jene des Balkens verhalten, haben der mittlere und der untere (ventrale) Teil einen verschiedentlichen Ursprung und ein verschiedentliches Schicksal; diese zwei letzteren entspringen in der Tat der Occipitalhirnrinde und vom hinteren Balkenteile und sie umgeben ringförmig vollständig das Cornu occipitale, indem sie zwei Bündel bilden, von denen das obere den Forceps major und das untere den Forceps minor bilden. Die Ausstrahlungen des oberen Teiles des Spleniums hingegen verhalten sich wie die dem Truncus corp. callosi entsprungenen; denn dem O_1, O_2, O_3, dem Praecuneus und dem hinteren Teile des G. corporis callosi entstammend, durchziehen sie die Assoziations- und Projektionsfasern, und den Fasciculus occipito-frontalis, um zum Splenium zu ziehen. Diese Tatsache, nämlich das Bestehen zweier Faserordnungen im Splenium, deren eine, die größere, bezüglich des Ursprungs und der Bedeutung verschieden ist vom Reste der Balkenfasern, erklärt, weshalb dort die Myelinisierung später als dort vonstatten geht. Hiervon haben wir einen Gegenbeweis in der primitiven Balkendegeneration, nachdem Marchiafava und Bignami gefunden haben, daß die Fasern des Spleniums oft bei diesen intakt bleiben.

Ich kann nicht übergehen, daß neuerdings Bignami und Nazari diese Ansicht zum Gegenstand einer eingehenden Kritik gemacht haben. Vor allem haben sie bemerkt, daß meine Forschungen über die Myelinisierung des Balkens nicht an einer genügenden Anzahl von Fällen ausgeführt wurden, um das Bestehen dreier Fasersysteme ohne weiteres annehmen zu können. Diese Autoren fügen hinzu, daß, selbst wenn diese Forschungen Bestätigung finden sollten, dieselben von den auf das Prinzip Flechsig's der Chronologie der Myelinisierung gestützten Grundsätzen ausgehen, ein Prinzip, welches besonders durch die von Brodmann erhobenen Kritiken erschüttert worden ist. Folglich ermangle es stets an einer genügenden Gewährleistung, um anzunehmen, daß die drei Reihen der unter sich so verschiedenen Epochen des kindlichen Lebens den myelinumhüllenden Fasern ebensovieler Systeme entsprechen. Man könnte — so meinen Bignami und Nazari — als Argument zugunsten meiner oben erwähnten Ansichten anführen, daß der Alkohol wie sämtliche Gifte, eine gewisse Elektivität der Wirkung auf bestimmte Fasersysteme aufweise; doch beeilen sie sich hierauf zu antworten, daß hieraus nicht folge, daß jedes von der Degeneration befallene Markbündel oder jede Fasergruppe als ein Bestandteil eines „gegenüber anderen nicht befallenen verschiedenen Systemes" zu betrachten sei.

Aus keinem dieser eben erwähnten Einwürfe entspringt nun logisch ein Beweis gegen den Begriff, daß es im Balken wenigstens drei verschiedene Markfasersysteme gibt, die den Laminae entsprechen, nämlich den Laminae superficiales, den Laminae profundae und der Lamina media. Obwohl die erwähnten Verfasser dies in der Tat anerkennen, fordern sie unter wiederholtem Rückhalte, daß neue Forschungen angestellt werden. Gewiß, je mehr die aus der pathologisch-anatomischen Methode erzielten Resultate übereinstimmend sind, um so größere Wirkung erlangen diese Schlußsätze. Aber den obenerwähnten Desiderata dieser Autoren antwortete kürzlich Villaverde, dessen (von mir im I. Kapitel zusammengefaßten) Untersuchungen über die Entwicklurg der Balkenfasern der Föten und Kinder mit den meinigen absolut übereinstimmen. Jedoch ist es notwendig, einen Punkt noch hervorzuheben. Ich habe behauptet, daß die Ursache des Beginnes der Alkoholdegeneration in der Lamina media des Balkens davon abhänge, daß diese, als neophyletische Bildung sich zuletzt myelisierend, weniger als die anderen Laminae der toxischen Wirkung Widerstand leistet. Bignami und Nazari scheinen nun wenig geneigt zu sein, dieses Argument anzuerkennen, indem sie sich auf die Tatsache stützen, daß die Markfasern des Spleniums bei der Alkoholdegeneration oft verschont bleiben, auch wenn die Fasern des mittleren oder des vorderen Drittels des Balkens verletzt sind; dies dürfte nun nicht zutreffen, denn die Myelinisierung im hinteren Drittel der Trabs vollzieht sich, wenigstens zum größten Teil, später als in den beiden vorderen Dritteln. Dieser Einwand würde nur einen gewissen Wert haben, wenn die im Splenium verlaufenden Fasern dem gleichen System angehören, welches die beiden vorderen Drittel bildet; was nicht der Fall zu sein scheint (s. o.).

Bignami und Nazari fügen hinzu, daß bei der Alkoholdegeneration die Trabs, in einigen Fällen mehr die medialen Fasern (d. h. die der Raphe am nächsten liegenden) der Lamina media verschont bleiben und daß auch selbst, wenn die ganze Lamina media getroffen ist, sich fast beständig, der Raphe entsprechend, eine mehr oder minder große Anzahl von gut erhaltenen Markfasern vorfindet. Die erwähnten Autoren heben hervor, daß gerade die Markfasern des der Raphe am nächsten liegenden Balkenabschnittes sich später

als die seitlichen Teile in der Lamina media selbst myelinisieren, was dem kurz
zuvor angenommenen Prinzipe widersprechen würde. Hier ist es auch angebracht, zu erwähnen, daß, wie aus dem genauen Studium über die Myelinisierung der Trabs hervorgeht, die Einteilung der drei Markfasernsysteme (mihi)
des Balkens nicht als eine geographisch umgrenzten Zonen entsprechende zu
deuten ist. Diese Art und Weise, die bis vor einigen Jahren Geltung hatte, die
Systeme zu betrachten, hat aber allmählich jeden Wert verloren, als man wahrgenommen hatte, daß z. B. im Rückenmark die verschiedenen Markfasersysteme
nicht nebeneinander, sondern ineinander (d. h. ohne klare gegenseitige Abgrenzung) gelegen sind; dies scheint sogar der Fall zu sein bei dem deutlichsten und
isoliertesten der Rückenmarkbündel, nämlich bei dem gekreuzten Pyramiden-
bündel. Das gleiche wiederholt sich bezüglich der Balkenfasern; Markfasern
der Lamina media enthalten auch Fasern der Lamina profundae und in diesen
verlaufen solche der Laminae marginales (superficiales). Dies erklärt nicht
bloß, wie einige in den medialen Schichten der Lamina media verlaufenden
Fasern noch gut erhalten sein können, sondern kann auch als der Ausdruck
eines anderen Faktors gedeutet werden, den Bignami und Nazari nicht
genügend erwogen haben, nämlich die Möglichkeit, daß zuweilen nicht alle
Fasern eines Systems vom Degenerationsprozesse befallen werden, oder daß
dieser beim Tode des Patienten die lateralen zentralen Extremitäten befallen
und sie in ihrem letzten Teile des Verlaufes (d. h. in der Medianlinie) noch
nicht erreicht hat. Die Befunde im Rückenmarke bei Tabikern liefern uns
ein Argument zugunsten dieser Annahme. Es ist ja bekannt, daß sämtliche
Fragen, die sich darauf bezogen, diese Krankheit als eine systematische, d. h. eine
den verschiedenen Wurzelzonen entsprechen; oder als eine nicht systematische
zu betrachten, davon abhingen, daß man noch nicht die Tatsache erwogen
hatte, daß nicht immer sämtliche Fasern einer oder mehrerer spinalen Wurzeln
gleichzeitig vom Degenerationsprozesse befallen waren, und daß nachdem dies
einmal richtig gestellt wurde, jede Meinungsverschiedenheit fast verschwunden ist.

Meiner Ansicht nach verlohnt es sich der Mühe, Untersuchungen auch bei
alten Individuen anzustellen, um eventuelle Balkenveränderungen zu ent-
decken. In der Tat fand Taft bei zwei Gehirnen von Greisen, die einer klinischen Untersuchung nicht unterzogen worden waren, eine Verdünnung des
Corpus callosum mit starker Verminderung des Hirngewichtes; die Hirnfurchen
waren jedoch nicht erweitert. Dieser Befund erweckt, den übrigens a priori
logischen Argwohn, daß in der Senilität der Balken gut erkennbare Veränderungen erleide.

Dreizehntes Kapitel.

Physiologie und Physiopathologie des Balkens.

Fast zwei Jahrhunderte hindurch haben Physiologen und Pathologen auf
verschiedenen Wegen es versucht, die Funktionen kennen zu lernen, denen der
Balken vorsteht.

Die ersten Versuche reichen bis auf das 18. Jahrhundert zurück. Lapeyronie (1709—1741) überreichte der Académie des Sciences in Paris ein Memoire,
in welchem er, sich auf die Fälle von Agenesie des Balkens und die pathologi-

schen Balkenverletzungen stützend, die Seele in diesem Organ lokalisierte. Er führte bei einem im komatösen Zustande sich befindenden Manne eine Schädeltrepanation aus, die eine dem Balken entsprechende Eitersammlung ableitete. In seiner Arbeit lesen wir: „Nach Entleerung des Eiters, welcher auf den Balken drückte, verschwand der Sopor und das Bewußtsein kehrte zurück; die Beschwerden kehrten zurück, als in der Höhle sich eine neue Ansammlung bildete, um nach dem Ausleeren wieder zu verschwinden. Die Einführung von Flüssigkeit verursachte dieselbe Wirkung wie die Anwesenheit des Eiters. Beim Anfüllen der Höhle sah man, wie der Kranke das Bewußtsein verlor und es zusammen mit dem Geistesvermögen wieder erlangte, wenn mittels einer Spritze die Flüssigkeit aufgesaugt wurde. Nach zwei Monaten genas er vollkommen, ohne die geringste Störung zurückzubehalten, obwohl ein bedeutender Verlust der Hirnsubstanz vorlag." Es ist wahrscheinlich, daß die eingespritzte Flüssigkeit in die Ventrikel drang und innere Hirndrucksymptome hervorrief (Levy-Valensi).

Auch Lancisi stellt in einem Schreiben an Fantoni (1712) den Balken als den Sitz der Seele dar. Nachdem er dem Balken, dem Fornix und dem Septum pellucidum ein und dieselbe Bedeutung zugeschrieben, hebt er hervor, daß der Balken und die Zirbeldrüse zwei Organe sind, die den anderen Hirnteilen zuwider, bezüglich der Größe und der Form von einem Individuum zum anderen verschieden sind, so daß man auf den Gedanken kommt, daß durch diese Ungleichheit der Teile, unter der Beteiligung der Krasis und der Dyskrasis des Blutes die verschiedenartige Anlage der Menschen bezüglich des Urteiles, der Ratschläge, der Entscheidungen, der Schlußfolgerungen hervorgehe. Er teilt hier die Geschichte eines Stotternden und Schwachsinnigen mit, dessen Hirnsubstanz kompakter und weißer als gewöhnlich wie Molkenkäse erschien; auch der Balken, bemerkt er, war hart und die Längsnerven verliefen nicht parallel, die Querfasern waren fast alle unsichtbar und die Zirbeldrüse war außergewöhnlich zart. Lancisi betrachtet dieses mitten im Hirn liegende Organ als einen gemeinsamen Stapelplatz der Empfindungen, auf welchen die äußeren Eindrücke der Nerven gerichtet sind. Doch fügt er buchstäblich hinzu: „Doch betrachten wir diese Werkstätte nicht als nur zur Aufnahme der Bewegung der Gegenstände (der äußeren Eindrücke) bestimmt, sondern wir verlegen hierher auch den Sitz der Seele, insofern sie Einbildungskraft, Urteil und Wahrnehmung ist. Denn an keiner anderen Stelle kann der Geist die äußeren Sachen besser beurteilen als dort, wo die äußeren Sachen zusammenfließen; ebensowenig kann der Geist von einer anderen Stätte seine Reise nach außen antreten, wenn nicht von der, nach welcher der zentripetale Lauf des Geistes selbst zusammenfließt ... Der Balken, welcher ein einziges Markorgan ist, ist infolge der Menge der Fasern und eines wunderbaren Zottengeflechtes sehr geeignet, die fast unendliche Verschiedenartigkeit der Empfindungen und der Vorstellungen zu tragen." Lancisi beschreibt dann folgendermaßen den Prozeß der Übertragung der Seele durch den Balken. „Der obere Teil der Hirnrinde wird von der (Längs)sichel, den beiden Fortsätzen, welche von dem Tentorium zu den Schläfenbeinen ziehen, wie von einer Zange ergriffen. Dieser Stützapparat wird durch die wechselseitige natürliche Bewegung der Arterienerweiterung oder -Verengung, oder bisweilen durch den freien Willen, falls es die Notwendigkeit erfordert, mit Gewalt gespannt (ähnlich der Funktion des Zwerchfells), dann wird die Substanz der Hemisphären komprimiert und die Fluida, die sie ausscheiden, überschwemmen die Fasern derselben, die nichts anderes sind als dieselben Fasern, welche den Balken zusammensetzen. Diesen größeren Tätigkeitsvorrat sendet der Balken auf dem Wege der Längsnerven, der Fortsätze der Zirbeldrüse und anderer noch unbekannter Mechanismen in diese oder jene Nerven, diese oder jene Handlung bedingend. Geradeso treibt der Blasebalg einer Orgel die Luft in eine gemeinsame Kammer, doch ertönen die verschiedenen Pfeifen nicht alle gleichzeitig, sondern nur, wenn die entsprechenden Ventile geöffnet werden. Die Stelle derselben vertritt beim Menschen die Seele, die mittels der Balkennerven mehr oder weniger die Hindernisse aufzuheben oder mehr oder minder die Antriebe zu unterstützen pflegt (positive Innervation oder Hemmung)."

Die Lokalisierung der Seele in den Balken wurde auch später von Louis, Chopart und Saucerotte behauptet. Letzterer glaubte eine Bestätigung in den in zwei Versuchen an Hunden erzielten Resultaten gefunden zu haben. „Ich führte," sagt er, „sanft und in perpendikularer Richtung ein Messer auf den Balken, den ich von vorn nach hinten durchschnitt. Im Augenblicke des Durchschneidens wies das Tier eine sehr heftige Zuckung im ganzen Körper auf und fiel augenblicklich in Schlafsucht. Es schien, als hätte es die Empfindungstätigkeit verloren, denn ich schnitt ihm in die Nase und verbrannte dieselbe, ich stach ihm in die Augen, senkte ein Messer in die Muskeln, ohne daß das Tier in irgend einer Weise einen Ausdruck des Schmerzes bekundete."

Gegen die oben erwähnte Meinung Lapeyronie's war aber schon seit 1748 Zinn mit Versuchen an Hunden und Tauben aufgetreten, indem er hervorhob, daß bei diesen die Operation keinerlei Störung verursacht hatte; leider fehlt bei den Tauben der Balken und bei den Hunden wurde der Versuch in einer Weise durchgeführt, daß den Ergebnissen kein Wert zuzuschreiben ist. Auch Flourens führte die Entfernung einer Großhirnhemisphäre bei Tieren aus, ohne nach der Operation irgend einen Intelligenzverlust wahrzunehmen.

In neuerer Zeit hat man seine Zuflucht zu anderen Argumenten genommen, um die Frage zu lösen, nämlich ob der Balken beim Menschen psychische Funktionen besitze oder nicht, und von welcher Natur dieselben seien.

Einigen Verfassern nach, steht die Entwicklung des Balkens auf der phylogenetischen Reihe in Verbindung mit der Entwicklung der psychischen Vorgänge. Sie entnehmen dies der Tatsache, daß bei den (niederen) Tieren, bei denen diese Kommissur nicht besteht, die geistigen Funktionen viel geringer sind, während bei den Säugetieren, bei denen die psychischen Kundgebungen eine größere Bedeutung erlangen, diese Bildung deutlicher auftritt und beim Menschen die höchste Entwicklung erreicht. Auch Schröder hat behauptet, indem er sich auf die Ergebnisse von 119 anatomischen Befunden stützt, daß die Geistesfähigkeit des Individuums wesentlich auf der Entwicklung des Balkens beruht. Um die Meinung jener zu bestätigen, die eine enge Verbindung zwischen der Integrität des Balkens und der normalen Entwicklung der geistigen Vorgänge sehen, hat man bemerkt, daß die psychischen Störungen bei Tumoren dieser Kommissur sich in einer Häufigkeit von 90%, bei der Agenesie in $2/3$ der Fälle, bei den Erweichungen oder bei den Blutungen fast beständig vorfinden. Einige Forscher haben aber betont, daß an Balkenagenesie Leidende nicht selten eine normale psychische Tätigkeit aufgewiesen haben.

So führt Bruce den Fall eines 40jährigen Mannes an, bei dessen Sektion man den Balken als aus einer sehr feinen Gliaplatte bestehend vorfand; dieser Mann nun, der lesen und rechnen konnte, hatte intra vitam nicht die geringste Geistesstörung aufgewiesen. Er war ein Sonderling und überspannt (wie viele andere mit intaktem Balken), war aber stets allen seinen Pflichten nachgekommen. Ebenso hatten sich, ohne ausgeprägte psychische Anomalien aufzuweisen, der Patient Stoecker's und meine Patientin (mein zweiter veröffentlichter Fall), die an Dementia paralytica starben, während des Lebens benommen; nur in den letzten Lebensmonaten hatten sie die Symptome der erworbenen Psychose aufgewiesen.

Auch Eichler berichtet den Fall eines 47jährigen Arbeiters, welcher während seines ganzen Lebens keinerlei geistige Abnormität aufgewiesen hatte; er war vielmehr ein Mann, der sich durch Intelligenz in seinem Berufe, durch vorzüglichen Charakter, Brauchbarkeit in jeder Hinsicht sowie durch gute Führung auszeichnete; er war des Lesens und Schreibens kundig. Die Autopsie ergab, daß der Balken gänzlich fehlte. Erb, welcher zwei ähnliche Fälle mitteilt, bemerkt dazu, daß bei gut entwickeltem Gehirn in Fällen von Mangel des Balkens keine Störung in der Freiheit und Synergie der Bewegungen, im sensitiven und sensorischen Vermögen, in der Sprache und in der Intelligenz zustande kommt. Ferner hat Banchi den Fall eines 73jährigen Patienten veröffentlicht, der keinerlei Störung in Bewegung und Sensibilität aufgewiesen hatte und der psychisch normal gewesen war; und trotzdem ergab sich bei der Autopsie das Fehlen des Balkens und der Commissura anterior.

Dies widerspricht übrigens nicht der Ansicht derer, die der großen Kommissur eine bedeutende Funktion in der Verarbeitung der psychischen Prozesse zuschreiben. Hier ist es angebracht, an das physiologische Gesetz der Anpassung zu erinnern. In der Tat finden wir schon beim Erwachsenen die Anpassungsfähigkeit, sowie die, den Funktionsverlust anderer Teile des Hirns auszugleichen, bis zu einem solchen Punkte entwickelt, um nicht selten, z. B. den Hemiplegikern und den Aphasikern, die teilweise Wiedererlangung der verlorenen Funktion zu gestatten; diese Fähigkeit ist noch stärker im Nervensystem der Neugeborenen entwickelt. Der Meinung der meisten Verfasser nach bildet nun der Balken die bedeutendste der interhemisphären Assoziationsbahnen; und wegen dieser Assoziationsfunktion, die entsprechend der Entwicklung der Rinde zur Reife kommt, tritt der Balken in enge Verbindung mit den psychischen Vorgängen. Immerhin ist sie, streng genommen, nicht unumgänglich notwendig zur normalen Entwicklung des Geistes; deshalb kann das Gehirn in den Fällen von Agenesie für seine Bedürfnisse andere interhemisphärische Assoziationsbahnen verwerten. Lewandowsky hält es in der Tat für wahrscheinlich, daß bei normalen Individuen außer den gewöhnlichen uns bekannten Kommissuren andere Bahnen bestehen, welche, weiter unten gelegene Bildungen durchziehend, die beiden Großhirnhemisphären in Verbindung setzen. Dies angenommen, ist es logisch festzuhalten, daß in Fällen von Balkenagenesie diese (noch unbekannten) Bahnen sich stärker entwickeln und jene Funktion ersetzen, der gewöhnlich dieses Organ vorsteht. Der Mangel an psychischen Störungen in den Fällen von Balkenagenesie könnte also die psychische Bedeutung, die man dem Balken zuschreiben will, nicht entkräften, da das Großhirn für seine Bedürfnisse sich anderer Assoziationsbahnen bedienen könnte.

Anders ist es der Fall, wenn es sich um Balkenblutungen oder -Erweichungen handelt, die in brüsker Weise ein schon gebildetes und funktionierendes Nervensystem schädigen. Die Anpassungsfähigkeit wird dann entweder direkt von der mehr oder weniger großen Funktion des Balkens, die bei der Zerstörung desselben hervortritt, oder von den Lebensbedingungen des überbleibenden Nervengewebes abhängen. Die klinische Beobachtung hat in der Tat erwiesen, daß infolge von Gefäßverletzungen, welche den Balken betreffen, die psychischen Beschwerden nach dem Iktus sich nicht nur nicht bessern, sondern sich verschlimmern. Eine solche Besonderheit, die mit der Nichtausprägung der anderen neurologischen Symptome in Widerspruch steht und die man ungerechterweise den Gefäßveränderungen zuschreiben könnte, die sich histologisch häufig leicht und umschrieben erwiesen haben, beweisen, daß, wenn die brüske Zerstörung des Balkens stattgefunden hat, der Ausgleich nicht vor sich geht. Diesem Mangel an funktioneller Anpassungsfähigkeit ist übrigens die Natur der Läsion nicht fremd: bei den Erweichungen wie bei den Blutungen macht die Schnelligkeit, mit welcher die mehr oder weniger vollständige Zerstörung der Balkenfasern eintritt, einen Ausgleich fast unmöglich. Man könnte freilich annehmen, daß die Balkenerweichung in diesen Fällen den vorgeschrittenen Ausdruck eines auf das ganze Großhirn ausgedehnten Prozesses darstellen könne und folglich könnte die Störung auf wahrscheinliche Veränderungen auch der Großhirnrinde zurückgeführt werden. Diese Störung ist aber bisher bei den Erweichungen des Balkens mit einer solchen Beständigkeit aufgetreten, die man bei denen der Hirnrinde selbst nicht angetroffen hat; höchstens könnte man eine Hypothese einer diaschisischen Störung zu Hilfe nehmen.

Das gleiche gilt bezüglich der Geschwülste des Balkens; besonders bei denen mit langsamem Verlauf und langsamer Entwicklung liegt bezüglich dieses Ausgleiches die Möglichkeit, sich zu bilden, vor. Auf diese Weise erklärt es sich, weshalb einige von Balkentumor befallene Patienten keine psychischen Störungen aufgewiesen haben. Für diese konnte man auch die Annahme Schusters heranziehen, nämlich einer während der geistigen Entwicklung stattgefundenen Unabhängigkeit der beiden Hemisphären, was bezüglich der funktionellen Wirkung von identischem Werte ist. In anderen Worten, um das Verschwinden oder Nichtverschwinden der psychischen Funktionen des Balkens infolge der ihn betreffenden Läsionen zu erklären, müssen einige derselben Kriterien zu Hilfe herangezogen werden, die uns in den Fragen über die Lokalisierung der verschiedenen Formen der Aphasien geleitet haben: nämlich die Berücksichtigung des Zeitabschnittes, in welchem sich die Läsion des Gehirnes abspielt, sowie die des Ernährungszustandes der anderen Gehirngebiete.

Immerhin sind wir noch weit entfernt, uns über die Natur der psychischen Leistungen, welche dem Balken beizulegen wären, einen Begriff zu bilden. Es ist darum nicht zu verwundern, daß in diesem Punkte die Meinungen der Autoren auseinander gehen. Ransom stellte eine Theorie auf (die sich auf die anatomischen Ansichten Hamilton's stützt), nach welcher vom Thalamus Fasern ausgehen, die, den Balken durchziehend, nach der Rinde der entgegengesetzten Hemisphäre gerichtet sind. Er nahm an, daß die Balkenfasern aus einem afferenten Systeme beständen, durch welches unbewußte Eindrücke sowohl zur motorischen Zone wie zur Rinde der Frontal- und Hinterhauptlappen Reize gelangen, welche fähig sind, die Bildung der Begriffe und die (Seh)Wahrnehmungsprozesse anzuregen. Die bei den Verletzungen des

Balkens beobachteten psychischen Störungen sollen nach Ransom davon abhängen, daß dieser große Strom der unbewußten Eindrücke, von welchen die bewußten psychischen Prozesse abhängen, gestört sei.

Annehmbarer ist der Begriff jener, die dem Balken eine Eigenschaft, die Vorstellungen, die sich mittels der Sinne auf der Rinde der Hemisphären bilden, zu vereinen, zuschreiben. Dies ist z. B. die Theorie Gand's, welcher behauptet, daß der Balken die gleichzeitig auf beiden Seiten auftretenden Vorstellungen assoziiere und die vereinte Arbeit sämtlicher Gehirnteile möglich mache. Dieselben Ansichten werden auch von Hitzig geteilt: letzterem Verfasser nach gewähre der Balken einen harmonischen und in engem Zusammenhang stehenden Verlauf der psychischen Tätigkeiten beider Gehirnhemisphären. Wenig unterscheidet sich hiervon die Meinung Cajal's, welcher annimmt, daß der Balken dem linken Großhirne die Synthese der Wahrnehmungen und der Empfindungen, die sich in beiden Gehirnhemisphären einpräge, gestattet. Nach diesem Anatomen wird jede einem Objekte entsprechende Vorstellung niemals in den beiden symmetrischen Regionen, sondern in ihrem ausschließlich auf einer einzigen Seite gelegenem hypothetischen Vorstellungszentrum erweckt.

Mit den eben erwähnten Begriffen stimmen auch die Tierversuche überein, obwohl die Resultate cum grano salis, wenn sie auf den Menschen angewendet werden sollen, angenommen werden müssen. Muratow und Levy-Valensi haben bei an Hunden ausgeführten Balkenlängsdurchschnitten einen durch Apathie, Verlust jeder Spontanität, Vergessen der Übungen, Apraxie (schön machen, springen usw.) gekennzeichneten Geistesschwächezustand wahrgenommen. Bei den Affen hingegen hat Levy-Valensi vollständig negative Resultate erzielt, was nicht wundernehmen darf, da die Affen nicht dressiert waren und ein Demenzzustand oder eventuelle psychische Störungen nicht leicht wahrzunehmen sind, wie ebenfalls eventuelle Apraxien nicht abgeschätzt werden konnten, da die Affen ambidexteral und die von ihnen ausgeführten Bewegungen nie einen hohen intellektuellen Charakter haben und daher die Ausführung derselben durch die Balkenverletzung nicht gestört werden kann.

Seit langer Zeit aber hat man dem Balken auch spezielle (wie schon erwähnt) motorische Funktionen zugeschrieben. Vom geschichtlichen Standpunkte aus erwähnen wir hier Saucerotte, der den Balken zerschnitt und verallgemeinerte, von einem komatösen Zustande gefolgte (konvulsive) Muskelzuckungen erzielte. In neuerer Zeit erzielten Mott und Schäfer in ihren Versuchen mit leichten Induktionsströmen und indem sie die Elektrode nacheinander am Balken, vom Genu bis zum Splenium, anwandten, bilaterale Bewegungen des Kopfes, der Augen, der Finger, der Schultern, des Rumpfes und der Beine. Den obengenannten Forschern nach, ist der Balken nur in seinem mittleren Teile elektrisch reizbar, und es befinden sich hier die motorischen Bahnen serienweise angeordnet, die eine hinter der anderen, wie die motorischen Zentren an der Gehirnrindenoberfläche: Augen, Kopf, Rücken, Schultern, Arme, Finger, Oberschenkel, Füße. Das Genu und das Splenium sind diesen Autoren nach unreizbar (nur Sherrington hat durch Reizung dieser Teile Augenbewegungen erzielen können). Bei Reizung des Balkens oder des Längsschnittes desselben — nach Entfernung einer motorischen Zone oder einer Großhirnhemisphäre — erzieltem Mott und Schäfer ausschließlich einseitige Bewegungen: bei Reizung der dem Balken anliegenden Teile hingegen erzielten sie keine motorischen Erscheinungen. Sie nahmen daher an, daß der Balken aus Fortsätzen der Nervenzellen der motorischen Zone gebildet sei, und daß die durch die Reizung desselben hervorgerufenen Bewegungen von einem indirekten Reize der psycho-motorischen Zentren abhängen.

Muratow hat bei Hunden experimentell sowohl die sekundären Degenerationen, als auch die direkten dem Balkenlängsschnitt folgenden Fernwirkungen erforscht. Er bemerkte, daß die beiden einzigen Hunde, welche diese Operation überlebten, apathisch geworden waren und von einem Geistesschwächezustand befallen zu sein schienen. Außerdem wiesen sie einen unsicheren Gang auf, welcher an den jener Tiere erinnerte, bei denen die motorische Zone auf beiden Seiten entfernt worden war. Ferner schien es, als sähen die Hunde die Gegenstände nicht mehr deutlich, gegen alle Hindernisse stießen und häufig umfielen. Nach einer Woche dauerten die Unsicherheit im Gehen, die Geistesschwäche und die Sehstörungen fort. Muratow's Erachten nach soll also die Längsdurchschneidung des Balkens sowohl allgemeine wie spezifische motorische und sensorische Störungen hervorrufen. Zugunsten der kurz zuvor erwähnten Annahme redet der Versuch von Probst, welcher, nachdem er beim Macacus einen Thalamus, und die Stabkranz- und Balkenfaserung der einen Gehirnhemisphäre (die Regio centralis verschonend) zerstört hatte, den G. praecentralis reizte, ohne daß er in den kontrolateralen Gliedern irgend eine Zuckung wahrgenommen hätte, selbst unter Anwendung stärkerer faradischer Ströme (2 cm Rollenabstand). Das gleiche stellte er bei Reizung der Regio sigmoidea bei Hunden und Katzen, die derselben Operation unterzogen worden waren, fest.

Auch Galante (zitiert in Monakow, s. Literatur) fand, daß die motorische Zone der Großhirnrinde beim Hunde bereits vom 5. Tage nach der Geburt reizbar ist; am 9. Tage erstreckt sich die Reizfähigkeit auch auf die homolaterale Seite des Körpers. Nun tritt nach ihm diese letztere Wirkung ein, weil die Reize auf die reizbare (motorische) Zone der anderen Seite durch den Balken übertragen werden; auf diese Weise erklärt es sich, warum nach Entfernung der (kontrolateralen) motorischen Zone die Reizwirkungen auf der entgegengesetzten Seite nur durch die Pyramidenbahnen erzielt wurden.

Nach Unverricht übt die (längs-)Durchschneidung des Balkens gar keinen Einfluß auf den Verlauf der epileptischen Krämpfe aus. Hingegen kommt Lewandowski, indem er sich auf die in Versuchen an Hunden erzielten Resultate stützt — die Tiere wurden drei Wochen lang nach dem Eingriffe gereizt —, zu dem Schlusse, daß der Balken eine Bahn bilde, auf welcher der epileptische Anfall auf die entgegengesetzte Seite übergeht. Wirklich kann man nach der Durchschneidung desselben noch typische, epileptische Anfälle nur auf der einen (entgegengesetzten) Seite hervorrufen. Die Zuckungen liefen auch auf der Seite des Reizes ab, sie waren aber nie stärker als jene, die man nach der totalen Entfernung der motorischen Zone der entgegengesetzten Seite wahrnehmen kann; sie erstreckten sich fast ausschließlich auf die Muskulatur, die in der Rinde (hauptsächlich in der Muskulatur des Fazialis) einen zweifachen Vertreter hat (Lewandowski).

Gegen die vorhergehende Lehre besitzen wir aber eine große Reihe von Tatsachen, welche die Annahme, daß der Balken eine wirkliche motorische Eigenschaft besitze, sehr in Zweifel stellen. Hier ist vor allem Zinn zu erwähnen

(1748, Gottingae, Experim. quaedam circa etc.), der einen Troikart in den Balken versenkte und behauptete, daß „omnibus a memoratis experimentis clare patet corpus callosum posse pertundi, discindi, sensu, motu undiquit integerrimis". Ebenso erklärt Lorry, daß bei den Tieren weder die Reizung der Großhirnhemisphäre, noch jene des Balkens Krämpfe verursache und daß dieser ungestraft entfernt werden kann; Flourens, Magendie, Serres beobachteten ungefähr das gleiche bei Hunden. Auch Longet durchschnitt den Balken in sagittaler Richtung bei Kaninchen und beobachtete weder Krämpfe noch Herabsetzung der motorischen Tätigkeit, noch Verlust der Lebhaftigkeit. Er kam zu denselben Ergebnissen bei Versuchen an jungen Hunden; bei erwachsenen Hunden hingegen fand er, daß sie unfähig waren, sich auf den Beinen zu halten, obwohl die Motilität und die Sensibilität erhalten waren. Er nahm an, daß diese Störung wahrscheinlich dem bedeutenden Blutverluste infolge der Operation zuzuschreiben sei.

Carville und Duret beobachteten, nach Entfernung der motorischen Zentren der einen Seite bei Hunden das Auftreten einer Hemiplegie, die schnell in Heilung überging. Da sie behaupteten, daß das Verschwinden der Lähmung von der durch den Balken übermittelten vikariierenden Tätigkeit der gesunden Hemisphäre abhängig sei, nahmen sie nach der ersten Operation die Durchtrennung dieser Kommissur vor; die Hemiplegie blieb ebenfalls aus, was beweist, daß die Balkenfasern nicht den Ersatz hätten leisten können. Ebensowenig erzielten Franck und Pitres bei den Affen irgend eine Störung nach dem Balkenschnitte; Franck und nach ihm Unverricht beobachteten gleichfalls bei Reizung der motorischen Zone einer Großhirnhemisphäre allgemeine epileptische Krämpfe, die auch nach dem Balkenschnitte auftraten. Sie kamen daher zu dem Schlusse, daß es nicht der Balken ist, welcher den motorischen Reiz von einer Hemisphäre zur anderen überträgt.

Korany, Janischewsky, Dotto und Pusateri bemerkten bei den an Balkenlängsschnitt operierten Tieren weder Motilitäts- noch Sensibilitätsstörungen. Lo Monaco führte die Balkenlängsschneidung in zwei Zeitabschnitten aus. Nach dem operativen Eingriff gingen die Hunde mit etwas gebeugten Hintergliedern (Störung, die der Verfasser als von der kombinierten Wirkung des Morphiums und des Traumas abhängig betrachtet). Nach einigen Tagen aber nahm man keine Verminderung der Muskelkraft mehr wahr und der Gang war wieder normal; es fehlten Veränderungen sowohl der Sensibilität und der spezifischen Sinne, wie der Vorstellung- und der Gefühlssphäre. Als Folgesatz seiner Versuche nahm Lo Monaco an, daß der Balken weder eine motorische noch sensitive Funktion für den Organismus besitze. Auch Roussy bemerkte bei Verletzung des Balkens, die gesetzt wurde, um an den Thalami zu operieren, keine weiteren Störungen, die man auf die Balkenverletzung hätte beziehen können.

Es ist folglich erlaubt anzunehmen, daß die Technik derer, welche infolge ihrer experimentellen Untersuchungen motorische Bahnen im Balken annahmen, in vielen Versuchen nicht tadellos gewesen sei und daß dem durchschnittenen Balken anliegende Bildungen verletzt worden seien. In der Tat weisen Korany und Lo Monaco nach, daß, wenn es gelingt, den Balkenschnitt genau auf der Medianlinie desselben auszuführen, die Tiere nie irgend ein Symptom veränderter Motilität oder Sensibilität aufweisen und, wenn andere Störungen entstehen, dies davon abhängt, daß in den meisten Fällen zusammen mit dem Balken auch die Rinde der inneren Fläche der Hemisphären und darunterliegende Teile verletzt werden. Freilich kritisiert Janischewsky (Thèse de Kazan 1913) Lo Monaco in dem Sinne, daß in den Versuchen desselben die Läsionen nicht eng auf den Balken begrenzt waren. Immerhin würde diese Kritik nur von Wert sein, wenn Lo Monaco positive Resultate erzielt haben würde.

Doch andere Verfasser ziehen noch ein anderes Argument zu Hilfe, um die Ansicht zu bekämpfen, daß im Balken motorische Bahnen verlaufen. Bruce hob besonders hervor, daß die Myelinisierung des Balkens kurz nach der Geburt beim Menschen beginne und, seiner Meinung nach, im sechsten Monat vollständig sei, während die Projektionsbahnen, die bereits im 8. und 9. Monat des fötalen Lebens beginnen, sich mit Myelin zu bedecken, schon im dritten Monat des extrauterinen Lebens vollständig sind. Die Untersuchungen Bruce's konnten tatsächlich beweisen, daß nicht sämtliche, im Balken enthaltenen Fasern der Pyramidenbahn angehören, doch konnten sie nicht ausschließen, daß wenigstens ein Teil derselben den Balken durchziehe. Ja die Forschungen über die Chronologie der Myelinisierung scheinen nicht jenen Annahmen zu widersprechen, insofern als die oberflächlichen (dorsalen und ventralen) Schichten des Balkens sich, meinen Forschungen nach, zeitig genug und ungefähr zur selben Zeit, in welcher die motorischen Projektionsbahnen denselben Prozeß erleiden, mit Myelin bekleiden. Gerade auf Grund dieser verschiedenen Stadien der Myelinisierung des Balkens betrachtete ich diese Bildung als aus mehreren Fasersystemen bestehend, die wahrscheinlich auch eine verschiedenartige anatomische Bedeutung besitzen müssen, eine Tatsache, die jetzt in den Befunden der im mittleren Abschnitte des Balkens angetroffenen primären Degeneration eine Bestätigung findet, da in den bisher bekannten Fällen, wie wir gesehen haben, die Laminae dorsales und ventrales des Balkens verschont bleiben (s. Kap. 12).

Eine sozusagen eklektische Annahme wurde von Levy-Valensi aufgestellt, welcher, wie oben erwähnt, die Längsdurchtrennung des Balkens bei Hunden und beim Affen wiederholt hat. Bei ersteren beobachtete er Apathie, Vergessen gewisser Bewegungen (Springen), Seitwärtsfallen nach links und (in einem Falle) Abweichung der Augen; nur bei zwei operierten Hunden hatte der Schnitt ausschließlich den Balken getroffen. Er stellte das vorliegende Bild dem zur Seite, welches einige Geschwülste dieses Organs aufweisen. Bei den (sieben) operierten Affen nahm er im Gegenteil keine Störung wahr, ausgenommen bei einem eine Lähmung des Gesichtsnerven. Er hat in seinen Versuchen nicht beobachtet, daß die Affen nach der oben erwähnten Operation ungeschickte Bewegungen ausgeführt hätten, welche an die apraktischen Bewegungen des Menschen erinnern könnten. Dies erklärt sich leicht, sagt Levy-Valensi, wenn man bedenkt, daß der Affe ambidexter ist und folglich die beiden Gehirnhemisphären einen gleichen funktionellen Wert besitzen; außerdem treten die apraktischen Bewegungen gewöhnlich nicht in den reflexen Bewegungen (oder in denen, die es durch die Gewohnheit geworden sind), noch in den elementären, wie jene der Affen es sind, auf. Levy-Valensi erforschte auch die auf die elektrischen Reize des Balkens folgenden Wirkungen. Er führte seine Forschungen unter großen Kautelen aus, indem er eine große Intensität des Stromes, die Ausbreitung desselben auf die angrenzenden Zonen befürchtend, vermied, und die Elektrode so isolierte, daß die Berührung anderer Hirnbildungen, was die Resultate hätte fälschen können, umgangen wurde. Mit einem ziemlich schwachen, den Balken von vorn nach hinten durchziehenden Strome erlangte er Kontraktionen der Gesichts- und Genickmuskulatur, sowie der paravertebralen Muskeln; außerdem erzielte er Bewegungen der Glieder nur, wenn er die Intensität des Stromes erhöhte. In diesem letzten Falle jedoch verursachte der später auf die mittlere Fläche der Hemisphären angewandte Reiz ebenfalls die gleiche Erscheinung; Levy-Valensi fühlt sich daher veranlaßt, anzunehmen, daß die Balkenfasern einer wechselseitigen Verbindung der Muskeln mit synergischer Tätigkeit, um die Harmonie ihrer Funktionen zu regeln, dienen.

Beim Menschen trifft man häufig bei Balkenverletzungen neben den motorischen Störungen auch Gleichgewichts- und Gehstörungen. Wie schon oben erwähnt, beschrieb Zingerle, welcher dem Balken eine große Bedeutung bezüglich der motorischen Funktionen zuerteilte, bei den Balkentumoren eine besondere Form von Ataxie, die er (gleich der von Bruns in vier Fällen von Frontaltumoren erwähnten) „Balkenataxie" nannte (w. u.). Dieser Erscheinung begegnet man nicht bloß bei den an Balkentumoren leidenden, sondern auch bei den vaskulären Läsionen des Callosum, wo dies Symptom beobachtet wurde, obgleich auch die sog. Diaschisiserscheinungen verschwunden waren. Bei Beobachtung dieser Kranken ist die Schwierigkeit zu gehen augenscheinlich, die sie, wenn sie nicht kräftig unterstützt werden, bekunden; in den Fällen, in welchen die Beobachtung des Ganges möglich ist, sieht man den Kranken schwanken, mit der Neigung, seitwärts oder nach hinten zu fallen und mit großer Mühe einen ataktisch-spastischen Gang annehmend gehen. Dieses Symptom steht im Gegensatze zu dem geringen Ausfall der Muskelkraft und zum Grade der meist leichten Lähmung. Ebensowenig könnte die Störung der Muskelhypertonie zugeschrieben werden, die sich häufig in Begleitung derselben vorfindet.

Raymond hält es daher für wahrscheinlich, daß der Balken Fasern enthalte, die die beiden Hemisphären sich gegenseitig zusenden und die für die symmetrischen Gewohnheitsbewegungen von Bedeutung sind, auch für das Gehen; das Ergriffensein dieser Fasern würde also zu Gangstörungen führen. Dieses Symptom konnte man in der Tat nicht den Sensibilitätsstörungen, die gewöhnlich fehlen, noch den funktionellen Kleinhirnstörungen zuschreiben (man nimmt keine wirkliche démarche cérebelleuse wahr, ebenso fehlt gewöhnlich eine Ataxie der Glieder); ebensowenig kann es nach diesem Autor mit einer eventuellen Beteiligung der Frontallappen in Zusammenhang gebracht werden, insofern als in den Fällen, in welchen, wie bei den Tumoren, die eben erwähnten Gehirngebiete betroffen wurden, das Symptom doch nicht häufig gefunden wurde. Betrachtet man ferner die Balkenfasern (wenigstens meistenteils) als ein Kommissurensystem zwischen den homologen und den heterologen Gebieten der Großhirnrinde, und zwar zwischen den Gg. praerolandici, wie auch zwischen den Gg. praerolandici (motorischen) einer Seite und den postrolandici (sensitiven) der anderen Seite, so ist meines Erachtens es augenscheinlich, daß eine Veränderung solcher Bahnen die Möglichkeit geordneter Bewegungen hindern muß, insofern, als die Harmonie in den Funktionen der untereinander verbundenen Hirngebiete ausbleibt.

Eine andere, höchst wichtige sensitiv-motorische Funktion ist dem Balken eigen. In den vorhergehenden Seiten haben wir tatsächlich verschiedentlich

Gelegenheit gehabt, die apraktischen Störungen, die sich bei Balkenverletzungen abspielen, in Erwähnung zu bringen. Wie bekannt, hat zuerst Lippmann wahrgenommen, daß bei an Apraxie Leidenden eine unmögliche oder unkorrekte Bewegung, wenn sie mit der bloßen abstrakten Vorstellung ausgeführt wurde, bei gleichzeitiger Handhabung eines Gegenstandes hingegen eupraktisch werden kann; die sensitiven Wahrnehmungen, nämlich die Beteiligung dieser sensorisch-sensitiven Komponenten hätte in einigen Fällen der linken apraktischen Hand, in der guten Vollziehung einer Bewegung, von großer Hilfe sein können. Lippmann hat versucht, die Erscheinung dadurch zu erklären, daß er annahm, daß von der linken Hirnhemisphäre ein Einfluß durch die Balkenfasern sich auf die rechte (Hirnhemisphäre) übertrage, der die Eupraxie der Bewegungen der rechten Hand regele und den Hauptstrom desselben bilde. Er ist jedoch der Meinung, daß auch in der rechten Gehirnhemisphäre ein sekundärer Nebenstrom, unabhängig von dem aus der linken Hemisphäre, gesandten, bestehe, der ersterem entspringt (nach K. Goldstein im Frontallappen seinen Sitz hat) und zur Regulierung einiger Bewegungen der linken Glieder dient. Es sind dies die Bewegungen, die sich beim Sehen und der Handhabung der Gegenstände vollziehen. Lippmann nennt gerade „freie Bewegungen‟, diejenigen, welche ohne Gegenstände vollzogen werden. Die Lehre der motorischen Apraxie hat nun bewiesen, daß die harmonischen Bewegungen den linken Gliedern nicht möglich sind, wenn eine Verletzung des Balkens respektiv des mittleren Teils desselben oder der linken Hemisphäre vorliegt; hieraus hat dieser Autor gefolgert, daß die rechte Hemisphäre zur Vollziehung der freien Bewegungen (der linken Glieder) der Hilfe der linken Großhirnhemisphäre bedarf. Mit solcher Annahme begreift man, wie die expressiven, die nachgeahmten und die abstrakten Bewegungen mehr oder weniger bei den Balkenläsionen in Mitleidenschaft gezogen werden.

In diese Reihe von Bewegungen reiht sich auch die Sprache ein, die Lippmann als aus Bewegungen ohne Objekt dargestellt und bloß von den akustischen und kinetischen Vorstellungen geleitete betrachtet. Nun hat die klinische Erfahrung nachgewiesen, daß, wenn die linke Großhirnhemisphäre den größten Anteil an den phasisch-motorischen Erscheinungen hat, auch die rechte stets, in einem Verhältnisse, welches von einem Individuum zum anderen schwankt, daran beteiligt ist; und daß diese, nach einer Läsion der linken motorischen Sprachzone, in einem mehr oder weniger großen Maße, je nach den individuellen Verhältnissen und besonders je nach zirkulatorischen Bedingungen und folglich dem Ernährungszustande der Nervenzentren und dem Alter des Patienten Ersatz leisten kann. Dasselbe, was wir im Mechanismus der Sprache sehen, wiederholt sich auch bezüglich der Eupraxie der Glieder, je nachdem es sich um einen Rechts- oder einen Linkshänder handelt. Bei der Erklärung der apraktischen Erscheinungen müssen wir folglich der individuellen Verschiedenheiten Rechnung tragen, so daß, je größer die Abhängigkeit von der linken Hirnhemisphäre ist, um so größer infolge der Balkenverletzungen das Defizit ihrer Funktion bezüglich der Eupraxie der linken Glieder erscheinen wird.

Einige Fälle von Apraxien infolge von Balkenläsionen scheinen mir nicht allzu klar, weil sich diese über die Grenzen des Balkens hinaus erstrecken. In der Tat pflegen fast sämtliche Autoren die Fälle von Forster, Liepmann-Maas, Goldstein und v. Vleuten als isolierte Balkenläsion zu betrachten, was aber nicht zutreffend ist. Im Falle Goldstein's waren tatsächlich auch rechts der Lobulus paracentralis, der G. fornicatus und ein Teil der F₁ vom Krankheitsprozesse befallen. Dasselbe gilt vom Falle Forster, in welchem sich der Brückentumor auch auf die Gg. paracentrales erstreckte. Im Falle Liepmann-Maas betraf die Erweichung links auch die F₁, den G. fornicatus und den Lobulus paracentralis. Im Gehirn des Patienten v. Vleuten's war auch der G. limbicus zerstört und das Mark des Lobus frontalis komprimiert.

In der Literatur jedoch fehlt es nicht an echten (nicht komplizierten) Balkenläsionen. Hierher gehören die Fälle Ciarla's, Giannelli's, O. Rossi's, Milani's, Marchiafava-Bignami's, Mingazzini-Ciarla's, sowie der Fall Biancone's. Im Falle Ciarla's handelte es sich um einen Paralytiker; bei der Sektion fand sich eine kleine Zyste vor, die auf eine kurze Strecke rechts die Balkensubstanz traf. Die linke Apraxie entfaltete sich in den intransitiven, sowie in den transitiven, aus dem Gedächtnis ausgeführten, wie auch in den reflexen Handlungen. Außerdem gesellten sich beim Patienten des in Rede stehenden Falles zur Zyste des Balkens die eigentlichen Veränderungen der Dementia paralytica; und vielleicht hätte sich die Apraxie nicht entwickelt, wenn die übrig gebliebenen Balkenfasern mit normalen Neuronen, und zwar auf ihrem ganzen Verlaufe, in Zusammenhang geblieben wären.

In unserem oben erwähnten Falle von Balkenerweichung (Mingazzini-Ciarla) gelangten wir zu dem Schlusse, daß die fast vollständige Zerstörung (Erweichung) des vorderen Drittels und die Degeneration der Lamina media des mittleren Balkenteiles ausschließlich für die dyspraktischen Störungen der Glieder der linken Seite verantwortlich sein müßten. Bisher hat in der Tat kein Autor die in Rede stehenden Symptome infolge von — doch so häufigen und banalen — Veränderungen des ventrolateralen Gebietes des einen Thalamus, des Putamens oder eines Teiles des vorderen Segmentes der inneren Kapsel hervorgehoben, Veränderungen, die in unserem Falle mitbestehen. Ebenso beweisend ist der (von mir veröffentlichte) Fall Biancone's; hier war die sehr ausgeprägte Apraxie auf die bloßen Bewegungen des Gesichtes und der Zunge beschränkt. Bei der Sektion fand man das vordere Drittel vollständig zerstört und auch teilweise den mittleren Teil des Balkens atrophisch. Dies erkläre, warum in einem Falle Giannelli's, in welchem das bloße Genu corporis callosi und folglich in bedeutend engeren Grenzen als im vorhergehenden Falle verletzt (erweicht) war, wenigstens deutliche Zeichen der motorischen Apraxie fehlten. Das gleiche sage man vom Falle O. Rossi's, in welchem die Veränderungen (Erweichungen) der Lamina dorsalis und ventralis des vorderen Drittels des Balkens so partiell waren, daß sie nur unter dem Mikroskop erkannt werden konnten; hier fehlte nun jede apraktische Störung. Freilich hat Rad bezüglich des Falles von Giannelli angenommen, daß die ataktischen Symptome vielleicht vom Verfasser als der Ausdruck einer wenn auch beschränkten Apraxie erklärt werden könnten. Doch wäre es nicht gestattet, diesen Zweifel bezüglich des Falles O. Rossi's zu erheben, in welchem nach intra vitam eigens darauf gerichteten genauen klinischen Untersuchungen keine Spur von Dyspraxie entdeckt werden konnte. Auch in den reinen Fällen (von Balkenerweichungen) Marchiafava-Bignami's, Milani's und in unserem Falle fehlten apraktische Störungen in der Musculatura facio-lingualis; aber hier ist daran zu erinnern, daß ein obwohl nicht sehr reichlicher Anteil normaler Fasern längs der Lamina dorsalis und ventralis, auch des vorderen Drittels, erhalten war. Kurz, sämtliche bisher gut illustrierten Befunde von reinen isolierten Balkenläsionen (in Übereinstimmung mit den Behauptungen Lippmann's) lassen annehmen, daß im vorderen Drittel des Balkens und wahrscheinlich in der Laminae dorsalis und ventralis Fasern verlaufen, die zur Eupraxie nicht der Glieder, sondern der Musculatura facio-lingualis bestimmt sind. Hier ist es angebracht, zu betonen, daß im Falle Biancone's, sowie in sämtlichen bisher bekannten Fällen die Apraxia facio-lingualis in gleich hohem Grade auf beiden Seiten vorhanden war. Dies entspricht dem Schema Rose's, nach welchem zur Aufrechterhaltung der Eupraxie der mimischen Gesichts- und der Zungenbewegungen die rechte und die linke Hemisphäre notwendig sind, während, wie wir gesehen haben, diese Bilateralität häufig in den apraktischen Störungen der Oberglieder fehlt. Dies hängt davon ab, daß links die Engramme für die Richtung der Handlungen vorherrschen, ohne jedoch auszuschließen, daß, je nach den Individuen, mehr oder weniger auch die Tätigkeit der rechten Hirnhemisphäre daran beteiligt sei. Dies darf nicht wundernehmen, wenn man bedenkt, daß in der Evolution der menschlichen Seele zum Unterschiede von dem, was bei den mimischen Bewegungen geschieht, derselbe dazu neigt, die delikatesten und schwersten Bewegungen mit der rechten Hand auszuführen; und dies hat die Neigung der entsprechenden Vorstellungen, sich, obwohl nicht ausschließlich, links zu lokalisieren, zur Folge gehabt. Dies ist es, was man — sicher wegen Sparsamkeit an Raum und Arbeit — bei den Vorstellungsfunktionen der Sprache bemerkt.

Außerdem lassen zahlreiche Beobachtungen nun annehmen, daß die (teilweise wenigstens) im vorderen Drittel des Balkens verlaufenden und zur Vereinigung der Engramme der komplizierten Bewegungen des Kopfes, der Zungen- und der Gesichtsmuskeln (und vielleicht der Kopfmuskeln) bestimmten Fasern im Stirnhirn endigen. Tatsächlich wurden in der Zone der Kopf-, Gesichts- und Zungenmuskulatur, in dem Falle (Regierungsrat) von linker, ideomotorischer Apraxie von Lippmann und in den Fällen von Kroll (3) bilaterale Apraxie, und im Falle Hartmann's (3) (siehe weiter unten) apraktische Störungen hervorgehoben. In diesen Fällen bestanden nun neben den Balkenveränderungen auch solche des Stirnhirnes. Dies erklärt, warum apraktische Störungen der Gesichts-(mimik)muskel, verbunden mit linker Hemiapraxie der Glieder, auch bei komplizierten Balkenläsionen hervorgehoben worden sind: so in den Fällen K. Goldstein, Claude-Loyez und v. Vleuten (Balken- und Stirnlappenverletzungen). Man könnte zwar den Einwurf erheben, daß im Fall 1 von Kroll, in welchem das Großhirn und der Balken keine Krankheitsherde aufwiesen, die komplizierten Bewegungen der Zunge, des Gesichtes und der Kiefer apraktisch waren; doch bestand hier auch eine Erweiterung der Seitenventrikel, die wahrscheinlich einen Druck auf den vorderen Teil des Balkens (Forceps anterior) und auf das Stirnhirn ausgeübt haben kann.

Im Falle 2 Hartmann's bestand hingegen die Verletzung in einer Geschwulst des Balkens, die bis zum Splenium reichte; folglich waren das Cingulum (in den vorderen Schichten), die Capsula interna, wie auch die Stirnbalkenausstrahlungen degeneriert. Mimische Gesichts- und Zungenstörungen bemerkte man hier nicht und die klinische Untersuchung ergab, daß im linken Arme die dyspraktischen Störungen einen vorwiegend ideatorischen Charakter hatten, denn

Patient war nicht fähig, mit demselben eine korrekte Aufeinanderfolge der
Bewegungen einer Handlung ohne die Beteiligung der sensorischen Reize auszuführen. Hingegen war dem rechten Arm das eben erwähnte Hervorrufen
der genannten Bewegungen zwar schwer, aber immerhin unter der bloßen
Erinnerung möglich; häufig
waren dagegen die amorphen
Bewegungen oder die Verwechs-
lungen und der Mangel der
Bewegungen. Das klinische Bild
unterschied sich von allen anderen durch die Bilateralität
der dyspraktischen Störungen;
doch da es sich außerdem um eine
Geschwulst handelte, ist es nicht
unwahrscheinlich, daß der in der
Ferne auf die ganze linke Großhirnhemisphäre ausgeübte Druck
für die multiplen akinetisch-
apraktischen Störungen, die man
im rechten Beine wahrnahm,
verantwortlich zu machen sei.

Vergleicht man ferner untereinander die drei Fälle Hartmann's und den v. Vleuten's,
so bemerkt man, daß in den
Fällen 1 und 2 von Hartmann
(Balken- und Stirngeschwulst)
keine facio-linguale Apraxie bestand, während dieselbe im
3. Falle Hartmann's und in
jenem v. Vleuten's vorhanden
war. Es ist folglich wahrscheinlich, daß in dem Falle dieses
letzten Autors die Ursache in
dem von der großen Geschwulst
auf das Mark des Lob. frontalis
ausgeübten Drucke und im
3. Falle Hartmann's in der
direkten Zerstörung der Balken-
Stirnausstrahlungen rechts lag.

Außer an den erwähnten
Funktionen beteiligt sich der
Balken beim Menschen auch an
der Sprachfunktion. Tatsäch-

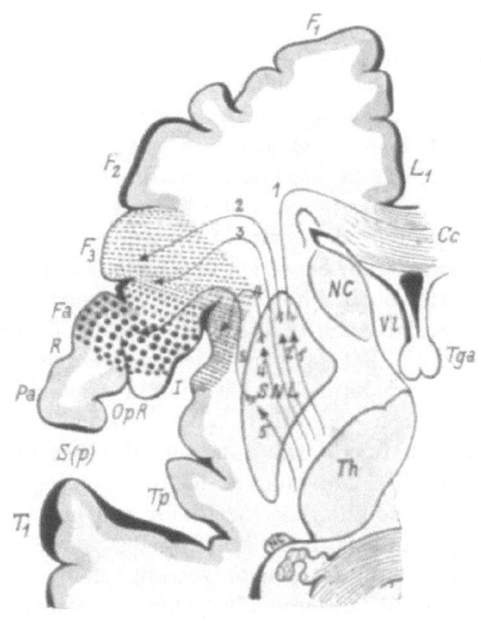

Abb. 83. Schema zum Nachweis der Art
und Weise, in welcher sich die aus der erweiterten Broca'schen Zone rechts (durch
den vorderen Teil des Balkens) und links
(direkt) kommenden motorisch-phasischen
Neurone mit den verboartikulären Linsen-
kernneuronen in Verbindung setzen.

Aus der F_3 und der Insula anterior (links) gehen die
motorisch-phasischen Neuronenkomplexe 2, 3, 4
aus, durchziehen die Zona supra-praelenticularis A,
treten in Verbindung mit den verboartikulären
Neuronen 2′, 3′, 4′. Aus dem 1. Operculum prae-
centrale Fa kommen Neurone gemischter Natur
(motorisch-phasischen und verboartikuläre) 5; sie
treten, die Capsula externa und das Claustrum
durchziehend, mit den Neuronen echter verboarti-
kulärer Natur 5′, aus dem Lenticularis, SNL, (wahrscheinlich aus dem Putamen) kommend, in Verbindung. Die phasisch-motorischen Neurone, die aus der
rechten erweiterten Broca'schen Zone kommen, 1,
durchziehen den Balken und dann treten sie, sich mit
den entsprechenden linken Neuronen verbindend,
in die linke Zona suprapraelenticularis ein.

lich sind bei den Erweichungen und den Entartungen des vorderen Balkenteiles bisweilen dysarthrische Störungen wahrgenommen worden; dies erklärt sich durch die Kenntnisse, die wir heutzutage über die motorischen
und akustischen Sprachgebiete besitzen. Diese haben uns in der Tat

gelehrt, daß die verbo-motorische Zone aus einem ausgedehnten, bilateralen Hirngebiete, ohne deutlich ausgeprägte Grenzen besteht, welche die Pars opercularis (und vielleicht auch die P. triangularis) der F_3, die vordere Hälfte der Insula und (bei einigen Individuen) wahrscheinlich auch den Fuß des G. front. ascendens umfaßt (Abb. 83). Von dieser Zone gehen Markstrahlungen aus, die, links das darunter liegende ovale Zentrum durchziehend, sich unmittelbar am frontalen Ende des linken N. lenticularis vereinigen; rechts hingegen durchziehen sie den vorderen Balkenteil und vereinigen sich an der Stelle, an welcher sie (links) die entsprechenden Balkenausstrahlungen bilden, mit jenen der linken Seite, um zum vorderen Ende des Lenticularis zu ziehen. Es ist jedoch nicht ausgeschlossen, daß aus der linken Zone der motorischen Aphasie kommende Fasern in die entsprechende rechte ziehen (Bonhöffer).

Die Erfahrung hat in der Tat gezeigt, daß bei Tumoren des vorderen (wie auch des mittleren) Balkenteiles die verschiedensten Dysarthrien, bisweilen in Form von Skandieren, bisweilen unter ähnlichen Formen, wie man sie bei der Dementia paralytica beobachtet, auftreten können. Diese Tatsache widerspricht nicht dem Prinzip, daß auch phasisch-motorische Fasern im vorderen Drittel des Balkens verlaufen. Es ist genug hervorzuheben, daß die Balkenfasern, welche zur motorischen Funktion der Sprache beitragen, sich von der eigentlichen rechten Broca'schen Zone nicht bloß zur homologen Zone der linken Hemisphäre (wo die kortikofugale Hauptsprachbahn beginnt), sondern auch zum Rindenzentrum (Fa) der Muskulatur der Sprache begeben. In der Tat ist es logisch, anzunehmen, daß das Sprachzentrum nur ein Teil dieses sensomotorischen Zentrums der Sprachmuskulatur sei (Abb. 83); oder daß zwischen den beiden Funktionen resp. den entsprechenden Gebieten keine deutliche Grenze bestehe; ja, daß die einen in die anderen übergehen, was wahrscheinlich in der phylogenetischen Entwicklung der Sprache der Fall gewesen ist. Dem sei es wie es wolle, sicher ist, daß aus der rechten motorisch-phasischen Zone kommende Sprachstützbahnen (höchstwahrscheinlich, wie gesagt, von rechts nach links) durch das vordere Drittel des Balkens verlaufen; und es ist logisch, anzunehmen, daß sie mit der Eigenschaft, die von der linken ausgedehnten Broca'schen Region herkommenden verbomotorischen Impulse zu verstärken, begabt sind. Folglich müßte infolge der Balkenläsionen die Aufhebung ihrer Funktion unter den klinischen Merkmalen von dysarthrischen Störungen sich ausdrücken.

Diesbezüglich ist es angebracht, einige neuerdings von K. Goldstein ausgedrückte Ansichten über die Balkensprachfunktion zu erwähnen. Er nimmt an, daß der Balken zur Vereinigung der für die Mundbewegungen bestimmten Hirnrindenapparate diene und hebt hervor, daß ein Patient mit Unterbrechung des Balkens das O aussprechen kann, daß es ihm aber nicht mehr gelingt, den Mund zu spitzen (was doch eine ähnliche Doppelbewegung darstellt). Auf die Frage, warum bei der Aussprache z. B. des O der unilaterale Apparat zur Innervierung der beiden Seiten genüge und nicht hinreichend sei zum Mundspitzen, antwortet K. Goldstein, daß der Reiz in der Aussprache des O verschieden sei von dem, welcher zum Spitzen des Mundes nötig ist, und dies trotz der Gleichheit der Lippenbewegungen. Da bei der Aussprache des O gleichzeitig andere Muskel in Tätigkeit treten, könnte man annehmen, daß die hier angewandte Energie von diesem Standpunkte aus größer ist, doch ist diese Annahme nicht plausibel. Nun, nach Goldstein ist das Spitzen des Mundes eine fast bedeutungslose Bewegung, die ausschließlich dem Begriffsfelde entspricht; die Bewegung bei der Aussprache des O hingegen steht, wie alle anderen Sprachbewegungen, in bedeutend engerer Verbindung mit der Psyche und wird außerdem aus dem Sprachfeld angeregt. Diese Verschiedenheit muß natürlich Differenzen des Erfolges haben. In der Tat ist ein einseitiger (linker) Hirnrindenreiz für die Bewegung des Mundspitzens nicht genügend und ist stets das gleichzeitige Mitwirken des rechten Gehirnapparates mittels der Balkenverbindungen notwendig; denn in diesem Falle müssen die subkortikalen Assoziationsapparate nicht angewandt werden. Bei den Bewegungen des Sprachapparates hingegen werden sie vorzugsweise gebraucht, und somit genügt ein einseitiger Reiz vollkommen, um die betreffende Funktion zu erreichen. Den Ansichten K. Goldstein's nach besteht also ein wesentlicher Unterschied zwischen dem zentralen motorischen Apparate der Sprachbewegungen und dem der übrigen doppelseitigen Bewegungen der Sprachmuskulatur; er besteht in der größeren Bedeutung der Bewegungskombination für die Sprache und in ihren vielseitigen Beziehungen mit der Psyche, und dem Vorherrschen der motorischen Mechanismen in der einen überwertigen Gehirnhemisphäre, als Folge der stärkeren homolateralen Erregung den kontrolateralen gegenüber. Somit muß auf eine andere Weise die Synergie der bilateralen Muskulatur garantiert werden, und dies kommt nach Goldstein in den subkortikalen Zentren vor, die unter dem Reize des Willens auf beiden Seiten in Tätigkeit treten können, wenn auch die kortikale Reizung selbst nur auf einer Seite besteht. Das gleiche gewahrt man bei anderen bilateralen Bewegungen, die jenen der Sprache gleichen, nämlich bei den expressiven, welche ebenfalls mit der Psyche in enger Verbindung stehen.

Die Theorie, so geistreich sie auch ist, fußt auf der Annahme, selbst wenn man in gebührender Weise derartige Begriffe in Erwägung zieht, daß die verboartikulären Bündel im Hirnstamme beinahe ausschließlich einseitig verlaufen. Immerhin bestreitet K. Goldstein nicht irgendwelchen Einfluß des Balkens auf den psychischen Mechanismus der motorischen Sprache. Diesem Verfasser nach steht das in der rechten Großhirnhemisphäre liegende motorische Sprachgebiet, wie alle anderen motorischen Apparate, unter einem hemmenden Einflusse; zu seiner Reizung bedarf es einer Intention. Diese Intention wird nur zum geringeren Teile von dem rechten und in einem hervorragenden Grade vom linken Frontalhirne ausgeübt; daher müssen Balkenfasern auch den Impuls vom linken Frontallappen auf das rechte motorische Sprachgebiet führen, und daher kommt es, daß in den Fällen von Balkenunterbrechung die Kranken sich ihrer Störung bewußt sind.

Auch ohne diesen Verlauf den aus dem linken zum rechten Frontallappen kommenden Fasern abzusprechen, muß man auf die Befunde Beziehung nehmend als Korollarium annehmen, daß vorwiegend aus der rechten Broca'schen Zone kommende Fasern durch den Balken ziehen, um sich mit jenen aus der erweiterten linken Broca'schen Zone stammenden zu vereinigen. Darum ist es wahrscheinlich, daß die hauptsächlich dieser letzteren entstammenden phasisch-motorischen Bahnen, die die für die entsprechenden (verboartikulären) Bewegungen der Sprachmuskel bestimmten Fasern enthalten, an ihren Extremitäten Fasern ausschicken, die zur Innervation der beiden (rechten und linken) Kerne des Nervus VII. und des N. XII. bestimmt sind (Abb. 83). So erklärt sich, weshalb die Aufhebung der geringen Beteiligung der rechten Hemisphäre, durch eine

Balkenunterbrechung verursacht, die Folgen der Innervation der Mundmuskel bei der Aussprache, besonders der Vokale nicht hervortreten läßt.

Monakow jedoch, von theoretischen Begriffen ausgehend, ist der Meinung, daß andere für die Sprachfunktion bestimmte Fasern durch unbestimmte Stellen des Balkens gehen. Er glaubt nämlich, daß außer den fein differenzierten Foci im Operculum Rolandi auch phylogenetisch wahrscheinlich ältere, ziemlich ausgedehnte und auf der ganzen Großhirnrinde verbreitete Hilfsapparate für die Phonation, vor allem die Bahnen für die rohe Affektsprache bestehen, die sich mit den Basalzentren der Stimme vereinigen. Die entsprechenden, aus sämtlichen Frontal-, Scheitel-, Schläfen- und Hinterhauptrindenzonen (obgleich aus noch nicht genau bekannten Gebieten) hervorgehenden Projektionsfasern der Großh rnhemisphären müßten die innere Kapsel durchziehen und, das Tegmentum pontis und das Kleinhirn durchdringend, die bulbären Kerne erreichen. Sie müssen postuliert werden, denn die Äußerung der Affekte (Schreien, Weinen, Schimpfen), wie auch die einfacher Silbenserien, die man als Rest des Wortschatzes bei Motoaphasikern findet, ist möglich, wenn die ganze operkuläre Zone (die F_3) auf beiden Seiten zerstört ist, auch selbst wenn von den anderen Hirnwindungen nur wenige Reste übrig bleiben. Diese Ausströmungspunkte der groben Phonationsbewegungen müßten nun nicht bloß mit den Foci operculares, sondern auch untereinander mittels eines vollständigen Systems von Assoziationsfasern zu einem Netz von Zentren, und mit jenen der kontrolateralen Seite mittels in verschiedenen Abschnitten desselben verlaufenden Balkenfasern in Verbindung stehen. Dieses letzte, von Monakow erhobene, an und für sich logische Postulat scheint mir jedoch nicht ganz notwendig zu sein. Es ist in der Tat nicht unwahrscheinlich, daß einige wörtliche Äußerungen interjektionalen Charakters, wie man solche gerade bei den von motorischer Aphasie Befallenen beobachtet, entweder infolge ihres archaischen Charakters oder ihrer häufigen Wiederholung (während des Lebens) von den direkten Beziehungen abhängen, welche sich unmittelbar zwischen dem Lenticularis und der Oblongata mittels der lenticulo-bulbären Bahnen bilden.

Während man also aus der Untersuchung einer ziemlich zahlreichen und übereinstimmenden Reihe von klinischen und pathologisch-anatomischen Beobachtungen folgern kann, daß das vordere Drittel des Balkens Fasern enthält, die sowohl für die Eupraxie der Gesichts- und Zungenmuskel, wie auch für die verbo-motorischen Fasern bestimmt sind, entnimmt man ebenfalls hieraus, daß nicht dort die für die Eupraxie der Glieder bestimmten Bahnen verlaufen.

Es ist das Verdienst Liepmann's, nachgewiesen zu haben, daß Verletzungen des Balkens oder auch der Balkenausstrahlung (in beiden Hemisphären) vor dem Eintritte in den Balkenkörper (bei den Rechtshändern) Apraxie der linken Hand hervorrufen (bei den Linkshändern verursacht ein ähnlicher Balkenherd Apraxie der rechten Hand). Das rechte Rindenzentrum der linken Hand — wie nämlich die sympathische Apraxie des Balkens lehrt — empfängt von der linken Hemisphäre mittels der Balkenfasern Impulse für die Intentionsbewegungen. Nun, einige der kurz zuvor erwähnten umschriebenen Zerstörungen des vorderen Drittels des Balkens (Fälle von Ciarla, Giannelli, Rossi und Fall Biancone) verursachten keine Apraxie der Glieder. Hingegen war in dem Falle reiner Balkenmalacie von Marchiafava-Bignami und Milani die Apraxie der linken Glieder deutlich; in beiden betraf die Erweichung das ganze Gewebe der vorderen zwei Drittel des Balkens. In unserem Falle (Mingazzini-Ciarla) von fast totaler Erweichung des vorderen Drittels des Genu bestand noch eine konsekutive linienförmige Degeneration in der Lamina medialis des mittleren Drittels des Balkens, die distal fast bis zum Splenium reichte und die Dyspraxie der linken Glieder bestand hier nicht vollständig. Außerdem besteht noch eine größere Reihe von Fällen von linker ideokinetischer Apraxie, in welchen eine Läsion, wenigstens des mittleren Teiles des Balkens, zusammen mit jener anderer Windungen (Balken- und pararolandische Windungen, Balken- und Schläfenwindungen, Balken- und Stirnwindungen) wahrgenommen wurde, während noch kein Fall von linker Apraxie der Glieder bekannt ist, der die isolierte Verletzung dieser oben genannten Windungen entsprochen hätte. Scheinbar widersprechen diesem Satze der Apraxiefall Forster's und die beiden Fälle von Truelle (in einem Falle Läsion des Balkens und der zentralen Windungen, in den anderen Läsion des Balkens und der Schläfenwindungen); denn hier handelte es sich um Balkenläsionen, die bloß auf das vordere Drittel des Balkens beschränkt waren. Im Falle Forster's jedoch bestand die Veränderung in einem Tumor, der wahrscheinlich auch das mittlere Drittel des Balkens komprimiert haben mußte; in den beiden Fällen von Truelle fehlen Gehirnserienschnitte, die vielleicht eventuelle Veränderungen an anderen Stellen des Balkens hätten hervorheben können. Folglich ist es logisch, daraus zu schließen, daß die im mittleren Drittel des Balkens verlaufenden Markfasern wegen des schrägen Verlaufes der Zentralwindungen nicht nur die Projektionen der letzteren, sondern auch die der Regio parietalis überführen. Auf diese Weise würde es sich erklären, warum die linke ideokinetische Dyspraxie niemals nach Verletzungen der Rinde der zentralen Windungen beobachtet worden ist.

Man könnte hier die Frage aufwerfen, warum die Schädigung einiger linken Rindenstellen, aus welchen Balkenfasern entspringen, der Eupraxie der linken Extremität (wie die Erfahrung lehrt) geringeren Nachteil verursacht, als die Verletzung derselben Fasern in der Nähe des Balkens. Kleist glaubt mit Recht, daß dies davon abhänge, daß ein Krankheitsherd der Marksubstanz der Großhirnhemisphären, in der Nähe des Balkens selbst, nicht nur für die Eupraxie wichtige Fasern, sondern auch zahlreiche andere aus den verschiedensten sensorischen Zentren, und ganz besonders aus optischen Zentren kommende unterbricht. So versteht man, daß viele kommissurale Markfasern in den endohemisphärischen, der Rinde naheliegenden Herden, verschont bleiben können und daß folglich ihr Reiz bis zu einem gewissen Grad den Ausfall der einzelnen Engramme der Bewegungen, die aus der (linken) Rindenzone entstammen, in welcher sie ihren Sitz haben, kompensieren kann.

Indessen können wir nicht umhin, hervorzuheben, daß ein Teil der Handlungen und vor allem einige (elementäre und expressive) intransitive, sowie einige seltene beabsichtigte Handlungen vom apraktischen Patienten, wie z. B. in unserem Fall von Balkenerweichung, gut ausgeführt wurden. Es könnte wahrscheinlich sein, daß zur Erhaltung der Fähigkeit, nicht wenige Handlungen korrekt auszuführen, beim Patienten die Tatsache beigetragen habe, daß sich seitens der anderen Systeme von Nervenfasern der Großhirnhemisphäre ein Ausgleich eingestellt habe. Zur Bekräftigung dieses erwähnen wir hier die von Kroll bei dem Patienten Teterenkow festgestellte Tatsache. Bei diesem hatten sich infolge vollständigen

Schwundes des Balkens die dyspraxischen Störungen anfangs schnell entwickelt, nach einigen Wochen aber waren sie verschwunden. Ein ähnliches Verhalten weist der Kranke Zingerle's auf. Dieser Autor ist daher der Meinung, daß auch nach dem Schwunde der Trabs (wegen Thrombose der Art. corp. callosi) das Gehirn große Ausgleichsmöglichkeiten ausnützen könne. Dieser Begriff deckt sich mit dem Claude's, der, in Betracht ziehend, daß bisweilen nach Anlegen von (experimenteller) Balkendurchtrennung bei den Tieren sich keine Apraxie entfalte, der Meinung ist, daß es vielleicht, je nach dem Individuum, verschiedene Ersatzfasern gibt.

Während diese obenerwähnten Fälle vereinzelt und in ihrer Erklärung zweifelhaft bleiben (weil sie nicht an Serienschnitten studiert wurden), hat der kürzlich von mir (und Ciarla) illustrierte Fall von Hemiapraxie gestattet, die Bedeutung (für die Eupraxie) einiger in bestimmten Zonen des Balkens verlaufender Fasersysteme hervorzuheben. In unserem Falle ist es jedoch nicht nötig, zur Annahme einer Kompensation zu schreiten, da der Balken nur teilweise verletzt war; die Laminae dorsalis und ventralis waren auch im vorderen Drittel intakt. Nun wurden einige intransitive Handlungen (elementaren und expressiven Charakters), sowie einige intentionalen Charakters oft gut von unserem Patienten ausgeführt; der größte Teil der intransitiven Handlungen expressiven Charakters dagegen wurde von unserem Patienten oft in amorpher Weise ausgeführt. Außerdem weigerte er sich, fast sämtliche transitiven Handlungen aus dem Gedächtnis auszuführen. Man muß also logisch hieraus folgern, daß die Markfasern der Lamina media zur Leitung des größten Teiles der Handlungen dienten; daß außerdem die zur Eupraxie der Gesichts- und Zungenmuskeln und einiger (intransitiver und transitiver) Handlungen bestimmten Markfasern in den Laminae dorsalis und ventralis beziehungsweise des vorderen und des mittleren Drittels des Balkens verlaufen.

Der mikroskopische Befund der lückenlosen Gehirnschnitte unseres oben erwähnten Falles ist gleichfalls von ganz besonderer Bedeutung, um den Verlauf der Fasern der Trabs, von denen wir geredet haben, besser zu verstehen. Während man in der Tat nicht daran zweifeln kann, daß die nervösen Elemente des Balkens von einer Großhirnhemisphäre zur anderen ziehen, ist es ebenfalls wahr, daß nicht alle eine Verbindung zwischen den entsprechenden Stellen der Großhirnrinde bilden. Wie wir bereits in einem anderen Abschnitte angeführt haben, nehmen Marchand, Sachs, Dejerine, Schnopfhagen, v. Valkenburg an, daß ein Anteil der in Rede stehenden Fasern zur Verbindung auch von asymmetrischen Punkten der Rinde der beiden Großhirnhemisphären diene. In unserem oben erwähnten Falle (Mingazzini-Ciarla) nun hat man gesehen, wie infolge von Zerstörung des größten Teiles der Markfasern des vorderen Drittels der Trabs, längs der Schichten des mittleren Drittels, eine linienförmige Degeneration aufgetreten war; sie verlief in Querrichtung, gerade in der Mitte des mittleren Teiles und wurde immer schmäler, je mehr man sich dem distalen Drittel des Balkens näherte (Abb. 52—54). Dies beweist, daß die in der mittleren Lamina des Genu verlaufenden, wahrscheinlich von einem Teile des Lobus praefrontalis ausgehenden Nervenfasern nach ihrer Kreuzung sich nicht alle auf der dem Ursprungspunkte derselben entsprechenden Fläche der Großhirnhemisphäre erschöpfen, sondern sich hingegen (wenigstens zum Teile) vorher sagittal längs der gegenüberliegenden Hälfte des Balkens umlegen und dann quer zur anderen

Hemisphäre ziehen, indem sie um so größere Bögen beschreiben, je mehr sie sich dem distalen Ende nähern. Sie werden somit immer seltener, bis sie an der Grenze des hinteren Drittels sich erschöpfen. Dieser unser Befund deckt sich vollständig mit jener Form von primärer Degeneration der Balkenfasern, die Marchiafava und Bignami im Gehirne der Alkoholiker beschrieben haben. Auch hier, wie oben gesagt, verschont die primär entstandene Degeneration die Lamina dorsalis und ventralis der Trabs, indem sie sich sowohl auf die Lamina media im vorderen wie im mittleren Drittel des Balkens beschränkt. Die ziemlich ausgeprägte Verminderung der Ausdehnung der Entartung der Lamina media, je mehr man distal zum mittleren Teile des Balkens vorschreitet, wird auch in einigen Befunden Marchiafava's und Bignami's hervorgehoben (Fall 7 und 8, l. cit.). Vergleichen wir nun den Befund des Balkens in unserem Falle mit jenem der beiden erwähnten Autoren, so ergibt sich, daß die Degeneration der Lamina media des mittleren Drittels des Balkens eine primäre (fast alle Fälle Marchiafava's) oder eine sekundäre (d. h. wie im vorstehenden Falle, von Zerstörung des vorderen Balkendrittels abhängige) sein kann. Somit bewahrheitet sich immer mehr die von mir verteidigte Annahme, nämlich, daß die Markfasern der Lamina media des Balkens ein unabhängiges System darstellen, welches wahrscheinlich nicht symmetrische Zonen der Großhirnhemisphäre verbindet.

Ebenso wird es hier am Platze sein, hervorzuheben, daß einige Bewegungen, deren Ausführung bloß mit dem linken Arme nicht möglich war, unserem dyspraktischen Patienten unter Inanspruchnahme beider Arme (d. h. auch des rechten) leicht gelangen. Dies bezeugt, wie der von der linken Großhirnhemisphäre ausgegangene Antrieb in den kurz zuvor erwähnten erhaltenen Markfasern der Lamina (des Balkens) zum großen Teile freie Bahnen findet, um zur rechten Großhirnhemisphäre zu gelangen; da aber der Antrieb durch letztere hindurch einer gewissen stärkeren Intensität bedurfte, so wurde er nicht bloß durch den Balken dem rechten Sensomotorium zugeführt, sondern entlud sich direkt, wenn auch in schwächerem Grade, durch die linke Rolandi'sche Zone in die rechten Glieder.

Es sei uns diesbezüglich gestattet, hier der Beobachtung Kroll's Erwähnung zu tun, daß nämlich das Fortbestehen des Tonus und die Verarmung der spontanen Bewegungen nur bei der vollständigen Unterbrechung des Balkens hervortreten. Bei unserem dyspraktischen Patienten, bei welchem der Balken nur längs des vorderen Drittels fast vollständig zerstört war, war nun die Verarmung der spontanen Bewegungen links eines der hervorragendsten Symptome. Dieser Fall lehrt uns nun aber, daß die Antriebe bestimmte Markfasern durchziehen müssen, und, wie wir sehen werden, verdient der Schwund der Markfasern der präfrontalen Lappen eine ernste Berücksichtigung. Hingegen war in dem ebenerwähnten Falle von Balkenerweichung beiderseits ein Teil der Fasern des Stirnstabkranzes (rechts mehr als links) rarefiziert, und zwar etwas weniger das semiovale Zentrum der Gg. frontales primus et secundus; außerdem war nur rechts der Stabkranz des Fußes der Gg. paracentrales rarefiziert. Links war nun ein unbedeutender Teil des mittleren Drittels des vorderen Gliedes der inneren Kapsel zerstört, während rechts eine bedeutende Menge der Fasern der ventralen Segmente dieses Gliedes selbst resorbiert war. Da nun durch die Fasern desselben (das auch den Pedunculus anterior des Thalamus bildet) auch thalamokortikale Fasern verlaufen, so ist es klar, daß der Stabkranz des Fußes der

beiden erwähnten Windungen teilweise aus Thalamusstrahlungen bestehen muß.
Daher muß der Schwund der Marksubstanz eines Teiles der F_2 und vor allem der
Pars opercularis der F_3 beiderseits auf den Schwund der Balkenstrahlungen
(Forceps anterior) innerhalb der beiden erwähnten Windungen zurückgeführt
werden, was vielleicht vom Standpunkte der Pathogenese der Verarmung der
spontanen Bewegungen nicht zu übersehen ist.

Fassen wir das bisher Gesagte zusammen, so kann man daraus schließen,
daß wahrscheinlich die Gesichts-, Zungen-Apraxie zum mindesten von der Veränderung der Lamina media des vorderen Drittels des Balkens abhängt und
daß die (Hemi-)Apraxie von ideokinetischem Typus, der linken Glieder viel mehr
die Folge der Veränderungen der Markfasern des mittleren Balkendrittels
ist. Deshalb kann eine Apraxie der linken Glieder gleichzeitig mit einer bilateralen Apraxie der Gesichtsmuskeln bestehen, oder die eine wie die andere kann
isoliert auftreten.

Ob an der Eupraxie Spleniumfasern beteiligt sind, ist schwer zu beurteilen.
Viele Autoren haben beobachtet, wie die Erhaltung des hinteren Balkendrittels,
wie sie in den Fällen von Hemiapraxie, die von Forster und von Rad beschrieben
wurden, die Entwicklung der Apraxie nicht hat hindern können; man hat
somit logisch angenommen, daß die für die Glieder bestimmten apraxischen
Fasern nicht durch das hintere Drittel des Balkens ziehen. Jedoch nehmen
einige an, daß auch in diesem Teile bestimmte Markfasern für die Eupraxie
der linken Glieder verlaufen, denn im Falle Liepmann (rechte ideokinetische
Apraxie) war das Splenium erhalten, während der Rest des Balkens zerstört
war, was die Leichtigkeit der Dyspraxie der linken Hand erklären könnte.
Das gleiche gilt vom schon oft erwähnten Balkenerweichungsfalle Liepmann-
Maas, obwohl es möglich ist, daß der Kranke, der Gegenstand ihrer Arbeit,
Ambidexter war. Dies würde, diesen Autoren nach, die Tatsache erklären,
warum der Patient links weniger dyspraktisch war, als viele andere Patienten
mit viel größeren Läsionen in der linken Großhirnhemisphäre.

Jedenfalls hat die klinische Erfahrung nachgewiesen, daß im Splenium auch
Fasern verlaufen müssen, die den Funktionen von allerhöchster Bedeutung für
das psychische Leben vorstehen, insofern sie dazu dienen, die zur Erkenntnis
der Sehwahrnehmungen und den interassoziativen Funktionen einiger Komponenten der Sprache notwendigen Fasern zu leiten. Es ist in der Tat
bekannt, wie Imamura, nach Entfernung der Rindensehsphäre und des
Balkens bei den Hunden zu dem Schlusse kam, daß zwischen dem Balken und
der Sehsphäre ein Zusammenhang bestehen müsse. Imamura hat dem Balken
auch die Eigenschaft zugeschrieben, den entweder durch Verletzung des Frontallappens oder des Hinterhauptlappens (Munk's Sehsphäre) verursachten Ausfall des Gesichtsfeldes zu beseitigen. Ja, er glaubt, daß die Sehstörungen von
neuem nach der Balkenlängsdurchschneidung sich wieder einstellen. Eine solche
Funktion wird jedoch von Lewandowski bestritten. Dieser Verfasser ist der
Meinung, daß die auf diese Operation zurückzuführenden Störungen des Gesichtsfeldes die Wirkung einer Funktionsstörung der Sehstrahlungen seien. Er
behauptet, daß die Zerstörung des Balkens ohne Verletzung der Nachbarteile
nicht möglich sei und daß folglich, wenn Imamura mikroskopisch die Folgen
der Balkendurchschneidung kontrolliert hätte, er gefunden haben würde, daß
der Thalamus oder die Rinde gleichzeitig betroffen gewesen war.

Auch bezüglich des Menschen ist die Frage, ob die Sehagnosie von der Verletzung eines einzigen Hinterhauptlappens oder beider abhängt, noch immer offen; eine Frage, die gerade mit der Funktion des hinteren Balkenteiles (Splenium) verknüpft ist. Da in der Tat, den pathologischen Erfahrungen nach, ausgedehnte krankhafte Herde in beiden Hinterhauptlappen nicht notwendigerweise zu dauernden Formen von Sehagnosie führen, nahm man an, daß die Läsion eines einzigen Hinterhauptlappens keine Seelenblindheit verursache. Doch dem ist nicht so, wenigstens nicht beim Menschen (im Gegensatz zu dem, was beim Hund und beim Macacus stattfindet). In Wirklichkeit ist auf Grund zahlreicher klinischer Beobachtungen festgestellt, daß bisweilen ein krankhafter Herd in einem Hinterhauptlappen, meistens links, genügt, um Erscheinungen von Seelenblindheit, und zwar in allen Graden (von der Alexie bis zur Sehagnosie) hervorzurufen. Der klassische Fall Lissauer's ist dieser Gruppe einzureihen; hierher gehören auch der Fall Nodet's, verschiedene Fälle Reinhard's, die von Freund, Rabus und Müller. In vielen der eben angeführten Fälle war jedoch die pathologisch-anatomische Untersuchung nicht so vollständig, um jeden Zweifel auszuschließen, denn die absolute Unversehrtheit des rechten Hinterhauptlappens kann angezweifelt werden.

Gewiß kann auch eine Seelenblindheit infolge eines selbst auf den rechten Hinterhauptlappen beschränkten Herdes verursacht werden (F. Müller und Wendenburg), obwohl dieselbe in diesem Falle einen schwankenden Charakter aufweist und gewöhnlich viel schneller nachläßt, als infolge der Verletzung des linken Hinterhauptlappens. Abgesehen von diesen Einwänden ist es sicher, daß in einigen der oben genannten Fälle, wie im Falle Lissauer's, und übrigens auch in dem Nodet's, sich der Herd nicht darauf beschränkte, die weiße Substanz des linken Hinterhauptlappens zu befallen, sondern sich auch auf die mediale Seite erstreckt hatte, so daß er zuletzt die Balkenfasern gänzlich oder zum großen Teile unterbrach. Es bestand also nicht nur eine kortikale Verletzung der linken Hirnhemisphäre, sondern die Unterbrechung des Balkens stellte eine transkortikale Verletzung der rechten Hemisphäre (Hinterhauptlappens) dar. Die kortikale Verletzung einer Großhirnhemisphäre und die transkortikale der anderen stellt gerade, wie Nodet hervorhebt, in gewisser Weise das minimale Substratum der Läsionen, welche zum Hervorrufen der vollständigen Seelenblindheit notwendig sind, dar. Doch fehlt es nicht an Einwürfen gegen diese Anschauung; in der Tat gibt es einige Fälle von Seelenblindheit, z. B. der von Laehr, in welchen der Balken intakt war. Andererseits bestanden bei vielen an Seelenblindheit mit (nachgewiesenen) transkortikalen Läsionen auf der einen und kortikalen auf der anderen Seite Leidenden die Erscheinungen der Seelenblindheit auch auf der Hälfte des der Hirnrinde der lädierten Hemisphäre entsprechenden Sehfeldes, und diese waren viel schwerer als die der echten optischen Asymbolie. Man hatte so im allgemeinen Erscheinungen einer wahren Sehagnosie, die durch die Unterbrechung des Balkens allein nicht zu erklären wären.

Wie man sieht, sind wir weit entfernt davon, sicher zu sein, ob im Balken Fasern bestehen, welche dazu bestimmt sind, hohe Sehfunktionen zu ergänzen. Uns scheint die Annahme gerechtfertigt, daß die linke Hirnhemisphäre eine vorwiegende Tätigkeit, ohne Zweifel sowohl für die Sprache und für die willkürlichen Handlungen, als für die psychische Verarbeitung der Sehwahr-

nehmungen ausübe. Dies darf nicht wundernehmen, wenn man bedenkt, daß
der größte Teil der transkortikalen Assoziationen, mittels welcher sich die sekundäre Identifizierung betätigt, durch die Zone der Gehörsprache oder durch die
sensorische Zone zur Ausführung gebracht werden. Angenommen, daß die
sogenannten Sprachzentren und die für die feineren Bewegungen bestimmten
Foci, besonders wenn sie durch die optischen Bilder geleitet werden (gegen-
standslose Bewegungen Liepmann's), gerade auf dieser Seite liegen, so ist es
nicht befremdend, wenn auch die links gelegenen optischen Bilder eine gewisse
Überhand über die anderen erlangt haben. Aber auch selbst wenn wir dies
annehmen, so wissen wir doch nicht mit Sicherheit, welchen Anteil der Seh-
zonen die Balkenfasern vereinigen. Nun scheint es wahrscheinlich, daß beim
Menschen die Fasern des Spleniums zur Erkenntnis der Sehwahrnehmungen,
aber nicht der Sehvorstellungen beitragen. Es sei uns hier bezüglich gestattet,
einen von Redlich und Bonvicini veröffentlichten Fall zu erwähnen, in
welchem eine totale Erweichung des Balkens, des ganzen linken und nur des
seitlichen Teiles des rechten Hinterhauptlappens bestand; jedoch waren die
besonders für die Lippen der Calcarina bestimmten Sehstrahlungen gut erhalten.
Hier fehlten nun die bewußten optischen Erkennungen, obwohl die Lichtreaktion
auf beiden Seiten noch vorhanden war (die Augen schlossen sich in der Tat,
wenn das Licht auf das Auge bzw. auf die rechte Hälfte der Netzhaut fiel); es
bestanden hingegen die Sehvorstellungen fort, die, einigen Verfassern nach, bei
der Sehagnosie verschwinden müßten. Diese Beobachtung bestätigt indirekt
die Meinung v. Valkenburg's, nach welcher die Fasern des Spleniums die beiden
primitiven Sehfelder der Hinterhauptlappen (Areae striatae) nicht vereinigen
können. Soll aber die Hauptursache der Seelenblindheit in einer Verletzung
der Spleniumfasern zu suchen sein, so muß sie, dem Urteile dieses Verfassers
nach, auch auf diejenigen bezogen werden, welche andere Teile der Hinterhauptlappen, nämlich die Brodmann'schen Felder 18 und 19 selbst verbinden
(Gegend der Radiationes parastriatae). Diese Rindenzonen umfassen gerade
die Area psychovisiva der englischen Autoren (Bolton, Mott, Campbell)
und beteiligen sich, zusammen mit der Area striata, an den höchsten Sehfunktionen. Sie sind phylogenetisch jünger als das Feld Nr. 17 (Area striata),
nehmen bei den höheren Säugetieren verhältnismäßig zu und so erklärt sich,
warum hiermit parallel, die Hinterhauptfasern des Balkens zahlreicher werden.

Auch v. Monakow erkennt, wenn auch nur zum Teil, die Wichtigkeit des
Spleniums im Hervorrufen der Sehagnosie an. Auf Grund sämtlicher in der
Literatur studierten Fälle nimmt v. Monakow (s. Lit. loc. cit. S. 468) an, daß
zur Entfaltung der Sehagnosie eines gewissen Grades notwendig ist, daß eine
akute Verletzung auf beiden Seiten das tiefe Mark entweder der Hinterhauptwindungen oder der Gg. occipito-temporales, oder der Gg. occipito-parietales
zusammen mit dem Splenium befalle. Das mehr oder weniger lange Bestehen der
Sehagnosie hängt, nach v. Monakow von den Verhältnissen der Zirkulation, und
der Ernährung des Gehirnes ab (die Arteriosklerose z. B. kann ceteris paribus
die Sehagnosie zu einer dauernden machen). Diese Form von Agnosie kann,
v. Monakow nach (unter denselben angedeuteten sehr günstigen pathologischen
Bedingungen), eventuell schon bei einseitigem Sitz der Herde chronisch werden.
Den bekannten Anschauungen dieses Autors nach würde aber die Zerstörung des
Spleniums und der oben genannten Gehirnwindungen das Optimum für die

temporäre Genese der Seelenblindheit darstellen, aber nicht eine conditio sine qua non, denn weder in den Tieren, auf welchen solche Untersuchungen angestellt worden sind, noch im Menschen, sind die Läsionen dieser Bildungen hinreichend, um eine dauernde visive Agnosie hervorzubringen. Diese wäre also im Prinzip nur eine temporäre Störung. Auf diese Weise können sich die unter den verschiedenen Autoren herrschenden Widersprüche erklären.

Ein anderer umstrittener Punkt bezüglich der Funktionen des Spleniums bezieht sich auf die Pathogenie der „Cécité verbale pure". Nach Dejerine enthält das Splenium also Fasern, die vom rechten Hinterhauptlappen quer zur Rinde des G. angularis sin. (außer den Fasern des homologen, kontrolateralen Teiles der anderen Hemisphäre) ziehen. Nießl v. Mayendorf, der das Vorhandensein des von Dejerine angenommenen Lesezentrums im linken G. angularis verneint, hebt hervor, daß die schrägen Balkenverbindungen von niemand wahrgenommen worden sind; sie wurden von H. Sachs als Postulat angenommen, da dieser sich derselben bedienen mußte, um der Theorie eines hypothetischen Hirnmechanismus eine Stütze zu verleihen. Übrigens hat Dejerine gelegentlich des Gehirnbefundes eines von reiner Wortblindheit befallenen Patienten sich eines Falles, der nicht einwandsfrei war, bedienen zu müssen geglaubt. In der Tat führt er zunächst dieses Symptom auf einen gelben, auf der inneren Seite des Spleniums gelegenen Herd zurück, und dann in einer weiteren Beobachtung desselben Falles stellte er aber fest, daß die gelbe Farbe von einer Zone degenerierter Fasern abhänge. Es bleibt nach Nießl kein Zweifel, daß Dejerine in zwei Fällen die gleiche pathologische Veränderung in zwei verschiedenen Arten ausgelegt habe, das erste Mal als Krankheitsherd und das zweite Mal als ein sekundär degeneriertes Faserbündel. Daß diese zweite Qualifikation wahr sei, lehrt uns eine Reihe ähnlicher, infolge von Erweichungsherden des linken Hinterhauptlappens, im hinteren Balken wahrgenommener Befunde. So fand Brissaud im Splenium einen gelben, von einer Degeneration abhängenden Herd. Nach den Untersuchungen von Nießl fanden auch Déjerine-Thomas, M. Dide, Botzako, Lissauer-Hahn und Henschen in von Läsionen des linken Hinterhauptlappens abhängigen Fällen von Wortblindheit Degeneration der Fasern des Spleniums, ohne Erweichungsherde. Dies aber beweist, daß infolge von Verletzungen des Hinterhauptlappens und nicht durch eine synchrone kleine Embolie im Splenium, eine Faserdegeneration besteht. Diese Tatsache ist nun von Wichtigkeit, um uns die Leitungsprozesse zwischen den beiden Hirnhemisphären durch den hinteren Balken hindurch darzustellen. Da, wie Nießl v. Mayendorf bemerkt, in den Fällen von Wortblindheit im Splenium kein primärer Herd besteht, ist es klar, daß die angenommenen, vom rechten Hinterhauptlappen zum linken G. angularis ziehenden Faserbündel nicht unterbrochen sein können, denn von ihrem Ursprunge bis zu ihrem Ende bleiben dieselben unberührt und nur zwischen ihnen verlaufende, aus den linken Hinterhauptlappen stammende Fasern wären, weil markscheidenlos, als funktionsunfähig zu betrachten. In diesem Falle jedoch würden die (nach Dejerine) von der rechten Calcarina durch das Splenium zur Rinde des linken G. angularis ziehenden Bahnen für die Erkennung der Worte offen bleiben. Da nun, fährt Nießl v. Mayendorf fort, auf diese Weise die enge Verbindung zwischen einem Erkennungs- und einem Erinnerungsfelde erhalten bleibt, wäre es nicht zu verstehen, warum die Worte optisch nicht erkannt werden und der Kranke nicht mehr fähig ist, zu lesen. Man könnte vielleicht den Einwurf erheben, daß, da diese Bahnen vom rechten Hinterhauptlappen zum linken G. angularis wenig benutzt werden, dieselben auch schwerlich verwendbar sind und deshalb einen stärkeren Widerstand leisten. Hierauf ist zu antworten, indem man erwägt, daß wir ohne Zweifel die Buchstaben mit beiden Hinterhauptlappen sehen und daß wir somit logisch eine gekreuzte Verbindung zwischen diesen und dem linken sogenannten Sehzentrum der Wortbilder (G. angularis) annehmen müssen. Gegen den Begriff Dejerine's spricht auch die Art und Weise, in welcher die Fasern im Splenium verlaufen. Damit seine Anschauungen berechtigt erscheinen, benötigen sie eine anatomopathologische Grundlage, die auf einem Postulate besonderer Verhältnisse des hinteren Balkenforzeps beruht; aber weder Dejerine noch anderen ist es gelungen, die so postulierten Fasern festzustellen. In der Tat, bemerkt v. Nießl, ist Dejerine gezwungen anzunehmen, daß eine andere periphere Erregungsleitungsbahn von dem rechten Okzipitallappen zum linken G. angularis besteht und daß deshalb das Splenium nicht nur Fasern, die von den oben erwähnten Hinterhauptlappengebieten zu den homologen der gegenüberliegenden Gehirnhemisphäre ziehen, enthält, sondern auch Fasern, die quer durch vom rechten Hinterhauptlappen zum linken G. angularis ziehen. Aber diese schräge Balkenkommissur ist von keinem Autor gesehen worden; und dann müßte ein Fall von Spleniumherd, der diese beiden Fasernarten lädiert, bestehen. Sachs behauptet zwar, daß im Splenium die Balkenfasern, bevor sie die mediane Linie erreichen, sich verflechten und sich untereinander in vollständig unentwirrbarer Weise mengen. Dejerine selbst hingegen hat nachgewiesen, daß die in Gruppen vereinigten Fasern, der verschiedenen Windungen des Hinterhauptlappens, zu Gruppen gesammelt, in verschiedenen Teilen des Spleniums verlaufend, auf die andere Seite übergehen; und daß, je nachdem die Erweichung des Hinterhauptlappens mehr oder weniger ausgedehnt war und ihren Sitz an dieser oder an jener Stelle hatte, auch die sekundäre Degenerationszone des Spleniums verschieden war. Wir müssen also, wie Nießl glaubt, keine Lageveränderungen der Balkenfasern, kein Durcheinander derselben im Splenium, sondern eine feste Lokalisation, wie wir sie von den Faseranordnungen der Sinnesleitungsbahnen kennen, postulieren. Hieraus ersieht man, wie auch das Bestehen besonderer im Splenium (von den Hinterhauptlappen zum Stamme) verlaufender Sehfasern für das Verständnis des Sinnes der schriftlichen Symbole noch sehr unsicher ist.

Im Balken und besonders im hinteren Teile desselben verlaufen, nach einigen Autoren, auch Markfasern (deren Stelle über und in den G. temp. transversus noch sehr wenig bekannt ist), die zur Vereinigung der rechten und linken Hörsphäre der Hirnrinde dienen, bzw. solche, die mit den akustischen und wahrscheinlich auch mit den verbo-akustischen Funktionen in Beziehung stehen. In Wirklichkeit hat man bisweilen eine Verminderung des Gehörs auch bei Balkentumoren wahrgenommen; jedoch ist es nicht leicht, zu beurteilen, ob dies auf die Läsion desselben zurückzuführen sei. So fand Rückert in einem Falle von Tumor des vorderen Balkenteiles (der sich auch auf den Lobus frontalis erstreckte) eine linke, schwere, zunehmende Taubheit; aber er meint, daß das in Rede stehende Symptom wahrscheinlich Labyrinthstörungen zuzuschreiben sei. Aber diese Zweifel sind anderen Tatsachen gegenüber nicht haltbar. Tatsächlich ist die Annahme, daß im hinteren Teil des Balkens (und im Forceps post.) Kommissurenfasern zur Vereinigung der Schläfenwindungen

(bzw. der Gehörszentren) der beiden Seiten, wie auch der beiden Hinterhauptwindungen (bzw. der Gyri angulares) ziehen, durch die Forschungen
von Turner und Ferrier (an den Affen) und von Larionoff (Bechterew)
bestätigt worden. Letzterer hat, infolge der Zerstörung der Gehörssphäre des
Lobus temporalis der einen Seite die Degeneration der entsprechenden Fasern
durch den Balken bis zur kortikalen Gehörssphäre der entgegengesetzten Seite
verfolgen können.

Diese Resultate haben einigen Forschern als Argument gedient, um die
Pathogenese der reinen Worttaubheit (Surdité verbale pure) zu erklären. Während
in der Tat einige Autoren die Behauptung aufstellen, daß es zum Hervorrufen
dieses Syndroms einer gleichzeitigen Erkrankung der subkortikalen Faserung
sowohl des linken wie des rechten Schläfenlappens bedürfe, sind andere, wie
Sachs, für eine andere Möglichkeit eingetreten. Dieser Autor behauptet, daß die
beiden Schläfenlappen (vom Standpunkte des Gehörs) funktionell durch Balkenfasern in engster Verbindung stehen und daß sich in beiden die gleichen Vorgänge infolge des Eindringens eines Gehörreizes abspielen müssen. Er nimmt
also an, daß die Form des sich infolge der Wirkung eines bestimmten Wortes
im rechten Schläfenlappen bildenden Reizes mit derselben Form des Reizes
assoziiere, die gleichzeitig durch die Balkenfaserung im linken Schläfenlappen
hervorgerufen werde, so daß der Gehörreiz des einen Lappens stets jenen des
anderen hervorrufen müsse. Wenn also eine Verletzung der subkortikalen
Gehörbahn stattfindet, die den linken Schläfenlappen erreicht, so bliebe die
Bahn vom rechten Schläfenlappen offen und von hier, durch die Balkenverbindungen hindurch, zur Rinde der linken verbo-akustischen Sphäre (im
Schläfenlappen); und wenn man nun annimmt, daß der rechte Schläfenlappen
sich nicht an der verbo-akustischen Funktion beteiligt und daß die reine Worttaubheit infolge einer subkortikalen Läsion des linken Schläfenlappens auftrete,
so muß man folgern, daß in diesem Falle nicht bloß die subkortikale Gehörbahn des linken Schläfenlappens, sondern auch die anliegenden Balkenfasern
zerstört oder schwer verletzt sein müssen. Diese letztere Tatsache ist nun,
Sachs nach, möglich, denn die ebengenannte Gehörsbahn und die Balkenfasern befinden sich in der Tiefe (unter dem terminalen Ende des Schläfenlappens) in geringer Entfernung voneinander.

Prinzipiell verschieden ist die Art und Weise Bastian's, das Wesen des
Balkens bezüglich der verbo-auditiven Funktionen zu erklären. Er hält es für
sehr wahrscheinlich, daß auch die rechte Großhirnhemisphäre an der Funktion
des Wortverständnisses beteiligt sei, beziehungsweise daß die Zone der sensorischen Aphasie einer (linken) Seite mittels von den Gyri temporales supremi
(und auch der mittleren Schläfenwindungen) stammenden Balkenfasern direkt
mit der anderen (rechten) verbunden sei. Das müßte einen Mechanismus für die
Assoziationsynergie in der Funktion des Wortsinnverständnisses sichern, so daß
die verbo-akustischen Eindrücke in gleicher Weise auf die eine und die andere
Hemisphäre übergehen. Wäre die Funktion, den Wortsinn zu verstehen, nur
links lokalisiert, und bestände diese (kommissurale) Verbindung der zwei
entsprechenden Zentren nicht, so würde, betont Bastian, die Worttaubheit
stets auftreten, so oft eine absolute Taubheit des rechten Ohres (von einer
Labyrinth- oder Mittelohrkrankheit abhängig) besteht; denn das linke verbo-
akustische Gebiet wäre von allen entsprechenden Erregungsarten abgeschnitten.

Da dies nicht der Fall ist, ist nach Bastian anzunehmen, daß die verbo-akustischen Erregungen vom linken Ohre her, den Balken durchziehend, zum rechten Wortlautzentrum gelangen müssen. Dieses wurde durch die Unter-suchungen dieser letzten Jahre bestätigt. Es ist in der Tat seit langen Jahren durch anatomische Forschungen dargetan, daß ein bedeutenderer Anteil der Gehör-(Cochlear-)fasern einer jeden Seite sich durch die Raphe der Oblongata hindurch kreuzen und mittels des Lemniscus lateralis zum kortikalen Gehör-zentrum der entgegengesetzten Seite ziehen.

Außerdem nimmt Bastian noch eine andere Gruppe von Balkenfasern an, welche dazu bestimmt ist, die linke Rindenzone der sensorischen Aphasie mit dem rechten Gebiete der motorischen Aphasie zu verbinden. Er glaubt, daß das Nichthervorbringen der motorischen Sprache, nachdem das linke Zentrum der motorischen Aphasie vollständig zerstört ist, davon abhängt, daß das linke Gebiet der sensorischen Aphasie seinen Einfluß auf die Broca'sche rechte Zone, mittels (in schräger Richtung) von hinten nach vorn verlaufenden Balken-(Kommissuren-)fasern ausübt. Auf diese Weise erklärt er auch, wie die von Verletzung der linken ausgedehnten Broca'schen Zone abhängenden aphasisch-motorischen Störungen teilweise oder in toto kompensiert werden können. Ebenso nimmt Bastian an, daß die Kompensation der Störungen der sensori-schen Aphasie, welche der Verletzung der gesamten Wernicke'schen linken Zone folgt, durch Markfasern verursacht werden könne, die, der rechten Wernicke'schen Zone entspringend, durch den Balken hindurch zur linken Broca'schen ausgedehnten Zone ziehen.

Das erste Postulat Bastian's wird von Nießl v. Mayendorf ver-treten. Nach Ansicht dieses Autors ist bei der Zerstörung des Balkens das ätiologische Moment für das Fehlen einer funktionellen Wiederherstellung der betreffenden motorischen Aphasie nicht in der Unterbrechung des Balkenstab-kranzbündels (Corona radiata) in der inneren Kapsel der erkrankten Hemisphäre zu suchen, sondern in der Unterbrechung der Balkenverbindungen zwischen der linken und rechten kortikalen Wortlautsphäre; und diese Verbindungen liegen nicht weit hinter denen, die die Zentralwindungen vereinigen (d. h. vor dem Splenium). Die funktionelle Leistung des rechten motorischen Sprach-zentrums bis zur Erreichung des gerade dem linken motorischen Zentrum eigenen Grades wird nämlich desto rascher und sicherer zustande kommen, wenn die bereits in Übung gesetzte linke kortikale Wortlautsphäre noch auf dem normaler-weise nur indirekt beeinflußten rechten motorischen Wortzentralapparat, für den expressiven Teil des Sprachvermögens einwirken kann. Diese Anschauung war in der Tat in den Fällen von stabiler motorischer Aphasie von Bonhöffer im Falle Fomm (Nießl v. Mayendorf) und in einem Falle Dejerine's nicht möglich. In dem Falle von Bonhöffer ist nämlich angegeben, daß man den linksseitigen Krankheitsherd nach rückwärts bis vor das Splenium ver-folgen konnte. Im Falle Fomm von Nießl v. Mayendorf, in welchem die motorische Aphasie nicht kompensiert wurde, war linkerseits ein großer Krank-heitsherd vorhanden, welcher zur Verletzung der ventro-medialen Fläche des Hinterhauptslappens sowie des Spleniums geführt hatte. Was die Beobach-tung Dejerine's angeht, so zeigen die in Abb. 8 und 9 wiedergegebenen Quer-schnitte seiner Arbeit deutlich, daß die Zerstörung des Balkens auch hinter dem Verbindungspunkte zwischen den beiden motorischen Zentren zustande gekommen war; und obwohl die Bahn der linken verbo-auditiven Sphäre noch bis zum linksseitigen motorischen Sprachzentrum zugänglich war, konnten trotzdem die Impulse zu keiner Wirkung kommen, da die Projektionsfaserzüge dieser letzteren Gegend, wie man aus Abb. 8 der betreffenden Arbeit dieses letzten Autors sieht, durch die Spitze eines keilförmigen Krankheitsherdes in ihrer Kontinuität unterbrochen war. Die Richtigkeit dieser Angaben Nießls steht außer allem Zweifel; nur ist dabei zu bemerken, daß nach den aus dem Studium der linksseitigen präsupralentikularen Zone gewonnenen Beobachtungen die Unfähigkeit, den Verlust der verbo-motorischen Funktion zu kompensieren, auch eintreten kann, wenn, trotz der Unversehrtheit der rechten und linken Broca'schen Region ausschließlich eine Verletzung der linksseitigen präsupralentikularen Balkenausstrahlungen, wie es in den vorigen Seiten illustriert worden, vorliegt.

Die von einigen Autoren zur Bezweiflung der Existenz von Balkenfasern zwischen den kortikalen verbo-akustischen Zonen angeführten Gründe können bezüglich des zweiten Postulates Bastian's wiederholt werden. Es kann in der Tat sein, daß nämlich zwischen der linken Zone der sensorischen Aphasie, und der rechten Broca'schen Stelle die von diesem Verfasser erwähnten Balkenfasern bestehen; doch ist es nicht unwahrscheinlich, daß bei einigen Individuen sich auch präformierte zwischen den beiden rechten Gebieten der sensorischen und der motorischen Aphasie direkte Fasern entfalten, die gerade der geringen Übung wegen ihre teilweise Unfähigkeit durch das Auftreten der Paraphasien bekunden.

Immerhin hat sich in der letzten Zeit die Meinung, daß durch den Balken hindurch Bahnen laufen, die für die Sprachfunktionen bestimmt sind, immer mehr und mehr Bahn gebrochen, sowohl infolge der Arbeiten Monakow's, welcher in den Balkenfasern eine der mächtigsten Bahnen bezüglich der kommissuralen Verbindungen zwischen den motorisch- und sensorisch-phasischen Zonen der beiden Hemisphären sieht, als auch jener Bonhöffer's, welcher den aus der rechten Brocaschen ausgedehnten Zone kommenden Balkenfasern die Funktion eines die linken motorisch-phasischen Fasern kräftigenden Systems zuerkennt. Als eifriger Verteidiger dieser Meinung ist Henneberg aufgetreten, indem er sich auf einen mit Alexie vergesellschafteten Fall von motorischer Aphasie stützte. Bei der Sektion zeigte sich ein Herd, der vorn den Balken und besonders die linke Seite desselben, hinten das Putamen und die Capsula externa befiel. Obwohl man wegen Mangel an erläuternden Abbildungen nicht beurteilen kann, ob die Läsion sich hier auch auf die linken Ausstrahlungen ausdehnte, nämlich auf jene, welche in die Regio suprapraelenticularis ziehen, so ist doch sicher, daß auch dieser Fall dazu neigt, immer mehr die Bedeutung des vorderen Drittels des Balkens in bezug auf die (besonders motorische) Sprachfunktion zu beweisen.

Aus dem bisher Gesagten geht auch hervor, daß die Leitungsrichtung der Reize, die zur eupraktischen Ausübung der Bewegungen dienen, im mittleren Drittel des Balkens nach Liepmann vorwiegend von links nach rechts bei den Rechtshändern (und entgegengesetzt bei den Linkshändern) stattfindet. Das Vorherrschen der Balkenfasernleitungen in einer gegebenen Richtung findet sich auch im hinteren Balkenteile (Splenium). Doch hier herrschen die Leitungserscheinungen in einer Richtung von links nach rechts vor.

Vierzehntes Kapitel.

Schlußfolgerungen.

Die neueren auf den vorhergegangenen Seiten angeführten Beobachtungen liefern den Nachweis, daß die Entwicklung der großen Kommissur des Neopalliums sich in der Reihe der Säugetiere von den Marsupialen bis zu den Affen und von diesen bis zu den Menschen entfaltet. In der Phylogenese erscheint also die Entwicklung des Balkens als von der des Neopalliums abhängig. Wie das Neopallium (die Belegplatte, die sich in der zerebralen Hemisphärenrinde parallel der Gehirnentwicklung ausbildet) nach dem Archipallium (das dorsomediale Mantelstück, welches die älteste Palliumrinde trägt) auftritt, so entwickelt sich der Balken, die Kommissur des Neopalliums, nachdem in der Tierreihe die Commissura hippocampi (Psalterium, Archipalliumkommissur) und die Commissura anterior (Kommissur des Hyposphäriums = direkte Endung der Riechnerven und des Striatums) schon erschienen war. Die Geschichte der Phylogenese dieser Kommissuren erinnert an die Rückbildung einiger Organe und an die Entwicklung anderer, welche die neuen Fasersysteme zu assoziieren bestimmt sind. Kein Gebilde des menschlichen Gehirns schließt in sich so bedeutsame Vertreter zweier Funktionsgruppen, von denen eine in Rückbildung, eine andere auf dem Wege der Ausbildung begriffen ein. Die erste Funktion ist von niederer Dignität und ihre Involution datiert von jenem Zeitabschnitte her, in welchem der Pithecanthropus erectus die Vierfüßlerstellung verlassend, die ihm den Geruch erschwerende des Zweifüßler annahm. In der Tat stellen auf dem Balken die Striae Lancisii, die Fasciola cinerea, das Psalterium eine alte Anlage eines Organs dar, welches in der Phylogenese für den Geruch bestimmt war. Hingegen sehen wir eine immer zunehmende Entwicklung bis zu den Affen, und besonders bis zu den Menschen der für die Eupraxie überhaupt der oberen Extremitäten, für die Integration der Raumwahrnehmungen und zur Ergänzung der beiden Hemisphären anvertrauten Sprachfunktionen bestimmten Balkenteile.

Gewiß beobachtet man beim Vergleich der Art und Weise der Bildung des Hippocampus und der Fascia dentata längs der verschiedenen Entwicklungsstreifen des menschlichen Embryos mit der Phylogenese dieser Gebilde nicht alle fortschreitenden Stadien, welche uns die Reihe der Cranioten bietet. Wir können jedoch eine Art abgekürzten Verfahrens anerkennen, in dem nur einige der phylogenetischen Hauptstufen fortbestehen: die Bildung der Fiss. hippocampi und die Verdünnung der Fascia dentata. Alles dies deutet klar auf eine unzweifelhafte Verbindung zwischen der Entwicklung der Geistesfunktionen und der des Balkens hin. In Wahrheit hatte schon Marshall hervorgehoben, daß die Entwicklung des Balkens im Verhältnisse mit der des Großhirns steht und daß sie beim Menschen zweimal so groß als beim Schimpansen ist. Er nahm an, daß die verhältnismäßig so bedeutende Zunahme beim Menschen zum größen Teile auf den Sprachschatz und die Entwicklung der psychischen Fähigkeiten zurückzuführen sei. Und in der Tat ist es gerade beim Menschen, daß man parallel mit der Ausbildung der Stirn- und Hinterhauptwindungen in bedeutender Proportion auch den Balken sich entwickeln sieht. Außerdem hat Spitzka gefunden, daß die Arealausdehnung und die Länge

des Balkens von dem anthropomorphen Affen zum Neger, von diesem zu
den weißen Völkern und bei letzterem von den wenig begabten zu den
hochintelligenten Personen zunehmen. Als Stütze dieser Theorie fand dieser
Autor bei der Untersuchung des Balkens einiger Männer von großer Fähigkeit
im Denken und Tun, der anderer Männer von gewöhnlicher Intelligenz,
daß erstere einen stärkeren Balken als die letzteren besitzen: der Balken des
Morphologen Leydig's übertraf an Oberfläche in den sagittalen Schnitten
alle anderen Menschen mittelmäßiger Intelligenz derselben Serie. Hier haben
wir, in neurologischen Ausdrücken, einen anderen Hinweis auf die Art und
Weise, das Gehirn eines talentvollen Mannes von dem einer vom intellektuellen
Standpunkt aus gewöhnlich begabten Person zu unterscheiden.

Ein kurzer Überblick auf die psychischen Funktionen, denen die Balkenfasern vorstehen, wird uns noch besser diesen Begriff erklären. Wer in der
Tat die Handlungen der selbst dressierten Affen beobachtet und mit denen
des Menschen vergleicht, findet sogleich, daß zwischen den einen und
den anderen ein ausgeprägter Unterschied in der Natur derselben liegt.
Meistens sind die komplizierten Handlungen, welche der Affe mit beiden Händen
auszuführen imstande ist, im allgemeinen Nachahmungen; diese Handlungen
erinnern vollständig an das Ausstoßen der Worte der Papageien. Was aber
von größerer Bedeutung ist, ist, daß die nicht nachgeahmten spontanen Handlungen, die den Affen gelingen, primitive Äußerungen des Greifens und des
Zurückstoßens darstellen, die sich nur wenig von den präformierten spinalen
motorischen Mechanismen unterscheiden. Die Handlungen, deren Ausführung
bisweilen den abgerichteten Affen gelingt, überschreiten, wie Edinger mit
Recht hervorhebt, nicht die von menschlichen Idioten ausgeführten. Ein
Affe (Schimpanse) hatte z. B. gelernt, die Zigarre mit einem Streichholze anzuzünden; als eines Tages der Wind das Streichholz ausgelöscht hatte, nahm
er ein Stück schon verkohlten (nicht angezündeten) Holzes und suchte so die
ausgegangene Zigarre anzuzünden. Die Fähigkeit, mittels grober, motorischer,
bereits erworbener Mechanismen die Handlungen zu vervollkommnen und zu
modifizieren, dieselben neuen Verhältnissen anzupassen und neue zu schaffen,
geht den Affen vollständig ab. In den Handlungen eines intelligenten Menschen
finden wir hingegen zwei Grundattribute. Das eine besteht darin, daß dieselben
ausgeführt werden können, unabhängig von der Nachahmung (den Sinnen)
und infolge eines wahren abstrakten Begriffsprozesses. Das andere darin, daß,
obwohl in der Ausführung selbst der schwersten der Handlungen, der Löwen-
anteil stets auf die linke Hemisphäre und folglich auf die rechte Hand fällt,
die gleichzeitige Beteiligung der rechten Hemisphäre und folglich der linken
Hand nicht nur zur Vollziehung der Handlung, sondern auch zur Vervollständi-
gung derselben notwendig ist. Wir haben gesehen, daß die apraktischen
Störungen der linken Hand als die Folge einer Unterbrechung der Balken
fasern auftreten, welche von der linken Hemisphäre zu jener der rechten
Seite ziehen; daher die Schlußfolgerung, daß die Unversehrtheit des Balkens
eine notwendige Bedingung ist, damit der größte Teil der Harmonie der kinetischen Kette der Handlungen dem Begriffe nach erhalten bleibe und nicht
nur rechts, sondern auch links und gleichzeitig auf beiden Seiten. Hängt nun
aber die rechte Großhirnhemisphäre für eine jede Reihe von Handlungen von
der linken ab, so ist es auch wahr, daß, wie gesagt, durch das Mitarbeiten der

Rindenapparate der rechten Hemisphäre die kinetische Melodie sich auch in der linken Hand besser und schneller entfaltet, und tatsächlich ist der größte Teil der Handlungen, welche der Mensch ausführen muß, unmöglich, oder gelingt unvollständig ohne die Beteiligung beider Hände. Das eupraxische Spielen einiger Instrumente mittels beider Hände, aber in asymetrischer Weise, wäre unmöglich ohne der konstanten Mitwirkung der trabealen Fasern.

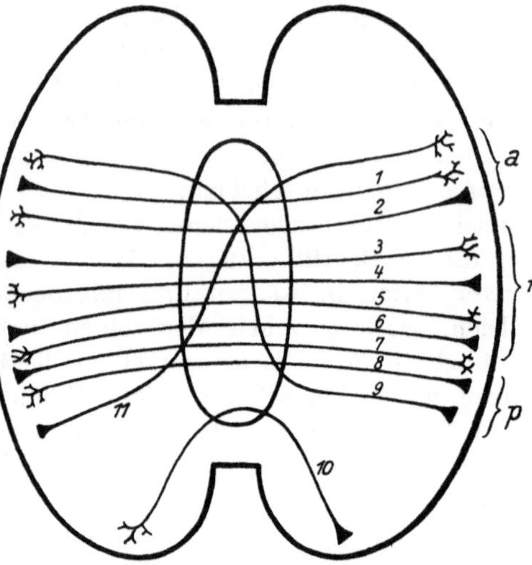

Ein anderer Teil der Fasern der mittleren Balkenzone vereinigt auch die Windungen und die Wülste des postrolandischen (inklusiv des parietalen) Gebietes einer Seite mit dem prärolandischen der anderen, so die kortikalen Eindrücke der oberflächlichen Sensibilität zum kontrolateralen Motorium zu bringen und dient auch um die Eindrücke, die die Qualität, Natur, Eigentümlichkeiten der Körper (Stereognose) und die zum Erwecken der Vorstellungen der Bewegungsmessung geeigneten Empfindungen abzuschätzen; endlich auch zur Entfaltung und Ausbildung von Handlungen, welche einen intellektuellen Inhalt besitzen. Künstler (z. B. Bildhauer und Musiker) benötigen einer Assoziation zwischen den (besonders links lokalisierten) bathyästhetischen und stereognostischen Bildern und den Seh- und Gehörvorstellungen, die in beiden Hemisphären ihren Sitz haben. Da ein Teil des Schläfenlappens für die Gehörfunktion und die fast gesamte Hinterhauptszone für die Sehfunktion bestimmt sind, begreift man die Ursache der Entwicklung des hinteren Drittels des Balkens, das Splenium einbegriffen, welches, wie ich bereits erwähnte, zur Vereinigung der seh- und der gehörkortikalen Foci bestimmt ist, die in der Entwicklung des geistigen Lebens den Hauptfaktor darstellen.

Endlich haben wir gesehen, wie im vorderen Drittel des Balkens Fasern verlaufen, die dazu bestimmt sind, nicht bloß die Gesichtsmuskulatur zu versorgen, sondern auch die rechte motorische Sprachzone mit der linken zu ver-

Abb. 84. Schema des Ursprungs und des Schicksals der Balkenfasern in den verschiedenen Rindenzonen.

1, 2 = Fasern, welche die rechte und die linke Broca'sche Zone (für die motorsche Sprache) längs des vorderen Balkendrittels untereinander verbinden; 3 = zur Eupraxie bestimmte Fasern; 4, 5 = für die Eutaxie der Bewegungen der Glieder bestimmte Markfasern; 6 = für die Stereognose, und zwar für die Hirnscheitelzone bestimmte Markfasern; 7, 8 = zur Verbindung der rechten und linken kortikalen Hörgebiete untereinander bestimmte Fasern; 9 = Fasern, die von der rechten sensorischen Aphasiezone durch den Balken hindurch zur (linken) Broca-schen Zone ziehen; 10 = Fasern, die von der rechten Sphäre der optischen Wahrnehmungs- zur linken Vorstellungssphäre ziehen; 11 = Fasern, die von der linken sensorischen Aphasiezone durch den Balken hindurch zur (rechten) Broca'schen Zone ziehen; a = Pars anterior (verbalis et praxica); M = Pars media (praxica); p = Pars posterior (sensorialis) trabeos.

binden; wie auch wahrscheinlich aus der rechten Zone der sensorischen Aphasie kommende Fasern hier durchziehen, um sich mit dem linken ausgedehnten Broca-schen Gebiete zu vereinigen. Barakoff hat neuerdings verschiedene Fälle von Balkengeschwülsten zusammengestellt, aus denen man folgert, daß die motorische Aphasie auch dem symptomatischen Komplexe der Balkenverletzungen angehört. Die Entwicklung der entsprechenden Zonen des Balkens beim Menschen erscheint also als eine Folge der Evolution der höchsten psychischen Funktionen. Er führt zur linken Großhirnhemisphäre die höchsten sensitiv-sensorischen, von der rechten Hemisphäre gesammelten Eindrücke und umgekehrt, wie auch zur motorischen Zone dieser letzteren, die vom linken Großhirn erteilten Befehle. Erhält die linke Hemisphäre nicht mehr in korrekter Weise das Substratum der höchsten sensorischen Bilder, welche die rechte Hemisphäre ihr liefern muß, so entsteht hieraus ein unrichtiges Verhältnis der sensorialen Eindrücke. Wenn die linke Hemisphäre, aus welcher sich die Bilder der korrekten Reihenfolge der Handlungen entwickeln, durch den Balken hindurch dem rechten Hirne dieselben nicht zuführen kann, so bildet sich eine linke und bisweilen eine bilaterale Apraxie, ebenso erleiden die sogenannten sprachmotorischen Bilder eine Verspätung in ihren Ejektionen, falls die Hifsbahnen des vorderen Balkendrittels der motorischen Sprachfunktionen durch eine, sich vor der linken Regio praelenticularis äußernde Läsion ausfallen.

Fassen wir das bisher Gesagte zusammen, so können wir folgende Behauptungen aufstellen: Im vorderen Drittel des Balkens (Portio verbalis et praxica) verlaufen Fasern, welche überhaupt die Gebiete (rechts und links) der motorischen Aphasie verbinden und zur Ergänzung der Sprachfunktion beitragen. Das mittlere (Portio praxica, $\varkappa\alpha\tau'\varepsilon\xi o\chi\acute{\eta}\nu$) und teilweise das vordere Drittel enthalten Fasern, die dazu bestimmt sind, die Taxie und Eupraxie der zur guten und vollständigen Ausführung einer Handlung notwendigen Gliederbewegungen aufrecht zu erhalten. Die im hinteren Drittel (Portio sensoria'is) verlaufenden Fasern verstärken durch die Vereinigung der Seh- und Gehörzone die Brauchbarkeit des Materials der betreffenden Eindrücke für die entsprechenden Engramme und dienen auch um die Wortlautsphären untereinander und die linke mit der rechten Broca'schen Zone zu verbinden.

In anderen Worten, sie tragen zur besseren Fixierung der höheren Perzepte, zur eupraktischen und eutaktischen Ausführung der Mimik und der Handlungen, zur Beschleunigung des Sprachmechanismus bei. Das ist die dreifache Funktion, zu welcher die Balkenkommissur beim Menschen bestimmt ist. Onto- und phylogenetisch ist der Balken der Ausdruck der Entwicklung des stärksten unter den Kommissurensystemen — in sensu strictiori — und den Assoziationssystemen — in sensu lato —. Derselbe hat einen niedrigen Sinn (den Geruch) ersetzt, der, Verteidigungs- und Schutzorgan vieler Arten von Säugetieren, beim Menschen einen großen Teil seiner Bedeutung verloren hat. Außer Zweifel ist die Bildung des Balkens die wichtigste der Großhirnhemisphärenkommissuren, eine unbedingte Voraussetzung für die normale Fixation der für die höheren psychischen Funktionen der Gattungen und des Individuums so nötigen Engramme. Der Satz Paget's, der den Balken das Organ der höchsten geistigen Funktion nennt, erhält durch die vorliegende Arbeit innerhalb gewisser Grenzen die beste Bestätigung.

13*

Literatur.

(Alphabetisch nach Autorennamen geordnet.)

Zweites Kapitel.

Makro- und mikroskopische Anatomie des Balkens.

Archambault, Contribution à l'anat. et la pathog. de la soi disant agénésie du corps calleux. Nouvelle Icon. de la Salpetrière Dic. 1910.

Anton und Zingerle, Bau, Leistungen und Erkrankung des menschlichen Stirnhirns. Festschrift der Grazer Universität für 1901.

Beevor, On the Course of the Fibres of the Cingulum etc. Phil. Trans. R. Soc. London. 182, 135. 1892.

Bianchi e D'Abundo, Le degeneraz. sperim. etc. La Psichiatria. 1886.

Bechterew, Die Leitungsbahnen im Gehirn und Rückenmark. Leipzig, Georgi 1895.

Bianchi, L., Zentralbl. f. Nervenheilk. 1896. Nr. 19. 326.

Bischoff, Jahrb. f. Psychiatrie 1901. Nr. 9. 81.

Blumenau, Z. Entwickl. u. fein. Anat. der Hirnbalken. Arch. f. mikr. Anat. 37, 1—15. 1891. Taf. 1.

S. Ramon y Cajal, Textura del sistema nervoso s. II. 845 ff.

Dejerine, J., Anat. des centres nerveux. 2, 338 ff., 760 ff., 787 ff.

De Vries, J., De cellulaire bouw der grootehersenschons van des muis etc. Inaug.-Diss. Groningen 1911.

Dotto e Pusateri, Sul decorso delle fibre del corpo calloso e delle psalterium. Riv. di patol. nerv. 2, 64. 1897.

Edinger, Vorlesungen über den Bau etc. Leipzig, Vogel 1911.

Flechsig, Neurol. Zentralbl. 1896.

Foerg, Die Bedeutung des Balkens. 1855.

Forel, In Guddens Gesammelte Hirnanatom. Abhandl. München 1887. 233.

Flatau und Jacobsohn, Handbuch der vergl. Anatomie der Säugetiere. Berlin 1899.

Giacomini, Fascia dent del grande ippoc. Giorn. d. R. Accad. di med. di Torino. Fasc. 11—12. 1883.

Goldstein, Beiträge zur Entwicklung des menschlichen Gehirns. Anat. Anz. 23, 72. 1902, 1903.

Gudden, B. v., Arch. f. Psych. 2.

Hamilton, On the C. call. in the Embryo. Brain. VIII. London 1886.

Henle, Nervenlehre. 316. Fig. 218.

Henschen, Klinische und anatomische Beiträge zur Pathologie des Gehirns. Upsala. 4, 1903 u. 1911.

Hoche, Anat. patologica del sist. nervoso. Übersetzung des Handbuchs von Flatau und Jacobson. Union Tip. Tor. 1909.

Jastrowitch, Arch. f. Psych. 3, 1871.

Kattwinkel, Untersuchungen über das Verhalten. Dtsch. Arch. f. klin. Med. 71.

Klieneberger, Ein Fall von Balkenmangel bei juveniler Paralyse. Allg. Zeitschr. f. Psych. 67, 1910.

Kölliker, Handbuch der Gewebelehre des Menschen. Leipzig 1889—1902. 6. Aufl.

Kotzowsky, Contribution à l'étude de l'absence du Corps call. dans les cerveaux de l'homme. R. Neur. 1912. 397.

Levy-Valensi, Le corps calleux. Thèse de Paris. 1910.

Monakow, Großhirnpathologie. II. Aufl. Wiesbaden 1907.

Mott, Schuster and Sherrington, Motor. Local. in the Brain of the Gibbon. Brain. 5, 415. 1911.

Muratow, Sekundäre Degenerationen etc. Arch. f. Anat. Leipzig 1893.

Nießl von Mayendorff, Das Rindenzentrum der optischen Wortbilder. Arch. f. Psych. 43, 633. 1908.

— Über den Fascicul. corp. call. cruciatus. Monatsschr. f. Psych. 36, 1914.

— Beitr. z. Kenntnis etc. Deutsche Zeitschr. f. Nervenheilk. 53. 1915.

Obersteiner, Anleitung beim Studium des Baues der nervösen Zentralorgane etc. Deuticke, Wien 1912.
— und Redlich, Zur Kenntnis des Stratum (Fasc.) subcallosum etc. Arb. a. d. Neurol. Inst. VIII. 286.
Probst, Weitere Untersuchungen über die Großhirnfaserung etc. Sitzungsber. der K. Akad. d. Wiss. 114, 1905. Abt. III. 173.
Richter, Arch. f. Psych. 32, 1899.
Römer, Beiträge zur Auffassung etc. Inaug.-Diss. Marburg 1900.
Sachs, Bau und Tätigkeit des Großhirns. 1893. 7.
Schnopfhagen, Die Entstehung der Windungen des Großhirns etc. Jahrb. f. Psych. 9, 197. 1899/90.
— Balkenfasern. Neurol. Zentralbl. 1103. 1909.
Schröder, Monatsschr. f. Psych. 14, Jan. 1901.
Smith, E., The fornix superior. Journ. of Anat. and Phys. 31, 1897.
— The relation of the fornix etc. Ibidem 32, 1898.
Ugolotti, Contribuzione allo studio etc. Riv. sper. di Fren. 27, 1901.
— Sulle vie piramid. dell'uomo. Riv. sper. di Fren. 32, 1906.
Valentin, Neurologie. Zitiert bei Henle.
v. Valkenburg, Zur Anatomie der Projektions- und Balkenstrahlung etc. Monatsschr. f. Psych. 24, 320. 1908.
— Experim. and pathologic. anatomical res. on the callosum. Brain, Nov. 1913.
— Contribution à l'étude de la substance blanche etc. Psychiatr. en Neurol. Bl. 15, 374. 1911.
— The Origin of the fibres of the Corpus callosum and the Psalterium. Roy. Acad. of Sc. Amsterdam 1911.
Villaverde, Beiträge zur Entwicklungsgeschichte etc. Arch. Suisses de Neurol. IV.
Vogt, Neurol. Zentralbl. 1895. Nr. 5.
Weber, Fasersysteme in den mittleren und kaudalen Balkenschnitten.
Zuckerkandl, Zur Entwicklung des Balkens. Arb. a. d. Obersteiner-Inst. 17.
— Zur Anatomie etc. des Indus. griseum. Arb. a. d. Obersteiner-Inst. 15.
— Beitrag zur Anatomie der Riechstr. von Dasypus villosus. Arb. a. d. Neurol. Inst. an der Wiener Univ. IX. H. 1902.

Drittes Kapitel.

Onto- und philogenetische Balkenentwicklung.

Arnebaeck, Christie, Linde, Zur Anatomie des Gehirns niederer Säugetiere. Anat. Anz. 18, 1900.
Blumenau, Zur Entwicklungsgeschichte und feineren Anatomie der Hirnbalken. Arch. f. mikr. Anat. 87, 1890.
Dorello, Sopra lo sviluppo dei solchi e delle circonvol. nel cervello del maiale. Ricerche Lab. Anat. norm. della R. Univers. di Roma, ecc. 8, Fasc. 3 e 5. 1901.
Dotto e Pusateri, Sul decorso delle fibre del corpo calloso e dello psalterium. Pisani, Palermo. Anno 18º. 1897.
Duval, Le corne d'Ammon (Morphologie et embryologie). Arch. de Neurol. 1881—1882.
Edinger, Untersuchungen über die vergleichende Anatomie des Gehirns. Abh. Senckenberg. Ges. Frankfurt. 19, 1896.
Giacomini, Fascia dentata del grande ippocampo nel cervello umano. Giorn. R. Accad. Torino. 1883.
Haller, Vom Bau des Wirbeltiergehirns. Morph. Jahrb. 28, 1900.
His, Entwicklung des menschlichen Gehirns etc. Leipzig 1904.
Hill, The Fasciola cinerea, its relations to the dentata and to the Nerves of Lancisi. Proc. R. Soc. London. 58, 1895.
Hochstetter, Beitr. z. Entwicklungsgesch. d. menschl. Gehirns. Deuticke, Wien 1919.
Kölliker, Über den Fornix longus von Forel etc. Verhandl. d. Anat. Gesellsch. 1894.
— Über den Fornix longus sive sup. des Menschen. Vierteljahrsschr. d. Naturf.-Gesellsch.
Langelaan, Development of the Large Commiss. in the Human Brain. 31, 221. 1908.
Martin, P., Zur Entwicklung des Gehirnbalkens bei der Katze. Anat. Anz. 9.

Martin, P., Bogenfurche und Balkenentwicklung bei der Katze. Jen. Zeitschr. f. Naturw. **29**.
Marchand, Über die Entwicklung des Balkens im menschlichen Gehirn. Arch. f. mikr.
    Anat. **37**, 1891.
— Über die normale Entwicklung und den Mangel des Balkens etc. Abhandl. d. Kgl.
    Sächs. Gesellsch. d. Wissensch. **31**, 370. 1909.
Marshall, Natural.-hist. Review. **100**, 296.
Mingazzini, G., Osservazioni anatomiche intorno al corpo calloso etc. Ricerche Lab.
    Anat. Roma. **6**, 1897.
Osborn, The origin of the C. callosum. I—II. Morph. Jahrb. **12**, 1887.
Prenant, Eléments d'embryologie de l'homme et des vertébrés. **2**, 1896.
Retzius, Das Menschenhirn. 1896.
Smith, The „Fornix superior". Journ. of Anat. and. Phys. London. **31**, 1896.
— The Origin of the Callosum etc. Trans. Linn. Soc. London. **7**, 1897.
— The Morphology of te Indusium and Striae Lancisi. Anat. Anz. **13**, 1897.
Sterzi, Anat. d. sist. nerv. centr. dell'uomo. **1**, Draghia 1914.
Villaverde, Beiträge zur Entwicklungsgeschichte des Balkens. Arch. Suisses de Neurol.
    4, 1919.
Waldeyer, Hirnwindungen. Ergebn. d. Anat. **6**, 1896.
— Hirnfurchen und Hirnwindungen. Ibid. **8**, 1898.
Zuckerkandl, E., Über das Riechzentrum. Stuttgart 1887.
— Über die Entwicklung des Balkens und des Gewölbes. Zentralbl. f. Phys. **14**, 1900.
— Beiträge zur Anatomie des Riechzentrums. Sitzg. Akad. Wien. **109**, 1900.
— Zur Entwicklung des Balkens und des Gewölbes. Sitzungsber. d. Akad. d. Wiss. Wien
    math.-nat. Kl. **110**, 1901.
— Beiträge zur Anatomie der Riechstrahlung von Dasyp. vill. Arbeiten a. d. Neurol.
    Inst. a. d. Wiener Univers. **9**. H. 1902.
— Entwicklung des Balkens. Arbeiten a. d. Neurol. Inst. a. d. Wiener Univers. **17**, 373.
    1909.

Viertes Kapitel.

Agenesie des Balkens.

Anton, Zur Anatomie des Balkenmangels im Großhirn. Zeitschr. f. Heilk. **7**, 53. 1883.
— Störungen des Oberflächenwachstums im menschlichen Großhirn. Prager Zeitschr. f.
    ration. Heilk. 1896.
— Hydrocephalien, Entwicklungsstörungen des Gehirns. Handb. d. path. Anat. des
    Zentralnervensystems, Flatau, Jacobson u. Minor. Berlin 1904. 417.
— Die Bedeutung des Balkenmangels für das Großhirn. W. K. W. Nr. 95. 1631. 1896.
    Zit. in Arndt und Sklarek.
Archambault, Contribution etc. à l'Agenesie du corps calleux. Nouv. Icongr. de la
    Salp. 1910.
Arndt und Sklarek, Über Balkenmangel im menschlichen Gehirn. Arch. f. Psych. **37**,
    736. 1903.
Banchi, Studio anat. di un cervello senza corpo calloso. Arch. ital. di Embriologia. **3**,
    658. Firenze 1904.
Bianchi, Storia del mostro di due corpi etc. Torino. Zit. nach Sander.
Birch-Hirschfeld, Über einen Fall von Hirndefekt etc. Inaug.-Diss. 1867.
Blumenau, Zur Entwicklungsgeschichte und feineren Anatomie des Hirnbalkens. Arch.
    f. mikr. Anat. **37**, 1. 1901.
Bruce, On a Case of Abscence of the Corpus callosum. Proc. of the R. Soc. of Edinbourgh.
    15, 320—341. Reports from the labor. of the R. Coll. of Physic. Edinbourgh 1888
    bis 1889.
Calori, Intorno a tre cervelli anomali. Memorie dell' Acc. delle Scienze l'Ist. di Bologna.
    Serie III. **4**, 1873.
Chatto, Lond. Med. Gaz. I, 1845. Zit. nach Sander.
Christie, A case in which the corpus callosum etc. Proc. of the R. Med. Soc. London.
    1868. 681. The Lancet. **1**, 1868. Ref. da Bruce.
Dejerine, Anat. des centres nerv. Paris 1895. 758—765.

Deny, Note sur un cas d'imbecillité etc. Nouvelle icon. de la Salp. 1, Nr. 3. 100. Maggio e Giugno 1888.

Dotto e Pusateri, Sul decorso delle fibre del corpo calloso etc. Riv. di Patol. nervosa. 2.

Dubreuil, Bec de lièvre double, separation complète etc.. Gazz. med. de Paris 1835.

Dunn, A case of compl. prim. absence etc. Guys Hosp. Reports. 31, 117. 1890. Zit. da Arndt e Sklarek.

Ecker, 52. Versamml. Deutsch. Naturf. u. Ärzte 1879. Zit. da Arndt e Sklarek.

Eichler, Ein Fall von Balkenmangel im menschlichen Großhirn. Neurol. Zentralbl. 1896. 2.

Flechsig, Weitere Mitteilungen über den Stabkranz des menschlichen Großhirns. Neurol. Zentralbl. 1896. 2.

Foerg, Die Bedeutung des Balkens im menschlichen Gehirn. München 1855.

Forel, Fall von Mangel des Balkens. Tagebl. 54. Versamml. der deutsch. Naturf. Salzburg. Sept. 1881. Zit. bei Onufrowicz.

Gaddi, Cranio ed encefalo di un idiota. Modena 1867. Ref. in Lussana e Lemoigne. Fisiol. dei centri nervosi. 1, 206. Padova 1871.

Gaußer, W. Zeitschr. 11, 5. Juni 1845. Zit. in Bruce and Onufrowicz.

Giacomini, G., Varietà delle circonvoluzioni cerebrali dell' uomo. Torino 1882.

Goldberg, Inaug.-Diss. Königsberg 1905.

Hadlich, Über die bei gewissen Schädeldeformitäten etc. Arch. f. Psych. 10, 1880.

Hagen, Allgem. Zeitschr. f. Psych. 29, 688. 1872. Wieder veröffentlicht von Mangelsdorff. Zit. Arndt u. Sklarek.

Hitzig, Über Atrophie des Balkens. Ziemssens Handb. 11, 2.

Hochhaus, Über Balkenmangel im menschlichen Gehirn. Deutsche Zeitschr. f. Nervenheilk. 4, 79. 1893.

Hochstetter, Über die Nichtexistentz ec. Verhandl. d. Anat. Gesellsch. April 1904. Anat. Anz. 1904.

Huppert, Ein Fall von Balkenmangel bei einem epileptischen Idioten. Arch. f. Heilk. 1871. 243.

Jelgersma, Das Gehirn ohne Balken. Neurol. Zentralbl. 1890. Nr. 6.

— Das Gehirn ohne Balken. Beitrag zur Windungstheorie. Neurol. Zentralbl. 9, 1890.

Jolly, Ein Fall von mangelhafter Entwicklung etc. Zeitschr. f. ration. Med. 36, Heft 1. 1869. Jahresber. f. Allg. Med. 1, 153. 1869. Ref. in Onufrowicz u. Bruce.

Kaufmann, Über Balkenmangel etc. Arch. f. Psych. 18, 19, 1887—1888.

Klob, Farbenblindheit bei Mangel etc. Jahresber. f. Kinderheilk. 3, 201. Wien 1859—1860. Zit. in Deny.

Knox, Description of a case of defective corpus callosum. Glasgow Med. Journ. 1874.

Kollmann, Die Entwicklung der Adergeflechte. Leipzig 1861. 20. Ref. bei Arndt u. Sklarek.

Kossowitsch, Barbara, Untersuchungen über den Bau des Rückenmarks eines Mikrocephalen. Virch. Arch. 128, 497. 1892.

Kozowsky, Zur Frage über den Balkenmangel etc. Anat. Anz. 36, 1910. 9. Juni.

Langdon - Down, Case in which the corpus callosum etc. Proc. R. Med. Soc. London 1861. 404. Med. chir. trans. 49, 219. 1861. The Lancet 2, 11. 1861.

— Med. Chir. Transact. 49, 195. 1866. Journ. of mental science. April 1867. Ref. Lancet. 2, Nr. 8. 1866.

Landsberger, Über Balkenmangel. Zeitschr. d. ges. Neurol. 11, 515. 1912.

Leonowa, Über das Verhalten der Neuroblasten des Okzipitallappens etc. Arch. f. Anat. 1893. Anat. Abt. 308.

Levy-Valensi, Le corps calleux. Thèse de Paris 1910.

Mac Laren, Edinbourgh Med. Journ. 1879. Ref. bei Bruce.

Molinverni, Cervello d'uomo mancante di corpo calloso etc. Torino 1874. Ein Exemplar in Bibl. Naz. Florenz. Ref. in Giorn. dell' Acc. di Med. di Torino 1874.

Mangelsdorff, Beitrag zur Kasuistik der Balkendefekte. Diss. Erlangen 1880.

— Beitrag zur Kasuistik der Balkendefekte. Inaug.-Diss. Erlangen 1880. Zit. bei Arndt u. Sklarek.

Marchand, Beschreibung dreier Mikrocephalengehirne etc. Nova acta der K. Leop. Carol. Akad. d. Naturforscher Halle. 53, 3. 1889.

Marchand, Über die Entwicklung des Balkens etc. Arch. f. mikr. Anat. **37**, 227. 1891.
— Über Mangel des Balkens im menschlichen Gehirn. Berl. klin. Wochenschr. **36**, 182. 1899.
Mierzejewsky, Ein Fall von Mikrocephalie. Zeitschr. f. Psych. **4**, 1874. Zit. bei Arndt u. Sklarek. Ebenso in Revue d'Antropologie 1876.
Mihalcovics, Entwicklungsgeschichte des Gehirns. Leipzig 1877.
Mingazzini, Sopra un encefalo con arresto di sviluppo etc. Interat. Monatsschr. f. Anat. **7**, 171. 1890.
— Osservazioni anatomiche etc. (l. c.) Ricerche del lab. di Anat. della R. Univ. di Roma. **6**, Fasc. I. 1897.
Mirto, Sopra un cervello umano etc. Il Pisani. **22**, Fasc. 3. 1901.
Mitchel, Description of the dissection etc. Med. chir. trans. London. **31**, 239. 1848. Zit. bei Sander u. Bruce.
Monakow, Über die Mißbildungen des Zentralnervensystems. Ergebn. d. Pathol. **6**, 513 ff. 1899.
Nägeli, Über eine mit Zyklopie verbundene Mißbildung etc. Arch. f. Entw.-Mechanik. 1897. 1.
Nißl, Zur Lehre der Lokalisation in der Großhirnrinde des Kaninchens. Heidelberg 1911.
Nießl v. Mayendorf, Beitrag zur Kenntnis etc. Deutsche Zeitschr. f. Nervenheilk. **53**, 1915.
Nobiling, Bildungsfehler des Gehirnbalkens. Bayr. ärztl. Intelligenzbl. 1869. Nr. 24.
Onufrowicz, Das balkenlose Mikrocephalengehirn Hofmann. Arch. f. Psych. **18**, 305. 1887.
Paget, Case in with the corpus callosum etc. Med. chir. trans. **29**, 55. 1846. Ref. in Lancet. März 1846. Jahresber. f. Allg. Med. **4**, 11. 1846. Mit Abbildungen von Bruce.
Palmerini, Imbecillità, atrofia cerebrale etc. Archivio ital. per le mal. nerv. 1872—1873. 263. Ref. Negli Ann. di Med. 1873.
Poterin - Dumontel, Absence congenitale etc. Mem. de la Soc. de Biol. Serie 3. **4**, 94. 1862. Anche in Gaz. Méd. de Paris 1863. Nr. 2.
Probst, Über den Bau des vollständig balkenlosen Großhirns etc. Arch. f. Psych. **34**, Heft 3.
— Zur Lehre von der Mikrocephalie. Arch. f. Psych. **38**, 47. 1904.
Ramon y Cajal, S., Extructura del septum lucidum. Trabajos del labor. de investig. de la Univ. de Madrid. **1**, 1901—1902.
Randaccio, D'un encefalo anomalo etc. Palermo 1874. Erhalten im Bibl. Naz. von Florenz.
Reil, Arch. f. Physiol. V. 341. Zit. nach Sander.
Richter, Über die Windungen des menschlichen Gehirns. Virchows Arch. **106**, 1886.
Rietz, Beiträge zur Kritik der balkenlosen Gehirne. Inaug.-Diss. Berlin 1894. Zit. nach Arndt und Sklarek.
Rokitansky, Ärztl. Ber. der Wiener Irrenanstalt pro 1853. Wien 1858. Zit. nach Sander u. Onufrowicz.
Rossi, Il cervello di un idiota. Ref. Allg. Zeitschr. f. Psych. **48**, 71. 1892.
Sander, Über Balkenmangel im menschlichen Gehirn. Arch. f. Psych. **1**, 218. 1868.
— Beschreibung zweier Mikrozephalengehirne. Ebenda 299.
Schnabel, Die Windungen und Furchen des völlig balkenlosen Gehirns. Inaug.-Diss. Rostock 1914.
Schröder, Das frontookzipitale Assoziationsbündel. Monatsschr. f. Psych. **9**, 81. 1901.
Stöcker, Über Balkenmangel im menschlichen Gehirn. Arch. f. Psych. **1**, 543.
Urquhart, Ein Fall von angeborenem Fehlen des Corpus callosum. Brain 1880. Oktober.
— Case of congenital absence etc. The Brain. **3**, 408. 1880—1881.
Virchow, H., Über ein Gehirn mit Balkenmangel. Sitzungsber. d. Berl. Gesellsch. f. Psych. Neurol. Zentralbl. 1887. 263.
— Ein Fall von angeborenem Hydrocephalus etc. Festschr. f. Kölliker. 1887. Ref. in Zentralbl. f. Nervenheilk. 1887.
Vogt, H., Über Balkenmangel im menschlichen Gehirn. Journ. f. Psych. **5**, 1.
Vogt, O., Über Fasersysteme in den mittleren und kaudalen Balkenabschnitten. Neurol. Zentralbl. 1895. 208, 253.

Ward, Congenitale absence etc. London Med. Gaz. 27 Marzo 1846. Ref. nach Bruce.
Wilder, 10. Jahresversamml. der Amer. Neurol. Soc. zu New-York. Neurol. Zentralbl.
4, 45. 1885.
Winkler, Opera omnia.
Ziehen, Das Zentralnervensystem der Monotremen und Marsupialier. Jena 1897.
Zielgien, Etude d'un cerveau etc. Journ. de l'anat. 27, 613. 1891.
Zingerle, Über die Bedeutung des Balkenmangels etc. Arch. f. Psych. 30, 400. 1898.

Fünftes Kapitel.

Tapetum.

Bechterew, Leitungsbahnen im Gehirn. Leipzig 1894. 171.
Brodmann, Zur zytohistologischen Lokalisation der menschlichen Großhirnrinde. Monats-
schrift f. Psych. 1903. 644 und Journ. f. Psych. 2, 79 u. 133.
— Die Inseltypen. Berl. klin. Wochenschr. 1903. 1198.
Meynert, Psychiatrie. 1884. 41.
Mingazzini, loc. cit. (Im Kapitel über die Agenesie des Balkens.)
Muratow, Sekundäre Degenerationen nach Durchschneidung des Balkens. Neurol. Zen-
tralbl. 1893. 316.
— Sekundäre Degeneration nach Zerstörung der motorischen Sphären des Gehirns etc.
Arch. f. Anat. 1893. Anat. Abt. 99.
Obersteiner und Redlich, Zur Membris des Stratum subcallosum usw. Arbeiten aus
Obersteiners Inst. 8, 286. 1902.
— — Zur Kenntnis des Stratum (fasciculus) subcallosum etc. Arb. a. d. Neurol. Inst.
an der Wiener Univ. Heft 8. 1902.
Reil, Arch. f. Physiol. 9, 1809.
Rhein, An anat. study etc. Contrib. from the Depart. of Neurology f. the years 1911
bis 1912. Philadelphia.
Römer, Beiträge zur Auffassung des Faserverlaufs im Gehirn. Inaug.-Diss. 1900.
Sachs, Das Hemisphärenmark des menschlichen Großhirns. I. Der Hinterhauptlappen. 22.
Sachs, H., Ein Beitrag zur Frage des fronto-okzipitalen Assoziationsbündels. Verein der
deutschen Irrenärzte 1895. Zentralbl. f. Nervenheilk. 6, 30. 1896. Allg. Zeitschr. f.
Psych. 53, 181. 1896.
Starlinger, Beitrag zur pathologischen Anatomie der progressiven Paralyse. M. f. Psych.
7, 1. 1900.
Valkenburg, Over Apraxie. Nederl. Tijdschr. v. Geneesk. 1909. 166.

Sechstes Kapitel.

Der Vergasche Ventrikel.

Anile, A., Il ventricolo del setto lucido etc. Atti d. R. Accad. medico-chir. di Napoli. 1908.
Nr. 1.
Burgonzio, Ref. nach Anile l. c. 1866.
Costanzo, Straordin. anomalia della volta etc. Gazz. med. Lomb. 28 Luglio 1851.
Duncan, Explic. nouvelle et méc. des actions anim. Paris 1678.
Ferrario, Singolarità rinvenuta nel cervello di un uomo. Gazz. med. Lomb. 27 Gennaio
1851.
Foerg, Essai sur les fonctions du corps calleux. Munich 1855.
Gaddi, Cranio ed encefalo di un idiota. Modena 1867.
Gorgone, Corso completo di anatomia descrittiva. Palermo 1845.
Ingami, Manuale anatomico. Ref. in Anile, l. cit.
Kollmann, Lehrbuch der Entwicklungsgeschichte.
Lachi, Un caso di maucanza del setto lucido. Siena 1884.
Polletti, Lion (Ferrara), Gazz. med. Lomb. (Datum unbekannt.) Zit. nach Anile.
Reil, Arch. f. Physiol. 11, 341.
Ripa, Ancora sul ventricolo della Volta. Gazzetta med. ital. Lombardia. 8 Settembre
1851.
Sylving, Opera omnia. Paris, de la Boe. 1671.
Strambio, Tratt. elem. di anat. umana. 2a edizionel. Milano.

Tenchini, Un caso di assenza completa del solo setto lucido. Pavia 1881.
— Del setto ventr. cerebr. Pavia 1886.
Tenchini e Staurenghi, Contributo all' anat. del cervelletto etc. Pavia 1881.
Verga, Gazz. med. lomb. t. II. serie III. 22. VII. 1851. Lett. a Panizza.
— Communicaz. al R. Ist. lombardo di scienze etc. 1851.

Siebentes Kapitel.

Balkenblutungen.

Ascenzi, Una cisti emorragica del Corpo calloso. Riv. di Pat. nerv. Anno XIII. Fasc. 1.
1908.
Erb, Ein Fall von Hämorrhagie in das Corpus callosum. Virch. Arch. **96**, 1884.
Gintrac, Traité théor. et prat. des maladies de l'appareil nerv. Paris 1869.
Hongberg, Hämorrhagie in Corpus callosum. Neurol. Zentralbl. 1894. 227.
Infeld, Ein Fall von Balkenblutung etc. Wiener klin. Wochenschr. 1902.

Achtes Kapitel.

Balkenerweichungen.

Anton, Berl. Gesellsch. f. Psych. 1894.
Bastian, A Treatise on Aphasia. London 1898. 305.
Costantini, F., Rammollim. emorragico bilat. delle radiaz. callose. Riv. di Pat. nerv.
Anno XII. Fasc. 2.
Giannelli, Softening of the genu Corporis callosi. Journ. of Ment. Patol. 8, 1907. Nr. 2.
— Contributo alla sintomatologia delle lesioni del calloso. Bollett. della Soc. Lancis.
Anno 24. Fasc. 1. 1909.
Kauffmann, Totale Erweichung des Balkens etc. Arch. f. Psych. 1888.
Levy-Valensi, Le corps calleux. l. cit. 159.
Marchiafava und Bignami, Cfr. Kap. Degeneration des Balkens.
Marie et Guillaine, Rammollissement du genu du Corps calleux. R. Neurol. 1902.
Milani, Patol. del corpo call. Roma 1914.
Mingazzini und Ciarla, Klinische und pathologisch-anatomische Beiträge zum Studium
der Apraxie. Österr. Jahrb. f. Psych. 1919. Bd. LXL.
Righetti, Atti del III Congr. della Soc. Ital. di Neuropatol. Roma 1911.
Schneider, Über einen Fall von erworbener Balkenerweichung. Inaug.-Diss. Würzburg
1914.

Neuntes Kapitel.

Traumatische Läsionen des Balkens.

Chipault, Traité de Neurol chir. 1900. T. 1.
Forli, Su un caso di rammollimento traumatico del Corpo calloso. Riv. sper. di fren.
33, Fasc. II—III.
Kocher, Nothnagel's Lehrb. der spez. Path. u. Ther.
Richter, Die Balkenstrahlen d. menschl. Gehirns. Fischer, Berlin 1903.

Zehntes Kapitel.

Blutzirkulation des Balkens.

M. Goldstein, Beiträge zur Anatomie und funktionellen Bedeutung etc. Zeitschr. f. d. ges.
Neurol. **26**.

Elftes Kapitel.

Balkengeschwülste (und Balkenstich.)

Agosta, A., Contributo alla diagnosi dei tumori del corpo calloso. Atti del IV Congresso
della Soc. Ital. di Neurol. Firenze 1914.
Agostini, C., Un caso di tumore del corpo calloso. Annali del Manic. prov. di Perugia.
Fasc. 12. 1913.
Albers, Ref. nach Lippmann, l. cit.

Anton, Bericht über 20 Gehirnoperationen. Neurol. Zentralbl. 1909.

Ayala, Contributo allo studio dei tumori del Corpo calloso. Riv. di Patol. nerv. 1915.

Barakoff, Sarcome du corps calleux etc. Soc. clin. de Med. Mentale. 1914.

Beevor, Neurological Society in Brain. 1908. 291.

Berkley, Amer. Journ. of Med. Sciences. 1890.

Blackwood, Case of Glioma of the Corpus callosum. Ref. Neurol. Zentralbl. 1901. 124.

Borda, Sur un cas de tumeur du Corp. callosum etc. R. de la Soc. de Psych. Buenos-Ayres 1915. 19.

Boinet, Trois cas de tumeurs cérébrales. Iconogr. de la Salp. Août 1909.

Bergmann, Deutsche Zeitschr. f. Nervenheilk. 29, 163.

Bramann, Über die Bewertung etc. Neurol. Zentralbl. 1909.

Brissaud, Compt. rendus de la Soc. de Neurol. 17 Avril 1902.

Bristowe, Cases of tumour of the corpus callosum. Brain 1884.

Bruns, Gehirntumoren. Eulenburgs Realenzykl. 8.

— Über Tumoren des Balkens. Berl. klin. Wochenschr. 1886.

— Die Geschwülste des Nervensystems. Berlin 1908. 2. Aufl. Karger.

Bullard, Journ. of Nervous and M. dis. April 1904.

Catola, Kasuistischer Beitrag zur Kenntnis der Balkengeschwülste. Ref. in Neurol. Zentralbl. März 1909.

Clarke, J. M., Tumor of the anterior part of Corpus callosum. Brit. Med. Journ. 1912. Nov. 23.

Claude, H., et Schaeffer, Adiposité et lésions hypophysaires etc. Journ. de Phys. et de Path. génér. Avril 1910.

Claude et Levy-Valensi, Syphilis cerebrales avec lésions multiples, Gommes du corps calleux. L'encéphale. 10 Janv. 1910.

Costantini, Tumore della faccia int. etc. Riv. di Patol. nerv. 1913. 748.

Czylharz, Contribution à l'étude des troubles vesicaux d'origine cerebrale. Wiener klin. Wochenschr. 1902.

D'Allocco, Un caso di glioma cerebrale etc. Riv. clin. e terap. 1889.

De Luzenberger, Tumore del corpo calloso etc. Manic. Moderno 1889.

Devic et Paviot, Tumeurs du corps calleux. Revue de méd. 1897.

— — Jahresber. f. Neurolog. 1897.

Dowse, Rif. nach Lippmann, l. c.

Dressel, Fall von Tumor Corporis callosi. Inaug.-Diss. Kiel 1904.

Fairise et J. Benech, Sarcome interhémisph. etc. Prov. méd. 1913. Nr. 23. 255.

Ferrari, Contributo clinico etc. Atti del IV. Congr. delle Soc. ital. Ital. de Neurol. 1914.

Forster, Arch. f. Psych. 46. Berl. Gesellsch. f. Psych. u. Nervenheilk. 11. Mai 1908.

Francis, Ref. nach Ramson. Brain 1895.

Francis et Starr, Amer. Journ. of the Med. Sciences. 1895.

Genken, Ein Fall von Tumor des Corpus callosum. Inaug.-Diss. Kiel 1911. Neurol. Zentralbl. 1912. 52.

Geßner, Med. Gesellsch. u. Poliklinik. Münch. med. Wochenschr. 1909.

Giannelli, Gli effetti diretti ed indiretti dei neoplasmi encefalici etc. Policlinico. Med. 1897.

Giese, Zur Kasuistik der Balkentumoren. Arch. f. Psych. 23.

Gläser, Tumores cerebri. Berl. klin. Wochenschr. 1883.

Glazow, Ärztl. Sach. Hg. 1908. Nr. 9. Ein Fall von Tumor cerebri in seinen Beziehungen zur Unfallversicherung. Neurol. Zentralbl. 1909. 145.

Greenleß, Amer. Journ. of Insanity 1886.

Hammacher, Zur Symptomatologie und Pathologie der Balkentumoren. Inaug.-Diss. Kiel 1910. Neurol. Zentralbl. 1911. 383.

Handelsmann, Medycyna 1908.

Hunziker, Deutsche Zeitschr. f. Nervenheilk. 1906.

Hartmann, Beiträge zur Apraxielehre. Monatsschr. f. Psych. 1907.

Hauenschild, Gliom des Corpus callosum und des rechten Ventrikels. Münch. med. Wochenschr. 1910. Nr. 10.

Jacobi - Gohlg et Winkel, In Chipault, Chir. Nerv. 1902.

Jacquin et Marchand, Syndrome pseudo-bulbaire. Tumeur du corps calleux. R. Neurol. 1911.

Karpas et Lambert, Tumeurs hétérologues cérébro-spinales multiples etc. Review of Neurol. 1912.

Kenedy, Zit. nach Lippmann, l. cit.

Klebs, Prager Vierteljahrsschr. 1877. **133.**

Kopczynski, Comptes rendus de la Soc. de Neurol. et Psych. de Varsovie. 2. Dez. 1911.

Köster, Virchow-Hirsch Jahresber. 1896. II. 94.

Labbe, Bulletin de la Société anatomique. 23 Oct. 1896.

Ladame, Hirngeschwülste. 1864.

Laignel - Lavastine et Levy-Valensi, Gliome du corps calleux et du lobe par. gauche. R. N. 1914. Nr. 4. L'Encéphale. 1914. 410.

Lantzenberg, Compt. rend. de la Soc. anat. 24 Mars 1893.

Legrain et Fassou, Néoplasme du corps calleux. Bull. de la Soc. clin. de Méd. mentale. Avril 1910. R. Neurol. 1911. 304.

Leichtenstern, Ein Fall von Balkentumor. Deutsche med. Wochenschr. 1887.

Léri et Vurpas, Un cas de tumeur du bourrelet du corps calleux. R. Neurol. 30 Juillet 1914.

Levy-Valensi, Le corps calleux. Thèse de Paris. 1910.

— — Phys. du corps calleux. Presse méd. 1911. 72.

Lippmann, Zur Symptomatologie und Pathologie der Balkentumoren. Arch. f. Psych. **43,** Heft 3.

Ludwig, B., Virchows Arch. 1858.

Mac Guire, Ref. in Brain 8, 576.

Magnus, Wilhelm, Tumor cerebri. Norsk. Mag. f. Laegevidensk. 1904.

Marchiafava, E., Bollett. della Soc. Lancisiana. Roma 1909.

Martin, The Lancet. 10 July 1897.

Meyer, Inaug.-Diss. Leipzig 1903.

Milani, Patologia del corpo calloso. Roma 1914.

Mills, Tumor of the Frontal Subcortex and Callosum etc. Journ. of Nerv. and Ment. dis. Mai 1909.

Mingazzini, G., Tumore del centro ovale e del corpo calloso. Riv. di pat. nerv. 1914.

— Klinische Beiträge zur Kenntnis der Hirntumoren. Monatsschr. f. Psych. **19,** Heft 5.

Muggia, Sopra un tumore dei lobi frontali e del corpo calloso ecc. Riv. ital. di Neurol. e Psich. Giugno 1909.

Newton Pitt, The accurate localisation of intracranial tumours ecc. Neurol. Society. Brain 1898. 291.

Oliver, Univ. Med. Magaz. Ref. in Lancet. 1891. 22 August.

Oppenheim, H., Die Geschwülste des Gehirns. Berlin 1902. 140.

— Zit. nach Foster. Ber. der Berl. Gesellsch. f. Psych. 11 Maggio 1905.

Panegrossi, Contrib. clinico ed anat. patolog. allo studio etc. Il Policlin., Sez. Med. 1908. 206.

Pantoppidan, Ref. Virch.-Hirsch' Jahresber. 1887. II. 129.

Pasturaud, Bull. de la Soc. anatom. 29 Mai 1874.

Pick, Beiträge zur pathologischen Anatomie des Zentralnervensystems. Berlin 1898.

Platers, Ref. nach Lippmann, l. cit.

Pugliese, Contrib. allo studio dei lipomi cerebrospinali. Riv. sper. di Fren. 1895.

Putnam and Williams, On tumours involving the corpus callosum. Ref. Neurol. Zentralbl. 1903. 179.

Ransom, On tumours of the corpus callosum. Brain 1895.

Raymond, Contrib. à l'étude des tumeurs du cerveau etc. Arch. der Neurol. 1893.

Raymond, Lejonne et Lhermitte, Congrès de Neurologie de Lille. Août 1906. L'encéphale. 1906. Nr. 6.

Redlich, Hirntumor. Lewandowskys Handb. der Neurol. III. 2, 1912. 598. Berlin.

Rüchert, A., Ein Hirntumor etc. Berl. klin. Wochenschr. 1909.

Schaad, Fall von Gliom des Corp. callosum. Inaug.-Diss. Erlangen 1888.

Schlagintweit, Balkengeschwülste. Inaug.-Diss. Jena 1901.

Schupfer, Sui tumori del corpo calloso. Riv. sper. di Fren. 25, Fasc. 1—2.

Schuster, Psychische Störungen bei Hirntumoren. Stuttgart 1911.

Seglas et Londe, Congrès des méd. alienistes et neurolog. Angers. Août 1898.

Seppilli, Un caso di tumore del calloso. Annali ital. di Neurol. Anno 27. F. 3.

Seymon, J. Sharkey, Trans. of the Neurol. Soc. Brain. 1898. 291.

Stauffenberg, Lokalisation der Apraxie. Zeitschr. f. d. ges. Neurol. 2, 1910.

v. Steigert, The Journal of Mental Sc. 1902. 64.

Stern, Die psychischen Störungen etc. Arch. f. Psych. 1914.

Taft, Amer. Journ. of Insanity. 73, 1917.

Tenani, Sopra un tum. del c. calloso. Itamori. Jahrg. 7. H. 4.

Touche, Compt. rend. de la Soc. de Neurol. 11 Janv. 1909.

Vigouroux et Herrison-Laparre, Deux observations des tumeurs cérébrales etc. Bull. de la Soc. clin. de Méd. mentale. Déc. 1912. 353.

Vleuten, V., Linksseitige motorische Apraxie. Allgem. Zeitschr. f. Psych. 1907.

Wahler, Balkentumoren. Inaug.-Diss. Leipzig 1904.

Wilbrand-Sänger, Die Neurologie des Auges. 4, 358.

Williamson, Cerebral tumor etc. Lancet. 28 Janv. 1911. 222.

Winkler, Das Gehirn eines amaurot. Mädchens. Op. omnia V. 1918.

Würth, Ein Beitrag zur Histologie und Symptomatologie der Balkentumoren. Arch. f. Psych. 36, 651.

Zaleski, Glioma corporis callosi. Ref. in Neurol. Zentralbl. 1900. 727.

Zingerle, Jahrb. f. Psych. 19, 367.

Anhang: Balkenstich.

Anton, Der Balkenstich. Die Allgem. Chir. etc. 2. Teil. Enke. 1914.

— Bericht über 20 Gehirnoperationen. Neurol. Zentralbl. 1909. 1237.

— Weitere Mitteilungen über Gehirndruckentlastung mittels Balkenstich. Münch. med. Wochenschr. 1911. 2369.

— Indikation und Erfolge der operativen Behandlung des Gehirndrucks etc. Dtsch. med. Wochenschr. 1912. 254.

Anton-Bramann, Münch. med. Wochenschr. 1908/09.

Elsberg, Puncture of the corpus callosum etc. Journ. of nervous and mental dis. 1915.

Heßberg, Berl. klin. Wochenschr. 1912.

Marburg-Ranzi, Zur Klinik und Therapie der Hirntumoren. Arch. f. Chir. Bd. 116.

Oppenheim, Lehrbuch der Nervenkrankheiten. Karger. 1913. 1225.

Payer, Über druckentlastende Eingriffe bei Hirndruck. Dtsch. med. Wochenschr. 1912. 256.

Stieda, Erfahrungen mit dem Balkenstich etc. Neurol. Zentralbl. 1914. 609.

Zwölftes Kapitel.
(Primäre) Degeneration des Balkens.

Bignami, Atti d. R. Accad. Med. di Roma. 1907.

— Sulle alterazioni del Corpo calloso etc. Policlin. Sez. Prat. 1907.

Bignami e Nazari, Sulle Degener. delle commess. encefalich. etc. Riv. sper. di Fren. 1915.

Carducci, Contributo allo studio delle encefaliti non suppurate. Riv. di Psicol. e Psich.

Cesaris-Démel, VIII. Riun. della Soc. Ital. di Patol. Pisa. Marzo 1913.

D'Abundo, Sopra una particolare neuropat. etc. Riv. Ital. di Neurop. 10, 1917.

Garbini, Il corpo calloso nei cani cronicamente intoss. etc. Perugia 1916. Annali del Manic. di Perugia.

Lewandowski, Die Ataxie. Lehrb. der Neurologie. Berlin, Springer. 1, 847.

Marchiafava, Atti della Societa Italiana di Patologia. 1907.

— Atti del Congresso dei Patologi. Modena. 1909.

— Atti del 1. Congresso Internazionale dei Patologi. Torino 1911.

Marchiafava e Bignami, Sopra un' alterazione del Corpo calloso etc. Riv. di Patol. nerv. ment. Firenze 1903.

— — Sopra un' alterazione sistematica delle vie commessurali. Gaz.internaz. di Med. 1910. Nr. 31.

Marchiafava, Bignami und Nazari, Über systematische Degeneration der Kommissurbahnen etc. Monatsschr. f. Psych. 29, 1911.

Milani, Loc. cit.

Rossi, O., Sull' istologia patologica etc. Riv. di Patol. nerv. 1910.

Sarteschi, Sopra una speciale alterazione della sostanza bianca etc. Riv. sper. di Fren. 35, 1909.

Dreizehntes Kapitel.

Physiologie und Physiopathologie des Balkens.

Brissaud, Nouv. Icon. de la Salp. 6. IV. Nr. 4.

Brown - Sequard, Compt. rendus. Soc. biol. 1887. 261.

Bylchowski, Beiträge zur Nosogr. der Apraxie. Monatsschr. f. Psych. 25.

Bonhöffer, Klinische und anatomische Beiträge zur Lehre von der Apraxie etc. Monatsschrift f. Psych. 35.

Bonvicini, G., Über bilaterale Apraxie der Gesicht- und Sprechmuskulatur. Jahrb. f. Psych. 36, 503.

Carville et Duret, Arch. de Physiol. 7, 352. 1875. Zit. nach Korányi.

Claude, H., Sur un cas d'hémiplégie droite etc. Soc. de neurol. 24 Févr. 1910.

Claude, H., et Mlle. Loyen, Etude anatomique etc. L'encéphale. 10 Oct. 1913.

Dejerine, Mém. de la Soc. de Biol. Séance du 27 Févr. 1892.

— Contribution de la dégénerat. des fibres du corp. call. Bull. de la Soc. de Biol. Séance du 25 Juin 1892.

Dejerine-Thomas, R. Neurol. 15 Juill. 1904.

D'Holländer, Apraxie motrice bilatérale. Autopsie. L'encéphale. Nr. 6. Juin 1912.

Dide et Bothari, R. Neurol., 30 Juillet 1902.

Dotto e Pusateri, Sul decorso delle fibre del corpo calloso e del psalterium. Riv. di Patol. nerv. 2, 64—70. 1897.

Erb, Zit. in W. Thomsen, Das Gehirn etc. Leipzig 1910. 49.

Exner, Corpus callosum und centr. Sehakt. Neurol. Zentralbl. 1909. 1110.

Ferrier, Proc. R. Soc. 1875.

Flourens, Rech. exper. sur les fonctions etc. 1842.

Forel, Fall von Mangel des Balkens. Tagebl. der 54. Vers. deutscher Naturforscher, 18. bis 24. Sept. 1881.

Forster, Berliner Gesellsch. f. Psych. u. Neurol. 11. Mai 1908.

— Tumor des Balkens. Monatsschr. f. Psych. 24, 1908.

— Ein diagnostischer Fall von Balkentumor. Neurol. Zentralbl. 1908.

Franck et Pitres, Dict. encycl. des sciences méd. Art. Encéphale. Paris.

Gaus, Der mikroskopische Befund des Goldsteinschen Falles von linksseitiger Apraxie. Fol. Neurol. 6, 787. 1912.

K. Goldstein, Der makroskopische Hirnbefund etc. Neurol. Zentralbl. 1909.

— Die transkortikalen Aphasien. Ergebn. d. Neurol. 2, Heft 3. 1917.

Gudden, Experimentelle Untersuchungen über das periphere und zentrale Nervensystem. Arch. f. Psych. 2.

Gley, Physiologie 1916.

Hartmann, Beiträge zur Apraxielehre. Monatsschr. f. Psych. 21, 1907.

Henneberg, Motorische Aphasie. Neurol. Zentralbl. 1917. Nr. 2.

Henschen, Pathologie des Gehirns. 2, 415. F. 42.

Imamura, Über die kortikalen Sehstörungen etc. Pflügers Arch. 100, 495. 1903.

— Über die Beziehungen des Balkens zum Sehakt. Pflügers Arch. 129, 425. 1909.

Inouye, Die Sehstörungen bei Schußverletzungen der kortikalen Sehsphäre. Leipzig 1909.

Janischewski, Über die Kommissurensysteme der Gehirnrinde. Neurolog. Vestn. 1903.

Kattwinkel, Untersuchungen über das Verhalten des Balkens etc. Arch. f. klin. Med. 71, 1. 1901.

Kleist, Kortikale (innerv.) Apraxie. Jahrb. f. Psych. u. Neurol. 28, 1907.

— Der Gang und Stand der Apraxieforschung. Ergebn. d. Neurol. 1911. 343.

— Über Apraxie. Monatsschr. f. Psych. 19, 1906.

Korányi, Über die Folgen der Durchschneidung des Hirnbalkens. Pflügers Arch. 47, 35. 1890.

Kroll, Beiträge zum Studium der Apraxie. Zeitschr. f. d. ges. Neurol. 2, 1910.

Lancisi, Joh. Mariae Lancisi dissertatio altera. — Venetiis, 1713 — apud Andream
  Poleti
Langley and Grünbaum, On the Degeneration resulting from removal etc. Journ.
  of Physiol. 11, 606. 1890.
Lapeyronie, Mém. de l'Acad. des Sciences de Paris. Observations, par les quelles etc.
  1741. 199.
Lenz, Zur Pathologie der kortikalen Sehbahn etc. Leipzig 1909.
Lewandowski, Die Funktionen des zentralen Nervensystems. Jena, Fischer. 1907.
Levy-Valensi, Phys. du corps calleux. Presse méd. 1911. Nr. 8.
Liepmann, H., Das Krankheitsbild der Apraxie. Monatsschr. f. Psych. 8, 1900.
— Der weitere Krankheitsverlauf bei den einseitig Apraktischen etc. Monatsschr. f. Psych.
  18 u. 19, 1905—1906.
— Über die Funktionen des Balkens beim Handeln. Med. Klin. 1907.
Lippmann und Maas, Ein Fall von linksseitiger Agraphie. Journ. f. Psych. 10, 1907.
Lissauer-Hahn, Arbeiten aus der psychiatrischen Klinik. Heft 2. Leipzig 1905. 105.
Lissauer, Ein Fall von Seelenblindheit etc. Arch. f. Psych. 21, 222.
Lo Monaco, Fisiologia del corpo calloso. Riv. di patol. nerv. 2, 145. 1897.
Lo Monaco e Baldi, Sulle degeneraz. consec. al taglio longitud. del corpo calloso.
  Arch. di Farmacol. 111, 475. 1904.
Longet, Anat. et Phys. du syst. nerveux. 1842.
Mingazzini, Anatomia clinica dei centri nervosi. 2. edizione. Torino 1913.
Minkowski, Zur Physiologie der kortikalen Sehsphäre. Deutsche Zeitschr. f. Nerven-
  heilk. 41, 109. 1911.
v. Monakow, Durch Exstirpation zirkumskripter Hirnrinderegionen etc. Arch. f. Psych.
  12, 141. 1882.
— Hirnlokalisation. Wiesbaden 1914.
Mott, Report on Bilaterally associated movements etc. Brit. Med. Journ. 1, 1124. 1890.
Müller, E., Ein Beitrag zur Kenntnis etc. Diss. Marburg 1892. Vgl. Arch. f. Psych.
  24, 856.
Muratow, Sekundäre Degenerationen nach Durchschneidung des Balkens. Neurol. Zen-
  tralbl. 714. 1893.
Nießl, v. Mayendorf, Die aphasische Störungen. Leipzig 1911.
Nodet, Les agnosies, la cécité psych. en part. The Lion 1899.
Rabus, Zur Kenntnis der sog. Seelenblindheit. Diss. Erlangen 1895.
Rad, Über Apraxie bei Balkendurchtrennung. Zeitschr. f. d. ges. Neurol. 20, 533 u. 21, 547.
Reinhard, Beiträge zur Kasuistik etc. Arch. f. Psych. 9, 146. 1877.
Rhein, A case of apraxia with autopsy. The Journ. of Nerv. and Ment. des. 1908. Nr. 10.
Roussy, La couche optique. Paris, Steinheil 1907.
Saucerotte, Mém. sur les contrecoups dans les lesions de la tête. In „Prix de l'Acad.
  de Chir.". Paris. 4, 1819.
Sherrington, Experimental Note on the Nervous System. London 1906.
— Integrative Action of the Nervous System. London 1906.
— Journ. of Physiol. 10, 429. 1889.
Stauffenberg, Lokalisation der Apraxie. Zeitschr. f. d. ges. Neurol. 5, 1913.
Strohmayer, W., Über „subkortikale Ataxie". Deutsche Zeitschr. f. Nervenheilk. 24
  1913.
Truelle, Etude anatomique de deux cas d'Apraxie. Bull. Soc. clin. méd. mentale. Déc.
  1911.
Vleuten, V., Linksseitige motorische Apraxie. Zeitschr. f. Psych. 64, 1907.
Zipperlin, Ein Fall von Hirntumor mit Dyspraxie. Art. Ver. Hamburg 1910.

Autorenverzeichnis.

Sachverzeichnis.

Druck der Universitätsdruckerei H. Stürtz A. G.. Würzburg.

Berichtigung.

Lies Seite		13	Zeile	32	insofern	statt	insofern dasselbe.
„	„	55	„	9	meines Falles N 1, es	„	meines Falles N. 1, wo es.
„	„	59	„	9	anzuführen	„	einzuführen.
„	„	62	„	7	frontalwärts	„	dorsalwärts.
„	„	159	„	42	von einem proximalen Ausgangspunkte aus	„	in einem proximalen Ausgangs- punkte.
„	„	162	„	6	was ihren Widerstand	„	das ihren Widerstand.
„	„	164	„	20	laterozentralen	„	lateralen zentralen.
„	„	168	„	10	beweist	„	beweisen.
„	„	187	„	22	in einem Falle	„	in zwei Fällen.

Mingazzini, Der Balken.

59. 2. 22. 6, 5.